U0378586

数据分析与决策
技术丛书

The Art of Game Analytics

游戏数据分析的艺术

于洋　余敏雄　吴娜　师胜柱◎著

机械工业出版社
CHINA MACHINE PRESS

图书在版编目（CIP）数据

游戏数据分析的艺术 / 于洋等著 . —北京：机械工业出版社，2015.7（2024.5 重印）
（数据分析与决策技术丛书）

ISBN 978-7-111-50780-2

I. 游… II. 于… III. 数据处理 IV. TP274

中国版本图书馆 CIP 数据核字（2015）第 150377 号

游戏数据分析的艺术

出版发行：机械工业出版社（北京市西城区百万庄大街 22 号 邮政编码：100037）

责任编辑：姜 影   责任校对：殷 虹

印 刷：北京建宏印刷有限公司   版 次：2024 年 5 月第 1 版第 13 次印刷

开 本：186mm×240mm 1/16   印 张：26.5

书 号：ISBN 978-7-111-50780-2   定 价：79.00 元

客服电话：（010）88361066 68326294

版权所有·侵权必究

封底无防伪标均为盗版

作为一名游戏行业的老兵，我从事游戏研发及管理工作多年，经历了单机、客户端游戏、网页游戏以及移动游戏大潮的洗礼。回顾互联网发展的这些年，从门户、电商、社交、搜索到娱乐行业，数据都在扮演着非常重要的角色，流量经营分析、电商分析、搜索分析、社交分析都进入了全盛时代，并从商业变现的角度发挥了举足轻重的作用。然而，游戏的研发、运营、设计在不断进步，作为一种娱乐产业，也作为基于数据的互联网业务，其数据分析则一直落后于其他互联网服务的发展。作为最早的互联网商业化服务，却未充分利用数据的力量将游戏产业的创新、发展推向更高的水平，这是整个行业发展的一个遗憾。

游戏数据分析在中国发展是较为缓慢的，从端游时代的"拍脑袋"决策开始，到如今以数据为基准的精细化的运营和设计，至少10年有余，却从未系统整理和传播这些知识。这期间，中国的游戏市场变革速度太快，依仗人口红利的巨大优势，精细化运营，数据驱动产品的思想没有很好地得到传播和发展，最令人遗憾的是这其中造成了人才的缺失和经验积累匮乏。

不过，Zynga的出现，无疑推动了行业开始重视和建设游戏数据。社交游戏和移动游戏的崛起，加上诸如TalkingData这样的公司，把游戏数据真正推向了前台。其意义不仅仅是启发了游戏行业开始思考数据在游戏立项、设计、研发、推广、运营等方面的巨大影响，同时也促使更多的从业者开始学习数据，学习如何通过数据来影响游戏，改变游戏。本书的问世，正是在这一关键时间点上，解决了最基础的知识梳理和理论实践方面的问题。

这是中国游戏产业发展中的第一本系统阐述游戏数据分析的书籍。本书的作者分别来自于不同领域，从不同的角度对数据分析加以诠释和创作。作为老兵，很欣慰能够看到产业的新兴力量，能够完成这样的事情。这对于未来的游戏产业的人才培养、产品设计、开发、运营、推广，都将带来巨大的推进作用。本书作为第一本系统剖析游戏数据分析的书籍，全面地将多年的游戏数据分析的知识和实践有机结合起来，无论是对于职场新人还是从业已久的人士，都值得一读，其内容所带来的启发和冲击是非常大的。同时作为民族品牌，西山居也在此书的创作中，贡献了多年来积累的关于游戏数据分析的知识和实践经验。

谈及数据，如今行业交流首先就是次日留存率、7日留存率、付费转化率、LTV这些数据指标，但我个人更愿意将数据理解为这是游戏玩家对游戏产品的反馈，以行为作为对话方式，和游戏研发人员进行深度交流，问题只在于是否"听到""听懂"，进而"听进"。数据分析师担任的即是这种角色，他们收集、翻译、剖析玩家无声的表达。在内部汇报会议上，数据团队不断拿出颠覆或验证设计师和运营团队想法的结果，在这个过程中刷新对用户的观察理解和更深刻的认识，饶有趣味。从这一点上说游戏数据分析比其他互联网行业更复杂，用户不是简单地在完成一项事务，更是在心灵层次上获得一种体验和满足，这种层次的翻译无疑是更困难的，也是对数据分析从业者更长远的寄望。

最后感谢四位作者，为游戏行业所做的贡献。

西山居 CEO 邹涛

为什么要写这本书

无法衡量，就无法改进。

每一个产品都是艺术品，游戏是产品，故游戏也是艺术品。然而产品需要用户，用户与产品都需要衡量，深入地分析并解决问题，提升产品，经营用户。

游戏伴随互联网的发展逐步成为重要的产业，这其中诞生了像暴雪这样的公司，同时也诞生了像西山居这样的民族品牌。我们的技术越来越好，我们的界面越来越炫，我们的设计策划力量也在不断成长。各种针对这个行业的书籍层出不穷，然而我们却发现，在越来越注重产品运营的今天，当一切走向了数字化后，我们的产品数据分析和数据建设，在大多数的从业者当中，却是极度匮乏和无助的。

从当初写"小白学数据分析"开始，就承载了一种使命，一种要将行业数据分析不断完善和发展的使命。迄今为止，这个行业还没有一本书是系统地梳理和讲解游戏数据的概念和运用的。伴随大数据和移动互联网的发展，移动互联网创造了更加公平和廉价的创业机会，大数据给予了大家更多利用数据驱动变革的思考，参与到其中的人越来越多。数据开始得到越来越多人的重视和建设，令人欣喜的是，我们看到很多的渠道、发行商、开发者开始用数据说话，开始注意 ROI，开始关注留存率，这是一种好的现象，说明数据开始发挥价值和影响。不过，留存率也好，ARPU 也好，被玩坏了，被曲解，存在了多重标准，这使得众多的从业者，尤其是很多新人难以区分这些标准，难以理性和客观地分析这些数据。很多时候，我们都缺少一个像电商中 SKU 这样一个高度统一认识的指标，也从未有详细的材料或者书籍对游戏数据分析进行全面的阐述。

数据分析是以解决问题为先。

数据分析注重的是结果转化，理论和知识最终服务于方案和最终的效果。游戏可以看作是一件艺术品，然而这样一件艺术品是需要受众的，要经营受众，我们就需要去衡量，去改进。在这个过程中，所使用的软件不是最关键的，使用的算法也不是最关键的，解决问题的方法才是最关键的，并有切实落地的方案以及对于最终效果的反馈和改进措施。不只是对于游戏数据分析是这样的，对于其他领域的数据分析也是如此。本书除了解决基本认识、方法之外，还有更多对于业务理解的思考，从解决问题入手，以游戏为最佳切入点，辐射整个数据分析领域，并完成大部分理论和基础数据的解读分析。

读者对象

这是一本关于游戏数据分析的书籍，但是其中所包括的知识、方法、指标、理论是可以服务于整个互联网的，以下人员均可阅读和使用本书。

- ❏ 游戏产品运营人员。
- ❏ 游戏数据分析人员。
- ❏ 移动应用产品运营人员。
- ❏ 移动应用数据分析人员。
- ❏ 产品营销推广人员。
- ❏ 产品体验设计人员。
- ❏ 产品数据挖掘及平台建设人员。
- ❏ 数据分析爱好者。

如何阅读本书

本书从组织、策划、收集到创作历经了 3 年时间，由 4 位来自不同领域的作者共同完成，其中于洋完成了第 1 章、第 2 章、第 3 章、第 5 章、第 6 章、第 7 章和第 9 章的创作，余敏雄完成了第 10 章、第 11 章和第 12 章的创作，吴娜完成了第 4 章的创作，师胜柱完成了第 8 章的创作。

本书分为两大部分：

第一部分贯穿了从基本的游戏数据分析概念、分析师的定位、数据指标认识、游戏数据分析方法论、统计学运用、渠道流量经营到具体产品每个阶段的数据运营知识。

第二部分则是重点阐述运用 R 语言和数据挖掘的知识，深入探讨游戏数据分析的高阶知识。

勘误和支持

除封面署名外，本书在创作过程中得到王巍、姜长嵩的支持，他们提供了大量的内容。由于作者的水平有限，编写时间仓促，书中难免会出现一些错误和不准确的地方，望各位读者批评指正。如果您有更多宝贵建议，欢迎发送邮件至 yuyang2011@gmail.com，或者关注本书微信公众号 i-analysis，期待能够得到您的真挚反馈。

致谢

首先感谢西山居 CEO 邹涛为本书所作的序，作为曾经的金山人，深感荣耀。

感谢 TalkingData CEO 崔晓波，在我职业生涯中所给予的启迪和平台，作为 TalkingData 的一员，有幸参与到伟大的数据事业之中，倍感自豪。

感谢 TalkingData、西山居，他们为行业做了一件非常伟大的事情，从此游戏数据分析也是一个真正落地的方向，TalkingData 为行业的数据发展做出了产品和方法的指引，而西山居则将多年的沉淀与积累奉献于公众。同时也感谢所有一直以来支持游戏数据分析发展的众多游戏公司。

感谢在本书创作过程中给予我们帮助的金山西山居姜长嵩、畅游王巍、游戏数据挖掘与分析 QQ 群每一位参与游戏数据分析建设的热心网友，感谢 TalkingData 闫辉和于海亮，他们的产品设计和研发，使得行业进入了快速发展轨道，还有诸多未提到的朋友，感谢他们长期对游戏数据分析的支持和贡献。感谢所有付出艰辛努力的作者，余敏雄、吴娜、师胜柱，他们的全力支持和参与，使得本书顺利出版。

感谢机械工业出版社杨福川的信任，他陪伴我一同等待了 3 年时间；感谢辛苦改稿的编辑姜影。因为有了他们的支持、鼓励和帮助，本书才能得以顺利出版。

最后感谢家人，感谢你们一直以来的理解、陪伴和支持。

谨以此书献给亲爱的家人。

于 洋

目 录 *Contents*

第 1 章 *Chapter 1*

了解游戏数据分析

今天，游戏的平台从 PC 到 PS4 及 Xbox，逐步延伸到可移动的智能手机和平板，游戏的获取更加简单、快捷，我们逐步进入"云端"的生活，比如我们的照片、资料，包括游戏都保存在"云端"，可以从"云端"下载体验。伴随着移动互联网的快速发展，移动游戏进入了全民时代，移动游戏的开发也进入全民时代。用户与游戏产品之间的沟通从未像今天这般紧密，我们可以在地铁上、公交上、卫生间，甚至在吃饭时，随手拿出手机或平板进行游戏。为此，游戏行业需要不断地改进产品，提升用户体验，提供更加有效的服务，来满足用户对于游戏的需要，而过去的单机游戏、大型客户端游戏则从未如此投入过。同时，游戏数据分析在逐步成为一门学科，伴随着这种变化，不断地发挥更大的作用。

不过没有改变的是，游戏创意依旧重要，只是我们更加专注和追求产品的设计、体验、运营和用户的获取。游戏数据分析正是在这样大的背景下，逐渐在游戏行业中变得重要。我们需要了解如何有效地获取用户、评估效果；我们需要了解如何激活用户、评估产品质量；我们也需要知道如何提升收益，并挖掘潜在的高价值用户。

本章是学习游戏数据分析的起点，我们将在本章中讲解游戏数据分析的概念、意义、流程以及游戏数据分析师的概念。

1.1 游戏数据分析的概念

近些年，游戏行业不断创造的财富神话，使得一切和游戏产业相关的领域都变得热门起来。在移动游戏生态圈中，我们可以看到，有很多第三方服务提供商，例如云服务、推送服务、引擎服务、社交分享服务和安全服务。当然，数据分析服务则是一直以来非常重要的支撑。目前，提供数据分析服务的国内外公司多达数十家，例如，国内最大也是最早深入游戏统计分析领域的 TalkingData 的 Game Analytics，国外的 Kontagent、Localytics。可以说，今天的游戏数据分析算得上一个方向，但是到目前还算不上一个专业领域，甚至在多数的企业中，根本看不到有一个职位叫作游戏数据分析师。无论是国内还是国外，除了我们每每听到 Zynga 通过数据分析增加了其游戏的收益和改善了品质之外，大多的时候我们接收了很多的关于游戏数据分析的消息，但是很少有消息或文章在详细地讲述如何通过数据分析真正提升游戏产品的价值。

在 PC 互联网时代，我们所熟悉的电子商务平台、门户网站等都需要做好数据分析，以提升转化率和转化收益。而在移动互联网时代，数据价值再次被人们所重视，通过数据分析发挥产品更多价值的思考，曾在无数人的脑海中闪现。

就游戏领域来说，在多数游戏设计者看来，游戏是一件艺术品，是艺术灵感的最终产物，呈现的是人对于欲望的满足，是与用户心理和需求的博弈。很多游戏设计者或制作人并不认同通过数据挖掘来寻找用户需求、挖掘问题所在、优化产品。但几乎每一个开发者，都会建立自己的基础统计分析系统来收集和统计游戏的数据，并进行分析。其目的是希望能够挖掘和转化更多的用户，转化更多的收入。然而这个过程的尴尬之处在于，虽然大家就游戏数据分析的重要性达成了共识，但是如何通过数据分析改善和优化游戏，却鲜有文章或案例说明。对于大多数人而言，游戏数据分析依旧是模糊的概念，一如大多数人都知道数据挖掘在游戏数据领域会有重大的作用，但是缺少具体的方案或思维，进而使大多数人从未真正体会和挖掘出价值。在最近的移动游戏市场，我们看到的游戏数据往往是游戏流水，研发投入、发行价格、推广费用和累计注册用户等，在游戏数据分析领域，这些是不具备任何参考意义的。

游戏产业是一个开放的产业。最近几年，我们看到不断有行业巨头开放自身的资源服务于开发者，然而就开发者本身的能力，尤其在数据的利用上，其实是滞后的。这一点不是一套完整的数据分析系统就能解决的问题，需要更多的引导和转变意识。未来的走向，一定是利用数据分析，更好地提升产品素质，延长产品的生命周期和收益。

游戏数据分析是一个很宽泛的概念，本书讨论和学习的是狭义的游戏数据分析，重点聚焦于渠道运营、流量分析、游戏运营以及部分产品的设计分析。游戏数据分析侧重实践和效果检验，以经验模型和业务驱动为先导，所以游戏数据分析注重归纳、指标分析、方案演进以及最终方案的实施和评估，操作性和实用性会更强一些。

1.2　游戏数据分析的意义

这几年，大家开始用数据说话，但是为什么偏偏当移动浪潮起来的时候，数据分析突然变得火热起来了？我们暂不从数据采集和用户标识等技术角度解读这个问题，我们从体验说起。

　　移动游戏，也是移动产品的一种形式。在移动介质上进行开发和运营，决定了我们注定要选择符合移动环境的设计法则和模式。如果用一句话来归纳，任何一款移动产品，都是其移动环境内的一种解决方案。移动游戏增加了触摸、陀螺仪等体验性更强的接口，因此，产品是否打动用户，用户是否能够长期留存，并很好地享受和体验产品，则成为能否获取更多稳定活跃用户和收益的关键。于是，我们比以往更重视设备的适配、用户的分辨率、哪些设备是为这款游戏付费最多的、哪些设备的崩溃率最高、哪些设备的注册转化率较低、哪些 UI 的布局不够合理、哪些反馈设计用户响应率较低，进而影响了转化等，这些完全需要通过数据支持。从这个意义上来说，伴随智能机而诞生的诸多移动产品，实际上让开发者和用户更加在意除了产品核心素质（创意、业务解决方案）之外的体验和感受。

　　刚才我们提到了，从移动市场来看，数据分析的作用更加突出，下面我们通过 Android 平台的设备来解读一下，如图 1-1 所示。

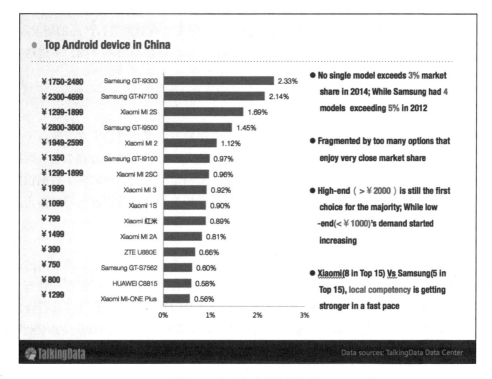

图 1-1　中国安卓设备排行榜

　　很明显，在开放的 Android 市场中，很难见到单款移动设备的市场份额是超过 3% 的，这也就意味着，作为游戏开发者，开发一款在 Android 平台运营的游戏要花费大量的时间和精力来解决机型适配、崩溃的问题，而这恰恰是难以承受的，因为在进行了大量的用户获取以后，如果用户无法登录游戏、体验游戏，则营销推广费用都将被浪费。

　　本书整体的数据分析介绍以移动游戏数据分析为主，其原因在于，移动游戏数据分析比以往任何平台游戏都更加注重用户获取,注重移动设备特性,注重用户的运营和维持。原因有两个,其一,对于高度开放的移动游戏市场,其用户的来源更加分散,从第三方电子市场,到广告网络,再到各种流量渠道,多元的格局使开发者本身更注重如何甄选和运营好渠道的用户。其二,上述所提到的移动设备特性,碎片化的设备分布,使得开发者必须关注用户设备的情况,及早解决由于设备原因而造成的无法体验游戏的问题,但是该问题在 PC、PS4、Xbox 这些平台上则不是主要的问题,因为 PC 设备的差异性不大,最多是在性能的表现上不同,这种较小的差异化使得适配、崩溃和闪退这类问题并不需要我们太关心,但在移动互联网时代,由于设备的差异化明显,我们的产品对于用户来说是不公平的,比如有的用户在下载某款游戏时,并不清楚自己的设备无法流畅运行,或者不能安装、卸载,以及存在闪退等问题,这迫使我们比任何时候都关心用户所持有的设备,甚至包括所处的位置和时间,以及是谁在使用设备。

这几年的移动产品,尤其是游戏的数据分析能力不断进步,逐渐被重视。无论从产品研发方向,还是具体的产品调优,都需要数据的支撑,进而更加有效地进行产品的研发和运营。本节我们将重点介绍狭义游戏数据分析的相关内容,虽然偏向移动游戏市场,不过这些内容也符合 PC 游戏、网页游戏的游戏数据分析建设思路。

下面,我们从公司运营的角度,看看在游戏数据分析方面面临的两大问题。

(1)数据开放能力

大公司有完备的 BI(商业智能)系统,数据收集和展现维度会更加丰富,但由于多数公司不是扁平的结构,意味着真正做数据分析和懂业务的人,却得不到权限和丰富的数据,难以完成深入业务的数据分析,而不参与实际分析和方案制定的人员,却掌握了数据权限。这种问题,在游戏行业是很突出的,因此,多数数据分析师沦为制作数据报表的机器,其数据分析能力及业务理解能力却没有达到应有的水平。

(2)跨部门协作能力

数据分析是一项综合要求很高的工作,但是无论在大公司还是小公司,跨部门的协作一直制约数据分析能力的发展。业务部门很难按照技术的语言,准确提供所需要的数据。技术部门限于自身的开发任务,又很难按照业务部门的需要及时提供数据。身处游戏行业的人士都很清楚,实时的关键数据是非常重要的,尤其是在投放的关键期,"热数据"的响应和分析,关乎整个投放效果,并影响关键的业务决策。

1.3　游戏数据分析的流程

游戏数据分析整体的流程分为几个阶段,这几个阶段反映了不同企业数据分析的水平。从另一个角度看,也是在解释作为一名数据分析人员究竟该如何参与到游戏数据分析业务中,与之有关的游戏数据分析师的工作我们将在 1.4 节重点阐述。

如图 1-2 所示,对于游戏数据分析系统及数据的利用,分为了 5 个阶段:方法论、数据加工、统计分析、提炼演绎和建议方案，从工程技术、统计分析、数据挖掘以及用户营销几个方面进行了覆盖和研究。

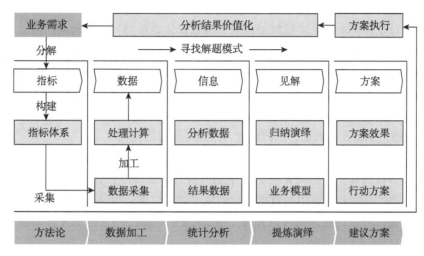

图 1-2　游戏数据分析流程

1.3.1　方法论

方法论是数据分析的灵魂，是解决问题的普遍原则，是贯穿分析始终的思想指导。这个阶段决定了我们如何进行数据埋点（如何在业务的关键点上进行数据的采集和监控），如何设计分析指标，如何采集，如何组织数据。

方法论多数是将业务进行抽象，形成了一套可以解决若干业务问题的思路。就游戏业务来说，从游戏数据分析角度，目前已经存在几套方法论，比如早期游戏市场提及的是PRARA，在进入移动游戏领域，以 TalkingData 的 AARRR 模型被提及得最多，这套方法论综合了 PRARA、网站分析和社交网络分析等诸多分析的特色，结合移动游戏市场的情况，加以整理并提出。在后续的章节中，我们会重点介绍 AARRR 模型。

方法论存在的意义就是去解决问题，是对于问题、目标、方法和工具的概述。一方面解决业务问题，另一方面则是分析思维的指导。在后续有关游戏数据分析师的描述中，我们强调对分析思想的锻炼及对分析方法的驾驭，学会基于不同角度和领域去看待业务问题，这需要高度的抽象和概括能力。从图 1-2 我们也可以看到，方法论的确立，决定了我们在游戏数据分析方向上要解决的问题、采取的方法和使用的工具等。

当缺少这样的体系支撑时，即使我们确立目标，在实践操作时也会变得非常缓慢，效率低下。因为在整个过程中，我们要完成游戏数据分析的工作，需要开发人员、设计人员和运营人员的参与，如果没有统一的思想和方法的指导，大家就无法进行有效的任务分配和需求理解，进而导致今天我们看到这种现象：在很多的游戏公司里，运营人员与开发人员在沟通时会频频出现各种数据标准理解的不统一，分析功能开发得南辕北辙。这些问题的出现不仅仅是沟通的问题，更是对于游戏数据分析的体系和思想未形成一致的认识造成的。在方法论的阶段有如下的两点是需要重点关注和解决的。

（1）业务需求

方法论是对业务需求的最高层级的抽象，涉及具体业务时，在方法论的指导下，我们需要对业务需求进行拆解，而这个阶段，从数据分析的角度来看，就是该如何进行数据埋点。

数据埋点就是通过客户端或者服务端，在某些游戏位置追踪玩家游戏行为而得到的相关数据。这些位置则是未来对特定业务分析的基础数据支撑。例如，在进行用户注册分析时，我们需要在用户注册的相关代码和逻辑位置进行数据采集点的设计，这样，当游戏有玩家参与时，就可以通过采集到的数据，进行整理，形成可计算的指标。

经过长期的发展，已经形成了一些特定的数据指标，而这些指标也可以涵盖大部分的业务数据分析。多数时候，我们常常会苦恼于如何进行数据埋点，如何进行基础的数据分析，实际上，我们通过一些行业通用的数据指标白皮书就可以在短时间内明确该如何进行数据埋点和基础数据统计分析，这方面可以参考 TalkingData 在 2012 年发布的《移动游戏运营数据指标白皮书》。

（2）指标体系

当我们形成了基本的数据指标后，我们要形成完整的指标体系，并且要建立在方法论的指导基础之上。在多数情况下，指标具有很强的业务导向性和监测作用。例如，我们在进行数据日报的制作过程中，就需要按照一定的逻辑组织，用户类数据、收益类数据、渠道数据等。同时，在这些指标基础之上，数据分析人员可根据需要，进一步加工和变换指标，从而完成深度分析。例如，我们对于新增付费用户的研究，用户生命周期价值的探讨等，就需要在基础数据的指引下，进一步建立新的数据规划和指标拆解。

这部分指标工作看似是最基础的部分，但是它是最重要的。理清了业务需求，我们需要基于目标驱动构建指标体系，在类似 AARRR 模型的指导下，整体构建并不会有太多的特殊性，但重要的一点是，所构建的指标体系需要能够和业务匹配，比如根据业务需要，重点予以关注的指标数据，或者关键业务的评估需要微型的指标体系来实施。这一类是在方法论指导原则下完成的。

在指标体系中，指标重在理解和标准化。如果在构建指标体系阶段，定义的指标标准不够清晰，那么在具体的开发实施阶段，就会产生很多问题，最终造成类似统计数据不准确等问题。此外，在此阶段定义的指标不是越多越好，所以要加深对于指标的深入理解，借助数据分析来解决问题，而不是罗列数据。在构建的指标体系内，每一个指标都具备实际的分析价值，能够反映特定的问题，并且当问题得以解决时，我们还可以从该指标或者几个指标的组合中评估效果。

1.3.2　数据加工

对数据进行处理使其最终变成信息，这个阶段统称为数据加工，具体要经历如图 1-3 所示的流程。

在数据加工阶段，我们重点要去解决的问题有两个。

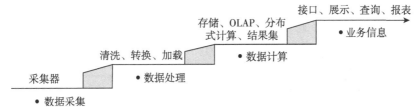

图 1-3　游戏数据加工流程

（1）业务理解

系统最终是需要技术开发的，在选定技术和工具之前，最重要的是要充分理解需求和标准定义。在开发人员完成开发后，如果发现其数据处理的结果并非是分析师或业务人员所需要的，那么就浪费了很多的时间和资源，因此是否形成一致的指标定义认识，是否明确统一需求，需要分析师、业务人员与开发团队共同商议，形成统一的认识，否则将面临重复开发，需求更改等一系列的问题。在所有人员对这些问题达成一致后，接下来要解决的是技术开发问题。

（2）技术开发

确立使用什么技术和架构来完成整体的数据分析平台的建设，这需要技术人员去评估，而评估的一个重要参考就是前一个阶段所确立的内容，技术人员对于业务分析需要的理解，决定了未来构建的数据平台的很多因素，例如高安全性、高效性、高可靠性、高可用性、高可扩展性和可管理性等。

在数据采集层级，需要解决数据的发送机制、采集内容和存储方式等。就目前的移动互联网游戏来说，主要采取在游戏客户端植入统计分析 SDK 的方式来完成数据的采集。当然，在部分公司中，也采取了在游戏服务器端完成数据的采集。两种方式各有优势，通过 SDK 植入游戏客户端的采集方式，在有关游戏用户终端设备的信息、用户会话时间等方面具备优势；而通过服务器端的数据采集，则在游戏内诸如等级分析、关卡任务分析方面具备优势，但是对游戏用户在客户端设备上一些行为则无法做到采集和分析。例如，如图 1-4 所示，在移动游戏客户端的错误日志中，多数情况下通过服务器端无法获得宝贵的数据。

而这些数据，经过采集后，可以快速了解目前产品的问题，如新增用户很多，但是活跃时间和留存质量很低，分析错误日志则是一个很好的方式。这一点在移动游戏数据分析方面是非常必要的，因为移动游戏环境和场景的多样性，使得我们必须重视解决看似很小的问题。

在数据处理层级，要对采集到的原始数据进行抽取、清洗和加载，对杂乱的数据进行标准化、映射、排重以及纠错等操作，最终将数据加载到数据仓库中。在这个阶段要完成的工作量是非常庞大的，尤其是在移动游戏领域。当用户终端的设备变得更加多样、地域更加分散后，数据的处理工作相比之前的端游和页游，变得更加的重要，依赖程度更高。移动游戏需要更加快速的响应和迭代能力，当我们通过数据发现了游戏在某些设备上存在问题时就要迅速地进行解决，而此时，我们的关键任务是如何发现这些问题并进行分析。如图 1-5 所示，我们需要依托设备的标准化和纠错去发现不同用户群的设备分布情况。在同样情况下，也可以分析比如付费用户更加倾向哪些分辨率的手机，或者使用 iPhone5 的付费用户的 ARPPU 是多少，这些分析都要依托于强大的数据处理能力。

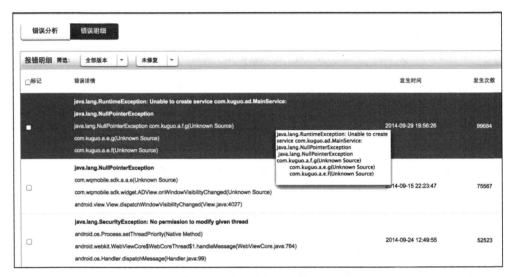

图 1-4　游戏客户端错误日志

图 1-5　游戏设备排行信息

在数据计算层级，要进行实时的运算，定义多维数据模型、业务模型（比如基于时间维度、地域维度、用户群维度、区服维度和渠道维度等），按照小时、日计算任务，根据业务要求进行数据运算，并把结果集数据输入到数据库中。

在业务信息层级，需要将经过采集、处理并计算的数据最后经过接口变成可被查询的信息。如果从开发层面解释，就是庞大的报表系统，即直接面向最终分析师的数据产品。

实际上，数据加工阶段的最终目的就是将数据转化为可用的信息。从这点来看，第 3 阶段的统计分析则与业务信息阶段结合得非常紧密，统计分析要基于已经加工好的数据，进一步深入地透过更加多元的数据或者信息分析方法，挖掘特征。

1.3.3　统计分析

统计分析包含了统计和分析。统计分析是商业智能的一个方面，商业智能应用还包括决策支持系统（DSS）、查询和报告、在线分析处理（OLAP）、预测和数据挖掘，统计分析是整理数据和分析数据的综合。

此前我们需要收集数据，但是目的都是整理数据且最终要进行数据分析，并进行数据向信息转化的过程。为此，需要描述数据的性质和研究数据关系，并通过一定的模型来变换角度解析数据内在的联系。如果整体系统的开发度更高，则可以对模型本身进行有效性的验证。在部分公司提供的统计分析系统上，我们已经能够看到部分的预测分析，这也是向下个阶段提炼演绎的重要过渡。

对于游戏数据分析师来说，需要学习更多的统计的思想、方法和解题思路。统计分析的关键就是要分析数据，因为对于经过整理和加工的数据，如何提炼有用的决策信息，一方面依托于系统的数据采集和整理，另一方面则需要分析师最终进行分析才会发挥价值。分析师的最大要求就是理解每一个方法背后的原则、范围和思想。统计学的思维将我们对事物的解读能力提升到了一个更高的层次。

在进行一些游戏数据分析时经常使用集中趋势或者离散程度的指标，这些指标所代表的不只是一个计算方式，更重要的是在最初诞生时，就是为了解决某一类问题而设计的解决办法，这是我们在基于计算方法下分析数据所最需要关心的事情。例如，在描述统计分析中，我们经常使用集中趋势，它反映的是一组数据所具有的共同趋势。

统计分析对分析师来说是非常重要的考验，尤其是基本的分析能力。当然，作为一名分析师，只在挖掘数据特征和分析数据方面具备能力还不足以证明分析师的价值，数据分析本身是辅助决策的，因此，能够挖掘提炼和演绎，与业务有效地结合，形成结论是非常重要的。所有的分析师不是为了分析数据而分析数据、崇尚数据、信仰数据，但不要盲目分析。

1.3.4　提炼演绎

事实上，每一次数据分析都要经过长期的准备和努力，有文章指出，在整个数据分析环节中有 80% 以上的时间是在整理数据，所以如何有效地形成方法和经验就变得更加重要。

可以预见的是，当由系统来实现数据分析时，我们需要对关键业务具备数据的归纳和业务分析的模型组织的能力。例如，在游戏数据分析中，我们会针对鲸鱼做分析，对留存做专门的分析。这些都是通过业务的提炼得以实现的。

在很多情况下，经过积累，需要将一些重要业务和分析进行归纳，总结出可以长期使用的分析模块和数据采集体系，这样，当我们面临新游戏需要数据统计分析时，则不需要更多的额外开发成本。

以移动游戏统计分析为例，在经过不断地业务提炼和模型演绎后，从分析角度来看，我们最关心的几个模块如图 1-6 所示。

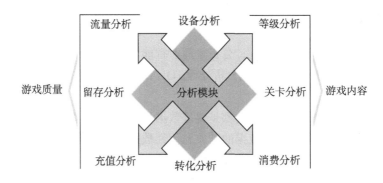

图 1-6　游戏数据分析模块

以上是经过不断的提炼总结出来的一些重要分析模块，基于这些模块，我们需要记录和完成数据的采集，并且在参数设计上形成可以复用的接口。在移动游戏市场，服务于第三方游戏统计分析服务的平台提供了标准的数据接口，从数据采集的角度，可以确立如图 1-7 所示的标准统计接口。

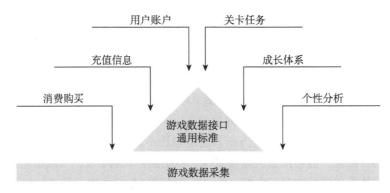

图 1-7　游戏数据采集标准接口设计

下面，以 TalkingData Game Analytics 在 iOS 平台的数据统计接口设计的为例，描述具体的设计方法，其中涉及的标准接口有 6 个。

（1）游戏启动和关闭

用于准确追踪用户的游戏次数、游戏时长和初始渠道等信息。

```
//游戏初始化
TDCCTalkingDataGA::onStart("APP_ID", "CHANNEL_ID");
```

（2）统计用户账户

用于定义一个玩家，更新玩家最新属性信息：

```
//返回用户对象
TDCCAccount* setAccount(const char* accountId)
//设置账户类型
static void setAccountType (TDCCAccountType accountType)
//设置账户的姓名
static void setAccountName(const char* accountName)
//设置级别
static void setLevel (int level)
//设置性别
static void setGender (TDCCGender gender)
//设置年龄
static void setAge (int age)
//设置区服
static void 区服: setGameServer (const char* gameServer)
```

（3）跟踪用户充值

跟踪玩家充值现金而获得虚拟币的行为，充入现金反映至游戏收入中。

```
//充值请求
static void onChargeRequest(const char* orderId, const char* iapId, double
    currencyAmount, const char* currencyType, double virtualCurrencyAmount, const
    char*paymentType)
//充值成功
static void OnChargeSuccess (const char* orderId)
```

（4）跟踪用户消费点

跟踪游戏中全部使用的虚拟币的消费点，如购买道具、VIP 服务等。

```
//记录付费点
static void onPurchase(const char* item, int itemNumber, double priceInVirtualCurrency)
//消耗物品或服务等
static void onUse(const char* item, int itemNumber)
```

（5）任务关卡或副本

跟踪玩家任务、关卡和副本情况。

```
// 接受或者进入
static void onBegin(const char* missionId)
// 完成
static void onCompleted(const char* missionId)
```

```
//失败
static void onFailed(const char* missionId, const char* cause)
```

（6）任务自定义事件

跟踪和统计任何期望分析的数据，如功能按钮的单击、填写输入框、广告点击触发情况等。

```
static void onEvent(const char* eventId, EventParamMap* map = NULL);
```

以上是从数据采集和具体分析两个角度阐述了提炼演绎的重要性，作为分析师，其提炼演绎的能力不仅仅是完成分析，还在于优化和完善分析系统的结构和设计。这个阶段的业务模型和分析师见解，一方面影响了下一步的方案形成和指导决策，另一方面，也决定了其提供的经验在后续的产品运营过程中是否可以作为可持续使用的方法。

在西内启所著的《看穿一切数字的统计学》中有一句话：

"实际上分析结果本身并没有价值，如何活用分析结果，最终得到的价值也是不同的。"

价值的挖掘还体现在最终的建议和方案上，因为最终数据分析要以解决问题为先，建议方案则是最终诉求。

1.3.5　建议方案

前面几个过程是从数据平台、标准分析系统、产品运营和精细化几个方面来描绘游戏数据分析的流程，而数据分析最终是要形成方案或者决策指导的，因为分析结果体现不了价值，最终还是要和业务结合，真正体现价值的是如何运用结果。

建议方案就是解决如何有效利用分析结果的方案。在很多情况下，你会发现最能够体现利用分析结果的就在获取用户和经营用户两个方面。在获取用户方面，需要对那些还不是我们用户的用户进行转化，到达特定的用户群，即那批我们真正想要转化的人，而如何选择受众、选择媒体，需要充分利用分析结果。对于广告主来说，永远希望投放效果最大化，对于媒体来说，则是收益效果最大化。为此，最近几年我们看到了诸如DSP、DMP、SSP和RTB等概念的出现，一定程度上就是利用不断丰富的数据和分析结果，不断优化我们在广告方面的投放，不得不说，这印证了西内启的那一句话。

从经营用户的目的来看，因为每一个用户的获取都需要成本，在产品有限的生命周期内，期望每一个获取的用户生命周期也足够长久，如此可以获取更多的价值。而这一点，在游戏领域也被逐渐利用起来。

在以往的游戏数据分析领域，我们会发现，经过数据分析后，一旦形成方案，很难将这个方案执行下去，并且无法评估最终的效果。因为在整个数据分析环节中，参与的不同部门的人员众多，数据分析结果与方案执行往往很难做到一致。不过，在最近的移动游戏市场，已经有很多的公司或分析师慢慢注意到这一点，因为移动设备可以更加精准地定位一个用户，同时移动提供了更加方便和快捷的消息推送和内容下发机制，这使得我们至少从游戏运营层面可以做到根据设备、地域、渠道、游戏行为、付费行为等方面更加准确和快速地对目标用户进行营销，已经可以做到数据分析结果的最大化利用。

　　例如一款游戏，如果一个活跃用户连续 3 天不进入游戏，则从游戏中流失的概率增加 10%，此时我们就需要精确定位这样一个群体，进行目标用户的营销和召回计划。划分的目标用户如图 1-8 所示。

图 1-8　目标用户划分

　　根据分析结果，最终通过 A/B test（分组对照测试）等方式将运营消息和活动下发到用户移动设备上，使得目标用户的转化得以提升。这是对数据分析结果的最佳利用，同时也是在不断积累运营经验。从长远来看，会形成一系列的运营模型，从此不必再摸着石头过河，也不必每一次运营活动和执行都是依靠感性认知完成。

　　建议方案是整个游戏数据分析的重要一环，因为我们最终还要进行效果的检验，并且通过和分析目标进行比较，判断是否达到了预期。其实，整个数据分析过程是一个循环，只不过在这一步把分析结果的价值通过一定的手段和方式发挥出来，最终经过检验和不断修正，形成经验和原则。游戏数据分析师最需要突破的也恰恰是这一步，从方案执行的实时性和分析师职能的突破两个方面来看，都将产生深远的影响。当然，刚才提到的借助于内容推荐只是达成这一目标的一种方式而已。

1.4　游戏数据分析师的定位

　　如同一名游戏玩家一样，游戏数据分析师最关键的是寻找解题思路。

　　游戏数据分析师目前并没有确切的成长体系和规划，在如今比较火热的数据领域，我们看到的很多是从技术和业务分析两条线路对数据分析师进行规划的，不过在最近一本《数据分析：企业的贤内助》书中，对于数据分析师做了比较深度的解析。在本书中，我们从游戏的角度，力求简单明了地解释游戏数据分析师的含义。游戏数据分析师不只是分析数据，在本书中不做重点讨论关于数据分析师的成长和职业发展，重点在于强调游戏数据分析师的定位和能力要求。

游戏、数据和分析师，这3点组合后才是完整的。这3点包含了业务、技术和方法的概念，同时也是游戏数据分析师所要代表的3种角色。在下面的阐述中，将围绕这3个角色定位展开。

如图1-9所示，我们看到一个游戏数据分析师扮演的角色和从事的内容是非常多元的，既要扮演玩家、分析师、策划等角色，同时又要懂得诸如经济学、营销和统计等知识。这点不同于我们认识的常规数据分析师，数据分析师在成长的过程中要不断了解业务，但是业务理解能力的提升，是需要更加深度和广泛地涉猎和学习，这点在游戏数据分析师的成长过程中是极为关键的。游戏数据分析师要具备自身业务以外更多的知识和理解能力，简单来说，在具备内在的方法论的同时，知识体系和内容的丰富性决定了在游戏数据分析师后期发展的高度。

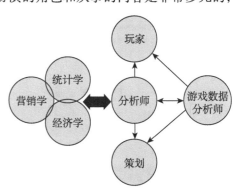

图 1-9　游戏数据分析师的角色定位

1.4.1　玩家——游戏用户

玩家的任务是运营体验，游戏体验，站在玩家的角度理解游戏，感受游戏乐趣、玩法、体验。

任何领域的游戏数据分析都强调对业务的理解，而业务的理解一般分为两层——微观和宏观。从微观上来说，探讨的是对产品机制和内容的理解，强调自身理解；从宏观上来说，探讨的是对产品存在的环境和外部因素的理解，强调环境理解。

从用户的角度，突出的是自身理解，充分地理解产品自身才有更大的话语权去完成分析。作为玩家的分析师，大致需要具备以下的能力。

❏ 版本及运营刺激深度理解。
❏ 运营策略及方法研究分析。
❏ 反馈建议收集，掌握用户。
❏ 用户研究（价值及分类）。
❏ 渠道平台特征分析。
❏ 运营总结分析（KPI 衡量）。

在以上的内容中，我们看到有关于运营策略及方法的内容，也有关于用户研究的内容，其侧重点是分析师要从用户的感受和实际体验出发，具备同理心。相对于游戏设计者，从用户的角度看待和分析产品，是任何分析师必须具备的能力。

对用户的深入研究是具体的，对游戏设计的研究是抽象的，反映到用户方面的是具体的美术、体验设计、产品的外在成就、乐趣等，而从产品设计角度反映的是游戏核心机制，基础的解题模式。在体验游戏时，是从具体逐步走向抽象，不断理解游戏创造的世界观，核心诉求。产品设计在用户导入的初期，是不断向用户推销游戏的玩法和内容的过程，即所谓的新手教程等。

如上述所提到的，对于用户来说产品就是具体的，对于设计者，产品就是抽象的。如何将抽象具体化，将具体抽象化，都是判断游戏成功的标准。如果我们非要从数据层面来看，例如初期用户的留存率、生命周期长度和价值等，这些数据指标可以来评判产品是否成功。当然，这种方式是最为直接的产品素质反馈。然而，产品的形态不同，数据表现也是不一样的，例如，策略类型游戏就比卡牌类型游戏的付费周期更加长久和滞后，所以在首日或者首周付费方面的表现不一定相同。

作为一名玩家，同时也是分析师，需要非常客观理解游戏、体验游戏，并非作为游戏的设计者去试图认为用户就是这样。例如，在移动游戏市场，如果开发游戏时基本上是在 PC 上完成的，当我们测试游戏登录或注册模块的流畅度时，会发现在 PC 上，基本上在 5 ～ 10s 就可以完成，但移动游戏的场景更加复杂，比如在地铁站、公交车上，用户的登录或注册输入的成本非常高，主要的原因如下。

- ❑ 受限于网络，用户在移动终端登录或者注册的响应比在 PC 上更加漫长，PC 具备稳定的场景和网络条件。
- ❑ 信息输入方式发生本质变化，移动设备要依托手指完成输入，而 PC 依托键盘快速完成，二者的输入成本完全不是一个水平。
- ❑ 开发环境的制约，使得开发人员的多数功能设计、视觉设计和体验设计都是基于 PC 屏幕完成的，一旦部署在移动设备，屏幕变小后，诸多的适配、体验问题纷至沓来，这是因为没有在用户的实际使用和游戏场景中体验过而造成的。

总结起来，作为游戏玩家且作为分析师要有 3 个方面的重要能力，如图 1-10 所示。

有关产品运营策略及方法的理解在此处不做过多的解释和说明。本节就产品体验分析进行初步的总结。体验分析从来就不只是 UI/UE 设计师的独门工作，作为游戏数据分析师，必须具备对产品体验的敏感性和专业性，从体验中折射出来的问题往往直接代表用户面临的问题，然而这方面却是诸多分析师最容易忽略的地方，无法有效确立指标，且难以衡量，导致了在影响留存率、用户转化最关键的区域没有被重视。

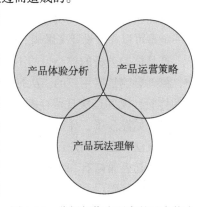

图 1-10　分析师作为玩家的三大能力

对于面向用户的产品，最重要的就是产品的体验。从用户的角度分析。首先就要深度进行体验分析。对于一款游戏而言，需要不断总结符合评估规范的游戏体验要素。例如，对于移动游戏而言，基本的体验要素分析包括如下内容。

- ❑ 注册模块。
- ❑ 加载模块。
- ❑ 输入法调用。
- ❑ 网络连通性。
- ❑ 文字情感。
- ❑ 弹窗能力。
- ❑ 推送能力。
- ❑ 按钮，UI 设计。
- ❑ 触摸设计。
- ❑ 流畅性设计。

以上所有分析要素都是可以基于数据追踪来完成数据采集和分析的，相比我们在后续章节介绍的标准指标，这些有关体验的数据分析，则是需要更加深入业务场景才能够完成的分析。如同我们在进行网站分析一样，相比提供的内容质量和深度，我们很多时候却忽略了用户的使用和体验环境。Garrett 在《用户的体验要素》一书中曾这样写道："无论用户体验对网站的成功具有多么重大的战略意义，在大多数网站的发展过程中，仅仅'去理解人们所想和所需'这样一件简单的事，都从来没有得到过重视。"

同样，在游戏数据分析方面，我们也在走着同样错误的道路，相比网站分析，其实我们移动游戏市场面临的关于体验的麻烦和问题则更加严峻，因为我们的用户游戏环境（比如地区、设备、网络、系统以及分辨率等）呈现了前所未有的多样化。对产品体验的分析就是要去解决产品环境的综合问题。

关于体验分析的指标追踪，前面也谈到了是需要深入业务场景进行定制和设计。Garrett 从用户体验的角度，把这些有用的指标称为"成功标准"，并赋予了定义："对于驱动用户体验决策而言有意义的成功标准，一定是可以明确地与用户行为绑定的标准，而这些用户行为也一定是可以通过设计来影响的行为。"

产品体验分析的核心目的不是获取新客户，更多的是如何去影响那些已经进行游戏的用户，深刻影响这些用户的二次打开或登录游戏。从这点来说，留存率的存在核心是在检验产品的体验，尤其是次日留存率。但很多时候，很多分析师或者游戏制作人员没有学会走路，就已经开始跑步了，导致基本的产品体验解决不了，用户无法进行游戏。至于游戏运营策略和核心玩法，是在用户已经变成了你的资源的前提下，才可以讨论和分析的。另一点需要说明的是，运营策略有一方面也会对潜在用户在口碑或营销上起到作用，前提是游戏有良好的质量和体验基础。

1.4.2　分析师

分析师的任务是综合各方面的知识，客观运用数据进行理论分析，提供决策方案。

作为一名游戏数据分析师，要完成的工作不仅仅是找出问题、提供方案、评估效果，也要挖掘目前游戏的优点和设计亮点，当然，这几点也是站在运营和设计的角度来理解的，而基础都是数据和分析。

分析师强调作为玩家的能力、策划设计的能力，同时也强调其他的几个方面的知识，例如概率统计学知识、经济学知识、营销学知识、广告学知识、心理学知识和互联网知识等。这些看似和游戏业务无关的领域和内容，恰恰会丰富分析师的综合知识和经验。这在早期对数据分析师职位的规划较少提出，因为数据工作一直以来都在强调分析业务理解能力而没有重视其他学科知识的学习，这会在分析师成长过程中慢慢形成理解和分析的障碍。而从游戏数据分析的工作来说，越来越需要具备这样的知识，深层的业务理解建立在一些基本的认识和理解基础之上，但这些能力的提升很大程度上并不来自于对业务的学习。

例如，从互联网知识中，我们会了解诸如免费、长尾理论等诞生于互联网的内容，在这些内容最初的发展和演进中，我们会了解到这些理论最初是如何被发现的，如何运用的，这一点恰恰会启发我们分析问题的思路。

在谈到分析师的能力时，很多人可能会罗列出以下的内容。

❑ 掌握游戏数据分析体系及指标。
❑ 了解基础统计学的知识及应用。
❑ 掌握一到两款常用分析工具。
❑ 具备各种报告撰写和分析能力。
❑ 提供可行解决方案和评估报告。

以上的内容还是比较分散的总结。真正从发展角度来看，分析师更多的时候需要站在旁观者的角度来分析，但这不意味着不深入业务，所以这里也提到了分析师也要具备玩家和设计的能力。如果从分析师本身出发，可以将分析师的能力做如图 1-11 所示的规划。

1. 专业数据解读

大部分的数据分析师，都是面向业务的，这就决定了在其业务范畴内，在理解业务的前提下，要具备充分的数据解读能力。而每一个行业的专业数据解读都是从基本的指标开始的，这是数据分析师必修的课程。不过，这个阶段的指标必修，旨在要非常清楚指标的定义和原则。如果不了解原则和存在的意义，只记住了指标的标准，是没有实际价值的。

指标的存在是自上而下的过程，通过顶层的目标和需求的设计，将指标逐步分解成为具体的可观测的指标。

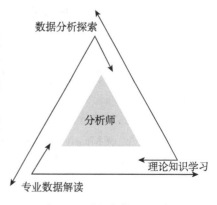

图 1-11　分析师能力三角形

从游戏数据分析角度来说，我们关注的顶层目标和需求如图 1-12 所示。

图 1-12 需要关注的顶层目标与分析需求

在图 1-12 中，比较粗略地组织了从游戏数据分析角度来说需要关注的一些目标和需求，此处是较为简单的向下分解，并最终落实到了具体的分析方向，而此后再次分解，就是具体的指标。对于分析师而言，无论从上而下（即从需求战略向具体分析指标），还是反过来的过程，都需要全面地理解指标、解读指标，了解指标究竟能够代表和分析哪些业务和具体问题。这项能力是在不断成长的过程中逐渐练就出来的。

与此同时，随着分析师的数据分析探索和理论知识学习，专业的数据解读会不断地深入和强化。

2. 数据分析探索

游戏数据分析与其他行业的数据分析不同的是，游戏综合了经济、心理、社会和社交等方面的内容，是一个庞大的数据分析体系。例如，关于游戏内货币的通货膨胀问题，就需要我们通过经济学的角度来解释，并加以分析。再如，有关游戏中虚拟社会的社交关系，需要我们通过社会学的方法和策略进行分析，所以游戏数据分析从来不是一个保守的和按部就班的领域。

数据分析探索的内容较多，一方面可以认为探索源自对数据本身特征和分布的探索，此点更多是就数据本身层面的分析和摸索；另一方面基于一定业务场景，进行一些前瞻性的数据分析，如前面提到的关于游戏社会（公会）和社交部分的探索，就曾经在 Playon 项目中针对"魔兽世界"进行过关于公会的数据分析，并在论文《"Alone Together?"Exploring the Social Dynamics of Massively Multiplayer Online Games》中进行过详细的阐述。该论文指出，公会核心的成员并不会和很多的公会玩家一起游戏，在 30 天中，一个公会中平均每两个玩家游戏时间是 22.8 分钟，然而这一数据在核心成员之间则是 154 分钟。另外，公会核心成员之间彼此联系很紧密，相当于一个核心小组，65% 的公会只有一个核心小组，13% 的公会有两个核心小组，而 3% 的公会有 3 个核心小组。如图 1-13 所示，在针对中型公会的网络分析时有一些新的探索发现。

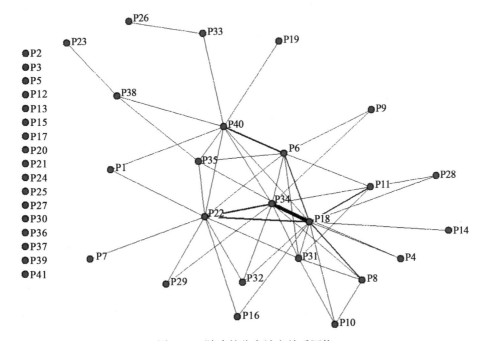

图 1-13　游戏的公会社交关系网络

在某个公会的 41 名成员中，有 17 名成员从未与其他玩家在一个地图中相遇过，而余下的 24 名成员主要是靠一个 8 名核心成员的小组维持较高的游戏活跃度，这意味着这 8 名成员彼此之间的联系时间是非常长的，关系更为紧密。

上述对公会关系的分析，是对社交关系是否会影响游戏流失及活跃度的探索。而诸如此类的对游戏内容、设计的分析有很多，再如在游戏内进行用户聊天记录的文本分析，抓取用户的关键词，及时了解游戏内的动向和用户关心的内容。

在最近几年，游戏数据分析和研究开始逐渐流行，由于游戏产业的特殊性（文化创意领域），同时整个行业更加关注用户获取和用户营销，导致基于产品本身的数据运营和优化并没有得到应有的发展。这一点在移动互联网时代愈发明显，越来越多资金用于营销和用户获取，但是长久以来，在获取用户后，如何精细化经营用户和挖掘价值，却始终没有更多突破。不过，令人高兴的是，在进入 2014 年后，越来越多的游戏开发者，越来越多渠道开始注重留存率、付费率等数据的提升和优化，这已经是巨大的进步了。

然而，从整体形态上我们看到，游戏数据分析的发展还是迟缓的，数据指标体系、方法和思想还停留在早期的端游市场以及页游市场。进入了移动智能时代，数据分析需要更多的探索和变革，因为用户的终端更加多样和复杂，对用户而言，我们提供的移动游戏不再是公平的，有人可以正常打开游戏，有人却不得不面对游戏闪退等问题，虽然用户获取游戏的机会在变大，但是用户的选择性和流动性也在变强，所以谁能更好地提供服务，完善了体验，才会被更多的用户选择。

移动游戏用户比以往任何时候都挑剔和追求体验，因为移动设备本身就是提供体验的平台，这对开发者、数据分析师提出了全新的挑战，所以我们需要进行全新的产品探索、数据分析探索。例如，我们的产品提供符合移动智能设备系统设计规范的UI、体验和服务，而对于数据分析来说，我们将更加注重用户全生命周期的价值、不同设备用户的行为表现、渠道用户的质量和收益贡献、优化投放和调整经营策略。数据分析强调对于业务的理解，不仅仅是对产品业务本身的理解，还有对产品环境的理解，这点在当今的移动游戏领域是非常明显的。就分析本身而言，任何方法理论的诞生，都是在不断解决业务问题的基础上，进一步探索和实践才形成的。

3. 理论知识学习

在数据分析探索一节中提到，探索的依据、探索的挖掘都是要基于大量的背景知识的，如果无法跳出游戏业务本身，站在更加高的角度来审视游戏，则很多分析都无法展开。例如，需要了解游戏中的付费转化率指标。下面结合设计体验和统计学来说明付费转化率的内在含义。

如果从设计体验来看，对付费转化率的分析就是在解决付费环境的问题，即转化率的高低代表了支付需求实现和支付环境的质量。例如，只需要4步就能完成游戏支付，但是实际设计时需要5步才能解决，从这点来说，多了一步支付过程，就多了一步用户的转化流失。

另一个很好说明设计体验的例子如图1-14所示，在一个手机游戏中，当用户购买道具时，用方向箭头的加减方式来确定购买数量，比手动调用输入法确定购买数量方便很多。此外，当我们发现用户对于某一种道具的消耗量确实很大时，则可以默认提供对应需求的道具数量，此时，对于多数用户而言，则是选择默认购买，很少会有用户选择购买9个或者8个，这点设计无形中提升消费数量，并且培养了消费习惯。

从体验设计来看，这种设计避免如图1-15所示的输入麻烦，减少转化步骤，效果自然就会好很多。这个例子可以说明，作为一名游戏数据分析师，你需要站在设计的角度来关心用户，完成你的数据分析。

此外，如果从统计学的角度来看待付费转化率，其实对免费游戏而言，付费只是针对一小部分用户，而这部分用户的付费，在某种意义上是因为他们达到了某些条件，或者到了一个不得不付费的阶段或状态。从概率角度来理解，付费转化率就是一个概率，即在免费用户中，发生付费的概率，这其中就蕴含了一些条件，在这些条件成立的前提下，我们有很高的概率发生付费。

所以，我们很关心用户在什么等级、时间或者任务发生首次付费，这些条件的寻找，就是在不断寻找用户发生付费转化的最大可能性，或许我们发现用户在30级发生付费转化有60%可能性，35级发生付费转化有80%可能性，通过一系列的数据探索，不断优化我们的分析结果和最终结论。这些不是仅知道游戏业务就能确立的分析角度和思考方式，还需要更多的概率知识。

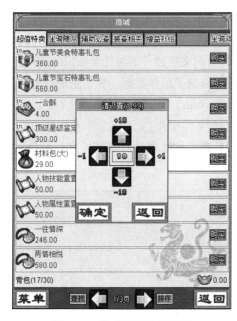

图 1-14　游戏道具购买界面　　　　　　图 1-15　移动智能设备输入法界面

通过以上案例，我们了解理论知识对于从事游戏数据分析工作的作用。游戏的确是一个包罗太多领域的产品，因此对数据分析师的要求就更加全面。前面我们只提到了设计体验、概率学，其实还有很多的内容是需要我们了解的，如图 1-16 所示是需要我们了解的内容。

除了以上的内容，还有其他的知识需要学习。总体来看，在这些知识领域中，我们主要要探究的是以下两点。

（1）问题分析的思路及方法

其他领域的问题分析和解决方案会最大程度帮助游戏数据分析师建立和完善方法论，以便可以从不同的角度剖析问题，提出解决办法。因此，如果仅仅局限在游戏业务内寻找办法解决，往往得不到答案。在这方面，笔者自身的经验十分丰富，例如互联网经济时代诞生的众包、免费、长尾理论，都是基于一些数据和思想方法而发现或者发展的理论，而这些理论或内容都将在游戏领域发挥巨大的作用。

图 1-16　需要掌握的理论知识方向

（2）跨领域知识的运用实践

游戏数据分析的发展，其实还在起步阶段，从行业来看，我们还没有真正借鉴数据走向精细化运营。在这条路上，还有许多需要了解和学习的知识，如贝叶斯理论在游戏领域的应用、产品生命周期的管理、用户生命周期的管理、游戏用户 CRM 系统的建立，包括跨运营平台游戏的用户深度营销、推送和评估分析等，这些都需要我们不断探索。伴随大数据技术的不断进步，带动了各行各业进行有效的数据管理和加工，并且深入影响了用户和产品的运营，游戏中也应用了大数据技术、数据挖掘技术、广告技术，开始了全新的数据运用。此处，我们以 playon 项目对于"魔兽世界"升级时间的分析为例来阐述一下统计学知识的应用。

"一些玩家的升级速度很快，这些极端数据可能影响了总体数据。为了更清楚地认识这些数据，我们计算玩家升级速度的标准分（normalized scores）Z 分数，计算公式如下。

$$Z 分数 = (X - 平均分) / 标准差$$

如图 1-17 所示，大部分玩家的升级时间确实是在平均数附近。在转换成标准分后，从 1 级到 60 级的平均时间是 15.3 天，中位数是 13.9 天。"

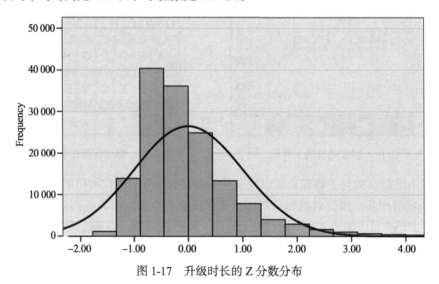

图 1-17　升级时长的 Z 分数分布

在这个例子中，首先强调的是业务理解，其次就是方法的运用。另一个例子就是很多人都会提到的 ARPPU（游戏总收入 / 游戏总付费用户数），很多时候，该指标被拿来衡量用户付费能力，但是经过仔细的分析会发现，游戏中有超过 70% ～ 80% 的收入是由 20% 甚至更小比例的鲸鱼用户（大额付费用户）贡献的，只是这部分用户占据游戏付费用户的比例非常低。此时，更多的付费用户则是"被平均"了。从根本上说，很多的数据分析师和指标的使用者在并不了解其背后的算术平均数使用时需要注意一些问题和使用限制。所以，我们需要懂一点儿统计学。同样，需要了解更多的其他行业的知识，并了解如何运用和发展。如果你学习一点儿统计学知识，你会发现，例如众数、中位数和几何平均数都是一些可以大胆使用的方法。

游戏数据分析也要借鉴电商的转化率和订单分析，网站的流量分析，购买消费中购买决策分析等，这些内容经过加工后，在游戏方向会有很好的应用场景和价值。

1.4.3　策划——游戏设计者

游戏设计者的任务是从游戏设计的视角审视游戏机制和内容，分析产品的深层次问题。

作为一名游戏数据分析师，要担当的一个角色就是"游戏设计者"，这里的游戏设计者并非是一个真正的游戏设计者，而是需要具备基本的游戏设计的理论基础和能力，因为这一点有助于开拓分析思路和维度。例如，在进行等级分析、任务关卡分析、虚拟道具消费分析、UI/UE 分析等时需要这些知识。

按游戏公司自身的职能划分，可将其称为数据策划，注意不是数值策划。目前多数分析师被划分在运营体系中，然而，一款游戏的数据分析对游戏方向的干预，仅从运营层面去实施，效果和质量显然是有限的。这也是为什么多数的游戏数据分析师在多数企业中找不到认同感和实现价值的重要原因。有一个观点是大家都认同的，那就是作为一个数据分析师，所有建立的分析和方案都要和业务紧密结合。因此，作为游戏数据分析师，首要的任务就是深入了解游戏，以设计者的角度，去看待一款游戏，深入理解和掌握游戏设计的优点和弊端。

在此，我们对数据策划需要完成的工作做了以下的规划和设计。

❑ 理解游戏核心玩法。
❑ 游戏体验设计原则。
❑ 游戏类型设计原则。
❑ 游戏消费设计原则。
❑ 游戏等级关卡设计。
❑ 制定业务指标体系。
❑ 设计问题解决方案。
❑ 数据进行版本规划。
❑ 竞品游戏学习调研。

数据策划是在深刻理解游戏的基础之上，根据游戏的设计情况以及每个版本的情况，利用数据进行分析，最终提供策划和改进方案。当运营体系数据不足以支持深度的产品分析需要时，就要运用更多的游戏设计知识来开拓分析思路。当然，提出数据策划的意义是，未来数据分析师将能够真正地发挥分析作用，提供方案和效果分析，最后进行改进。

提出数据策划的另一个核心原因是，每一类游戏的设计和数据分析的维度都是不同的，在深入了解游戏的设计和核心机制后，制定数据指标就相对轻松很多，这也为游戏分析师发现问题、解决问题提供了思路。

因此，从这个角度来看，应该把分析师称作数据策划。这个角色在游戏的每个时期都扮演重要的角色，无论是产品刚刚进入封测，还是上线公测，抑或是未来的商业化运营，都发挥了巨大的作用。如果面向业务的游戏数据分析师无法对业务发展和运营提供决策指导，那么就无法发挥最大的价值，最终只能完成常规的数据报告和运营数据整理。和业务的结合，意味着游戏数据分析师要有数据探索能力，发现深层次问题的能力，并有提出具有指导意义的方案的能力。

认识游戏数据指标

无法衡量，就无法改进。

游戏数据运营在近几年不断被提及，数据运营不仅需要方法论的指导，还需要结合业务的数据指导、技术的开发等环节来完成。如果说早期的端游对游戏数据运营是种启发，那么在页游时代随着产品逐渐互联网化，更重视用户反馈和体验，关于用户的经营，流量获取的数据运营达到了一个新的阶段。这几年移动游戏市场的爆发，使得游戏数据分析变成每一个从业者都必须修炼的功课，如今游戏行业逐步进入到了一个数据说话的时代。在这个时代中，对于每一位从业者，不见得都通晓游戏数据分析，但是却需要每位从业者去了解基本的游戏数据指标，因为它是进入这个时代的基本沟通语言。

本章将就"基本沟通语言"，即游戏数据指标，进行详细的介绍，也将就几种方法论做进一步的阐述。

2.1　数据运营

早先一位腾讯的同仁这样表达过对于运营的理解：

"通俗意义的运营，就是要为产品和用户提供增效服务，进一步完善加强目标用户对产品的认知。"

把数据作为运营基础，把用户作为运营中心，把市场作为运营导向，这是精细化运营一直倡导的 3 点。而其中的数据化运营又是关键的一环。

从数据的角度解释运营，我们可以理解为运筹和经营。

❑ 运筹：发现解决问题，提供最优解决方案，以进行最有效的管理。

❑ 经营：部署制定目标，战略决策活动，解决发展方向，具有全局性和长远性。

游戏作为创意产品，核心在于人的设计和创造，这也是产品的核心竞争力。但通常我们认为，游戏数据在游戏研发出来进入市场后才发挥作用。实际上，在产品立项或者创意阶段，游戏数据就已经发挥了非常重要的作用。首先，我们阐述一下游戏数据在创意阶段的作用。

当我们要开始研发一款游戏时，以下几件事我们肯定要关心。

❑ 什么类型产品。

❑ 什么题材合适。

❑ 行业数据表现。

要把握好这几件事，我们需要提前了解一些数据，并修正产品的立项方向，例如什么题材、什么风格、什么类型和自身优势等。如果我们发现国内市场用户对于希腊题材的认知度不够高且收益不佳时，就不会将新游戏的题材选择为希腊神话，尽管我们可能很擅长这个题材，但很多时候产品要受到市场用户的成长制约。

移动游戏产业的发展使得创业门槛进一步降低，使得大家获得相对公平的机会，只要公司开发出一款优秀的游戏就会不断获得用户的欢迎，并成长为明星公司。然而，如果作为创业团队，并不了解这个移动游戏市场，不清楚自己的项目究竟是否存在机会，则很容易失败。进入移动游戏市场，我们是被用户消费的，因此我们需要了解用户，找到潜在需求。在以前的 PC 游戏市场，这似乎并不是特别突出，因为用户的游戏选择空间很窄。然而，在移动市场内容丰富，足够用户去选择符合自己兴趣和内容的产品，从早先的不可移动的游戏产品，变成了现在随身移动的产品，需要通过数据和分析来了解用户、分析市场。

当然，仅仅依靠数据是不能草率做出决定的，还要基于很多方面的考虑。每一款跨时代的或者影响后续一个时期游戏研发思路和方向的产品，都要大胆创新，一如早期从付费游戏转变到免费游戏时代，就是不断地对游戏用户和互联网免费经济进行挖掘和思考后才出现的。

分析移动游戏近几年的发展，我们已经看到，在早期的冰点或者限免促销的移动游戏中，很多已经选择免费游戏模式，当然这种大的格局变革不是每时每刻都在发生。总体来说，在产品初期我们需要数据，这既是顺应潮流，把握方向，更是从数据中挖掘更多的价值，放开视野。这也是数据运营的一部分。

在产品进入运营期后，游戏数据分析则更加重要，它可以辅助决策产品的战略方向，进行运营策略的调整、优化和改进产品等。

2.2　数据收集

2.2.1　游戏运营数据

在第 1 章中，我们对完整游戏数据分析的过程做了讲解，第一步是非常重要的，就是要对我们分析的业务充分理解，才能够进行后续的工作。对于游戏而言，从运营角度理解，注重关注用户的营销，用户的经营，我们将游戏数据进行了如图 2-1 所示的分解。

（1）基础统计

解决用户从哪里来、活跃度、收入等情况，是对于宏观质量和运营情况的描述，这一点也是我们耗费时间和精力最多的部分。本章对数据指标的讨论多数是在基础统计分析维度上进行的。作为数据分析师，对这部分数据的驾驭能力是最基本的考验。

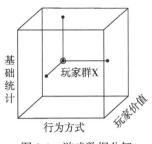

图 2-1　游戏数据分解

（2）行为方式

如何针对目标用户群，根据用户的行为进行分析，扩展及保留用户群，提供服务满足用户需求，刺激收益增长和提升活跃度。

（3）用户价值

所谓高价值用户群，就是重点运营的目标用户群，将用户作为运营的中心，尽可能地挖掘用户的潜在价值，并通过对用户的维系，提升用户规模和收益。

2.2.2　游戏反馈数据

以上的分解是从运营分析数据的角度进行的，除了上述的分解方式，还有另一种通过游戏反馈确定数据的方式，此种方式关注用户对游戏的体验，如图 2-2 所示。

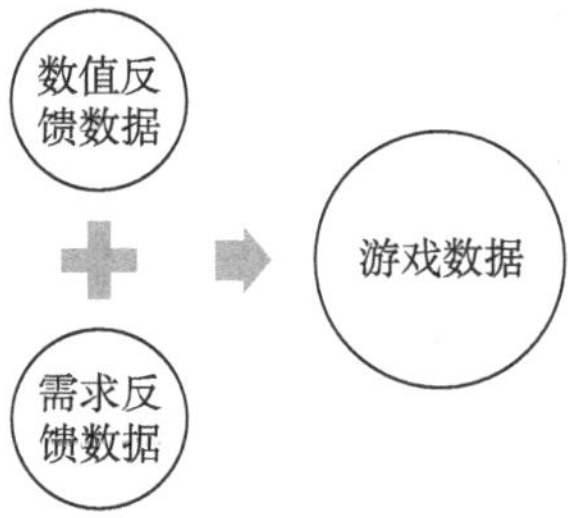

反馈数据主要分为两大类，即数值和需求。

（1）数值

游戏本身是一个通过数值构建的虚拟社会，整体的运算逻辑是基于数值的，因此和游戏内容相关的数据都属于数值反馈数据，例如用户的关卡、等级和注册转化等就属于此类数值反馈数据。而这类数据的优化和改善从根本上提升游戏的体验，进而降低用户流失率，提升用户量。

图 2-2　游戏反馈数据

（2）需求

在构建的虚拟社会中，通过游戏为用户创造很多的需求，典型的就是消费需求，尤其是在目前免费游戏盛行的情况下，最大限度激发用户的消费能力和游戏内容透支能力，因此，掌握用户的需求反馈数据会帮助开发者优化游戏，进一步提升游戏的收入。

2.2.3　收集方式

目前在游戏数据收集方面主要有两种模式。

（1）客户端

依靠在客户端中植入 SDK，将收集到的数据自动上传至服务器。此种方式多数采用第三方数据分析服务的 SDK 来完成，比如 TalkingData Game Analytics、Kontagent、Flurry 等。

利用此种收集方式，开发者不需要进行复杂的业务数据归纳，按照 SDK 接口完成接入调用，通过在 Web 端提供的分析系统，完成大量的数据分析工作。使用此种方式的优点在于，省去系统开发时间，标准数据定义和接口设计，可以和行业数据进行对比。同时，对于部分较为复杂的分析，诸如用户分群、营销推送、多维数据钻取分析等，可以通过这些平台较为轻松地完成。当游戏公司开发或者运营多款游戏时，此种方式最大程度上对游戏数据进行了标准化，因此可以花费很短的时间来进行大量游戏项目数据的平台集成和基础数据分析，从而避免了因为每款游戏的数据结构不同而造成了数据分析系统的二次或者多次开发，以及仅仅为了对接一款游戏的数据而设计一个定制的统计数据分析系统。

（2）服务端

服务端的数据收集多数通过游戏日志或数据库来完成。这种数据收集方式对于移动游戏而言是残缺不全的，因为移动游戏的大量行为是在客户端触发的。如果目前移动游戏使用服务端数据收集方式，则很难统计和定位用户的游戏时长、终端异常情况和网络情况，尤其是对于单机游戏，基本很难完成数据收集分析，因为单机游戏多数是没有服务端的。

服务端的数据收集和分析要求团队对游戏数据有明确的需求和规划能力，且通过服务器端建立的数据分析系统并不具备复用能力，因为每一款游戏有独立的服务器端，并且其数据表结构都不同，在游戏数量增加后，随着每款游戏的不同服务器端有更多数据表结构出现，我们很难有更多时间和精力根据这些结构特性去完成对每一款游戏的分析系统的建设。

对于移动游戏而言，无论使用 SDK 接入，还是服务端统计，其数据准确度都是相对的。以 SDK 为代表的统计分析，可以大量完成客户端信息的上传和分析，而服务端受到网络等因素制约，用户信息无法上报时就会被舍弃。所以，不存在 SDK 接入统计就一定不准确，服务端统计就一定是准确的说法。

2.3　方法论

做游戏数据分析，掌握方法论是关键。方法论是解决若干业务问题而抽象的思路，代表的是基础解题模式。在第 1 章中，对方法论已有阐述，本章就游戏数据分析发展过程先后提出了不同的方法论并进行介绍。目前业界有两种方法论，代表性比较强的是 TalkingData 提出的 AARRR 方法论，以及由盛大倡导的 PRAPA 方法论。两种方法论都是着眼于用户的生命周期，但同时也是基于投入回报的目标而分别构建的体系。在后续的 2.4 节中，我们将以 AARRR 模型为代表的指标体系，做进一步的解读和分析，本节将就两种方法论进行讨论。

之所以两种方法论不约而同选择投入回报作为目标，主要原因有以下几点。

1）投入回报是营销和运营的本质。

2）游戏要通过营销来不断获取用户和经营用户，最终实现收益和用户量的转化。从这个角度来说，我们需要投入资金去推广和营销，实现流量的转化，而流量的最终变现是给予我们的回报。

3）投入回报是一个完整的商业逻辑。

2.3.1 AARRR 模型

如图 2-3 所示，AARRR 是由 Acquisition、Activation、Retention、Revenue、Refer 几个单词缩写构成，分别对应一款生命周期的 5 个重要过程，即从获取用户，到提升活跃度，提升留存率，并获取收入，直至最后形成病毒式传播。

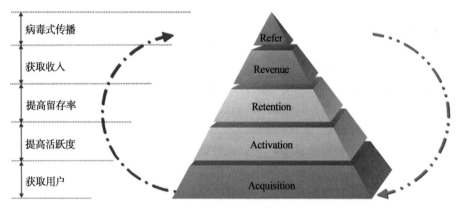

图 2-3　AARRR 模型

AARRR 模型串联了用户转化、运营阶段和指标体系的内容，形成一套完整的方法，用以在营销、优化、运营等方面发挥作用。

AARRR 模型指出了移动游戏运营两个核心点。

❑ 以用户为中心，以完整的用户生命周期为线索。

❑ 把控产品整体的成本 / 收入关系，用户生命周期价值（LTV）远大于用户获取成本（CAC）就意味着产品运营的成功。

移动游戏的运营会经历如图 2-4 所示的从投入到产出的循环过程。

❑ Acquisition，用户获取（投入）。

❑ Activation & Retention，用户活跃及留存。

❑ Revenue，用户转化（产出）。

❑ Refer，用户传播价值。

1. 获取用户

运营一款游戏的第一步，毫无疑问是获取用户（Acquisition），也就是推广，从不同的地方引入更多的用户。如果没有用户，就谈不上运营。

获取用户是业务的投入期：运营者通过各种推广渠道，以各种方式获取目标用户；通过时间、地域、版本和推广渠道等不同维度来拆解分析新增、总数及增长率，组合各种维度来分析营销渠道的用户获取效果以及目标用户分布；对各种营销渠道的效果进行评估，从而更加合理地确定投入策略，最小化用户获取成本（CAC）。如图 2-5 所示。

传统较粗犷的数据运营通常只会关注用户数量这个层次，而实际上除了关注用户数量之外，

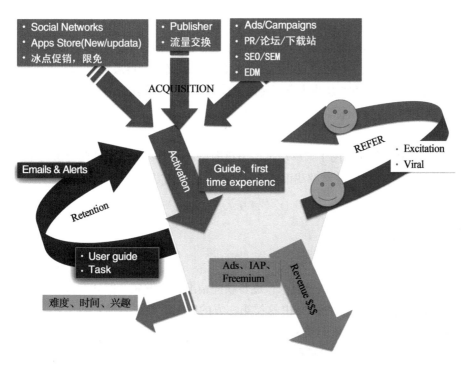

图 2-4　AARRR 模型的循环过程

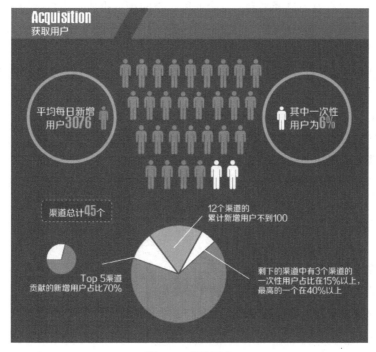

图 2-5　获取用户

对于运营者来讲，其实用户的质量更为关键。AARRR 模型指出了一条精细化数据运营的定律，就是 LTV（用户生命周期价值）>> CAC。也就是说，在投入成本获取用户后需要着重关注和提升用户在整个生命周期中所创造的实际收入价值，从而确保获得最大的 ROI。

AARRR 模型体系将重心从成本方面转向价值方面，在提升用户生命周期价值过程中给出移动游戏应当关注的重要指标。

（1）推广渠道

有关推广渠道，此处引用了"移动推广渠道图谱"的内容，笔者在此处进行了整理和加工。此处所列举的内容并非移动游戏市场的全部推广形式和方法。

❑ 广告网络

计费方式：CPA 和 CPC。

优势：流量较大，成本可控。

劣势：作弊风险，质量堪忧。

总评：监控成本高，用户质量复杂，逐步朝向精准方向发展，部分广告网络拥有较强的 DSP 能力，同时随着 TalkingData DMP 这类第三方的数据管理平台的发展，进一步带动移动广告行业的发展，未来 ROI 依旧是关注的焦点。

随着移动设备的普及，广告平台上广告投放得越来越多，方式也越来越丰富，如 Banner、插屏、积分墙和视频积分墙等。另外，在 iOS 方面，积分墙慢慢成为冲榜的主要手段，成本也越来越高。因此，要有效地选择平台，结合时间、空间精准投放，为自己的产品带来更好的用户量。

❑ 第三方电子市场

类型：手机助手（360）、手机厂商商店（小米）、运营商商店（联通）、第三方市场（安智）和其他渠道（网易）

计费：CPC、CPA、CPT，现在多数市场渠道采取联合运营即 CPS 模式。

优势：用户质量较好，流量稳定，维持部分运营及优化工作。

劣势：此类市场渠道高达几百家，维护成本较高。

总评：用户主要的下载游戏方式，游戏用户的主要获取渠道，直接、真实，拥有良好的位置、推荐等都会影响到产品的下载和用户规模，但核心还是产品的素质。

❑ 厂商预装

计费方式：CPA、预装量。

优势：设备出货量控制，成本低。

劣势：用户质量复杂，精准度很低，转化效果较差。

总评：资金需求较大，普通开发者无力承担，非首选方式。

❑ 水货刷机

计费方式：CPA。

优势：用户量大，效果快速明显。

劣势：质量无法保证，手机被重新刷机或清理删除。

总评：与厂商预装类似，质量无法保证。

❑　资源互换与限免

方式：与具有用户量的应用进行推荐位置互换，限免主要是在 iOS 平台作为推广手段使用，与换量模式相同，限免也是在成本方面有较大优势。

通过体验报告、限免通知和应用推荐等手段获取用户的"应用推荐"，往往会使一些小众的平台获得比较好的效果，在一定时间内会带来新的用户。

例如，在 2014 年我们看到了移动金融领域与移动游戏的跨界合作，招商银行的"掌上生活"开启了通过 9 积分活动，兑换《刀塔传奇》的游戏礼包。

优势：流量置换，效果质量较好。

劣势：流量不稳定，维护监控成本较高。

总评：精准的置换和资源优化是此类推广做到最佳的关键。但是，现在都面临着用户质量的问题，整体效果大不如前，但仍有小部分效果还不错，可酌情选择使用这种推广方式。

❑　iOS 越狱

类型：助手（PP）、社区（威锋网）。

计费方式：CPT、CPA。

优势：质量优质，版本更新速率较快。

劣势：成本较高。

总评：用户资源丰富，质量较高，是测试及推广的重点选择。

❑　刷排名

计费方式：排名位置。

优势：较高排名，提升曝光度，带动自然下载，用户质量较好。

劣势：下架风险。停止刷排名，则排名下滑迅速。

总评：该方式目前基本不再采用，取而代之的是通过积分墙，提升游戏的排名，获取更多用户。此法主要聚焦在 iOS 平台。

❑　媒体推广

计费方式：CPC、CPT。

优势：质量较好，短时间带动大量下载，短时间形成曝光，具有话题性和流行性。

劣势：应用用户量有限，广告的展示曝光受限，则效果降低。

总评：体验较差，无法持久。媒体投放推广包括媒体软文、测评和新闻稿推广等手段，都是品牌推广的方式。适当的媒体推广，能够很好地将产品与用户维系在一起。此外，传统媒体、电视广告、微电影和视频等端游推广模式，现在也逐渐被重视。

好的媒体投放，从产品预热到后期产品充电都会发挥很重要的作用。

❑ 社交推广

方式：利用微博、微信、论坛和社区等手段进行推广，包括微博大号营销、草根炒作等手段。

优势：推广成本极低，却可以高效传播。

劣势：宣传效果较好，但不是最佳的获取用户方式。

总评：社交推广对于产品的宣传提供较大的帮助。在海外地区，多见于大量游戏借助Facebook的社交属性，推广了很多成功游戏。同样，在2013年，《疯狂猜图》借助微信进行广泛的传播，并得到较好的效果。在游戏中，我们常见有将Facebook或者微博账号内置到游戏中，引发好友参与和用户分享。

移动游戏的推广也在不断地变化和发展，例如和院线合作的端游化的推广、明星代言、品牌广告、异业合作以及精准广告。值得欣慰的一点是，随着移动广告的发展，以及游戏数据不断被重视，移动游戏的每一个推广都会进行监测和转化分析，相关的AdTracking（广告追踪）技术不断发展，而后如DSP、DMP等平台也相应出现，为未来的游戏推广增加更多的空间和机会。

谈到了游戏推广，就不能避开广告形式，下面就部分广告术语做简单解释，从用户获取和转化分析角度进行阐述。

（2）广告术语

❑ Banner Ad

中文：横幅广告。

备注：出现在网页、应用程序内的广告，如在页面的顶部、底部和侧边，是最常见的网络广告形式。

❑ CPM

英文：Cost per Thousand Impression。

中文：千人成本。

备注：广告每显示1000次（印象）所付出的费用。CPM是评估广告效果指标之一，在移动游戏营销方面，一般在产品测试或者运营初期选择该方式，在产品稳定运营后，会有选择地进行CPM。

❑ CPC

英文：Cost per Click。

中文：点击成本。

备注：每次点击付费，根据广告被点击的次数收费，是Banner Ad、插屏广告等采用的计价方式，是评估广告效果指标之一。点击意味着用户有兴趣，着重显现广告内容对于用户的吸引力。部分移动游戏采取了该种方式进行推广。

❑ CPA

英文：Cost per Action。

中文：行动成本。

备注：每次完成行动所付出的费用，根据每个用户对网络广告所采取的行动收费的定价模式，不再限制广告投放量，回应有效的动作则是计费依据。在移动端，按照用户实际激活（比如用户打开了移动应用）作为计算标准居多，当然注册结算也是很多移动开发者的选择。目前的积分墙采用的是此种结算模式。从 CPM、CPC 到 CPA 的演变，广告更加追求精准有效投放，投放用户基数变大，转化率在提升，价值也在不断变大。移动智能设备的普及，使得我们可以通过设备更加精准地描述一个人，这也为精准广告提供了可能。

❑ CPS

英文：Cost per Sale。

中文：订单付费。

备注：实际有效的订单，进行比例计算（如某款游戏选择与 A 渠道联合运营，A 渠道可以从有效订单中获得 30% 的收益，而开发者或者发行公司可以获得剩下 70% 收益）。应用市场及助手（例如 360 手机助手）如今均采取该模式，通过联合运营，渠道市场通过自有的流量和用户不断转化付费和订单，开发者从收益中按比例支付渠道收益。

❑ CPT

英文：Cost per Time。

中文：时长付费。

备注：部分广告位的结算方式，渠道的某些推荐位也采用该模式。该模式也是获取自然用户的一种方式，通过曝光度来吸引用户。它是产品运营的初期和稳定期均可采用的模式。

❑ CPI

英文：Cost per Install。

中文：安装成本。

备注：每一次安装收费。厂商预装采用该模式，无须考虑用户是否激活所安装应用。从某种意义上来说，我们可以认为这是 CPA 的一种形式，Action 可以是激活、注册，也可以只是完成安装。

❑ RTB

英文：Real Time Bidding。

中文：实时竞价。

百度百科解释："是一种利用第三方技术在数以百万计的网站上针对每一个用户展示行为进行评估以及出价的竞价技术。与大量购买投放频次不同，实时竞价规避了无效的受众到达，针对有意义的用户进行购买。" ⊖

❑ DSP

英文：Demand Side Platform。

⊖　百度百科地址为 http://baike.baidu.com/subview/523283/10122767.htm

中文：需求方平台。

百度百科解释："需求方平台允许广告客户和广告机构更方便地访问，以及更有效地购买广告库存，因为该平台汇集了各种广告交易平台的库存。有了这一平台，就不需要再出现另一个烦琐的购买步骤——购买请求。" ⊖

移动互联网中有成千上万的广告主，简单地讲，DSP 就是广告主服务平台，广告主可以在平台上设置广告的目标受众、投放地域和广告出价等。

目前，国内许多的移动广告平台，都开始发展自己的 DSP 平台。

❑ Ad Exchange

中文：广告交易平台。

百度百科解释："一个开放的、能够将出版商和广告商联系在一起的在线广告市场（类似于股票交易所）。交易平台里的广告存货并不一定都是溢价库存，只要出版商想要提供的，都可以在里面找到。" ⊜

DSP 的实现很大程度上需要有成熟的 Ad Exchange，目前国内 PC 已经有一些成型的广告交易平台，但是移动端仅有 Google，所以国内的 DSP 在很大程度上还不够成熟。

❑ DMP

英文：Data Management Platform。

中文：数据管理平台。

备注：数据管理平台能够帮助所有涉及广告库存购买和出售的各方管理其数据，更方便地使用第三方数据，增强他们对所有数据的理解，传回数据或将定制数据传入某一平台，以进行更好的定位。

Forrester Research 对 DMP 的描述如下。

"整合分散的第一、第二、第三方数据，将其纳入统一的技术平台，并对这些数据进行标准化和细分，让用户可以把这些细分结果导向现有的交互渠道中去。"

关于第一、第二、第三方数据，百度有如下解释。

"从数据服务交易的视角看，第一方数据为服务消费者（例如广告主、媒体方）自有数据，如 CRM 数据、网站访问数据和电商交易数据。第二方数据为营销服务提供者所拥有的数据。而第三方数据为非直接合作的双方（例如 TalkingData DMP）所拥有的数据。"

未来广告主将通过 DMP 数据来详细了解目标受众，以便于更加精准和有效地获取客户、维系客户，并从中获利。

2. 提高活跃度

新增用户经过沉淀转化为活跃（Activation）用户。关于活跃分析，我们比较关心如图 2-6 所示的内容。

⊖ 百度百科地址为 http://baike.baidu.com/subview/1192/10810132.htm

⊜ 百度百科地址为 http://baike.baidu.com/view/7098226.htm

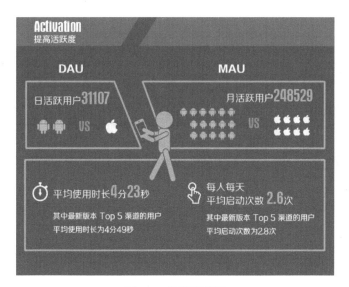

图 2-6　提高活跃度

　　活跃用户的绝对数量低或相对于总用户数量的比例低，说明用户的质量不高，应结合渠道等维度深入分析目标用户群是否准确或者深入分析产品使用是否存在问题。反之，如果很多用户是通过终端预置（刷机）、广告等不同渠道获得游戏，有很高活跃用户量，这并不能绝对说明用户质量高，产品使用不存在问题，还应当结合其他指标深入分析。如果这些用户是被动地进入游戏的，如何把他们转化为活跃用户，是运营者面临的第一个问题。

　　当然，这里面一个重要的因素是推广渠道的质量。差的推广渠道带来的是大量的一次性用户，这种用户就是启动一次再也不会使用的那种用户。严格意义上说，这种用户不能算是真正的用户。虽然从定义上这部分用户也属于活跃用户，但应当格外给予关注。绝大部分一次性用户都是无效的，不能创造任何价值。好的推广渠道往往有针对性地圈定目标人群，他们带来的用户和游戏开发时设定的目标人群有很大的吻合度，这样的用户通常比较容易成为活跃用户。另外，挑选推广渠道的时候一定要先分析受众人群。对别人来说是个好的推广渠道，但对自己的游戏却不一定合适。

　　另一个重要的因素是产品本身是否能在最初使用的几十秒钟内抓住用户。游戏的界面效果、启动加载时间、交互操作体验和用户引导等因素都将对用户的活跃度带来直接影响。

3. 提高留存率

　　解决了活跃度的问题，又发现了另一个问题："用户来得快，走得也快"。有时候，我们也说是游戏没有用户黏性或者留存。

　　我们需要可以用于衡量用户黏性和质量的指标，这是一种评判游戏初期能否留下用户和活跃用户规模增长的手段。从移动游戏推广和运营来看，我们需要关心的就是哪个渠道效果会更好一些，寻找最佳渠道，持续投入，尽可能降低成本，转化更多用户，使渠道从几十个变成最后几个重点维持，这是需要抉择的，留存率（Retention）是手段之一，如图 2-7 所示。

图 2-7 提高留存率

通常保留一个老客户的成本要远远低于获取一个新客户的成本。如何经营用户是关键，但是很多时候我们不清楚用户是在什么时间流失的，于是，一方面不断地开拓新用户，另一方面又有大量用户不断流失。

解决这个问题首先需要通过日留存率、周留存率和月留存率等指标监控用户流失情况，并采取相应的手段在用户流失之前，激励这些用户继续游戏。

4. 获取收入

获取收入（Revenue）其实是运营最核心的一块。

收入增长的因素在移动端愈发明显，例如在 iOS 平台，只支持信用卡绑定 Apple ID 才能支付，这导致了很多人无法完成实际购买，或者操作过于烦琐。

如图 2-8 所示是一种分析付费用户生命周期转化漏斗，和电商的转化率分析过程是类似的，这里只是列举了一种收入分析的情况。

收入有很多种来源，主要的有 3 种：付费应用、应用内付费以及广告。无论是以上哪一种，收入都直接或间接来自用户。所以，前面所提的提高活跃度、提高留存率，对获取收入来说，是必需的基础。用户基数大了，收入才有可能上升。从游戏角度来看，付费转化的设计和收益能力不是具备海量的用户就可以解决的，所以收入分析需要结合更多的数据完成。

5. 自传播

社交网络的兴起，使得运营增加了一个方面，那就是基于社交网络的病毒式传播，这已经成为获取用户的一个新途径。这种方式的成本很低，而且效果可能非常好。唯一的前提是产品自身要足够好，有很好的口碑。

从自传播（Refer）到获取新用户，应用运营形成了一个螺旋式上升的轨道。而那些优秀的游戏就很好地利用了这个轨道，不断地扩大自己的用户群体。品质较好的游戏在经历了种子用户的传播后，会逐渐影响到更多的用户，并形成群体，进而会借助微信和渠道榜单等迅速扩散开来，赢得更多用户的关注，获取更多的自然用户，即非推广的用户群。

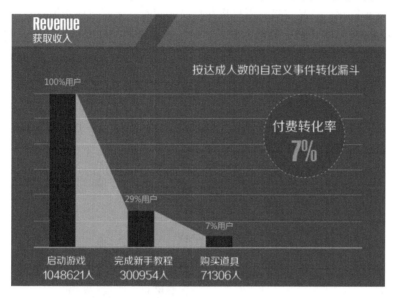

图 2-8　获取收入

6. 三个问题

AARRR 着重解决 3 个问题，如图 2-9 所示。

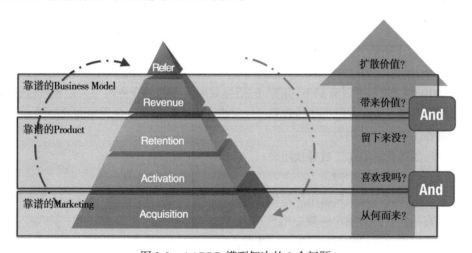

图 2-9　AARRR 模型解决的 3 个问题

（1）靠谱的市场营销

能够完成用户的获取，并最终转化为游戏用户，需要数据衡量数量。

（2）靠谱的产品质量

能否留下用户，产品的体验、内容、玩法是根本，需要数据衡量质量。

（3）靠谱的商业模式

能够促进变现转化，产品在具备用户量和品质的同时，需要数据衡量收益。

如果从 AARRR 模型的转化关系方面看，解决这 3 个问题就是回答用户从何而来，是否喜欢游戏，留下来多少人，多少人为此而付费，是否具有较高的传播价值。这几个问题是一个优秀游戏产品走向成功必须回答的问题。

7. 全局作用

放眼整个游戏业务，数据分析起到桥梁的作用。在游戏研发、营销和运营等关键节点上，游戏数据分析都将提供决策支持。

从几个角度来看待 AARRR 模型的全局作用，如图 2-10 所示。

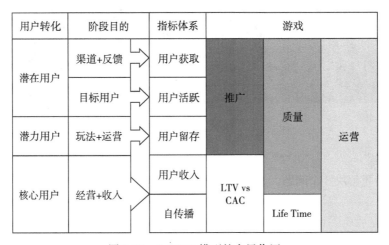

图 2-10 AARRR 模型的全局作用

在图 2-10 中，我们可以看到不同阶段的指标对应了不同的业务需求，以及阶段的运营目标，数据指标起到了监督阶段工作的效果，也完成了对产品整个生命周期内的分析。

（1）潜在用户 – 潜力用户

这个阶段的转化，是在完成寻找用户。

（2）潜力用户 – 核心用户

这个阶段的转化，是在完成用户转化。

（3）潜在用户 – 潜力用户 – 核心用户

全阶段都需要运营的参与，完成用户经营。

2.3.2 PRAPA 模型

PRAPA 模型诞生于端游时代，如图 2-11 所示，其体系围绕在投入和回报层面。同

PRAPA 模型的最大不同在于，PRAPA 模型开始重视社交病毒传播，同时强化分析营销推广的
作用。因为在移动市场中，用户的获取方式从网吧地推、
品牌硬广转变为纯粹的移动端流量，这种方式使我们对效
果的检测和分析变得更加直接和迅速。

1. PRAPA 含义

在 PRAPA 模型中，5 个字母代表的含义如下[一]。

（1）P—Promotion

用户推广，包含用户推广数量以及获取成本。

（2）R—Register

注册用户，Register 是一个宽泛的定义，代表的是首

图 2-11 PRAPA 模型

次登录游戏的用户，在移动游戏中，则代表首次打开游戏的用户。

（3）A—Active

活跃用户，代表登录游戏的用户数，即活跃用户数。

（4）P—Pay

付费用户，为游戏付费的用户，代表收益类指标。

（5）A—ARPU

Average Revenue per User，平均每用户收益，代表用户付费价值。

2. 四个转化关系

1）P-R: 用户数量表现，新登录用户转化成本。

2）R-A：用户质量表现，留存率。

3）P: 用户收入表现，付费转化率。

4）P-A：用户价值挖掘，收益转化能力 。

利用以上的四个转化关系可以完成用户的全阶段转化的跟踪分析，同时每个阶段都会涉
及影响到的因素以及需要重点关注的数据，此处不再详细描述，读者可根据上述转化流程，
自行确定和找出需要的关注因素和重点指标。关于指标的认识和体系解读，我们将结合更加
符合移动游戏市场发展的 AARRR 模型来继续本章内容。

2.4 数据指标

这里将要介绍的数据指标作为游戏开发者、数据分析人员、运营人员、管理层对游戏进
行分析时的参考，其细分指标和根据业务自定义的多种指标此处不再罗列。这里所列指标具
有通用性和扩展性。

这里的数据指标仅为游戏数据分析最具代表性的部分，在实际分析过程中，根据分析维度，可以进行指标深度开发，如收入分析部分可以加入回流用户贡献、持续付费用户贡献、付费留存用户、付费用户流失率、二次付费率和用户付费周期转化等。

作为游戏数据分析师，掌握基础数据指标的定义和使用方法是最基本的要求和职业能力，只有了解指标定义方式背后的逻辑，才能更加清晰地完成业务和数据分析。AARRR 模型的指标体系如图 2-12 所示。我们将从用户获取、用户活跃、用户留存、游戏收入和自传播 5 个方面分别介绍指标的定义、缩写、注意事项，以及解决问题。

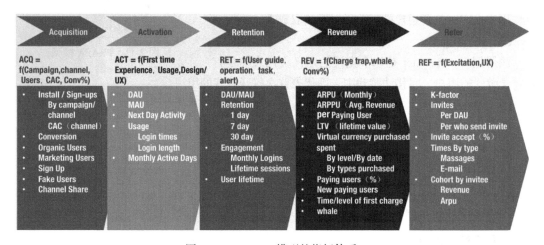

图 2-12　AARRR 模型的指标体系

2.4.1　用户获取

（1）日新登用户数

英文：Daily New Users。

缩写：DNU。

定义：每日注册并登录游戏的用户数。

此处注册为广义概念，对于单机游戏而言，则是首次启动进入游戏的用户，所以对于 DNU 的定义也可以是，首次登录或启动游戏的用户。需要说明的是，在移动统计中，有时候用户也特指设备。

解决问题：

❑ 渠道贡献的用户份额。

❑ 宏观走势，确定投放策略。

❑ 是否存在大量垃圾用户。

❑ 注册转化率分析。

（2）日一次会话用户数

英文：Daily One Session Users。

缩写：DOSU。

定义：一次会话用户，即新登录用户中只有一次会话，其会话时长低于规定阈值。

一次性用户则是在此指标基础上引申的指标，重点关注首登日之后 7 天内或者 14 天再未打开游戏的用户。了解非留存用户的首日行为以及比例，有助于在解决产品导入用户的流程上进行深度优化。

解决问题：

❑ 推广渠道的质量评估。

❑ 用户导入是否存在障碍点，如网络状况、加载时间、客户端崩溃等问题。

❑ 游戏引导设计分析点之一。

2.4.2　用户活跃

（1）日活跃用户数

英文：Daily Active Users。

缩写：DAU。

定义：每日登录过游戏的用户数。

对于单机游戏而言，就是一个活跃用户，而网游则要通过账号注册，形成一个网络游戏账号，才算作一个活跃用户。活跃用户的计算是排重的。

解决问题：

❑ 核心用户规模。

❑ 产品生命周期分析。

❑ 产品活跃用户流失，分解活跃用户。

❑ 用户活跃率，活跃用户 / 累计用户量。

（2）周活跃用户数

英文：Weekly Active Users。

缩写：WAU。

定义：最近 7 日（含当日）登录过游戏的用户数，一般按照自然周计算。

解决问题：

❑ 周期性用户规模。

❑ 周期性变化趋势，主要是推广期和非推广期的比较。

（3）月活跃用户数

英文：Monthly Active Users。

缩写：MAU。

定义：最近一个月即 30 日（含当日）登录过游戏的用户数，一般按照自然月计算。

MAU 变化幅度较小，产品用户规模稳定性来说，MAU 是风向标。但在推广时期，版本更新、运营活动的调整，对于 MAU 的冲击则更加明显。

此外，产品的生命周期阶段不同，MAU 的趋势变化也不同。

解决问题：

❑ 游戏用户规模稳定性。

❑ 推广效果评估。

❑ 总体游戏用户规模变化。

（4）日参与次数

英文：Daily Engagement Count。

缩写：DEC。

定义：用户对游戏的一次使用算作一次参与，日参与次数就是用户每日对游戏的参与总次数。

在进行实际分析时，一般进行游戏参与次数的区间分析，同时，会计算平均游戏参与次数；移动游戏一般建议 30 秒内重复开启记录为一次完整使用；周参与次数即为一周的游戏参与次数总量，一般该指标用于分析分布或者平均值；日平均参与次数计算即日参与次数／日参与用户数。

解决问题：

❑ 参与频率分析，尤其是在上线、版本更新和运营活动等期间，监控该数据，了解用户对产品的反馈，发现异常情况。

❑ 衡量用户黏性，针对不同用户群分析（活跃、新增、付费）。

（5）日均使用时长

英文：Daily Average Online Time。

缩写：DAOT。

定义：每日总计在线时长／日活跃用户数。

关于使用时长，可以分为单次游戏时长、日游戏时长和周游戏时长等指标，通过对这些指标做区间分布和平均计算，了解参与黏性。

解决问题：

❑ 分析产品的质量问题。

❑ 观察不同时间维度的平均使用时长，了解不同用户群的习惯。

❑ 渠道质量衡量标准之一。

❑ 留存即流失分析的依据。

（6）DAU／MAU

DAU／MAU 理论不低于 0.2，0.2×30=6 天，即用户每月至少有 6 天登录游戏，此固定比例也是衡量用户规模的参考。

解决问题：

❑ 游戏人气变化的风向标。

❑ 用户活跃天数的评估。

2.4.3　用户留存

留存率：某段时间的新增用户数，记为 A，经过一段时间后，仍然使用的用户占新增用户 A 的比例即为留存率。

（1）次日留存率

英文：Day 1 Retention Ratio。

定义：日新增用户在 +1 日登录的用户数占新增用户的比例。

（2）三日留存率

英文：Day 3 Retention Ratio。

定义：日新增用户在 +3 日登录的用户数占新增用户的比例。

（3）七日留存率

英文：Day 7 Retention Ratio。

定义：日新增用户在 +7 日登录的用户数占新增用户的比例。

留存率逐渐演变为评判游戏质量的重要标准，在开发者通过此项数据与行业和渠道对比时，统一的计算标准是要重点考虑和关心的。

在关注留存率的同时，也要关心流失率的分析。留存率更加关心的是从用户获取的角度综合分析获取用户的渠道方式是否合理，产品用户规模是否能够增长。而流失率则关心为什么有些用户离开游戏，这可能是在用户获取阶段就存在的问题，但是当游戏存在稳定用户规模后，一个付费用户的流失，却可能让游戏收入大幅下滑。免费游戏不遵循正态分布，而是幂律分析，尤其在收入这类研究和分析上，更是如此。

留存率的计算可以按照统计的时间区间来划定，例如在计算周留存时，计算新增用户周留存则是一周总计的新增量在随后每周的留存情况。同理，月留存也是一样的概念，不过对于月留存来说，在 PC 游戏中更是需要关注的。

理性看待次日留存的作用，它在一定意义上代表游戏的满意度和产品初期的体验效果，不一定就是游戏玩法有多好，或者多么不理想。

上面提到的 +3 日或者 +7 日，意在着重强调，第 3 日和第 7 日的概念。注意，计算留存率时，新增当日是不被计入天数的，也就是说我们提到的留存用户，指的是新增用户新增后的第 1 天留存、第 3 天留存和第 7 天留存，这点是说法上的问题，需要引起注意。

解决问题：

❑ 游戏质量评估。

❑ 用户质量评估。

❑ 用户规模衡量。

❑ 流失：统计时间区间内，用户在不同的时期离开游戏的情况。

（4）日流失率

英文：Day 1 Churn Ratio。

定义：统计日登录游戏，但随后 7 日未登录游戏的用户占统计日活跃用户的比例。

（5）周流失率

英文：Week Churn Ratio。

定义：上周登录过游戏，但是本周未登录过游戏的用户占上周周活跃用户的比例。

（6）月流失率

英文：Month Churn Ratio。

定义：上月登录过游戏，但是本月未登录过游戏的用户占上月月活跃用户的比例。

> **注意** 流失率 + 留存率不等于100%，此处留存率遵循上文定义。

日流失率可根据需求情况进行调整时间区间，例如可以是随后10日或者14日。

流失率是在游戏进入稳定期需要重点关注的指标，如果说关注留存是关注游戏用户前期进入游戏的情况，那么关注流失率则是在产品中期和后期关心产品的用户稳定性，收益能力转化。稳定期的收益和活跃都很稳定，如果存在较大的流失率，则需要通过该指标起到警示作用，并逐步查找哪部分用户离开了游戏，问题出在哪里。尤其是对付费用户流失的分析，更需要重点关心。

解决问题：

❑ 活跃用户生命周期分析。

❑ 渠道的变化情况。

❑ 拉动收入的运营手段，版本更新对于用户的流失影响评估。

❑ 什么时期的流失率较高。

❑ 行业比较和产品中期评估。

2.4.4 游戏收入

目前移动游戏创造收入3种形态如下。

❑ 付费下载。

❑ 应用内广告。

❑ 应用内付费，即 IAP（In-App-Purchase）。

此处重点考虑第3种形态，进行相关的指标说明。以下描述将不分充值和消费，统称为付费。

（1）付费率

英文：Payment Ratio 或者 Payment User Ratio。

缩写：PR 或者 PUR。

定义：付费用户数占活跃用户的比例。

通俗地说，付费率也称作付费渗透率，在移动游戏市场，多数只关心日付费率，即 Daily Payment Ratio。

付费率的高低不代表产品的付费用户增加或减少付费率在不同游戏类型的产品中表现也

是不同的。

解决问题：

❑ 游戏产品的收益转化能力标准。

❑ 用户付费关键点和转化周期。

❑ 付费转化效果评估。

（2）活跃付费用户数

英文：Active Payment Account。

缩写：APA。

定义：在统计时间区间内，成功付费的用户数。一般按照月计，在国际市场也称作 MPU（Monthly Paying Users）。

在手游数据分析中，更加切实地关注日付费用户和周付费用户，主要原因是用户的生命周期短暂，短期付费成为关注焦点。

活跃付费用户数的计算公式如下。

$$APA = MAU \times MPR$$

APA 的构成是值得研究的，手游市场关注新付费用户以及剩下的历史老付费用户，APA一般分充值和消费两部分，此处 APA 是对充值用户和消费用户的统称。

解决问题：

❑ 产品的付费用户规模。

❑ APA 的构成情况，鲸鱼用户、海豚用户、小鱼用户的比例以及收益能力。

❑ 付费群体的价值即整体稳定性分析。

（3）平均每用户收入

英文：Average Revenue per User。

缩写：ARPU。

定义：在统计时间内，活跃用户对游戏产生的平均收入。一般以月计。

平均每个用户收入的计算公式如下。

$$ARPU = Revenue/Plyers$$
$$Monthly\ ARPU = Revenue/MAU$$

即游戏的总收入除以游戏总活跃用户数，一般按照月计。在手游市场一般按照日计，计算公式如下。

$$Daily\ ARPU（DARPU）= Daily\ Revenue/DAU$$

严格定义的 ARPU 不同于国内所认识的 ARPU，国内的 ARPU= 总收入 / 付费用户数。所以，很多时候会强调付费 ARPU，此处有专门的术语叫作 ARPPU。

ARPU 用于产品定位初期的不同规模下的收入估计，也是 LTV 的重要参考依据。

解决问题：

❑ 不同渠道用户质量的判断。

❑ 产品收益贡献分析。

❑ 活跃用户人均收入与投放成本的关系。

（4）平均每付费用户收入

英文：Average Revenue per Payment User。

缩写：ARPPU。

定义：在统计时间内，付费用户对游戏产生的平均收入。一般以月计。

平均每付费用户收入的计算公式如下。

$$ARPPU = Revenue/Payment User$$

$$Monthly\ ARPPU = Revenue/APA$$

即游戏的总收入除以游戏总付费用户数，一般以月计。在手游市场一般按日计，计算公式如下。

$$Daily\ ARPPU（DARPPU）= Daily\ Revenue/Daily\ APA$$

ARPPU 容易受到鲸鱼用户和小鱼用户的影响，分析时需谨慎。

ARPPU 与 APA、MPR 的结合可以分析付费用户的留存情况，对特定付费群体的流失进行深度分析，保证付费质量和规模。

解决问题：

❑ 付费用户的付费能力和梯度变化。

❑ 付费用户的整体付费趋势和不同付费阶层差异。

❑ 对鲸鱼用户的价值挖掘。

（5）生命周期价值

英文：Life Time Value。

缩写：LTV。

定义：用户在生命周期内为该游戏创造的收入总和。可以看成是一个长期累积的 ARPU。

对每个用户的平均 LTV 计算如下。

$$LTV = ARPU×LT（按月或天计算平均生命周期）$$

其中，LT 为 Life Time（生命周期），即一个用户从第一次参与游戏，到最后一次参与游戏之间的时间，一般计算平均值，LT 以月计，就是玩家留存在游戏中的平均月的数量。例如，一款游戏的 ARPU ＝¥2，LT ＝ 5，那么 LTV ＝ 2×5 ＝¥10。

以上的计算方式在理论上是可行的，在实际中我们采取以下的 LTV 计算方法。

跟踪某日或者某周的新增用户，计算该批用户在随后的 7 日、14 日、30 日的累积收入贡献，然后除以该批新增用户数，即累积收入 / 新增用户＝累积 ARPU（LTV）。此种方式可计算该批新增用户在不同生命周期阶段的粗略生命周期价值，此时我们可根据不同阶段的 LTV 绘制曲线，了解 LTV 变化发展情况。

在后续的内容中，将就 LTV 进行深入的探索。上述的 LTV 定义是标准的定义方式，而在实际利用方面，考虑实际的推广营销情况，则会在使用方面有所变化。

解决问题：

- ❑ 用户收益贡献周期。
- ❑ 用户群与渠道的利润贡献，LTV 与 CPA 的衡量。
- ❑ LTV 不区分付费与非付费用户，看待整体的价值。

2.4.5　自传播

自传播，或者说病毒式营销，是最近十年才被广泛研究的营销方法。在自传播中最重要的衡量方式就是计算 K 因子，但就自传播这部分的衡量和计算，目前在国内市场并未受到很大的重视和利用，多数是追求在游戏广告的曝光和展示。下面就 K 因子做简要介绍。

K 因子（K-factor），这个术语并非起源于市场学或软件业，而是来源于传染病学。

K 因子量化了感染的概率，即一个已经感染了病毒的宿主所能接触到的所有宿主中，会有多少宿主被其传染上病毒。

K 因子的计算公式不算复杂，过程如下。

K =（每个用户向他的朋友们发出的邀请的数量）×（接收到邀请的人转化为新用户的转化率）。

假设平均每个用户会向 20 个朋友发出邀请，而平均的转化率为 10%，则 K = 20×10% = 2。

当 K > 1 时，用户群就会像滚雪球一样增大。

当 K < 1 时，用户群到某个规模时就会停止通过自传播增长。

绝大部分移动应用还不能完全依赖于自传播，还必须和其他营销方式结合。但是，在产品设计阶段就加入有利于自传播的功能，还是有必要的，毕竟这种免费的推广方式可以部分地减少 CAC。

移动游戏的社交性从线上发展到了线下，可移动、实时，随设备携带的特点赋予更多移动应用的机会，尤其对移动游戏而言是巨大机遇。早期的端游和页游市场都不具备这样的特点。社交形态主要是以线上为主，病毒不具备移动的特点。而在今天，当我们在公交车、地铁和电梯等场景中都可以充分参与游戏，而病毒性可能就源于对别人手机屏幕的一瞥，从而转化了一个用户。同样，诸如很多的户外媒体，其印象广告则有了更高的转化空间，因为用户可能随时掏出移动设备对着广告页面扫一下二维码。

Chapter 3 第 3 章

游戏数据报表制作

本章所讨论的数据报表，更多是指数据分析师完成的数据日报、周报和月报等。数据报表在经过了指标的规范和体系化，以及标准定义和维度划分后，进行标准化可配置的数据报表设计，直观的可视化输出设计，包括了行为、收入、性能和质量等多种数据。在游戏数据分析方面，除了上述系统级别的设计和输出，也需要人工制作数据报表，因为并非所有系统输出的报告能满足所有需求。在本章你将了解到具体的思路和方法，不会罗列一张详细的运营报表样式。

数据报表制作看似是一项很简单的工作，但却是衡量一个游戏数据分析师水平的重要方面。作为一项每天、每周、每月、每季度以及每年都在做的工作，不是简单的图表和数据堆砌就可以掌握该项工作，一方面要让阅读者理解数据，同时还要考虑阅读者的背景，这是一项极为艰难的工作。本章阐述的内容，就是希望通过数据的层次划分，以及适当的内容解释，完成真正有效的数据报表。

针对数据报表的结构和样式，甚至于该关心哪些指标，已经探讨过很多，本章在简单分析报表的数据构成后，将重点阐述优秀的数据报表该具备哪些要素和内容，掌握方法，切中业务要点，方可做出有效的数据报表。

数据报表属于数据理解阶段的基本分析中的一项，综合了业务理解、指标理解和方法使用等方面，是游戏数据分析师的一项基本能力。基本分析包含如图 3-1 所示的内容。

上图中所提到的几点，在数据报表中要集中体现，

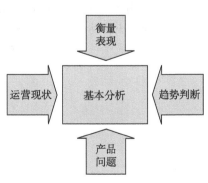

图 3-1　基本分析包含的内容

基本分析都要通过一张数据报表传达到公司的不同角色中。从市场、产品、运营和趋势等方面，要全面反映产品的情况。在数据报表的组织结构中，如图 3-2 所示，运营现状是属于第一层级的，其次是趋势判断，然后是衡量表现，最后则是产品问题。本着从宏观到具体数据，再到问题总结分析的流程来进行报表的制作。

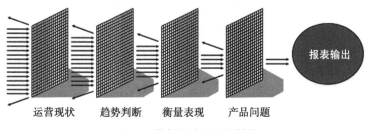

图 3-2　数据报表的组织结构

3.1　运营现状

运营现状是数据报表的重要的组成部分，旨在不同时间和渠道维度下，完成对阶段运营现状的数据汇总和基础分析，全面了解目前业务的情况。对于游戏而言，其数据报表首先要确立大背景，即在什么时间区间和渠道维度（渠道是获得新用户的最关键方式）上进行运营现状的分析。

运营现状的汇总包含如图 3-3 所示的几部分。

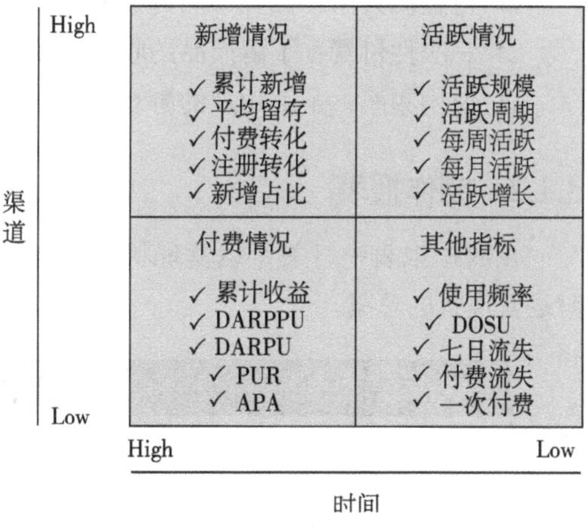

1）新增情况：与营销、推广有紧密联系，可以反映推广质量、数量以及价值。

2）活跃情况：衡量产品质量，有效地获取用户后，根据产品的品质、内容决定是否可以实现活跃的持续增长。

3）付费情况：衡量产品的变现能力，也是考验运营的关键点，并核算投资回报率。

渠道 High	新增情况 ✓ 累计新增 ✓ 平均留存 ✓ 付费转化 ✓ 注册转化 ✓ 新增占比	活跃情况 ✓ 活跃规模 ✓ 活跃周期 ✓ 每周活跃 ✓ 每月活跃 ✓ 活跃增长
渠道 Low	付费情况 ✓ 累计收益 ✓ DARPPU ✓ DARPU ✓ PUR ✓ APA	其他指标 ✓ 使用频率 ✓ DOSU ✓ 七日流失 ✓ 付费流失 ✓ 一次付费
	High　　　　　　时间　　　　　　Low	

图 3-3　运营现状的内容组成

4）其他指标：根据具体产品和业务需求，对部分重点关注的方面制定指标，并及时在报表中进行反馈，面向具体的业务角色而设计。

3.1.1　反馈指标

在每一个组成部分中，我们都需要设计相应的重点跟踪指标，详细情况如下。

（1）新增情况指标

❑ 累计新增用户：了解目前推广和获得用户的数量情况。

❑ 次、7、14、30 日留存：了解获取用户的质量表现，是否为产品的目标用户。

❑ 注册转化率：了解用户在关键转化路径上的表现，此指标为用户进入游戏的第一关。

（2）活跃情况指标

❑ 日、周、月活跃用户：了解目前产品的用户规模，与累计获取的用户形成对照。

❑ 老用户占比（DNU/DAU）：了解核心用户的规模和增长空间。

❑ 活跃用户占比：了解活跃用户的累计发展趋势。

（3）付费情况指标

❑ 累计收入：了解产品收入情况。

❑ 每设备收入：累计收入 / 累计激活设备，了解每台设备平均收益贡献，可衡量成本。

❑ ARPPU：了解每个付费用户的平均的收入贡献能力。

❑ ARPU：了解每一个活跃用户的收入贡献能力。

❑ 付费渗透率：了解产品的付费转化效果，衡量活动影响。

❑ 付费用户：了解付费用户的规模。

（4）其他指标

❑ 一次性用户：衡量新用户的质量，了解渠道流量优劣。

❑ 7 日流失率：了解产品用户的流失情况，控制产品的运营。

❑ 付费流失率：提升不同付费梯度用户的认识，尽早发现流失问题。

❑ 一次性付费：了解产品的收益组成和潜在收益的风险。

❑ 使用频率：了解用户的游戏使用习惯。

3.1.2　制作报表

在数据报表中，关于运营现状的罗列是第一层面的，形式上需要直观。例如，图 3-4 是对运营现状的总览。

图 3-4　运营现状的总览

在图 3-4 中，可以看到对新增用户、累计付费、累计收入都做了明确的汇总，这是了解产品在一段时间的情况的最基本的要求。当然，如果只是在这个层面，则不足以解决问题。对公司的最高决策层来说，这些绝对的数值，其实是缺乏经验判断的。由于缺乏经验型数据的指导，分析师的数据报表就需要在时间维度、渠道维度等方式的组织下，进行对比分析才有意义，例如下面的例子。

1）某游戏本月收入 12 万元。

2）某游戏本月收入为 10 万，环比增长 20%，同比增长 30%。

第二种描述方式可以提升决策层对于数据认识，在对比的前提下，可以了解目前现状，并且进一步减少数据的沟通成本。

类似上面例子，我们将在 3.2 节趋势判断中，重点予以阐述。

除了总览之外，对于关键指标，也需要给出一些概览，当然这部分并不是必需的，因为在趋势判断部分也会涉及这部分内容，在适当和必要的时候可以做阶段的汇总。如图 3-5、图 3-6 所示是对于活跃和收入做了阶段性的概览汇报。

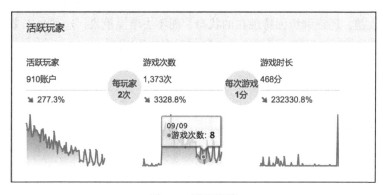

图 3-5　活跃概览

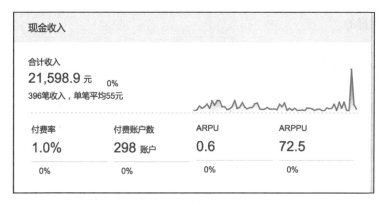

图 3-6　收入概览

概览的展示需要考虑阅读者的感受，直接快速地展示所需要的信息是最关键的，罗列越多的指标，意味着阅读理解的难度越大，无法把阅读者关心的数据和业务快速表达出来。例如，什么时间段、什么业务，怎样的趋势、累计水平、平均水平、增长速度等都是需要规划并在合适的位置展现出来的。如图 3-6 所示的收入数据，是针对一份整体数据报表的一小部分收入的概览，此处就符合上述所说要具备的要素的大部分。

3.2 趋势判断

运营现状的分析是完成对过去的阶段总结，从数据分析的角度，我们期望通过对过去的分析，发现数据规律和产品的节奏，帮助我们在还未发生的事情上提供依据和指导，即所谓的历史经验。此处我们可以借助环比、同比以及定基比的概念去分析产品和运营。

趋势判断分析是通过将两期或多期的连续相同的指标或者比率进行对比分析，进而通过其变化情况，来完成一些基本的判断。例如，未来一个季度我们的收益表现该如何，这就需要参考上一年的同期数据表现，同时还要对比上个月的数据表现，综合判断在接下来的一个季度会表现如何。

从公司的决策层来看，这就是一个投资回报率的问题：是要追加资源获取新的客户，提升用户活跃和收益，还是继续保持现在的状态，而不去增加投入，这些对未来问题的回答需要的依据是过去的特征和发展，同时还基于我们对未来的判断。

3.2.1 关键要素

（1）同比

为了更好地消除数据的周期性或季节性变动带来的影响，将本周期内的数据与之前周期中相同时间点的数据进行比对。例如，今年第 N 月与去年第 N 月相比。

同比分析是数据报表中一项必不可少的要素，主要原因在于，很多人尤其是决策层是没有绝对数的概念的，有对比的数据才具有一定的意义。然而，如果一味地追求对比也存在诸多的问题，使用对比数据，往往也会误导很多人对实际情况的理解，所以绝对数和同比是相互作用、相互促进的。

（2）环比

将本期数据与前期数据进行对比，体现了数据连续性变化的趋势，根据报表的制作周期可以确立日环比、周环比、月环比，例如，今年第 N 月与今年第 N-1 或者 N+1 月相比。

环比分析同样也是重要的报表组成要素，可以帮助团队了解最近时期的一些表现，尤其是当开展了运营活动，诸如增加活跃、增加收入的活动时，其环比的数据将作为重要的效果衡量尺度。此外，环比更加关心的是事件对效果的促进作用，因为相对而言，从分析对比的周期上，时间更加靠近当前时间点，有助于衡量效果的好坏。

（3）定基比

确定一个可对比的基准线，即以某个时期为基数，其他各期数据都可以与之对比，该基准线是公司或者产品发展的里程碑水平，将数据与基准线进行比较，反映产品或者公司的发展速度。

（4）时间序列、渠道对比

在没有对比的情况下，通过数据分析很难发现问题。通过时间对比、渠道对比以及指标数据的连续性变化，则会帮助我们发现产品的问题，尽早提出解决方案。数据对比要借助图形化的展示完成，这样可以形象地描述问题，当我们进行周报、月报和季报分析时，需要进行一定的时间维度或渠道维度的对比分析。

3.2.2　制作报表

如图 3-7 所示 5 月份和 6 月份活跃玩家数据的对比，对比两个月的平均活跃水平，这一点在许多的数据报表中是会被忽略的。从数据图表的展现上来看，只要清晰表达了对比时期的趋势就可以了。当然，上述提到的环比、同比等要素在此处也是需要具备的，因为这也是对比数据的关键点。

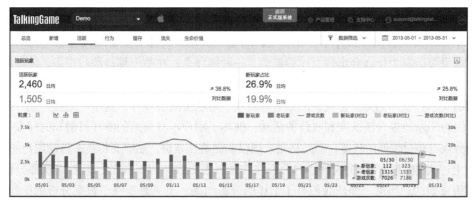

图 3-7　不同月份活跃用户趋势对比

在很多的数据分析中，图形化的展示可以帮助我们捕捉到很多的数据特征，如图 3-8 所示为某休闲游戏的次日留存率的趋势，从中可以明显地看到次日留存率会呈周期性的下降，而且这一天基本都是在周日，有了这点认识后，那么当每日汇报数据时就不会因为每一点留存率的变化而紧张，确立了预警机制后，在合理的变化范围内，都是正常的。

在谈到确立正常波动范围方面，可以借鉴控制图[⊖]的思想。控制图本身是控制界限的图，用于区分引起的因素是偶然还是系统造成的，主要是对过程质量特性进行测定、记录和评估，从而检查过程是否处于控制状态（合理范围）的一种统计方法设计的图，有 3 条平行横轴的直线：中心线、上控制线和下控制线，且按照时间顺序抽取样本统计量数值的描点序列。

就现在的移动游戏市场而言，我们可以看到诸如 TalkingData 发布各种游戏类型运营数据的行业水平，同时渠道也发布不同评级的手游数据，我们可以有针对性地在数据报表曲线中设立 3 条水平直线，例如中心线代表平均水平，上控制线代表最高水平，下控制线代表最低水平。

⊖ 百度百科链接为 http://baike.baidu.com/link?url=7hSoYxLNBkgOlP0yShHkYHuhgN9O4IgqQA8RO_p6OOArv-ZNlN6Z8K_w_K7oMUuJAQDYbsloEAMwOCMpATW_o4K

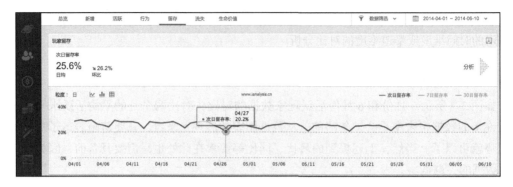

图 3-8　某休闲游戏的次日留存率趋势

除了休闲游戏的次日留存率存在上述的周期性波动，其他类型游戏没有出现相同的波动形式。如果要研究为什么会出现上述的波动，一种解释是，在整个移动游戏市场，休闲游戏是唯一不需要强调用户运营的，休闲游戏更多时候是需要自主运转的，也完全贴合用户碎片化娱乐时间的要求。在其他类型游戏，例如卡牌游戏、角色扮演游戏等，其用户是被游戏开发者绑架了，因为不断地提升活跃度和收益的活动，破坏了用户本身自然的游戏习惯和时间安排，尽管休闲游戏有相对较低的收益，但是从用户规模和黏着性来讲，能够赢得更多移动用户的喜爱。

与上述类似，我们对曲线背后的分析往往是一份报表难以呈现的，但是对这部分信息的挖掘是很重要的。当然，即使我们有了上述的分析结果，也只是走完了数据分析的中间过程，从这个角度来说，分析结果不重要，重要的是如何使分析结果发挥价值，产生行动方案。

基本上大多数稳定用户规模的游戏，其日活跃的波动也呈现波浪式，这一特征我们通过表格和数字往往很难发现。如图 3-9 所示，基本很难通过数字发现日活跃用户数据的变化趋势和特点，使阅读者无法形成对数据的直接认识。

日期 ▲	新玩家(账户)	老玩家(账户)	总计(账户)
2014-04-01	17082	66587	83669
2014-04-02	16854	67270	84124
2014-04-03	18188	68015	86203
2014-04-04	20564	71628	92192
2014-04-05	25441	75382	100823
2014-04-06	23556	74170	97726
2014-04-07	19930	72082	92012
2014-04-08	16109	68762	84871
2014-04-09	15047	69518	84565
2014-04-10	14693	69104	83797

玩家　DAU　WAU　MAU　DAU/MAU　AVG | MD : 89349 | 88362　　1/7

图 3-9　日活跃用户数的表格

但在图形化表达方式下，我们可以清楚地看到日活跃用户数据的波动形态，如图 3-10 所示，这种播放形态可以帮助我们理解用户并提供运营指导，图形化的展示往往比罗列一个表格效果更好。

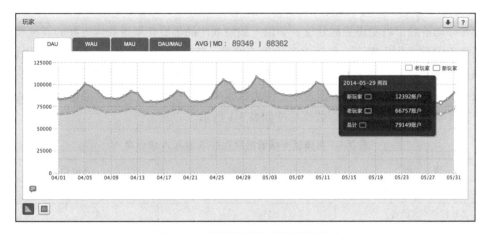

图 3-10　日活跃用户数的图形化展示

在图 3-11 中所展示的每日实时在线（CCU）曲线中，我们可以看到其形态的特征，而这一特征恰恰是我们关注运营和产品质量的关键。在图中我们看到 3 天不同的 CCU 曲线，可以发现其中一天在下午两点出现了问题，在线人数降低到很低水平，基本可以断定是由于服务器或网络等问题造成了用户无法进入游戏。这点在页游和端游时代是常用的异常检测手段，然而在移动游戏时代，缺少对用户终端是否会顺畅进入游戏的监控，讽刺的是，在移动时代，用户获取却比以往任何时候都变得更加艰难，留存忠诚度更低、用户成本更高，出现更多的竞品游戏。

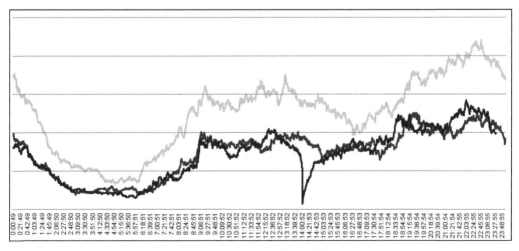

图 3-11　每日实时在线曲线

3.3 衡量表现

3.3.1 关键数据

随着移动游戏市场变得更加开放，如果一款游戏产品想要在渠道获得更好的资源和曝光，则需要优秀的数据作为保证。移动游戏的迅速发展，使得游戏产业更加注重用数据说话。一个现象是，越来越多的渠道开始发布自己对 S 级游戏、A 级游戏的数据指标要求，这一点促使游戏开发者更加关心游戏的数据表现，使用数据来调控和优化产品。某渠道公布的 Android 平台卡牌策略游戏的 S 级和 A 级数据标准如表 3-1 所示。

表 3-1　某渠道卡牌策略游戏的 S 级和 A 级标准

指　　标	S 级标准	A 级标准
自然新增注册	700～1000 人	500～700 人
7 日留存率（设备）	55%	45%
15 日留存率（设备）	27%	20%
15 日 LTV 值	15	12
月付费率	6%	4%

这些行业数据的出现帮助开发者结合自己的数据进行产品的分级和衡量，但作为开发者，除了了解以上的数据之外，还要根据行业发布的一些数据，综合衡量产品素质，及时进行改进。图 3-12 是 TalkingData 每个月发布的各类移动游戏关键指标，通过指标可以更加全面地了解游戏产品的综合表现。

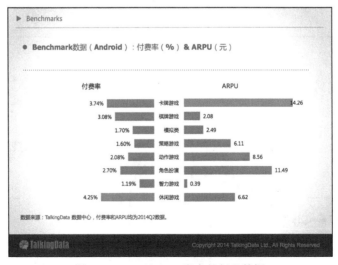

图 3-12　TalkingData 发布的行业数据

在数据报表的制作过程中，数据分析师要结合渠道关心的指标、行业发布的标准，适时发布所运营游戏的相关运营数据，进行对比分析，这样所有阅读该报表的人都可以快速了解产品的定位，知晓自己产品的差距，进行有针对性的调整，此举完成的是与行业的比较。如图 3-13 所示，显示的是游戏的留存率，此处需要结合行业的留存率进行比较才具有实际意义。

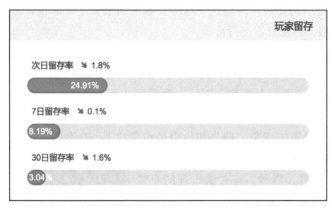

图 3-13　数据报表中的留存率

发布关键数据，可以提供同类型产品的行业指导，尤其是在产品上线的初期，了解目前自己产品的实际数据与行业水平的差距，例如在留存、活跃、付费和流失等问题上，可以作细致的比较和分析，了解产品是否具备了推广的基本资格。图 3-14 所示为注册转化率的阶段性表现，此举是完成产品实际表现与预期表现的比较，在我们所制作的数据报表中予以重点体现。对于阅读者而言已对数据有所认识，将其展现出来，则会降低理解难度，并且能快速阅读数据报表。

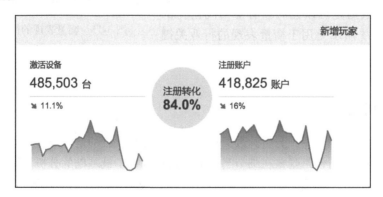

图 3-14　关键数据之注册转化率

3.3.2　制作原则

从数据报表制作和阅读者的角度来说，在添加了可以与行业对比的数据之后，数据报表与展示的数字要具有实际意义，此时需要考虑的原则有以下几点。

（1）可阅读性

可阅读性要求行业数据出现在报表中，一定是具有业务逻辑的，能被阅读人理解的，而且能够衡量关键业务的。

（2）可比较性

可比较性是最基本的要素，但是这一点却要求产品数据定义的指标标准与行业数据定义的标准是完全一致的，否则难以进行衡量。

（3）可分析性

可分析性是要求我们从关键数据的比较中，可以迅速定位问题，并寻找解决方案。否则，即使很多的数据，也只是简单的罗列和展示，数据根本意义还是体现在分析上。

（4）可预判性

可预判性是基于已有的现象、趋势和历史经验寻找下一个阶段的发展速度、方向。在分析中，往往会考虑加入趋势线等，其目的就是了解业务的下一个阶段发展。当然，有时候出现的小概率事件，也会导致错误估计发展趋势。

在数据报表的呈现和制作上，我们要看到过去的发展、现在的状况和未来的趋势。这3点也恰恰是一份数据报表所要具备的一些要素，而衡量表现的关键数据，则是在繁多的数据指标和数据内容上让阅读者快速抓住核心的方法。因为每一个人看到这份数据报表时，都需要找到自己最关心的内容，在不追求大而全的数据罗列原则下，衡量表现的关键数据是可以让阅读者短时间消化的手段。如图 3-15 所示是用于衡量表现的行业关键数据。

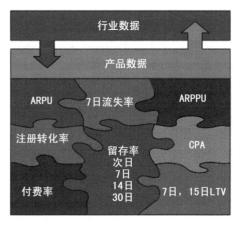

图 3-15　衡量表现的行业关键数据

3.4　产品问题

产品问题的分析属于专项分析。数据报表更多的时候承载的是基础的数据呈现和简单的分析，产品问题多数时候是隐藏在细节当中的，只有进行了最基础的分析，即通过数据报表的数据进行分析之后，发现异常情况，才会进一步深究数据异常变化的问题。

上升到产品问题分析时，就不仅仅是探究数据，还要结合产品运营、运维、活动和版本控制等诸多因素。所以，在呈现数据报表的同时，需要在其中体现出产品近期的一些动向和变化，因为数据的异常变化根本上还是和业务相关的。当我们开始解决问题时，思路、方法却不能仅局限于统计、数据以及业务。

3.4.1　两个问题

对于产品问题，如果按照专项分析的视角来讨论，需要解决分析中的两点问题。

（1）历史经验

所谓历史经验，指的是产品在某些时间表现出来的问题，可以基于历史经验来完成基本的判断，例如开学、版本更新季节性变化、充值促销活动等。这一类由数据所体现出来的产品问题，处在可分析、可预判的范畴内。不需要花费太多的时间和精力探究曲线为什么是这样变化的，因为在以往的分析中，我们已经完成了分析和判断，并形成了基本的认识，可以通过对比（例如同比和环比）了解变化幅度。

3.2.2 节中提到的次日留存率，从图形上看，其一段时间的表现形成了一种稳定的波动，而这种波浪式的曲线波动在日活跃用户曲线中也同样出现过，所以当我们完成数据日报表，看到留存率或日活跃有所上升或下降时，其实也不必探究，因为历史经验已经告诉我们，这是周末效应引起的，或者季节性因素造成的。

（2）异常情况

异常情况则是超越经验判断和基本数据分析的，需要我们更加细致地进行数据的拆解和分析。在数据分析师的成长方面，数据规划能力是非常重要的。在进行分析时，我们很自然地拆解了很多的指标和数据，这是每个分析师都愿意去做的事情，然而不了解业务的指标拆解，实际无法对问题进行细致的剖析。

换句话说，我们不是为了拆解指标而拆解指标。如图 3-16 所示，我们从一个留存率的异常表现中定位如何去拆解、分析指标，发现问题根源，最终进行留存用户的不同因素分析。

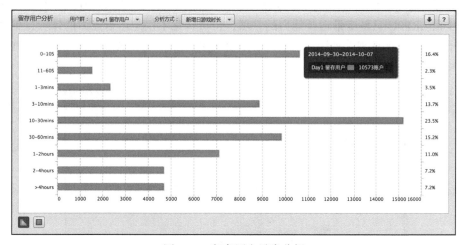

图 3-16　留存用户异常分析

某一天的留存率的趋势并未呈现如预期的变化状态，那么当基于历史经验的判断、产品事件和运营事件都已无法解释和判断时，我们就需要针对留存率去做详细的分析，而此处真正的原因是数据表现超出了历史经验的判断。所以，我们可能要进行一些详细的分析。下面我们重点针对两个例子进行分析，一个是关于留存率，另一个是关于付费转化。

3.4.2 分析案例

（1）理解留存率

留存率实际上是一个概率，即用户在首次接触之后，重新回归到游戏中的概率。结合游戏设计和概率的一些内容，我们可以发现影响留存率的因素如下。

❑ 新增日的游戏深度，包括等级、关卡、时间、付费。

❑ 首次游戏的内容体验，包括流畅性、产品体验等。

我们通过分析会发现，那些次日留存用户在新增日的等级主要分布在 20 级，这就意味着，对于新增用户，当首日等级达到 20 级时，其次日返回游戏的概率为 30%，即次日留存率。同样，当新增用户首日游戏时长达到 40 分钟时，其次日返回游戏的概率为 35%。以上两点都是基于对用户留存的背后行为进一步挖掘才得到的，这里我们客观地将留存率理解为概率，影响此概率的因素，也是在逐步完成对留存用户的群体画像的一种参照维度。

对异常情况来说，完成的就是对问题的分析，找到原因后又会成为我们的历史经验。这个留存率的例子说明的就是一旦异常出现时，该如何着手去解决问题的一个思路。更加详尽的留存率分析和解读，将在本书的第 6 章中阐述。

（2）理解付费转化

付费转化一直都是在常规的数据分析中非常重要的因素，如果说留存率是衡量产品是否可以留下用户的关键，那么付费转化是从用户红利中能否攫取收益的关键因子。付费转化也是收益变化的一个重要风向标，与进行鲸鱼用户的分析具有同样重要的作用，相比之下，其实 ARPU 和 ARPPU 只是衡量运营能力的一项，付费转化不仅是运营能力的体验，更是产品本身设计变现能力的体现。如图 3-17 所示的新增付费用户的相关数据，作为分析付费率的关键因素予以考虑。

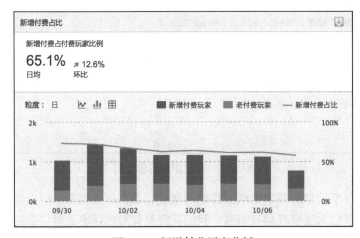

图 3-17　新增付费用户分析

所以，一旦发现付费转化出了问题，则需要更加小心谨慎，在数据报表中，我们会在收益类的数据中予以重点体现，并结合行业数据予以比较说明。如果出现了异常，首先我们会从常规的数据中发现一些端倪和问题，例如关注图 3-17 中新增付费占比情况，而且该部分对于整体的付费转化的影响一直都是需要重点分析的。

出现了异常情况，就需要进一步探索和分析，同上述在理解留存率的问题上是一样，也需要以图 3-18 的方式对付费用户进行详细分析。

图 3-18　付费用户分析

我们关注付费转化，重点从付费转化用户的游戏天数、游戏时长、首付等级和首付金额等角度，来对付费转化用户进行画像描述。付费转化同留存率一样，从一定意义来说，我们可以做这种解释：当具备某些要素，达到阈值时，某事件必然发生的概率。例如，完成首次付费转化的大量用户，他们的平均游戏时长都达到 2 小时，那么 2 小时游戏时长对于付费转化来说就是一个阈值，即游戏时间超过 2 小时，其付费转化的可能性就增大了很多。这一类的数据分析结果可以指导运营和产品策划，有效地针对用户的行为特点设定阶段性的奖励，使更多人参与进来。之所以存在此种说法，原因在于游戏本身还是体验性的产品，娱乐为主，因此更多的用户在接触游戏时，对于游戏的感觉不清晰，不了解游戏的核心玩法是什么，而是在初期感受和体验产品所带来的种种视觉冲击、操作体验和成就乐趣等，这些成为用户继续选择在游戏中存留，并在由此引发出来的兴趣、成就的激励下，逐步深入游戏，进而实现最终付费转化。所以，我们需要借助数据去寻找这些隐形兴奋点，这些兴奋点是打开留存率提升、刺激付费转化的关键之门。

总体来看，无论是异常数据，还是由此引发的专项分析，都无法避开的就是对于数据的理解，以及基础数据报表的制作技巧和方法。由简单走向深入，又从深入分析回归到易于理解的结论和方便执行的策略。这其中，数据报表是起点。

3.5 一个问题、三个原则和图表的意义

本章最后将阐述数据报表中的一个问题与三个原则，以及图表的意义。

3.5.1 一个问题

分析结果所带来的利益是否大于所消耗的成本？

数据报表带来的不仅仅是结果，更多的价值需要从中寻找。在掌握了现状的同时，更需要了解下一步的方向和策略。对报表的数据分析，我们将消耗很大的时间和精力，付出的成本与分析结果的价值，是需要我们去评估的。

而分析价值的体现和衡量，就需要我们将分析与商业逻辑、具体行动结合起来，这恰恰也是进行数据分析需要关注的要点。一直以来，我们发现众多的游戏数据分析师更多的是在充当数据报表制作者，从未发挥出应有的商业价值，除了本身的定位与作用没有被进一步挖掘之外，也存在分析师本身并未有效组织工作，真正参与到业务当中的因素。如同我们刚才讨论的问题，需要关心分析价值与付出成本的关系。

分析师的成果需要得到认可，首先要得到自身的认可，而在这点上，多数分析师只是在不断重复提交自己的数据报表给不同的角色，并且不断自满于绚丽的图标和复杂的数据堆砌，但这些都不是分析师的终极任务。如果真正想让数据报表在不同阅读者之间产生价值，就需要更加了解业务，了解阅读者的需要，站在一个非分析师的角度去看待数据分析。在此种情况下，我们要关心的是刚才提出的问题。

3.5.2 三个原则

三个原则如下。

1）能否做出这种改变。

2）做出何种改变，可以提升价值。

3）做出改变，需要多大的成本。

以上三点原则是基于《看穿一切数字的统计学》当中的观点总结出来的。在上述对一个问题的解释中，谈到了分析师堆砌了很多的数据图表，对于很多阅读者来说，没有什么价值或者不能激发特殊的兴奋点，可能最多知道了一个结果，而这个结果发挥不出任何有用的价值和信号。

我们统计了某些页面的浏览次数和访问情况，拿着一份结果数据进行分析，这是我们在很多情况下的做法。但是这存在一些问题，例如所有页面都是基于对用户需求而设计出来的，所有的监控也是基于这些来完成的，其数据结果的导向也是如此，但是某些需求并不在这些页面中，因此我们就难以发现问题和挖掘用户真实的需求。此时，对于结果数据，我们要站在非分析师或者非数据"大玩家"的角度分析。

总体而言，我们需要清楚做出来的数据必须有实际意义、场景使用价值和符合数据规范，

在此之后，我们可以确认是否就这个数据结果做出一些改变，但同时我们需要了解改变的成本。数据分析是辅助决策的手段，核心还是在于优化策略、降低成本和提升价值，这一点在游戏数据分析方面，从用户营销、推广和价值挖掘等都是非常需要的。例如，要不要针对某一个渠道进行重点的投放和推广，要不要对近期某些用户进行充值促销活动，这些都是分析师要基于数据考虑的，是否要做出改变，如何做出改变，成本有多少，驾驭客观而有意义的数据是回答上述问题的关键。

在谈到成本的问题上，总结起来有两点：一点是分析师本身对数据进行分析的成本，另一点则是基于数据分析结果产生的策略方案，需要投入什么样的成本。如果这两点忽略了，那么我们可能做了很多的分析，但是毫无价值。有可能是我们的分析所产生的方案根本无法得以实施，因为付出代价成本过高，这都是实际存在的情况，而这些也是导致诸多游戏数据分析师难以将自身价值发挥的原因。

回到刚才我们提到的三个原则上，当我们从数据报表中看到了次日留存率是 30% 时，需要用刚才的三个原则来分析这个留存率，而三个原则是要体现在数据报表中的。

第一个原则是，我们能否做出改变。假设游戏是卡牌游戏，而行业给出的卡牌游戏的平均次日留存率在 35% 左右，或者渠道给出了他们认为的 A 级产品（首先自己定位产品的品质和打分）的平均留存率也是 35%，如果实际的留存表现与行业比较是存在差距的，依据留存的表现，我们需要做出改变，即优化次日留存率。

在以上的这段阐述中，我们发现在数据报表中，如果想要满足第一个原则，就必须在报表中，添加产品留存率与行业留存率的比较。

第二个原则重点强调的就是，我们该做出何种改变，才能提升价值，即如果要提升 5% 留存率，我们应该如何采取措施。在采取措施之前，必须完成对于留存率的深度分析，了解那些影响留存率的因素。

当我们基于分析找到关键影响因素时，才可以进行方案制定，或者从运营、设计和营销等方面去综合考虑。而这个阶段主要就是基于基础报表的数据所透露的一些信息，对专项问题再进行深入的探究，数据报表的使命也就阶段性完成了。

第三个原则是，我们做出改变，需要付出多大的成本。这一点是极为关键的，主要的原因在于，在方案最终执行后，如果效果不佳，或者投入产出有问题，那么索性这样的方案就不要继续做下去。从决策者的角度来看，最关心的还是花费的代价与最终收益的比较，即 ROI 的核算。上面的例子则充分说明了这个问题。

如果留存率提升了 5%，那么增长的收益有多少，需要多少代价去完成？

上述的问题，就是我们要明确 ROI 效果，因为这是从根本上解释数据驱动业务的范例。所谓的驱动就是根据业务和行业，加上行之有效的数据辅助决策，判断我们是否要去做出改变。关于这个问题的答案，此处不做具体的解释，读者可以根据自己业务的实际情况来进行计算。

可以总结出的一点是，基于刚才的问题，作为分析师，需要站在分析师的角度之外，去看待自己分析的问题和做出的方案。例如站在决策者的角度来看待留存率（很多时候可能连这样的数据都不关心），只关心如何做出改变、增加投入、产出如何、收益是否增加、产品生命周期将如何变化。因此，这就注定了，分析师必须要从旁观者的视角或更多阅读者的维度去分析和看待问题，并提出符合阅读者需要的方案。

第二与第三原则所透露的信息，并不是直接在报表中显示出来的。但就阅读者而言，需要给出此类的信号。只有了解阅读者关心的问题，我们的数据报表才可能发挥更大的价值。

3.5.3 图表的意义

图表是数据报表中很重要的一环，在一份优秀的数据报告中，仅通过数字和表格不能够快速直接的发现问题、理解数据。此处，我们不会展开讨论可视化的内容，仅就要制作的数据报表来说，有些要素和基本要求是要具备的。

1. 图表不能替代分析

图表更好地揭示了数据的异常、特征，但也只是工具，核心还是要通过这些工具进行数据分析，所以在做出精美的图表同时，能否让阅读者快速直接地抓住重点进行思考分析，这是很关键的。另外，更多的是基于图表便于理解和分析更多的问题，尤其是我们向不同角色讲解分析结果时，这也是极为关键的。

2. 具备基本图表要素

关于数据可视化、数据图表的文章和图书有很多，但是，无论图表多么绚丽精美，核心还是要清楚地表达数据。如果能通过简单的图表（比如柱形图等）很好地表达数据，就不必选择制作烦琐的图表来解决问题。

基本的图表要素是最基本的表达数据，能够去繁从简，这点对于制作数据报表是极为重要的，因为不同的阅读者在一份数据报表上停留的时间会不同，并不会仔细研究每个图表的细节，所以简明扼要地表达数据主旨和内容是很重要的。

第 4 章 *Chapter 4*

基于统计学的基础分析方法

统计学是应用数学的一个分支，主要通过概率论建立数学模型，收集所观察的系统数据，进行量化分析、总结，进而推断和预测，为相关决策提供依据和参考。统计学能帮助我们透过现象认识本质，从一堆杂乱无章的数据中发现事物规律。本章主要介绍数据的分布特征及其统计描述指标；如何通过图表技术来观察数据；为了能通过样本统计量有效地推断总体性质，需要确定合理的抽样技术和估计适当的样本量；数据为定量、定性或时序资料时的统计分析方法；各变量之间存在依存关系时的统计分析方法。

说起统计学在游戏中的应用，相信大家一定会经常遇到这样扰人的问题，如两个游戏测试员同时在测试杀死某怪物后得到一种道具，有 10% 的概率掉落，甲说杀死 20 个掉落 4 次，乙说杀死 20 个没有掉落，这个游戏有没有问题呢？你在设计一个战斗系统，玩家成功实施一次打击（基础打击成功率 75%），则该玩家至少两倍伤害输出概率为多少呢，那四倍以上伤害输出的概率呢？你设计了一个休闲游戏，抽取了 1 000 位玩家的分数，计算这些分数你得知平均分为 520 000pts，标准差为 500pts，请问这款游戏可以发行吗？你收集了一个新玩家从 1 级升到 5 级的数据，看看练级需要花费多少时间，此时你能判定练级的合理性吗？这些你都可以利用统计学的知识来回答。

每当学习某个统计知识点后，就可以利用它告知你一些关于游戏 / 机制 / 关卡等内容，如标准差可以应用于每个等级的游戏时间，战胜一个典型敌人所要花费的战斗轮数、收集到的金币数量、收集到的道具数量等。当你又学习了置信空间的时候，使用误差概念将帮助你掌握玩家是如何玩游戏并判断游戏是否可行的。

每一个统计学知识也附加些实际例子，希望大家学习统计知识后能解决类似的疑惑并能举一反三。在这里也提供一篇很不错的游戏统计学英文资料给大家希望能有更多启发，延伸阅读:《Statistically Speaking, It's Probably a Good Game, Part 2: Statistics for Game Designers Part 2》，网址为 http://www.gamasutra.com/view/feature/130218/statistically_speaking_its_.php?page=7

如果看不懂英文的话，可以看翻译《从统计上来说，这大概是个好游戏，游戏设计师要懂的统计》，博文 http://blog.sina.com.cn/s/blog_48fbe4a1010009rs.html。

4.1　度量数据

度量数据是对数据特征进行的概括性描述，不涉及任何统计推断，如同打仗之前要探测地形一样，有助于后期选择何种统计方法。本节介绍统计基础理论及其概率应用，重要的抽样技术和样本量估计方法，以便于读者能合理地推断当前样本所代表的总体特征，最后介绍实验设计的基本知识。

4.1.1　统计描述

数据分布特征可以从 3 个方面进行描述，一是分布的集中趋势，反映各数据向其中心值聚拢的程度；二是分布的离散程度，反映各数据远离中心值的趋势；三是分布的形状，反映数据分布的偏态和峰态。另外，需要了解几个重要定义：变量是对研究个体进行观察或测量的某种特征。如对身高进行测量，身高就是变量。变量的观察值就构成数据资料。数据资料可分为两大类：一是定量资料，分为离散型资料和连续资料；二是定性资料，即分类资料，分为无序分类资料和有序分类资料。连续型资料可以取任何值，可无限分割至小数点，如身高、体重等。而离散型资料只能是整数，不能是小数点，如班级人数。无序分类资料指各分类之间无等级或程度上的变化，如性别为男和女，它们在地位上是平等的。有序分类资料也称等级资料，指各分类之间有等级或程度上的差异，如考试成绩为优、良、中、及格和不及格。下面就数据资料的性质分别阐述适用的统计描述指标。

1. 定量资料的统计描述指标

代表集中趋势的常用指标有均数、几何均数、众数、中位数和分位数。均数是一组数据相加后除以数据个数得到的结果，一般适用于正态分布资料。几何均数是 N 个变量值乘积的 N 次方根，计算现象的平均增长率时最为常用，为避免很多数相乘使计算结果太大或太接近于 0，可采用对数变换法。注意计算几何平均数时变量值不能有 0，同一组变量值不能同时存在正、负值，若变量值全为负值，先算正号变量值，得出结果后再加上负号。众数是一组数据中出现次数最多的数值。中位数是一组数据从小到大排序后中间位置上的数值。分位数是将一组数据四等分后处在 25%（$P25$ 上四分位）和 75%（$P75$ 下四分位）位置上的数值，第 50% 分位数（$P50$）就是中位数，当样本含量较少时不宜使用分位数。众数、中位数和分位数一般适用于偏态分布资料。

$$几何均数\ G = \sqrt[n]{x_1 \times x_2 \times ... \times x_n} = \sqrt[n]{\prod_{i=1}^{n} x_i}$$

$$对数几何均数\ G = \exp\left(\frac{\ln x_1 + \ln x_2 + \cdots + \ln x_3}{n}\right) = \exp\left(\frac{\Sigma \ln x}{n}\right)$$

代表离散程度的常用指标有方差、标准差和四分间距，其值越大说明变量值分布分散、不整齐、波动较大。方差是各变量值与其平均数离差平方的平均数。方差的平方根称为标准差，其量纲与原数据相同较有意义，因此标准差更为常用，一般适用于正态分布资料。四分间距表示上四分位（75%）与下四分位（25%）之差，用 Q_d 表示，一般适用于反映偏态分布资料的离散程度。

$$总体方差\ \sigma^2 = \frac{\Sigma(x-\mu)^2}{N}$$

$$总体标准差\ \sigma = \sqrt{\frac{\Sigma(x-\mu)^2}{N}}$$

$$样本方差\ s^2 = \frac{\sum_{i=1}^{n}(x_i-\bar{x})^2}{n-1}$$

$$样本标准差\ s = \sqrt{\frac{\sum_{i=1}^{n}(x_i-\bar{x})^2}{n-1}}$$

如果要比较不同样本数据的离散程度时，则使用变异系数，它是一组数据的标准差与其相应的平均数之比。变异系数越大，说明数据离散程度越大，反之就小。例如，要比较不同职业的升级率，由于不同职业用户基数不同，因此需要使用变异系数来评价。

$$变异系数\ v_s = \frac{s}{\bar{x}}$$

2. 分类资料的统计描述指标

常用指标一般有构成比、率。构成比（静态指标）是用来描述现象各组成部分所占的比重或分布，如各职业比例。率（动态指标）表示一定人群中现象发生的频率或强度。

$$构成比 = \frac{某一组成部分的观察单位数}{同一事物各组成部分的观察单位总数} \times 100\%$$

$$率 = \frac{发现某现象的观察单位数}{可能发生某现象的观察单位总数} \times K$$

其中：K 为比例系数，可以是百分率（%），也可以是千分率（‰）等。

代表离散程度的常用指标有异众比率。异众比率是指非众数组的频数占总频数的比例，异众比率越大，说明非众数组的频率占总频数的比重越大，众数的代表性越差；异众比率越小，说明非众数组的频率占总频数的比重越小，众数的代表性越好。

$$V_r = \frac{\Sigma f_i - f_m}{\Sigma f_i} = 1 - \frac{f_m}{\Sigma f_i}$$

其中，Σf_i 为变量值的总频数，Σf_m 为众数组的频数。

3. 分布形状的统计描述指标

偏度是对数据分布对称性的度量，如果一组数据分布是对称的，则偏度系数等于 0，如

图 4-1 所示的正态；如果不等于 0，则是非对称的。当偏度 >0 时分布为正偏或右偏，即长尾在右，如图 4-1 所示的正偏态。当偏度 <0 时，分布为负偏或左偏，即长尾在左，如图 4-1 所示的负偏态。

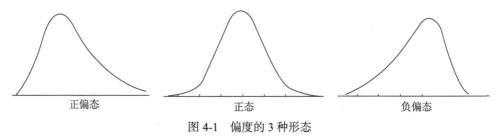

图 4-1　偏度的 3 种形态

峰度是对数据分布平峰或尖峰程度的度量。如果一组数据服从标准正态分布，则峰度系数等于 0；如果不等于 0 则表明其分布与正态分布相异。当峰度 >0 时峰的形态比正态分布要陡峭，数据分布更集中，如图 4-2 所示的尖峰分布；当峰度 <0 时峰的形态比正态分布要平坦，数据分布更分散，如图 4-2 所示的平峰分布。

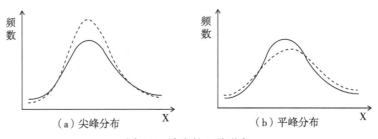

图 4-2　峰度的 3 种形态

4. 如何获得统计描述指标

SPSS 软件的"分析"–"描述统计"–"探索（Explore）"可用来熟悉数据特征和分布，探索过程适用于对数据资料分布状况不清楚时进行探索分析，是 SPSS 中功能最为强大的描述过程。我们将需要分析的变量如"等级"选入"因变量列表"，将分组变量如"职业"选入"因子列表"，在右侧的"统计量"选中"百分位数"，如图 4-3 和图 4-4 所示。

SPSS 将分别输出各职业等级分布的统计描述摘要（Descriptives），图 4-5 中职业 1 的描述了各个统计量。

可以看到职业 1 的平均等级（Mean）为 9.7 级，中位数（Median）为 10 级，至于哪个统计量更具有代表性，这取决于该数据资料的分布性质。从偏数（Skewness）和峰度（Kurtosis）系数来看，由于数字较小，可以视作为正态分布（实际上是轻微偏态），如果众数、均值和中位数三者接近时，尽量使用均值来描述正态分布的集中趋势，即 9.7 级。

还可以看到职业 1 的等级方差（Variance）为 39.44，标准差（Std.Deviation）为 6.28，将之与其他职业比较，可以发现，其中 5 个职业的等级离散程度比较接近于 6，而职业 2 的等级离散程度约为 8，是什么原因导致职业 2 等级水平较其他职业更分散呢？会不会是因为练级渠道设计不合理呢？这里可以结合其他游戏指标继续深入了。

图 4-3　SPSS 菜单选择探索过程

图 4-4　探索过程界面

从图 4-6 可以看到职业 1 玩家 25% 分布在 3.75 级以下，75% 分布在 14 级以下，95% 分布在 20 级以下。再比较其他职业玩家的分位数，似乎职业 5 的等级分布相对更高些，分别对应 6 级、16 级和 22 级，这又是什么原因造成的职业不平衡呢？

职业				统计量	标准量
等级	1	均值		9.70	.622
		均值的95%置信区间	下限	8.46	
			上限	10.93	
		5%修整均值		9.47	
		中值		10.00	
		方差		39.441	
		标准差		6.280	
		极小值		1	
		极大值		25	
		范围		24	
		四分位距		10	
		偏度		.194	.239
		峰度		−.759	.474
	2	均值		11.21	.938
		均值的95%置信区间	下限	9.34	
			上限	13.08	
		5%修整均值		11.00	
		中值		12.00	
		方差		63.379	
		标准差		7.961	
		极小值		1	
		极大值		26	
		范围		25	
		四分位距		14	
		偏度		.105	.283
		峰度		−1.227	.559

图 4-5　统计描述摘要

Percentiles

			Percentiles						
	职业		5	10	25	50	75	90	95
Weighted Average (Definition 1)	等级	1	1.00	1.00	3.75	10.00	14.00	18.00	20.00
		2	1.00	1.00	2.00	12.00	16.00	22.00	24.35
		3	1.00	1.00	2.50	11.00	14.50	17.00	18.00
		4	1.00	1.00	5.00	9.00	13.00	16.00	19.40
		5	1.00	1.00	6.00	12.00	16.00	22.00	22.00
		6	1.00	1.00	2.00	10.00	14.00	18.00	21.00

图 4-6　百分位表

4.1.2　分布形状类型及概率应用

当你拿到数据时可以试着比对一下，如果发现自己的数据符合这些分布时，通常可以对数据有个大致推断。随机变量取一切可能值或范围的概率或概率的规律称为概率分布（简称分布），连续随机变量的分布是指一个随机变量如果能在一个区间（无论该区间有多少小）内取任何值，则该变量称为在此区间是连续的，即连续变量落入某个区间的概率，如正态分布和指数分布。离散随机变量的分布是指某离散随机变量的每一个可能取值 x_i 都相应于取该值的概率 $p(x_i)$，各种取值点的概率总和应该是 1，如二项分布和泊松分布。

1. 正态分布

正态分布（Gaussian Distribution）在统计学理论占据最重要地位，它是一条钟形对称曲线，关于均值（$x = \mu$）对称，分布的均值决定钟形曲线的中心所在；分布的标准差决定钟形曲线的宽度。正态随机变量 x 的概率密度函数形式见式（4-1），正态分布如图 4-7 所示。

$$f(x) = \frac{1}{\sqrt{2\pi}\sigma} \exp\left(-\frac{(x-\mu)^2}{2\sigma^2}\right) \qquad \text{式（4-1）}$$

值得注意的是，钟形并不是判断数据是否为正态分布的充分条件，例如柯西分布（Cachy Distribution）大约 90% 的值落在 3 个标准差范围内，而正态分布在 99% 的情况落在 3 个标准差范围内。距离均值越远，正态分布几乎不可能产生距离均值有 6 个标准差的值，而柯西分布仍有 5% 的可能性。

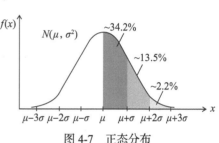

图 4-7　正态分布

那如何检验数据分布类型呢？除了计算偏度和峰度系数之外，还可以用 Kolmogorov-Smirnov 检验（D 检验）和 Shapiro-Wilk 检验（W 检验）。SPSS 规定：当样本含量 $3 \leqslant n \leqslant 5\ 000$ 时，结果以 Shapiro-Wilk 为准，当样本含量 $n > 5\ 000$ 时，结果以 Kolmogorov-Smirnov 为准。通过菜单选择"SPSS 软件"–"分析"–"描述统计"–"探索"，然后选择右方"绘制"，勾选"带检验的正态图"，输出结果 D 检验和 W 检验两种。只要看到 Sig. 值大于 0.05，则可以认为不能拒绝无效假设，可以在统计意义上认为该数据服从正态分布，见表 4-1。

表 4-1　正态性检验 D 检验和 W 检验

	正态性检验					
	Kolmogorov-Smirnov[a]			Shapiro-Wilk		
	统计量	df	Sig.	统计量	df	Sig.
销售额	.166	24	.088	.929	24	.094
a. Lilliefors 显著水平修正						

利用正态分布的累积分布函数性质来推断数据的分布情况，可用于指标加权或指标评价。累积分布函数 CDF 是随机变量 X 小于或者等于某个数值的概率 $P(X \leqslant x)$ 之和，即：$F(x) = P(X \leqslant x)$，如果随机变量 X 的取值范围为整数，离散分布情况下则有 $P(a \leqslant x \leqslant b) = P(x \leqslant b) - P(x \leqslant a-1)$，连续分布情况下则有 $P(a \leqslant x \leqslant b) = P(x \leqslant b) - P(x < a)$（注意在连续分布中，某单点的概率为 0，因此不等式中的等号可以去掉）。要求出随机变量累积分布函数是很简单的，

可以利用 Excel 软件的函数 NORMIDST（X 值、均值、标准差、TRUE 或 FALSE）函数求得，选择 TRUE 则求累积分布函数，如果为 FALSE 则为密度函数。也可以利用 R 软件的 pnorm(X 值、均值、标准差) 函数来求得结果。

如前文所述，职业 1 等级分布被视作近似正态分布。那么通过 R 软件的 pnorm 函数很快可以得出，职业 1 中在 10 级以下的玩家大概占比 52%，即 pnorm(10, 9.70, 6.28) = 0.519 050 5。

2. 二项分布

二项分布（Bernoulli Distribution）类似于抛硬币的仅有两种结果的重复独立试验，即伯努利试验。和伯努利试验相关的最常见的问题是：如果进行 n 次伯努利试验，每次成功的概率为 p，那么成功 k 次的概率是多少，这个概率分布就是二项分布，之所以起这样的名字，是因为该分布和二项式展开系数有关，二项分布的概率公式见式（4-2），二项式分布见图 4-8，根据公式可以求得二项分布 $B(n, p)$ 的均值为 np，方差为 $np(1-p)$。

$$p(k) = \binom{n}{k} p^k (1-p)^{n-k} \qquad \text{式（4-2）}$$

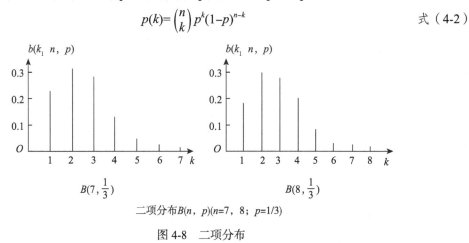

二项分布 $B(n, p)(n=7, 8; p=1/3)$

图 4-8　二项分布

假设要调研某新推出道具受欢迎的程度，可以选择在网上发放问卷初步得知先验概率（如 50% 的人喜欢该道具），如果随机挑选某级别的玩家共 100 人，那么其中至少 40 人喜欢该道具的概率是多少？即求 $P(40 \leq X \leq 100) = P(40) + P(41) + \cdots + P(100) = P(X \leq 100) - P(X \leq 39) = 1 - P(X \leq 39)$，我们可以利用 Excel 软件的 1-BINOMDIST（成功 k 次，共 n 次试验，成功率）求得。也可以利用 R 软件的 pbinom（成功 k 次，共 n 次试验，成功率）即 1-pbinom(39, 100, 0.5) 来求得结果 0.982 399 9。当然，更准确的做法，应该把某级别段的玩家的发生概率（即某级别段玩家占整体玩家的比例）与 0.982 399 9 相乘求得联合概率。或者换个问题，这 100 人中最多 40 人喜欢该道具的概率是多少？这其实是求 $P(X \leq 40)$，即 pbinom(40, 100, 0.5) = 0.028 443 97。另外，为了保证问卷样本对玩家总体的代表性，需要做好样本抽样和样本量估计。

3. 泊松分布

泊松分布（Poisson Distribution）是衡量某种事件在一定期间（面积或体积）出现的数目的

概率。如一定时间内的上线人数，到达某副本的玩家人数等往往近似地被认为服从泊松分布。参数为 λ 的泊松分布变量的概率分布如图 4-9 所示。我们可以利用 Excel 的函数 POSSION（X 值、均值、TRUE 或 FALSE）函数求得，选择 TRUE 则求累积分布函数，如果为 FALSE 则为密度函数（即随机事件发生的次数恰好为 X 的泊松概率密度函数）。也可利用 R 软件的 ppois（X 值、均值、标准差）来求得结果。

$$P(x=k)=\frac{\lambda^k}{k!}\,e^{-\lambda}$$

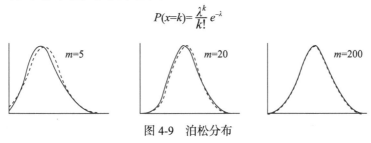

图 4-9　泊松分布

4. 偏态分布

最后看看偏态分布的三个代表：伽马分布（Gamma Distribution）、指数分布（Exponential Distribution）和幂律分布（Power Law）。伽马分布的值全为正且向右偏斜，这意味着中位数和均值有时候差距很大。指数分布的值全为正且众数出现在 0 值处，指数分布很多时候被认为是长尾分布。幂律分布在双对数图上数据落在一条直线上。这 3 种分布可用于分析游戏数据的理论分布，具体性质这里不再赘述，请读者查阅相关文献。游戏 App 得分的伽马分布图如图 4-10 所示。

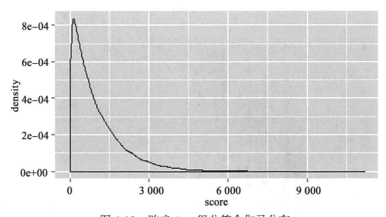

图 4-10　游戏 App 得分符合伽马分布

4.1.3　常用统计图

1. 散点图

将等级与练级时间作散点图并添加连线。从图 4-11 中可以看出 10 级之前大约花 2 小时，时间有些长，可能是因为对游戏不够熟悉，和游戏引导不够导致上手度较难有关。20 级大约要花 4 个小时，属于比较正常的速度。30 多级大约要花 5 小时。通过散点图可以清晰地看到玩家升级是否平衡合理，同时此图显示较强的线性关系，可以尝试为之建立线性回归方程。当散点图样本较多时可以利用 R 软件做散点图矩阵或者减轻图形元素重叠现象增加透明的效果，如图 4-12 所示。

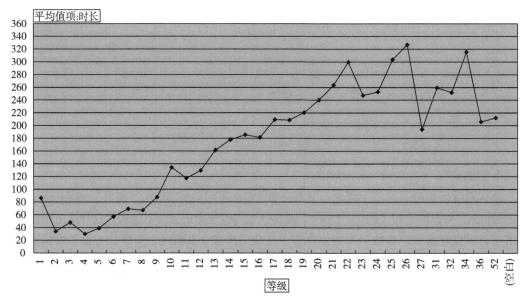

图 4-11　散点图

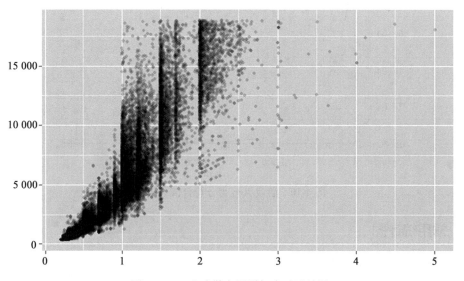

图 4-12　R 生成散点图增加半透明效果

2. 箱体图

箱体图是五数概括法的图形化,可以显示数据的最小值、第一四分位数、中位数、第三四分位数和最大值。箱体中间的粗线是当前变量的中位数,方框的两端分别表示上、下四分位数,两者之间的距离为四分位间距。方框外的上下两个细线表示极大值和极小值。如果图中出现"o"表示与四分位数值(即方框上下界)的距离超出 1.5 倍的离群值,如果超出 3 倍则以"*"表示为极端值。

图 4-13 揭示了职业 2 的等级分布相对其他职业更高一些,也就是职业 2 玩家更容易升级。而职业 4 的离散程度较其他职业更小且中位数偏低,推测职业 4 可能出现卡级的现象。

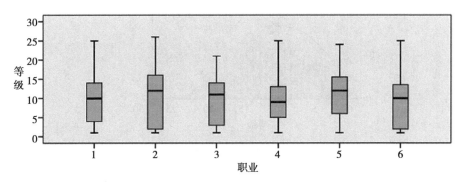

图 4-13　箱体图

3. 直方图

对于分布的观察可以使用直方图,在构建直方图时,需要尝试不同的区间宽度。如图 1-14 中的分箱宽度默认 5,如果设置了错误的参数,你之前发现的数据结构可能是假象。当采用一个较大的区间宽度值时,如图 4-15 中的分箱宽度设为 10,数据的结构可能就不见了,此时叫作过平滑,反之叫作欠平滑。图 4-14 显示 1 级玩家最多,此时也最容易流失。其次是 11-12、15-16 级玩家较多,为何这些玩家在此处卡级呢?可以借此机会深入探讨一下原因。

4. 密度曲线图

密度曲线图也叫核密度估计,它在大数据集上更接近于我们所期望的理论分布,它能提示数据潜在的形状,并且使用的数据点比直方图要少,密度曲线图的平滑度有助于发现数据的结构,而这在直方图中很难发现。有时还可以尝试用一种定性变量将曲线分开,我们会发现它是由多个密度曲线叠加而成的,通常称之为混合钟形曲线。同时,利用密度曲线图可以很容易找到众数,众数就是钟形曲线的峰值处,一个众数的分布叫作单峰,两个众数的分布叫作双峰,两个以上众数的分布叫作多峰。

现在对等级做了密度曲线图,显然它看起来是双峰分布,如图 4-16 所示,为了看出它隐藏的数据结构，用职业分类指标将曲线分开，发现它是多个分布的混合，如图 4-17 所示，再经过分面语句（facet_grid）更容易看出其数据分布的特征，如图 4-18 所示。

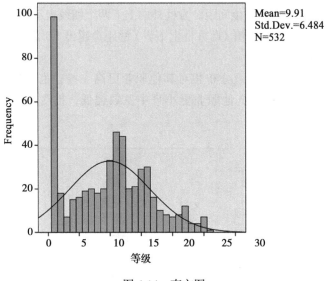

图 4-14　直方图

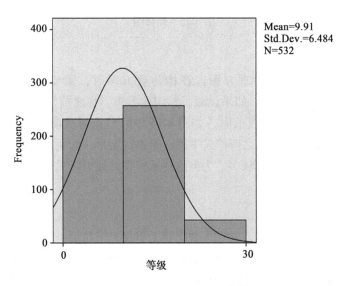

图 4-15　直方图设置错误参数

图 4-18 参考 R 语句：ggplot(play, aes(x=level, fill=occupation))+geom_density()+facet_grid(occupation ~ .) 将数据集 play 以等级 level 作 X 轴，按职业分类 occupation 填充颜色，并用 face_grid 分面语句按照职业分类形成多个子图。

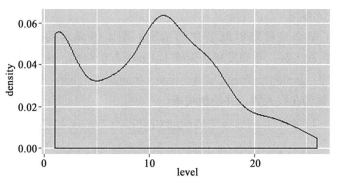

图 4-16　密度曲线图

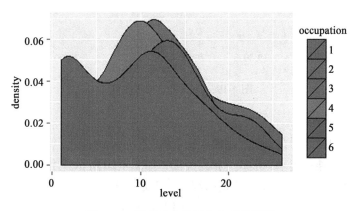

图 4-17　用职业分类拆分密度曲线图

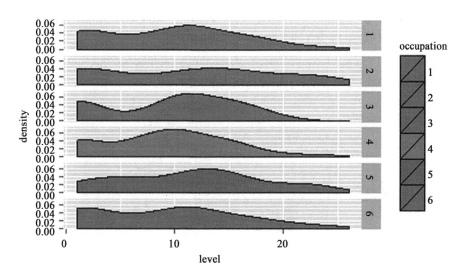

图 4-18　用 facet_grid 语句进一步拆分密度曲线图

5. 线条图 – 时间序列

线条图展示了单个变量随时间变化的情况。图 4-19 显示的是某一天晚上 18:31:08-22:30:08 时间段的在线人数，我们发现当天晚上 19:46 有个跌幅，这就需要我们去深究原因。图 4-19 参考 R 语句：ggplot(myframe, aes(x=time,y=number))+geom_line()，数据集 myframe，设 X 轴为时间，Y 轴为在线人数，并绘制线条。

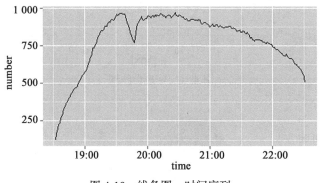

图 4-19　线条图 – 时间序列

6. 路径图 – 时间序列

路径图与线条图的区别在于它展示两个变量随时间联动的情况，时间反映在点的顺序上，它将临近时点的散点连接起来，形成一张路径图，如图 4-20 所示。用留存率和在线人数做了路径图，由于线条有很多交叉看不清楚的细节，于是用最近 4 个月份映射到 colour 属性上，这样可以很容易看到时间的行进方向。该图说明近 4 个月在线人数与留存率有很强的相关性，发现 9 月份这两个指标较其他月份表现更佳。

图 4-20 参考 R 语句：ggplot(myframe, aes(x=retain,y=number))+geom_path()，数据集为 myframe，X 轴为留存率，y 轴为在线人数，并绘制路径图。

图 4-21 参考 R 语句：ggplot(myframe, aes(x=retain,y=number,colour=date))+geom_path()，数据集为 myframe，X 轴为留存率，y 轴为在线人数，按日期 date 填充颜色，并绘制路径图。

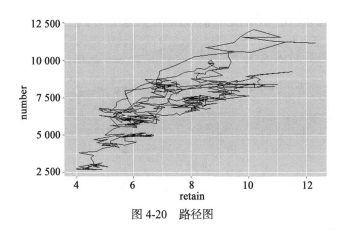

图 4-20　路径图

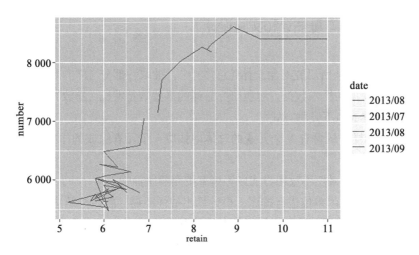

图 4-21　路径图映射到 colour 属性

7. 控制图

控制图是一种用于研究流程波动的组成并判断流程是否处于控制状态的管理图表。一般情况下，指标的波动受随机因素和非随机因素的影响。如果指标只受随机因素的影响，在正常情况下，指标的变化状态是稳定可控的，但是，会有一些偶然因素引起流程失控，使指标超出先前可控的波动范围。而控制图分析的重点是要找到这些由"意外因素"引起的失控点并采取措施，同时密切关注"正常原因"引起的波动。

控制图常用 P 控制图和 X-MR 控制图两种。P 控制图可以用于留存率或转化率监测，X-MR 控制图有两种类型，一种是单值控制图，另一种是移动极差控制图。而移动极差是每个数值减去前一个相邻的数据的绝对值，可以监控过程中的偏差，相对单值控制图更为灵敏一些，在实际应用中，两者要结合起来对照使用，如图 4-22 所示。

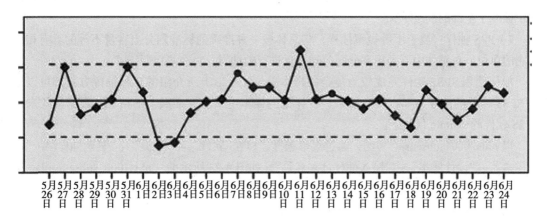

图 4-22　X-MR 控制图

4.1.4 概率抽样、样本量估计和实验设计

1. 概率抽样

所谓概率抽样就是从所研究对象全体（总体）中，抽取一部分（样本）进行调查、观察或测量，然后根据所获取的样本数据，对所研究总体的某些数量特征（参数）进行描述或做出推断。常用的概率抽样有以下几种方式。

1）简单随机抽样：从含有 N 个元素的总体中抽取 n 个元素组成的样本。在实际应用中，简单随机抽样应用较少。

2）简单顺序抽样：采用不放回方式以等概率按照顺序抽样。

3）等距抽样：对总体单位进行排序，再计算出抽样距离，然后按照这一固定的抽样距离抽取样本，第 1 个样本采用简单随机抽样的办法抽取。

$$K（抽样距离）＝N（总体规模）/n（样本规模）$$

4）分层抽样：先将总体中的所有单位按照某种特征或标志（年龄、性别）划分成若干个类型或层次，然后在各个类型或层次中采用简单随机抽样的办法抽取一个子样本，最后将这些子样本综合起来构成总体的样本。分层抽样在同一层内的元素应该具有较好的同质性，不同层间的元素具有明显的异质性。

5）整群抽样：抽样单位不是单个的个体，而是成群的个体。它是从总体中随机抽取一些小的群体，然后由所抽出的若干个小群体内的所有元素构成调查的样本。群的划分应该做到群与群之间差异尽可能小，而群内元素差异尽可能大。

6）多阶段抽样：是从总体中抽取若干较大的群体（初级单元或一级单元），然后从所抽取的群体中再抽取若干较小的二级单元；依次类推，还可以继续抽取三级单元、四级单元。当各级抽样单元为行政单位时，常常结合分层或整群抽样进行。分层抽样和整群抽样可以看成多阶段抽样的特例。对于分层抽样，每一层就是一个初级单元，分层就相当于在第一级抽样抽取了全部初级单元，而层内抽样就相当于第二级抽样。对于整群抽样，相当于在第二级抽样中抽取了全部的次级单元。

7）PPS 抽样：属于不等概率抽样，将总体按一种准确的标准划分出容量不等的具有相同标志的单位，在总体中不同比率分配的样本量进行的抽样，将在高级版详述。

如何使用 SPSS 软件完成较为复杂的样本采集呢？以上所介绍的几种抽样方式都可以通过 SPSS 软件的"复杂样本"向导来进行详细的样本定义及标准误差的估算，数据集均来自 SPSS 软件的 sample 目录下。

以 nhis2000_subset.sav 为例，通过菜单选择"SPSS 软件"-"分析"-"复杂抽样"-"选择样本"-"设计样本"-"输入抽样计划名称"，如图 4-23 所示的"nhis2000_subset.csplan"。

在设计变量步骤中，Strata 分层框中可以选入多个变量，系统自动按照变量水平的组合进行分层以实现分层抽样，而 Cluster 分群框用于定义层内的群变量以实现分群抽样。本例将字段 Stratum 选入分层框，字段 PSU 选入分群框，如图 4-24 所示。接着定义 Sample Weigth 样本权重，设置样本加权的目的是使样本分布跟总体分布相同，提高样本对总体的代表性，样

本加权方法将在高级版详述，本例将 WTFA_SA 选入样本权重框。在采样方法步骤中，选择有放回抽样（WR），如图 4-25 所示。如果希望设置各层不相同的样本大小，可在样本大小步骤中选择各层不相等的值，本例设置相同值 70，如图 4-26 所示，默认单击"下一步"按钮后，在样本数据保存位置命名输出活动集后按下"完成"按钮。日志输出会列明抽样摘要以便验证抽样规则，见表 4-2。

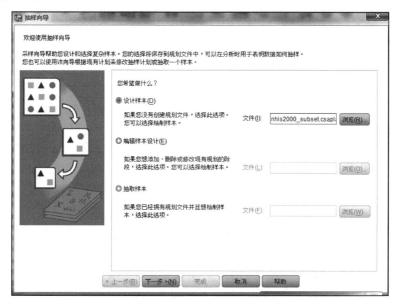

图 4-23　抽样向导中输入抽样计划名称

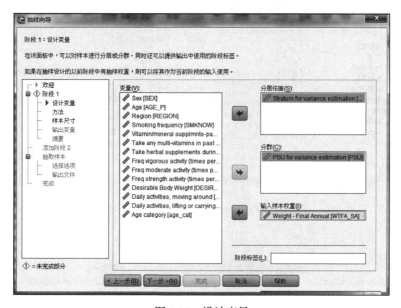

图 4-24　设计变量

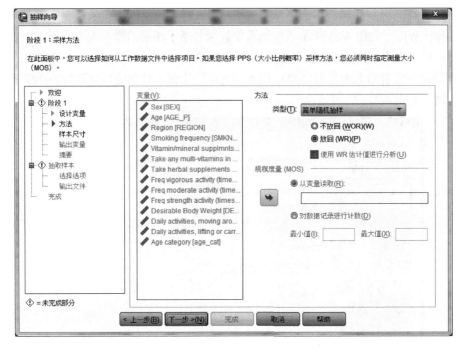

图 4-25 采样方法

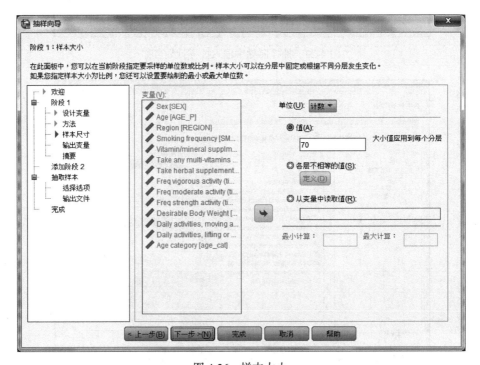

图 4-26 样本大小

表 4-2　抽样计划摘要

摘　要				
				阶段 1
设计变量	分层		1	Stratum for variance estimation
	群集		1	PSU for variance estimation
样本信息	选择方法			简单有替换随机抽样
	已采样单位数量			70
	创建或修改的变量	分阶段包含（选择）概率		InclusionProbability_1_
		分阶段累积样本权重		SampleWeightCumulative_1_
		分阶段重复索引		Index_1_a
分析信息	估计量假设			有替换抽样
	包含概率			从变量 InclusionProbability_1_ 获得

规划文件：C:\Users\Administrator\Documents\dd.csplan
权重变量：SampleWeight_Final_
前一权重：Weight - Final Annual

a. 由于估计假设采用有替换抽样，重复索引变量 Index_1_ 将被视为群集变量。

在图 4-25 采样方法步骤中，抽样方法类型具体介绍如下。

1）简单随机抽样，如果不分层或分群可直接单击"下一步"按钮，忽略警告后设置有放回（WR）或不放回简单随机抽样（WOR），并可以按照计数、比例和从变量中读取设置。从变量中读取即在数据文件中已经设置样本大小字段，如性别男 50，女 60，则按此抽样规则进行样本选取。注意，如果从变量中读取的是计数，那么单位应该选择"计数"，否则选择"比例"，不然会报错。输出变量中保留抽样设置信息，这里可选可不选，最后选择不添加第 2 阶段，选择抽取样本"是"，设置随机数或者自定义随机种子（可重现抽样结果），把样本数据保存到活动数据集或新数据集等，也可以将此向导生成的语法保留，便于下次抽样使用。

2）简单序列性（简单顺序抽样），按等概率顺序抽样，抽样数量可以给定一个百分比，或者就直接给定选取组数。如设置抽样单位计数 3，将随机抽样第 14 744 条记录、第 18864 条记录、第 29 824 条记录，记录号呈现单调递增关系。

3）简单系统性抽样（等距抽样），即以不放回方式按固定间隔选择样本，第 1 个样本按随机抽样作为起始点，设置与简单随机抽样相同。

那么多阶段抽样又该如何实现呢？SPSS 软件最多实现三个阶段抽样，以 property_assess_cs.sav 数据集为例，这是一份财产评估的数据集，分层变量为 county，分群变量为 township，计数选择 4 个抽样单元；也就是首先按 county 分成东南西北中 5 个子总体，再把子总体按照 township 抽样单元随机选择 4 个。例如，当 county 为 1 时，SPSS 随机选择了 4 个 township 为

1、2、7、8，记住，按 township 整群抽样是选择各群下所有的样本。然后选择添加"第 2 阶段"，表明此时是两阶段抽样，此时在各群内继续按 neighborhood 邻居个数分层抽样，而每层随机抽样 20%，抽样结果如图 4-27 所示。

阶段2摘要					
			已采样单位数量		已采样单位百分比	
			必需	实际	必需	实际
county=1	town=1	nbrhood= 1	12	12	20.0%	20.0%
		2	9	9	20.0%	20.5%
		3	6	6	20.0%	21.4%
		4	12	12	20.0%	19.4%
		5	8	8	20.0%	19.0%
		6	4	4	20.0%	20.0%
	town=2	nbrhood= 8	4	4	20.0%	19.0%
		9	14	14	20.0%	20.6%
		10	7	7	20.0%	18.9%
		11	14	14	20.0%	20.0%
	town=7	nbrhood= 43	12	12	20.0%	20.7%
		44	11	11	20.0%	19.6%
		45	11	11	20.0%	20.8%
		46	13	13	20.0%	20.0%
	town=8	nbrhood= 50	15	15	20.0%	19.7%
		51	9	9	20.0%	19.1%
		52	7	7	20.0%	21.2%
		53	12	12	20.0%	20.3%
		54	4	4	20.0%	20.0%
		55	5	5	20.0%	20.0%
county=2	town=21	nbrhood= 141	8	8	20.0%	19.0%
		142	10	10	20.0%	20.0%
		143	6	6	20.0%	21.4%
	town=23	nbrhood= 155	6	6	20.0%	21.4%
		156	14	14	20.0%	20.0%
		157	12	12	20.0%	20.7%
	town=24	nbrhood= 162	7	7	20.0%	20.6%
		163	7	7	20.0%	20.6%
		164	5	5	20.0%	21.7%
	town=26	nbrhood= 176	6	6	20.0%	21.4%
		177	10	10	20.0%	20.8%
		178	15	15	20.0%	20.0%
		179	9	9	20.0%	20.9%

图 4-27　二阶段抽样结果

下面介绍多阶段抽样的具体操作步骤。

（1）阶段一的设计变量步骤

将字段 county 选入分层框，town 选入分群框，然后单击"下一步"按钮，如图 4-28 所示。

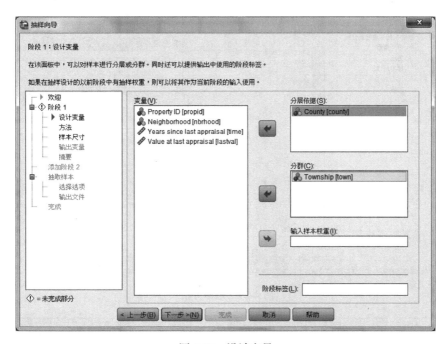

图 4-28 设计变量

（2）阶段一的采样方法步骤

方法类型选择"简单随机抽样"，再选择"不放回抽样（WOR）"，然后单击"下一步"按钮，如图 4-29 所示。

（3）阶段一的样本大小步骤

单位选择"计数"，值填入 4，然后单击"下一步"按钮，如图 4-30 所示。

（4）阶段一的规划摘要步骤

界面出现"要添加阶段 2 吗?"选择"是，现在添加阶段 2"，然后单击"下一步"按钮，如图 4-31 所示。

（5）阶段二的设计变量步骤

将字段 nbrhood 选入分层框，然后单击"下一步"按钮，如图 4-32 所示。

（6）阶段二的样本大小步骤

单位选择"比例"，值填入 0.2，然后单击"下一步"按钮。如图 4-33 所示。

（7）阶段二的规划摘要

界面出现"要添加阶段 3 吗?"选择"不，现在不添加另一阶段"，然后单击"下一步"按钮，如图 4-34 所示。

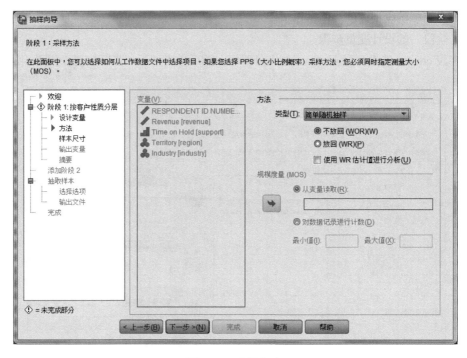

图 4-29　采样方法

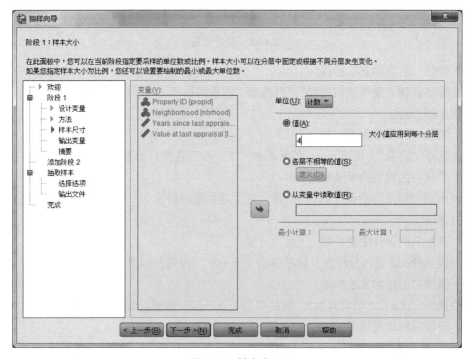

图 4-30　样本大小

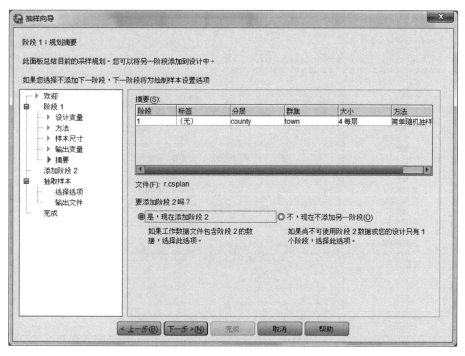

图 4-31　规划摘要

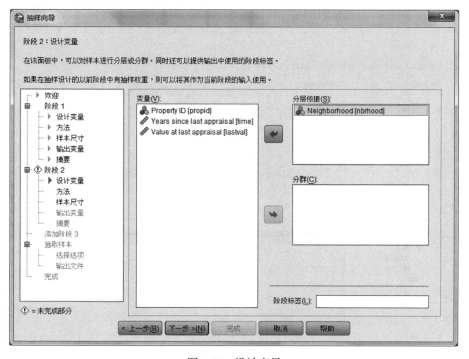

图 4-32　设计变量

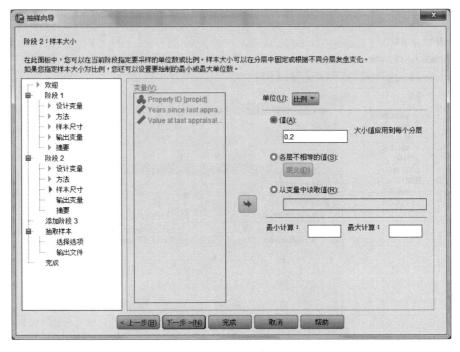

图 4-33　样本大小

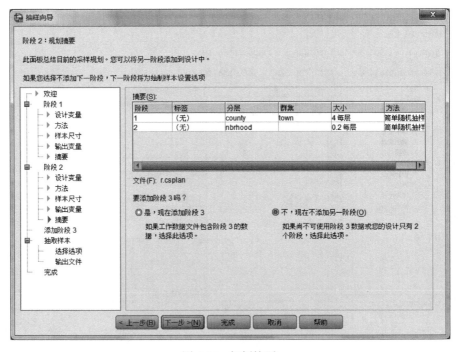

图 4-34　规划摘要

（8）抽样选项设置步骤

界面中出现"您要使用哪种类型的种子值？"，定制值填入 41972，可重现抽样结果，如图 4-35 所示。

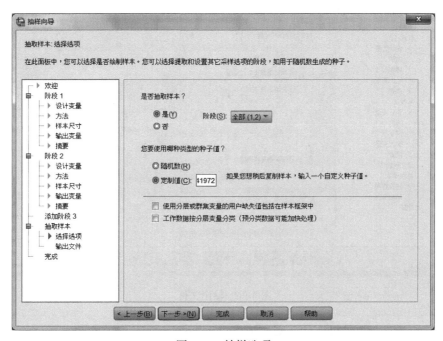

图 4-35　抽样选项

（9）输出文件步骤

在样本数据保存位置中，选择"新数据集"，命名为"Data"并按下"完成"按钮，如图 4-36 所示。

那么，如何了解样本能多大程度代表总体的情况呢？这需要通过标准误差和置信空间来了解。一般来说标准误差越小越好，置信空间越窄越精准，表明以样本统计量有 95% 概率在正负标准差波动范围内包含总体参数。还是以 nhis2000_subset.sav 数据集为例，通过菜单选择"SPSS 软件"–"分析"–"复杂抽样"–"频率"–"输入前面生成的 nhis2000_subset.csaplan"，频率表选择 VITANY，子群体选择 age_cat，在右方"统计"选项选择统计量标准误和置信空间。从统计表 4-3 可以看出选择接受 VITANY 的人数要大于不接受的，接受 VITANY 同时有 95% 的信心在 102581179.48 ～ 103136334.86 之间，又由于接受和不接受的置信区间不重叠，表明他们之间有显著性差异。表 4-4 子群体表也是这样看的，只不过维度分得更细了，解释也是与前面相同。具体操作步骤如下。

1）选择抽样文件 nhis2000_subset.csaplan，并选择样本数据集 Data，如图 4-37 所示。

2）频率表选入 VITANY，子群体选入 age_cat，如图 4-38 所示。

3）选择"标准误"和"置信空间"，如图 4-39 所示。

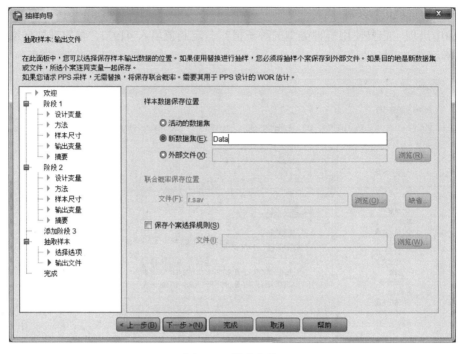

图 4-36　输出文件

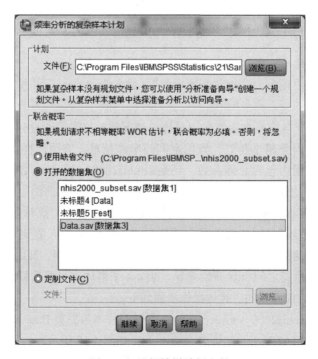

图 4-37　选择抽样计划文件

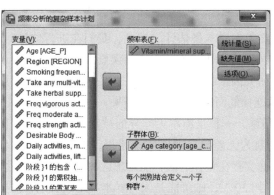
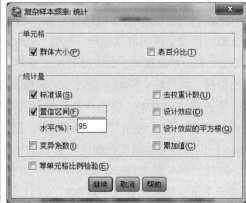

图 4-38　频率分析　　　　　　　　　　图 4-39　频率分析选项

表 4-3　统计表

		估　　计	标 准 误 差	95% 置信区间	
				上　　限	下　　限
种群大小	Yes	102 858 757.171	141 616.544	102 581 179.482	103 136 334.861
	No	90 849 811.914	130 985.078	90 593 072.594	91 106 551.235
	合计	193 708 569.086	214 008.378	193 289 098.667	194 128 039.505

Vitamin/mineral supplmnts-past 12 m

表 4-4　子群体表

Vitamin/mineral supplmnts-past 12 m

Age category			估　　计	标 准 误 差	95% 置信区间	
					上　　限	下　　限
18-24	种群大小	Yes	10 031 624.771	41 964.637	9 949 371.337	10 113 878.206
		No	15 537 325.429	59 790.237	15 420 132.654	15 654 518.203
		合计	25 568 950.200	81 530.892	25 409 144.319	25 728 756.081
25-44	种群大小	Yes	39 213 387.114	78 984.318	39 058 572.685	39 368 201.544
		No	39 488 091.257	77 246.607	39 336 682.856	39 639 499.659
		合计	78 701 478.371	114 901.762	78 476 263.402	78 926 693.341
45-64	种群大小	Yes	34 185 598.657	71 552.590	34 045 350.900	34 325 846.414
		No	23 987 426.314	59 622.938	23 870 561.455	24 104 291.173
		合计	58 173 024.971	97 488.127	57 981 941.866	58 364 108.077
65+	种群大小	Yes	19 428 146.629	52 530.888	19 325 182.651	19 531 110.606
		No	11 836 968.914	37 613.257	11 763 244.471	11 910 693.358
		合计	31 265 115.543	70 300.176	31 127 322.599	31 402 908.487

2. 样本量估计

之前说过，为了能准确估计总体参数需要考虑样本量估计的问题，我们在进行估计时，总是希望提高估计的可靠程度。通常，影响样本含量的因素有第一类错误概率 α，第二类错误概率 β，确定容许误差、研究事件的发生率和研究因素的有效率。选择适当的样本含量，可以节约资源，并且防止样本含量过少引起检验效能偏低而给出非真实的结果。

统计假设检验中，结论一般会出现两类错误，一种是原本无差异的被判断为有差异，即假阳性错误。另一种是原本有差异的，被判断为无差异，即假阴性错误，相应的 $1-\beta$ 叫作 Power，也称检验效能或把握度，它表示如果确实存在差异的话，能发现这种差异的把握有多大，因此 Power 越大越好。如果 Power 太小（如 30%），则可能是因为样本不足的关系，需要增加样本量。如果比较大（如 80%），可以认为确实是有差异的。第一类错误概率是指假阳性错误概率，一般设为 0.05，第二类错误概率是指假阴性错误概率，一般设为 0.1、0.2，即把握度为 90% 或 80%。具体计算方法见表 4-5。

表 4-5　诊断试验四格表

试 验 结 果	金标准（标准诊断）		合　　计
	阳性（+）	阴性（−）	
阳性（+）	a（真阳性）	b（假阳性）	a+b
阴性（−）	c（假阴性）	d（真阴性）	c+d
合计	a+c	b+d	N = a+b+c+d

真阳性率（敏感性）$= \dfrac{a}{a+c}$，真阴性率（特异性）$= \dfrac{d}{b+d}$，π_{-+} 假阳性率（误诊率）$= \dfrac{b}{b+d}$，π_{+-} 假阴性率（漏诊率）$= \dfrac{a}{a+c}$。

以上公式均默认简单随机抽样方法下的样本量估计，设第一类错误 $\alpha = 0.05$，第二类错误 $\beta = 0.1$，即 $Z_{\alpha/2} = 1.96$，$Z_{\beta/2} = 1.64$。如何求得 $Z_{\beta/2}$ 值呢？可以通过 Excel 函数 norminv（$1-\alpha/2$，0，1）求得，或 R 在软件中输入 qnorm（$1-\alpha/2$），也可从界值表查得双侧 Z 值。

样本量估算也有简便方法，可以使用美国 NCSS 公司的样本量估算专用软件 PASS，它可执行功效分析以及计算样本大小。在研究之前可使用它来计算一个合适的样本大小，在研究之后确定样本大小是否足够大。PASS 能够解答功效、样本大小、结果大小和 alpha 级别。样本量估计视不同的资料类型有所不同，公式如下。

（1）分类资料样本量估计

分类资料样本量涉及现况研究、单样本与已知总体检验、两总体率比较和配对设计总体率比较的样本量计算。

❑ 单样本与未知总体检验时样本量的估计

对总体率 π 做估计调查的样本大小计算公式如下。

$$N = \frac{Z_{\alpha/2}^2 p(1-p)}{\delta^2}$$

δ 为容许误差，即允许样本率（p）和总体率（π）的最大容许误差的大小。总体率 π 未知。

❑ 单样本与已知总体检验时样本量的估计

$$N = \frac{(z_{\alpha/2} + z_{\beta/2})^2 \pi(1-\pi)}{\delta^2}$$

δ 为容许误差，即允许样本率（p）和总体率（π）的最大容许误差的大小。总体率 π 未知。

❑ 两样本率比较样本量的估计

$$N = \frac{(z_{\alpha/2} + z_{\beta/2})^2 \, 4\pi_c(1-\pi_c)}{(\pi_1 - \pi_2)^2}$$

N 为两组样本合计样本量，π_1、π_2 分别代表两组的总体率，π_c 代表两组的合并率，等于 $(\pi_1 + \pi_2)/2$。

❑ 配对设计总体率比较样本量的估计

$$N = \left[\frac{z_{\alpha/2}\sqrt{2\pi_c} + z_{\beta/2}\sqrt{2\pi_{-+}\pi_{+-}/\pi_c}}{\pi_{-+} - \pi_{+-}} \right]^2$$

$$\pi_{+-} = \frac{b}{a+b}, \quad \pi_{-+} = \frac{c}{a+c}, \quad \pi_c = \frac{\pi_{-+} + \pi_{+-}}{2}$$

例 1：想对某新上线道具的订购率进行调查，希望样本率与总体率之差不超过 5%，基于小规模预调或历史经验推断 30 ～ 40 级玩家道具订购率 p＝51%，应调查多少人？（设 $\alpha = 0.05$）

根据情境，应该选择单样本与未知总体检验时样本量的估计公式。即：

$$N = \frac{Z_{\alpha/2}^2 p(1-p)}{\delta^2} = (1.96/0.05)^2 \times 0.51 \times (1-0.51) = 384（人）$$

结论为应调查 384 人。

例 2：对同一批大 R 玩家，分别给予 A 营销刺激和 B 营销刺激，问需要多少样本才能判断两种营销刺激结果（如付费率）有无差别。

表 4-6 中（a）表示两种营销刺激结果均付费，（d）表示两种营销刺激结果均未付费，（b）表示 A 营销刺激结果付费而 B 营销刺激结果未付费，（c）表示 A 营销刺激结果未付费而 B 营销刺激结果付费。(a)(d) 表示两种结果相同部分，(b)(c) 为结果不同部分。

表 4-6 两种营销刺激的结果

A 营销刺激	B 营销刺激		合　　计
	付费（+）	未付费（−）	
付费（+）	90（a）	47（b）	137
未付费（−）	34（c）	20（d）	54
合计	124	67	191

根据情境，应该选择配对设计总体率比较样本量的估计公式。即：

$$\pi_{+-}=\frac{b}{a+b}=\frac{47}{90+47}=0.343\,1,\ \pi_{-+}=\frac{c}{a+c}=\frac{34}{34+90}=0.274\,2,\ \pi_c=\frac{\pi_{-+}+\pi_{+-}}{2}=\frac{0.343\,1+0.274\,2}{2}=0.308\,7$$

$$N=\left[\frac{z_{\alpha/2}\sqrt{2\pi_c}+z_{\beta/2}\sqrt{2\pi_{-+}\cdot\pi_{+-}/\pi_c}}{\pi_{-+}-\pi_{+-}}\right]^2=$$

$$\left[\frac{1.96\times\sqrt{2\times0.308\,7}+1.64\times\sqrt{2\times0.343\,1\times0.274\,2/0.308\,7}}{0.343\,1-0.274\,2}\right]^2=1\,675.69$$

结论：需要 1676 个大 R 玩家才能进行显著性检验。

（2）定量资料样本量估计

定量资料也涉及现况研究、单样本与已知总体检验、两总体均数比较和配对设计样本均数比较等样本量计算。

❏ 抽样调查估计总体均数的样本量估计

$$N=\left(\frac{z_{\alpha/2}}{\delta}\right)^2$$

δ 为容许误差，即允许样本率（p）和总体率（π）的最大容许误差为多少。

❏ 单样本与已知总体检验时样本量的估计

$$N=\left[\frac{(z_{\alpha/2}+z_{\beta/2})\sigma}{\delta}\right]^2$$

N 为所需样本例数，σ 为总体标准差估计值，δ 为容许误差。

❏ 两总体均数比较样本量的估计

$$N=\left[\frac{(Z_{a/2}+Z_{b/2})\sigma}{\delta}\right]^2$$

N 为所需样本例数（两样本合计的样本含量），σ 为总体标准差估计值，δ 为容许误差。

❏ 配对设计样本均数比较样本量的估计

$$N=\left[\frac{(Z_{a/2}+Z_{b/2})\sigma_d}{\delta}\right]^2$$

N 为观察的对子数，σ 为两样本差值的标准差估计值，δ 为容许误差。

例如，某玩家群体经过为期 15 天的营销刺激后，两样本活跃人数差值的标准差为 0.64，容许误差 0.2，问需要多少对样本才能知道该玩家群体前后活跃度有显著性差异？（设，$\alpha=0.05$，$\beta=0.1$，即 $Z_{\alpha/2}=z_{0.05/2}=1.96$，$z_{\beta/2}=z_{0.1/2}=1.64$）

根据情境，应该选择配对设计样本均数比较样本量的估计公式，即：

$$N=\left[\frac{(Z_{a/2}+Z_{b/2})\sigma_d}{\delta}\right]^2=\left[\frac{(1.96+1.64)\times0.64}{0.2}\right]^2=133\ （对）$$

结论：应该要 133 对样本才能分析营销刺激前后玩家活跃度是否有显著性差异。

3. 常用实验设计方法

1）**完全随机设计**是通过随机化技术将研究对象随机分配到不同组别进行组间比较。随机设计可以是两组或多组，每组例数相等或不等。完全随机化设计只考虑一个研究因素（分组指标），但有多个水平（多组），不考虑个体差异的影响，需要设计好分组变量。例如，想知道公会加入情况是否会影响游戏时长，公会加入情况就是一个研究因素。

2）**配对设计及随机区组设计**思路相似，配对设计是针对两组，随机区组设计则针对多组。它们与完全随机设计的区别在于，完全随机设计是随机抽取对象再随机分配，并没有考虑组间非处理因素。而配对设计和随机区组则是在选择对象时先把条件相近的两个或多个研究对象配成一组或区组，然后采用随机化技术将每对或区组的个体分配到不同的组别。区组作为一个变量进行录入，如想把公会加入情况按等级水平配对多组，单因素随机区组资料格式和示例见表 4-7 和图 4-40。

用户ID	区组	加入公会	游戏时长
1	1	1	134.00
2	1	2	12.00
3	1	2	16.00
4	1	1	1.00
5	1	2	31.00
6	1	1	14.00
7	1	1	87.00
8	1	1	890.00
9	1	2	35.00
10	2	1	323.00
11	2	1	233.00
12	2	2	13.00
13	2	2	50.00
14	2	1	352.00
15	2	1	214.00
16	2	2	114.00
17	2	2	78.00
18	2	1	689.00
19	2	2	90.00
20	2	1	3 316.00

图 4-40　单因素随机区组示例

表 4-7　单因素随机区组资料格式

处理因素（公会加入情况）	区组（等级水平）					
	1	2	…	j	…	n
1	x11	x12	…	x1j	…	x1n
2	x21	x22	…	x2j	…	x2n
…	…	…	…	x3j	…	x3n
i	xi1	xi2	…	x4j	…	x4n
…	…	…	…	x5j	…	x5n
k	xk1	xk2		xkj		xkn

4.2　分类数据分析

本小节主要讲述分类数据资料的分析思路和实现，根据设计不同，分类数据资料分为独立组间比较和配对设计组间比较，根据组别不同分为两组及多组比较，根据分析结果的性质分为无序和有序指标的比较。

4.2.1　列联表分析

列联表是由两个或多个以上的变量进行交叉分类的频数分布表，如果有行列两个变量，称为二联列表，如果有三个以上或更多变量，称为高维列联表。分析列联表中的行变量和列变量是否相互独立叫作独立性检验，它们利用渐近 χ^2 分布进行 χ^2 统计量检验（也叫卡方检验），χ^2 检验公式如下。

$$\chi^2 = \sum \frac{(f_0 - f_e)^2}{f_e}$$

其中，f_0 是观察值实际频数，f_e 是观察值期望频数。

χ^2 统计量描述了观察值与期望值的接近程度，两者越接近，f_0–f_e 绝对值越小，计算出的 χ^2 值就越小，反之 χ^2 值就越大。χ^2 检验通过对 χ^2 的计算结果与 χ^2 分布中的临界值进行比较，得出是否拒绝原假设的统计决策，即 P 值 < 0.05 则认为两者有统计学差异，如果 P 值 > 0.05 则认为两者没有统计学差异，更多可能是由抽样误差造成的。如果看到 P 值正好落在 0.05 上无法判断，可以尝试用精确概率检验功能或参考结果输出的 Fisher 精确检验值。

χ^2 检验准则有 3 种情况，一是要求样本量足够大，一般要求样本量 $n > 40$，但是 χ^2 的值受样本量影响很大，样本量越大，越容易得到拒绝原假设的结论。为了解决这个问题，最常用的就是使用列联系数 C，它可以消除样本量的影响，提示变量间的真正关系。因此，当 χ^2 值达到显著程度时，如果样本量很大，就要参考 C 值，如果 C 值也比较大，才可以拒绝原假设。那么 C 值多大才能拒绝原假设呢？有的研究者认为至少要超过 0.16 甚至是 0.25 以上或者根据业务经验来判定。二是如果只有两个单元，每个单元的期望频数必须是 5 或 5 以上。三是如果有两个以上的单元，如果 25% 的单元期望频数 f_e 小于 5，则不能应用。如果违反以上 3 个准则强行使用 χ^2 检验可能会得出错误结论，这时可以采用精确概率法进行概率的计算。可以通过 SPSS 卡方检验结果下方提示来了解其是否为一个有效检验。如果下方提示说超过 25% 单元期望频数小于 5，或者最小期望频数小于 1，那么该卡方检验就不是一个有效的检验，应该采用确切检验更为合适，如图 4-41 所示。

Chi-Square Tests

	Value	df	Asymp.Sig. (2-sided)
Pearson Chi-Square	4.805[a]	2	.090
Likelihood Ratio	4.724	2	.094
Linear-by-Linear Association	1.560	1	.212
N of Valid Cases	115		

a. 0 cells(.0%) have expected count less than 5. The minimum expected count is 6.89.

图 4-41 卡方检验

4.2.2 无序资料分析

χ^2 检验最常用于两组或多组率的比较、两组或多组构成比的比较、两个分类变量之间关联性分析，包括以下几种情况：2×2 表即行变量为二分类的分组指标，列变量为二分类的分析指标；2×C 表即行变量为二分类的分组指标，列变量为无序分类的分析指标；R×2 表即行变量为多分类分组指标，列变量为二分类的分析指标；R×C 表即行变量为无序或有序的分组指标，列变量为无序的分析指标。当涉及多组间率比较有统计学意义的时候还可以进一步做两两比较。

以上都可以通过菜单选择"SPSS 软件"–"分析"–"描述统计"–"交叉表"–"卡方"来实现，如图 4-42 所示，右方的"统计量"–"名义"下的"相依系数"就是前文所述的列联系数，如图 4-43 所示。"精确检验"–"精确"可用精确概率检验功能。"单元格"–"Z 检验"比较列的比例则用于两两比较，利用 Bonferroni 方法对检验水准进行校正，如图 4-44 所示。

配对资料是指同一人群的两种结果比较，即自身配对设计。同一研究人群接受两种不同处理，例如不同专家对同一指标打分。对于**配对分类资料**，可以通过菜单选择"SPSS 软件"–"分析"–"描述统计"–"交叉表"–"Kappa"或"McNemar"检验做配对的 χ^2 检验，如图 4-43 所示。Kappa 一致性检验属于相关性检验，表明两者是否有相关性或结果是否一致。例如说两种营销策略导致的用户付费率是否一致，如果一致的话，可以用成本较低的营销策略替代成本较高的营销策略。McNemar 属于差异性检验，表明两者是否有统计学差异，要根据研究目的选择相应的结果。

分层资料可将研究对象分解成不同层次，每层分别研究行变量与列变量的相关性，去除分层混杂因素的影响可以更准确地对行列变量进行独立性研究。例如，在不同充值水平下研究职业类别与道具消耗的相关性，充值水平可以视作分层变量。对于**多分层资料**，可以通过菜单选择"SPSS 软件"–"分析"–"描述统计"–"交叉表"–"Cochran's and Mantel-Haenszel"统计进行 CMH 卡方分层分析，如图 4-43 所示。如果 Breslow-Days 检验有统计学意义，表明层间不一致，需要对每一层分别作 χ^2 检验，否则表明层间一致，可计算合并的 χ^2 值，Cochran 的 Mantel-Haenszel 给出的是考虑了分层因素的影响后，对行×列变量关联度的检验结果。注意 SPSS 的 CMH 卡方分层分析只能进行 2×2 两分类变量的检验。

图 4-42　交叉表

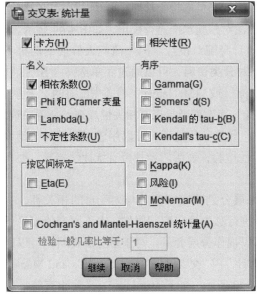
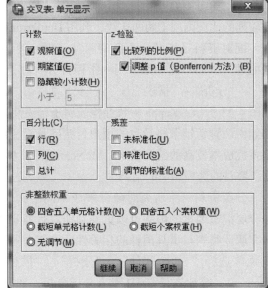

图 4-43 交叉表统计量设置　　　　　图 4-44 交叉表单元显示设置

4.2.3 有序分类资料分析

无序分类资料的组间比较多用 χ^2 检验，只能说明组间差异是否有统计意义。如要比较组间等级差异是否有统计学意义即有序分类资料的组间比较多用秩和检验。秩和检验原理是：将所有样本混合，并将样本从小到大按秩次排序，分别计算各组的平均秩和。如果各组秩和相差较大，则认为组间分布差异有统计学意义，反之无意义。如果结果有统计学意义，则可以选择多重比较法中的所有成对比较（基于秩的方差分析）和逐步降低（类似方差分析中的 SNK 同质亚组）方法。秩和检验除了适用有序资料之外，也可用于不服从正态分布的定量资料的组间比较。秩和检验包括以下几种情况：$2 \times C$ 表即行变量为二分类的分组指标，列变量为有序分类变量，可用 Mann-Whiteny U 检验或 Wilcoxon 秩和检验；$R \times C$ 表即行变量为无序或有序的分组资料，列变量为有序的分析指标，可用 Kruskal-Wallis 秩和检验，如果组间有差别则可以进一步两两比较。

1）针对两个独立样本，通过菜单选择"SPSS 软件"–"分析"–"非参数检验"–"独立样本"–"目标：比较不同组间分布"–"字段：选入分析变量"–"设置：选择 Mann-Whiteny U 检验，输出同时会给出 Wilcoxon 秩和检验"，如图 4-45 所示。

2）针对两个或更多相关样本，通过菜单选择"SPSS 软件"–"分析"–"非参数检验"–"相关样本"–"目标：自动比较观察数据和假设数据"–"字段：选入分析变量"–"设置：选择符号检验或 Wilcoxon 匹配对符号秩检验"，如图 4-46 所示。

3）针对多个独立样本，通过菜单选择"SPSS 软件"–"分析"–"非参数检验"–"独立样本"–"目标：比较不同组间分布"–"字段：选入分析变量"–"设置：Kruskal-Wallis 单因素 ANOVA 检验"，多重比较默认"所有成对比较"，如图 4-47 所示。

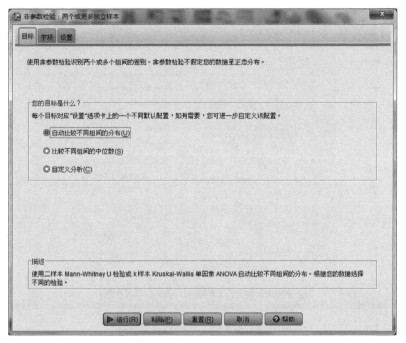

图 4-45　两个以上独立样本检验

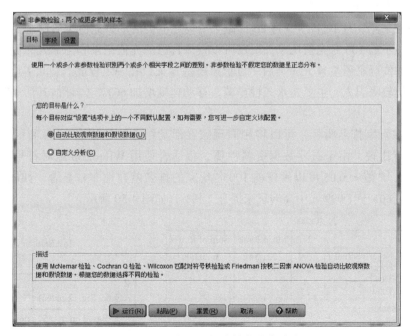

图 4-46　两个以上相关样本非参检验

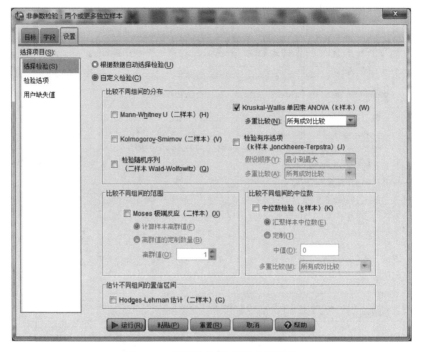

图 4-47　多个独立样本的非参检验

4.2.4　分类数据分析案例

某游戏在某年 9 月 17 日～ 9 月 26 日做了一场充值类活动，充值类活动主要做的是玩家排名，页面显示前 100 名充值玩家，玩家可以查询自己的充值记录和与他人充值差距。如提示：您与前一位玩家还差 N 元，与后一位玩家还差 N 元，在一定程度上刺激了玩家的竞争心理，奖励也比较吸引人，主要是永久性坐骑，移动速度增加 60%，需评估其活动对用户的拉动性效果。

由于存在玩家排名指标，可以将相同玩家在活动结束时的排名 Rank 和活动中期排名 Rank2 去进行比较，由于有序数据资料性质，很适合使用 Wilcoxon 配对符号秩检验，如图 4-48 所示，P 值 < 0.05 可以发现前 100 名玩家的排名差异性非常显著，如图 4-49 所示，该活动可以使 601 ～ 1 999 元中高端玩家提升 2.19%，如图 4-50 所示。

Ranks

		N	Mean Rank	Sum of Ranks
Rank2-Rank	Negative Ranks	28[a]	221.54	6 203.00
	Positive Ranks	348[b]	185.84	64 673.00
	Ties	1[c]		
	Total	377		

a.Rank2<Rank
b.Rank2>Rank
c.Rank2=Rank

图 4-48　配对符号秩检验

Test Statistics[b]

	Rank2-Rank
Z	−13.870[a]
Asymp. Sig. (2-tailed)	.000

a. Based on negative ranks.
b. Wilcoxon Signed Ranks Test

图 4-49　测试统计

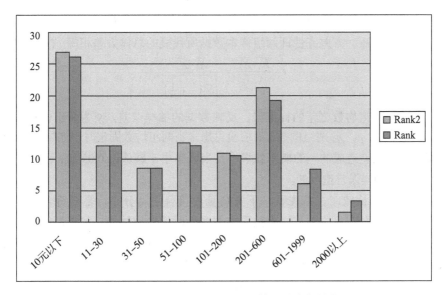

图 4-50　充值活动后排名 Rank 和充值活动中期排名 Rank2

4.3　定量数据分析

本小节主要介绍定量数据资料组间比较的分析思路和实现方法，对于定量数据资料的组间比较，主要是根据分析目的、分布以及比较组数来确定相应的方法。

4.3.1　假设检验与 t 检验

1. 假设检验

假设检验是根据一定假设条件由样本推断总体的一种方法。如果不抽样，那就无须做假设检验。T 检验、方差分析和卡方检验等均属于假设检验。假设检验的一般步骤如下。

1）建立假设，确定检验水准 α。一般假设检验中检验假设（也叫零假设）H_0，表示样本与总体或样本与样本之间的差异是由抽样误差引起的，而备择假设 H_1 表示样本与总体或样本与样本之间存在本质差异，检验水准为拒绝检验假设犯第一类错误的概率 α，一般设为 0.05 或 0.01。

2）明确资料类型，选定检验方法，按照观察值计算统计量。例如，连续型资料考虑 T 检验、方差分析和非参数检验等。分类资料可以考虑卡方检验和非参数检验等。同时还要考虑资料是分几组进行比较、是否正态、是否方差齐性。

3）根据统计量确定 P 值，做出统计推断。如果 $P \leqslant \alpha$，则拒绝无效假设，如果 $P > \alpha$，则不能拒绝无效假设。P 值可以通过查阅相应的界值表得到，也可以通过软件求得。

2. T 检验

T 检验主要用于两组定量资料比较，方差分析主要用于多组定量资料比较，两者皆要求数据满足独立性、正态性、方差齐性。独立性是指各研究对象是相互独立的，正态性要求两组数据均服从正态分布。方差齐性即两组样本数据所代表的总体方差相等。T检验公式如下。

$$t = \frac{\overline{X_1} - \overline{X_2}}{\sqrt{S_{\overline{x_1} - \overline{x_2}}}} = \frac{\overline{X_1} - \overline{X_2}}{\sqrt{S_c^2 \left(\frac{1}{n_1} + \frac{1}{n_2} \right)}}$$

其中：$S_{\overline{x_1} - \overline{x_2}}$ 是两组均数之差的标准误，反映数据的抽样误差。S_c^2 为两组的合并方差，是两组方差的加权平方，n_1、n_2 两组例数。T检验思想是当两组均数固定时，如果抽样误差较小，则"差值是由抽样误差造成的"的概率就很小，当概率小于默认值 0.05 时，我们可以说这一差值不大可能是由抽样误差造成的。

当两组独立样本比较时，首先看一下资料是否符合正态分布，是否符合方差齐性。如果两组资料符合正态分布且方差齐，直接取方差齐性时的输出结果；如果两组资料符合正态分布但方差不齐，直接取方差不相等时的输出结果。如果资料不符合正态分布，可以先尝试一下数据转换（如对数转换），使之服从正态分布再进行 T 检验，或者采用非参数检验，如 Wilcoxon 秩和检验，因前有详述此处略。在图 4-51 中，方差方程 Lenvene 检验 P 值 =0.009 说明方差不齐性，接下来要看假设方差不相等这行 sig.（双侧）= 0.009，说明两组独立样本的差异有统计意义。

独立样本检验

| | | 方差方程的Levene检验 | | 均值方程的t检验 | | | | | 差分的95%置信区间 | |
		F	Sig.	t	df	Sig.（双侧）	均值差值	标准误差值	下限	上限
sales	假设方差相等	9.194	.009	-3.229	14	.006	-11.875 00	3.677 57	-19.762 61	-3.987 39
	假设方差不相等			-3.229	9.817	.009	-11.875 00	3.677 57	-20.089 88	-3.660 12

图 4-51　独立样本检验

当两组配对资料比较时，主要是看两组差值是否符合正态分布，符合的话就用配对 T 检验，不符合的话就用 Wilcoxon 配对秩和检验，因前有详述此处略。

T 检验的主要操作：通过菜单选择"SPSS 软件"–"分析"–"均值比较"–"单样本、独立样本、配对样本 T 检验"。

1）单样本 T 检验：进行样本均数与已知总体均数比较。如想验证今年 12 月 25 日圣诞节平均销售额是否等于 60 元，并且假设 60 元是去年圣诞节的经验数字，在检验值输入 60，P 值看 Sig.（双侧）< 0.0001，表明今年平均销售额不等于 60，如图 4-52 所示。

表 4-8　单样本检验输出

单个样本检验					
	检验值 = 60				
	t	df	Sig.（双侧）	均值差值	差分的 95% 置信区间	
					下限	上限
sales	-18.554	23	.000	-30.875 00	-34.317 5	-27.432 5

2）独立样本 T 检验：进行两样本均数差别的比较，如图 4-53 所示。如想验证售后服务是否会影响销售额。由于 Levene 检验得知方差不齐性，因此看假设方差不相等的 Sig.（双侧）值为 0.003，表明售后服务是否会影响销售额，见表 4-9。

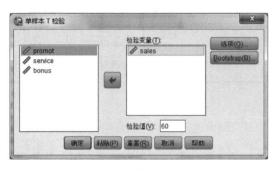

图 4-52　单样本检验

图 4-53　独立样本 T 检验

表 4-9　独立样本检验输出

		\multicolumn{2}{Levene 检验}	均值方程的 t 检验						
		F	Sig.	t	df	Sig.（双侧）	均值差值	标准误差值	\multicolumn{2}{差分的 95% 置信区间}
									下限	上限
销售额	假设方差相等	5.606	.027	−3.427	22	.002	−9.416 67	2.747 70	−15.115 05	−3.718 28
	假设方差不相等			−3.427	17.310	.003	−9.416 67	2.747 70	−15.205 92	−3.627 42

3）配对样本 T 检验：进行配对资料的均数比较，如图 4-54 所示。如想验证针对同一批用户，采用 2 种不同的促销手段是否会影响销售额，从 Sig.（双侧）值 0.682 可以看出这两种促销手段导致的销售额没有不同，见表 4-10。

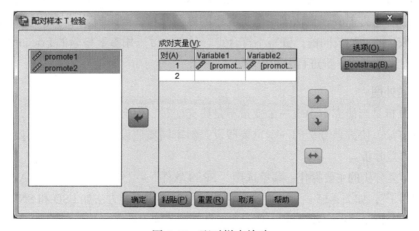

图 4-54　配对样本检验

表 4-10　配对样本检验输出

		成对差分					t	df	Sig.(双侧)
		均值	标准差	均值的标准误	差分的 95% 置信区间		t	df	Sig.(双侧)
					下限	上限			
对 1	promote1-promote2	−22.714 29	202.929 86	54.235 29	−139.882 50	94.453 93	−.419	13	.682

成对样本检验

4.3.2　方差分析与协方差分析

1. 方差分析

方差分析也称 F 检验，主要用于多组连续资料的比较。方差分析原理是：因变量的值随着自变量的不同取值而变化（总变异），分解这些自变量，使得每一个自变量都有一份贡献（组间差异），最后剩下无法用已知因素解释的，则看成随机误差的贡献（组内差异），然后将每一个自变量的贡献和随机误差的贡献进行比较（F 检验），以判断该自变量的不同取值是否对因变量变化有显著的贡献。为了消除量纲，将组间差异和组内差异分别除以他们的自由度来比较平均变异，一般称之为组间均方和组内均方。如果 F 值足够大的时候，我们可以认为，总变异主要是由组间变异引起的，反之，F 值较小。

$$F_{k-1, N-k} = \frac{MS_B}{MS_A} = \frac{SS_B/(k-1)}{SS_A/(N-k)}$$

其中：MS_B 为组间均方，MS_A 为组内均方；SS_B 为组间平方和，SS_A 为组内平方和；自由度 $df=(k-1, N-k)$，k 代表样本数，N 代表 k 个样本合并后的总样本量。多组独立样本比较时，当资料符合正态分布且各组方差齐，直接采用完全随机的方差分析，如果检验结果有意义，可进一步进行两两比较，两两比较常用 Bonferroini、Turkey、Scheffe 和 Dunnett 法等。当资料不符合正态分布，采用非参数检验的 Kruskal-Wallis 法。多组随机区组样本比较时，当资料符合正态分布且各组方差齐，直接采用随机区组的方差分析，如果检验结果有意义，可进一步进行两两比较，两两比较同前。资料不符合正态分布，可采用参数检验的 Friedman 法，如果检验结果有意义，可进一步进行两两比较。

2. 协方差处理

协方差分析是当研究中出现一个变量不是研究变量，但会影响到研究结果，不得不对其进行控制的方法。协方差分析的一个重要假设是斜率同质假设，先检验斜率同质假设，然后才能进行协方差分析。

单因素方差分析的主要操作：菜单选择"SPSS 软件"-"分析"-"单因素 AVOA"-"选入因变量和因子"，如图 4-55 所示，并在两两比较中勾选相应的方法如 LSD 和 SNK（适用于完全随机的方差分析），如图 4-56 所示。假设要验证 3 种不同促销方式是否会影响销售额，方差分析结果 P=0.007 表明不同的促销方式会影响销售额（见表 4-11），两两比较看 SNK 结果最方便

（见表 4-12 和表 4-13），可以看出无促销方式和被动促销方式在一列中，表明这两者无差异，而主动促销方式和其他两个方式是在两列中，表明主动促销方式和其他两个的差异有统计学意义。

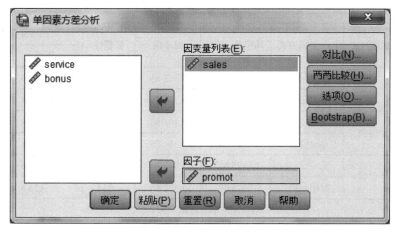

图 4-55　单因素方差分析

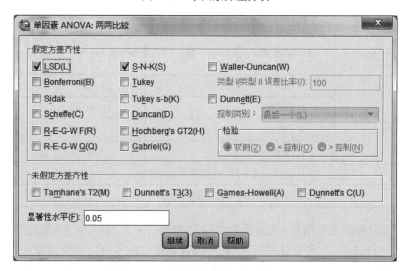

图 4-56　两两比较设置 LSD 和 SNK

表 4-11　单因素方差分析表

单因素方差分析				
销　售　额				
	平　方　和	df	均　　方	F	显　著　性
组间	579.250	2	289.625	6.406	.007
组内	949.375	21	45.208		
总数	1 528.625	23			

表 4-12 两两比较表

多 重 比 较

因变量：销售额

	(I) 促销方式	(J) 促销方式	均值差（I–J）	标准误	显著性	95% 置信区间	
						下限	上限
LSD	无	被动促销	−4.250 00	3.361 86	.220	−11.241 4	2.741 4
		主动促销	−11.875 0*	3.361 86	.002	−18.866 4	−4.883 6
	被动促销	无	4.250 00	3.361 86	.220	−2.741 4	11.241 4
		主动促销	−7.625 00*	3.361 86	.034	−14.616 4	−.633 6
	主动促销	无	11.875 00*	3.361 86	.002	4.883 6	18.866 4
		被动促销	7.625 00*	3.361 86	.034	.633 6	14.616 4

*. 均值差的显著性水平为 0.05。

表 4-13 SNK 结果表

销 售 额

	促销方式	N	alpha = 0.05 的子集	
			1	2
Student-Newman-Keuls[a]	无	8	23.750 0	
	被动促销	8	28.000 0	
	主动促销	8		35.625 0
	显著性		.220	1.000

将显示同类子集中的组均值。

a. 将使用调和均值样本大小 = 8.000。

两因素方差分析的主要操作：选择菜单 "SPSS 软件" – "分析" – "一般线性方程" – "单变量" – "将分析目标选入因变量框"，把处理因素和区组放入固定因素或随机因素（如果要外推的话需设随机因素），可以视作无重复两因素方差分析。如图 4-57 所示。如要验证公会加入情况是否会影响游戏时长，并且把等级水平设为区组因素，在模型中选入 "区组" 和 "加入公会"，如图 4-58 所示，结果表明区组因素不显著，加入公会情况效应显著，见表 4-14。

表 4-14 两因素方差分析表

主体间效应的检验

因变量：游戏时长

源	III 型平方和	df	均方	F	Sig.
校正模型	3 095 977.363[a]	2	1 547 988.682	3.449	.055

（续）

主体间效应的检验				
因变量：游戏时长				
源	Ⅲ 型平方和	df	均方	F	Sig.
截距	2 638 524.635	1	2 638 524.635	5.879	.027
区组	772 728.955	1	772 728.955	1.722	.207
加入公会	2 093 647.363	1	2 093 647.363	4.665	.045
误差	7 629 689.587	17	448 805.270		
总计	14 921 863.000	20			
校正的总计	10 725 666.950	19			

a. R 方 = .289（调整 R 方 = .205）

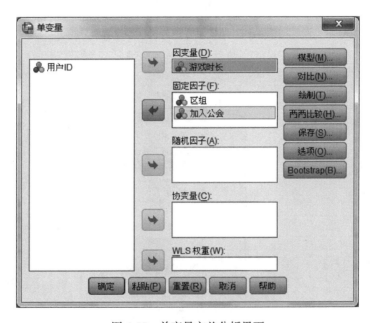

图 4-57 单变量方差分析界面

协方差分析主要操作：通过菜单选择 "SPSS 软件"－"分析"－"一般线性方程"－"将分析目标选入因变量框"，把处理因素放入固定因素或随机因素，把控制因素（也叫混杂因素）放入协变量，如图 4-59 所示。

1）协方差分析之前，要先检验一下数据是否满足斜率同质假设，也就是检验自变量（售后服务、促销方式）与协变量（奖金额）之前有没有交互作用。"选项"中将自变量移动到显示均值，模型选入自变量主效应和交互效应，如图 4-60 所示。

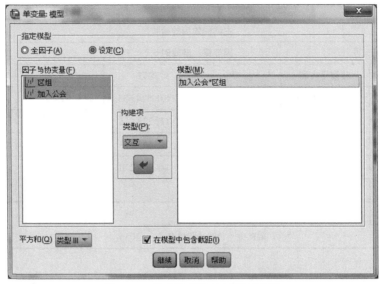

图 4-58 单变量方差分析模型设置

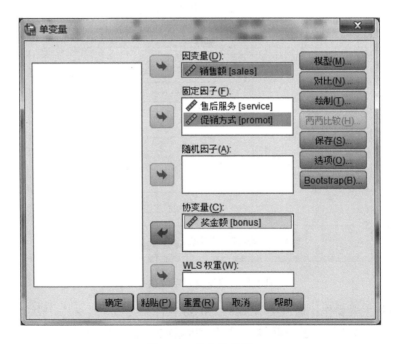

图 4-59 协方差分析

2）在输出结果中，先看一下自变量与协变量的交互作用，从 service * bonus 和 promot * bonus Sig 值均大于 0.05 表明交互作用不显著，这就满足斜率同质性假设，再勾选"描述统计"和"方差齐性检验"，如图 4-61 所示和表 4-15 所示。

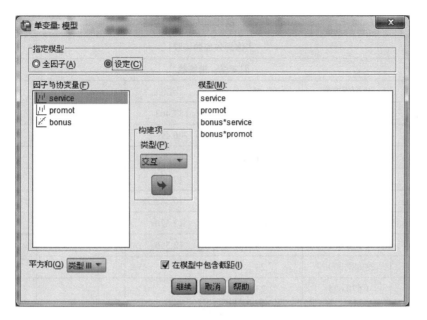

图 4-60 模型选项设置

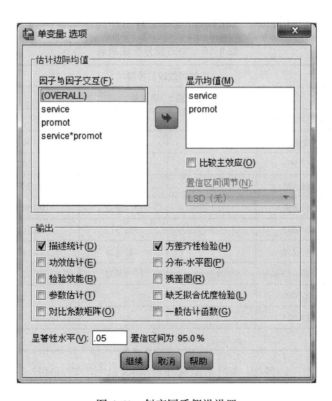

图 4-61 斜率同质假设设置

表 4-15 斜率同质假设检验

主体间效应的检验					
因变量：销售额					
源	III 型平方和	df	均方	F	Sig.
校正模型	1 311.823[a]	7	187.403	13.830	.000
截距	206.494	1	206.494	15.239	.001
service	67.203	1	67.203	4.960	.041
promot	35.996	2	17.998	1.328	.293
service * bonus	10.538	1	10.538	.778	.391
promot * bonus	25.241	2	12.620	.931	.414
误差	216.802	16	13.550		
总计	21 887.000	24			
校正的总计	1 528.625	23			

a. R 方 = .858（调整 R 方 = .796）

3）在模型中重新选择全因子。结果表明，促销方式和售后方式均会影响销售额。同时，不同的促销方式因不同售后方式导致的销售量也会有所不同，见表 4-16。

表 4-16 协方差分析结果表

主体间效应的检验					
因变量：销售额					
源	III 型平方和	df	均方	F	Sig.
校正模型	1 441.550[a]	6	240.258	46.907	.000
截距	217.908	1	217.908	42.543	.000
bonus	186.175	1	186.175	36.348	.000
service	550.862	1	550.862	107.547	.000
promot	704.633	2	352.317	68.784	.000
service * promot	165.256	2	82.628	16.132	.000
误差	87.075	17	5.122		
总计	21 887.000	24			
校正的总计	1 528.625	23			

a. R 方 = .943（调整 R 方 = .923）

多组独立正态样本比较操作：通过菜单选择"SPSS 软件"-"分析"-"非参数检验"-"两个或更多独立样本"-"设置"-"Kruskal-Wallis 单因素 ANOVA"，具体设置和输出与前面相同，在此略过，如图 4-62 所示。

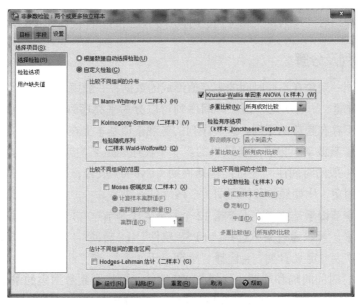

图 4-62　Kruskal-Wallis 检验

多组独立非正态样本比较操作：通过菜单选择"SPSS 软件"-"分析"-"非参数检验"-"两个或更多相关样本"-"设置"-"Friedman 按秩二因素 ANOVA"。具体设置和输出与前面相同，在此略过，如图 4-63 所示。

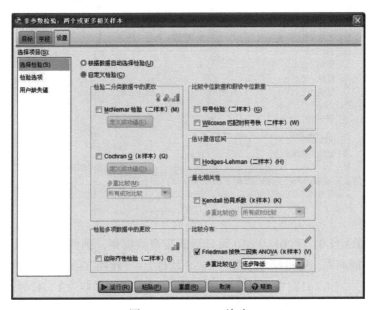

图 4-63　Friedman 检验

4.4 时间序列数据分析

本小节主要介绍时间序列定义和特性、时间序列数据的统计描述和预测方法。

4.4.1 时间序列及分解

时间序列是同一现象在不同时间的观察值形成的数据，一般用 $Y_t = (i = 1, 2, \cdots, n)$ 表示，t 表示所观察的时间，Y 表示观察值。时间序列可以分为平稳序列和非平稳序列两大类。平稳序列是基本上不存在趋势的序列。这类序列的各观察值基本上在某个固定的水平线上波动，但没有规律可言，其波动可以看成是随机的。非平稳序列是某些或全部包含趋势、季节性或周期性的序列。一般的时间序列还可能包括周期（Cyclic）成分，周期成分与季节成分不同，周期长短不一定固定，比如经济危机周期、金融危机周期等。

注意这里的季节因素是泛指，不单指 12 个月或 4 个季节这样的季节性因素，7 天或 30 分钟也是季节性因素。可以通过菜单选择"SPSS 软件"-"转换"-"日期和时间向导"-"为数据集指定周期"-"定义日期"-选择"星期、天（5）"或"日、小时"等，设定好第一个个案开始时间，时间间隔和周期，这样 SPSS 软件便可检测到数据集的季节变化因子，如图 4-64 所示。同时，通过菜单选择"SPSS 软件"-"分析"-"预测"-"序列图"，选入时间和变量便可画出对应的时间序列图，如图 4-65 所示。

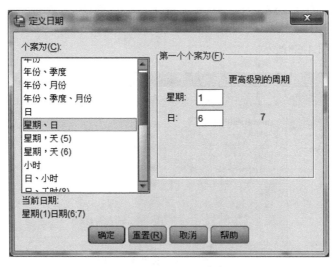

图 4-64　定义日期

现有一份 2013/11/01 至 2013/12/10 每日活跃用户数据集，预测未来某天的活跃用户数。首先需要定义时间间隔，通过菜单选择"SPSS 软件"-"转换"-"日期与时间向导"-"为数据集指定周期"-定义日期中可以选择"星期、日"：设置星期为 1，日为 6，（因系统默认一周内第 1 天以周日起计，因此第一个个案 2013/11/01 为周五对应第 6 天），最高级别的周期表示重复性循环变动，如一年中的月数或一周中的天数，显示值表示可以填入的最大值（如图 4-64 中的 "7"），注意对于 "小时、分钟、秒钟而言"，最大值为显示值减去 1。按 "确定" 按钮后我们可以看到数据集多出 3 个字段 WEEK_、DAY_ 和 DATE_，其中 WEEK_ 和 DAY_ 属于日期中的成分，DATE_ 是描述性字符串变量，注意检查 DATE_ 结果是否正确，要与原始日期对应，如第一条记录 2013/11/01 应该是星期五，DATE_ 为 1 FRI，结果正确，如图 4-66 所示。

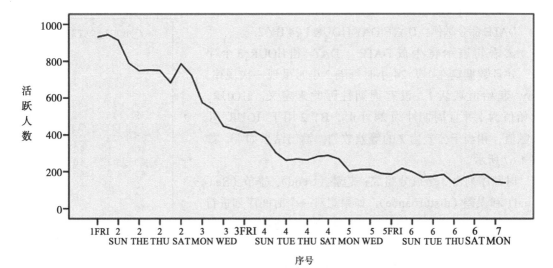

图 4-65　活跃人数时序图

日期	活跃人数	WEEK_	DAY_	DATE_
2013/11/01	932	1	6	1 FRI
2013/11/02	944	1	7	1 SAT
2013/11/03	914	2	1	2 SUN
2013/11/04	790	2	2	2 MON
2013/11/05	749	2	3	2 TUE
2013/11/06	753	2	4	2 WED
2013/11/07	750	2	5	2 THU
2013/11/08	682	2	6	2 FRI
2013/11/09	786	2	7	2 SAT
2013/11/10	722	3	1	3 SUN
2013/11/11	575	3	2	3 MON
2013/11/12	539	3	3	3 TUE
2013/11/13	446	3	4	3 WED
2013/11/14	430	3	5	3 THU
2013/11/15	412	3	6	3 FRI

图 4-66　每日活跃用户数据集

如果 SPSS 定义日期中的格式不符合你的要求，可以编写脚本来自定义。选择"当前活动数据集"－"新建语法"－"输入命令"－"按下运行键（▶）"即可生成。语法格式如下，更详细的解释可以查看 IBM SPSS 帮助中的 DATE 命令。

DATE 关键字 [起始值 [周期]]

[关键字 [起始值 [周期]]]

[BY 步长].（注意点号不要漏掉！）

DATE 命令举例：DATE DAY HOUR 1 24 BY 2.

该语句表示将生成 DATE_、DAY_ 和 HOUR_3 个字段，并且数据集在 1 天 24 小时每隔 2 小时呈现一次规律。Day_ 起始值默认 1，没有周期性因此未定义。HOUR_ 起始值为 1 并且周期性为 24 小时，BY 2 用于 HOUR_ 步长赋值，相当于公差为 2 的等差数列，输出结果如下，如图 4-67 所示。

```
DAY_ HOUR_ DATE_

   1     1     1  1
   1     3     1  3
   1     5     1  5
 ...
  39    17    39 17
  39    19    39 19
  39    21    39 21
  39    23    39 23
  40     1    40  1
  40     3    40  3
  40     5    40  5
  40     7    40  7
  40     9    40  9
  40    11    40 11
```

图 4-67　SPSS DATE 命令输出结果

时间序列由 3 个成分组成：趋势（trend）、季节（Seasonal）和误差（disturbance），如果想对一个时间序列进行深入的研究，就必须把序列成分分解或者过滤掉。如果要进行预测，则要估计模型中与这些成分相关的参数。可以通过 SPSS 软件进行季节分解，得到该序列的趋势、季节和误差成分。季节分解中有两大类分解模型：加法模型和乘法模型。加法模型适用于整体时间序列季节波动幅度基本不随着趋势的增加而变化的序列，而乘法模型适用于季节波动幅度随着趋势增加而加大的时间序列。

1）加法模型：假设原时间序列由 3 个成分相加而成，即趋势＋季节＋误差。

2）乘法模型：假设原时间序列由 3 个成分相乘而成，即趋势 × 季节 × 误差。

选择菜单"SPSS 软件"－"分析"－"预测"－"季节分解"，做这步之前一定要先定义周期，从图 4-68 中可以看到当前周期性 7，将变量选入，在模型中选择相加或乘法模型，最后得到 4 个附加变量，误差（err_1）、季节校正后的序列（sas_1）、季节因素（saf_1）和循环校正后的序列（stc_1）。图 4-69 是去掉季节校正后的序列跟原序列进行比较，从季节因素图可以看出，季节因素序列每隔 6 天有一次大波动，如图 4-70 所示。

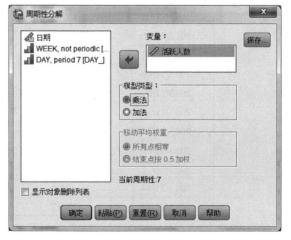

图 4-68　季节分解

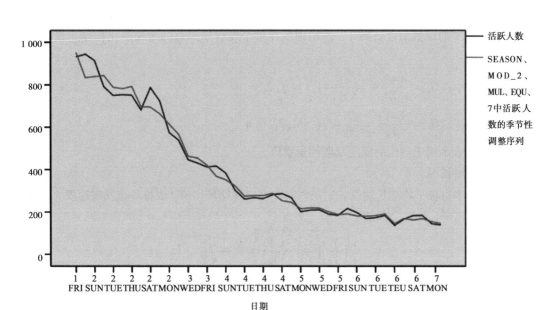

图 4-69　季节分解时序图

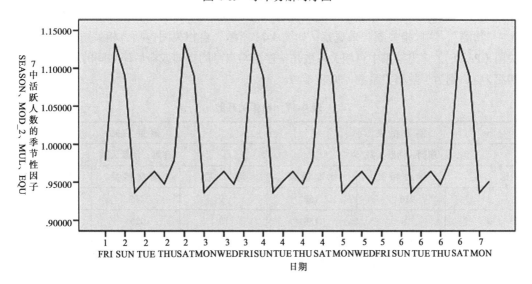

图 4-70　季节因素图

4.4.2　时间序列描述统计

（1）增长率分析

增长率也称增长速度，它是时间序列中报告期观察值与基期观察值之比减 1 后的结果，用 % 表示。由于对比的基期不同，可以分为环比增长率和定基增长率。环比增长率是报告期观察值与前一时期观察值之比减 1，说明现象的逐期增长变化速度；定基增长率是报告期观察

值与某一固定时期观察值之比减 1，说明现象在整个观察期内总的增长变化程度。设增长率为 G，则

环比增长率：$G_i = \dfrac{Y_i - Y_{i-1}}{Y_{i-1}} = \dfrac{Y_i}{Y_{i-1}} - 1, \ i = 1, 2, \cdots, n$

定基增长率：$G_i = \dfrac{Y_i - Y_0}{Y_0} = \dfrac{Y_i}{Y_0} - 1, \ i = 1, 2, \cdots, n$

其中，Y_0 表示用于对比的固定基期的观察值。

（2）平均增长率

平均增长率也称平均增长速度，它是时间序列中逐期环比值（也称环比发展速度）的几何平均数减 1 的结果，计算公式如下。

$$\overline{G} = \sqrt[n]{\left(\dfrac{Y_1}{Y_0}\right)\left(\dfrac{Y_2}{Y_1}\right)\cdots\left(\dfrac{Y_n}{Y_{n-1}}\right)} - 1 = \sqrt[n]{\dfrac{Y_n}{Y_0}} - 1$$

其中，$\overline{G}$ 表示平均增长率，n 表示环比值的个数。

4.4.3 时间序列特性的分析

时间序列的特性是指时间序列的随机性、平稳性和季节性，选择菜单"SPSS"–"分析"–"预测"–"自相关图"来观察，如图 4-71 所示。自相关图包括自相关图（ACF）和偏相关图（PACF），输出结果中自相关系数是指序列与自身的提前或滞后序列间的相关系数。如果滞后为 1，则为 1 阶相关系数，见表 4-17。

表 4-17　自相关系数

偏自相关			偏自相关		
序列：活跃人数			序列：活跃人数		
滞　后	偏自相关	标准误差	滞　后	偏自相关	标准误差
1	.916	.158	9	−.245	.158
2	−.101	.158	10	.026	.158
3	.008	.158	11	.069	.158
4	.053	.158	12	−.093	.158
5	−.028	.158	13	.092	.158
6	−.056	.158	14	−.022	.158
7	−.058	.158	15	−.097	.158
8	−.083	.158	16	−.065	.158

随机性是指时序各项之间没有任何相关特性，由自相关图可知，对于给定的显著性水平（a=0.05）可以构成一个随机区间，自相关系数落入区间内，就认为与 0 无显著差异；落在区间外，则认为与 0 显著不同。图 4-72 中的柱状是指时间序列的自相关系数，上下两条黑线代

表 0.05 随机区间，我们看到 ACF 大多数超出随机区间，因此认为它是非纯随机序列（也称白噪声序列）。而 PACF 除了 1 阶，其他阶数自相关系数均落在虚线以内，可以认为该序列在 1 阶内相关性是比较大的，可以知道相邻时点值存在较强的相关，这说明如果要建立模型的话，1 阶就可以了，如图 4-73 所示。PACF 是控制低阶自相关系数的传递效应所计算的偏相关系数，意义类似于相关系数和偏相关系数的概念。时间序列模型需要建立在序列非随机的条件上，若随机，前后观察值之间没有任何关系，没有信息可以提取。

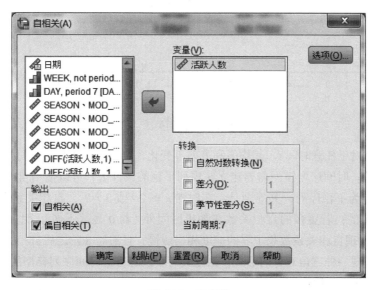

图 4-71　自相关

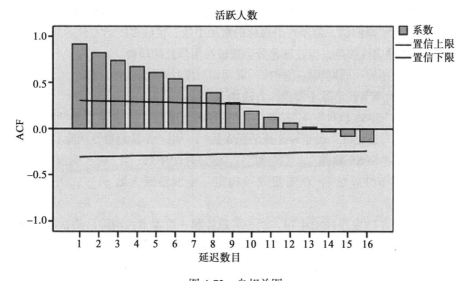

图 4-72　自相关图

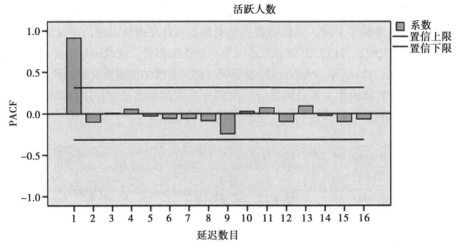

图 4-73　偏相关图

　　平稳性是指对于任意时间 t，其均值和方差不变化，自相关系数只与时间间隔有关，与所处的时间点无关。时间序列模型需要建立在序列平稳的条件上，可以借用自相关图来识别其平稳性，并转化为平稳序列，其准则是：在时滞 $k = 2$（或 3）后，自相关系数迅速趋于零，那么时序为平稳的；若更多的自相关数在随机区间外（与 0 显著不同），时序就非平稳。从图 4-72 中可以发现自相关系数趋于零的速度相当缓慢，且滞后 8 阶之后自相关系数才落入随机区间，并且呈现一种三角对称的形式，这是具有单调趋势的时间序列典型的自相关图形式，进一步表明序列是非平稳的。

　　如果检验下来是非平稳序列，自相关图提供了 3 种变换方式。

　　1）自然对数转换：如果时间序列含有指数趋势，可以通过取对数将其转化为线性趋势。

　　2）差分：即后值减前值，是序列平稳化的常用手段，足够多次的差分运算可以充分提取原序列中的非平稳确定性信息，但过度差分会造成有用信息的浪费。

　　3）季节差分：用后一周期观察值同前一周期相对应时刻的观察值相减。

　　一阶趋势和一阶季节性消除主要操作方法如下。

　　通过菜单选择"SPSS 软件"–"转换"–"创建时间序列"–"选入变量活跃人数"，在函数下选择"差值"，单击更改—确定—生成活跃人数 _1，用于 1 阶趋势性消除。

　　通过菜单选择"SPSS 软件"–"转换"–"创建时间序列"–"选入变量活跃人数 _1"，在函数下选择"季节性差分"，单击更改—确定—生成活跃人数 _1_1，用于 1 阶季节性消除。

　　对活跃人数 _1_1 的原序列图 4-74，经一阶趋势和一阶季节性消除后再次画出自相关图，如图 4-75 所示，发现绝大多数自相关数落入随机区间内，可以表明该序列已基本平稳，但要注意前半部分方差仍是比较大的，说明平稳性还有待消除，如图 4-76 所示。

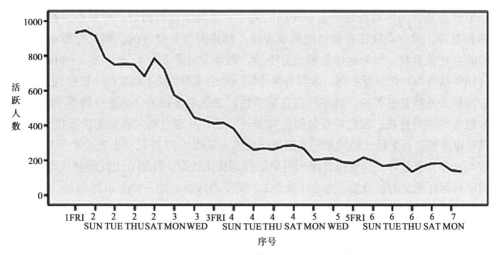

图 4-74　每日活跃人数时序图（原序列）

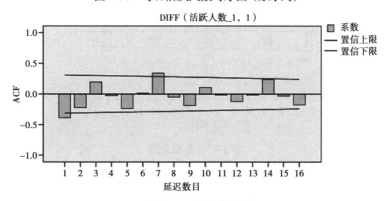

图 4-75　自相关图

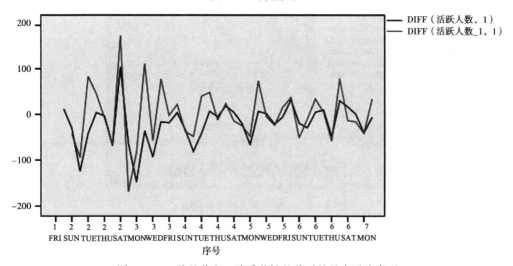

图 4-76　一阶差分和一阶季节性差分后的基本平稳序列

　　季节性是指时间序列在某一固定时间间隔上，重复出现前面的某种特性，如上线时段、道具销售量等，其变化往往有明显的周期规律。如果时序是分月的，则看时滞 $k = 12，24，36\cdots$ 时的自相关系数。如果时序数据是分季的，则查看时滞 $k = 4，8，12，\cdots$ 时的自相关系数。自相关系数与 0 无显著不同，表明各年中同一个月（季）是不相关的，该序列不具有季节性；若自相关系数是显著的，该序列存在季节性；在使用自相关分析图分析季节性时，若季节性和趋势性同时存在，因趋势性过强会掩盖季节性，从而自相关系数无法直接判断季节变化，只有将序列进行平稳化消除趋势性再继续观察。从图 4-77 可以看出时滞 $k = 1，7，14$ 相关系数与 0 有显著差异，这意味着序列有周期性的变化规律，每隔 6 天就重复出现这一规律，它表明序列存在明显的季节性，差分步长为 6，需要消除季节性，如图 4-78 所示。

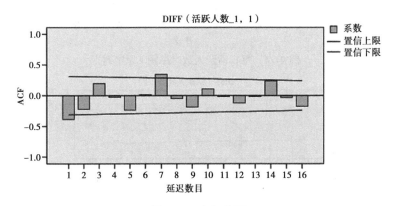

图 4-77　自相关图

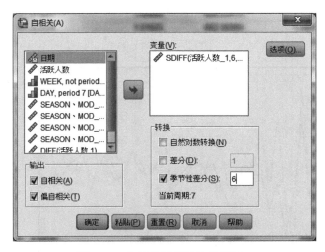

图 4-78　自相关季节性差分设置 6

　　综上所述，该序列应该进行 1 阶趋势 6 阶季节性消除才能得到随机平稳化序列，了解序列的特性便于 ARMA 模型识别，可以认为该序列能用 $ARIMA(p,d,q)(P,D,Q)^s$ 模型来描述。

4.4.4　指数平滑

如果我们想对未来进行预测的话，就需要建立时间预测模型。指数平滑是通过对过去的观察值进行加权平均的一种方法，该方法使 $t+1$ 期的预测值等于 t 期预测值的加权平均值。若想对独立变量的时间序列进行预测，指数平滑并不适用。指数平滑法是加权平均的一种特殊形式，观察值时间越远，其权重越下降，因而称为指数平滑，其预测模型如下。

$$F_{t+1} = aY_t + (1-a)F_t \quad (0 < a < 1)$$

其中，Y_t 表示 t 期实际观察值，F_t 为 t 期预测值，a 为平滑系数。

对于指数平滑法的预测精度，可以用均方误差（MSE）来衡量，均方误差是通过平方消除正负号后计算的平均误差，可用来比较不同时间序列模型，该值越小越好，其计算公式如下。

$$MSE = \frac{\sum_{1}^{n}(Y_i - F_i)}{n}$$

其中，Y_i 表示第 i 个观测值，F_i 为预测值。

将上式预测模型写成下面形式。

$$F_{t+1} = aY_t + (1-a)F_t = aY_t + F_t - aF = F_t + a(Y_t - F_t)$$

其中，F_{t+1} 是 t 期预测值 F 加上用 a 调整的 t 期预测误差 $(Y_t - F_t)$。

通过菜单选择"SPSS"-"分析"-"预测"-"创建模型"-"将活跃人数选入因变量"，在方法中选指数平滑，在条件中可以选择季节性模型"Winters 可加性"或"Winters 可乘性"进行模拟。"统计量"选择"均方根误差"即 MSE 开方，"参数估计"有 3 个参数要估计，主要是平滑系数 α、趋势因子和季节因子，"图表"里选择"观察值"和"拟合值"，"保存"选择预测值（将原前缀名预测值（P）改为 P_ 预测值）、置信区间下限和上限。注意新版本 SPSS 将自行估计 $alpha$ 参数，旧版 SPSS 可以手动指定 α 参数，模型类型介绍如下。

非季节性主要是指时间序列不包含趋势 / 季节，季节性则相反，如图 4-79 所示。

1）简单模型相当于一次指数平滑法，时间序列无趋势，也无季节变化的序列。

2）Holt 和 Brown 线性趋势模型相当于二次指数平滑法，线性模型适用于有线性趋势无季节变化的序列。由于 Holt 法比 Brown 法多用了一个参数，因此它比 Brown 法更具有灵活性，尤其是在自动地用于大量时间序列预测时更具优越性。例如，当一个序列不包含长期趋势时，Holt 法可通过参数使模型接近于自适应简单指数平滑模型，而 Brown 法无法进行这种调节，对所有序列只能按线性趋势进行预测，因此实际应用中 Holt 法的预测精度一般高于 Brown 法。

3）阻尼趋势模型适用于有线性趋势，且线性趋势正逐步消失并且无季节变化的序列。

4）简单季节性模型适用于没有趋势但有季节性变化的序列。

5）Winters 加乘法模型相当于三次指数平滑法，适用于有线性趋势且有加法或乘法季节性变化的序列。

我们可以看到在模型评价中 R 方（用于非平稳序列）0.988 相当高，均方误差的平方根 RMSE 28.71 较小，Ljung-Box Q 检验残差未违反白噪声（0.21 ＞ 0.05），如图 4-80 所示，也没有出现离群值，见表 4-18，反映数据拟合效果较佳，将拟合值与原序列值比较一下，拟合效果是比较好的，如图 4-81 所示。

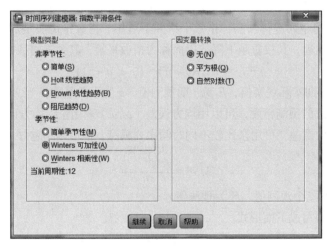

图 4-79　指数平滑条件

模型拟合

拟合统计量	均值	SE	最小值	最大值	百分位						
					5	10	25	50	75	90	95
平衡的R方	.626	·	.626	.626	.626	.626	.626	.626	.626	.626	.626
R方	.988	·	.988	.988	.988	.988	.988	.988	.988	.988	.988
RMSE	28.708	·	28.708	28.708	28.708	28.708	28.708	28.708	28.708	28.708	28.708
MAPE	6.591	·	6.591	6.591	6.591	6.591	6.591	6.591	6.591	6.591	6.591
MaxAPE	31.816	·	31.816	31.816	31.816	31.816	31.816	31.816	31.816	31.816	31.816
MAE	21.483	·	21.483	21.483	21.483	21.483	21.483	21.483	21.483	21.483	21.483
MaxAE	74.327	·	74.327	74.327	74.327	74.327	74.327	74.327	74.327	74.327	74.327
正态化的BIC	6.991	·	6.991	6.991	6.991	6.991	6.991	6.991	6.991	6.991	6.991

图 4-80　指数平滑模型拟合检验

表 4-18　指数平滑模型统计量

模型统计量

模型	预测变量数	模型拟合统计量	Ljung-Box Q(18)			离群值数
		平稳的 R 方	统计量	DF	Sig.	
活跃人数 – 模型 _1	0	.626	19.076	15	.210	0

　　如果要对 12/11 和 12/12 进行活跃人数预测的话，可以在原数据集新增日期 12/11 和 12/12，如图 4-82 所示，活跃人数为空白值，设置同前面一样，只不过多勾选"显示预测值"，如图 4-83，我们看到 12/11 预测值为 142，12/12 预测值为 127，均未超出置信区间（UCL 和 LCL），这说明模型预测结果还是比较准确的，见表 4-19，而指数平滑预测时序图见图 4-84。

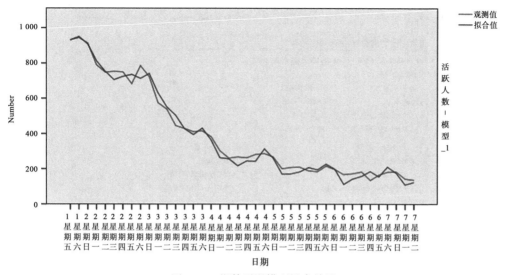

图 4-81 指数平滑模型拟合效果

表 4-19 指数平滑预测置信空间

预 测			
模 型		7 星期三	7 星期四
活跃人数 – 模型 _1	预测	142	127
	UCL	200	198
	LCL	84	55

对于每个模型，预测都在请求的预测时间段范围内的最后一个非缺失值之后开始，在所有预测值的非缺失值都可用的最后一个时间段或请求预测时间段的结束日期（以较早者为准）结束

日 期	活跃人数	WEEK_	DAY_	DATE_
2013/11/28	190	5	5	5 THU
2013/11/29	185	5	6	5 FRI
2013/11/30	217	5	7	5 SAT
2013/12/01	198	6	1	6 SUN
2013/12/02	169	6	2	6 MON
2013/12/03	174	6	3	6 TUE
2013/12/04	184	6	4	6 WED
2013/12/05	136	6	5	6 THU
2013/12/06	166	6	6	6 FRI
2013/12/07	183	6	7	6 SAT
2013/12/08	184	7	1	7 SUN
2013/12/09	144	7	2	7 MON
2013/12/10	138	7	3	7 TUE
2013/12/11	– .	7	4	7 WED
2013/12/12	– .	7	5	7 THU

图 4-82 每日活跃人数数据集，增加新日期 12 月 11 日和 12 月 12 日

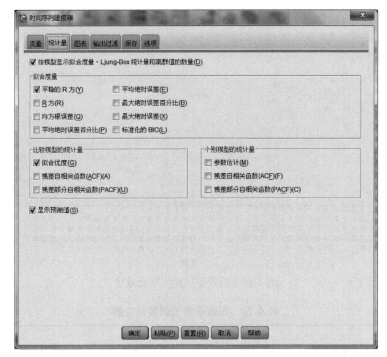

图 4-83　时间序列建模统计量设置

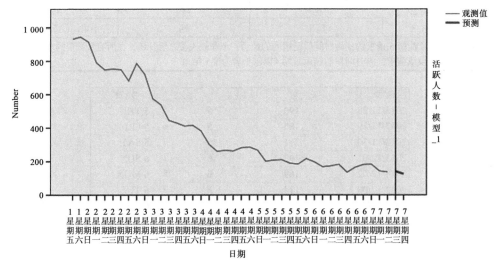

图 4-84　指数平滑预测时序图

4.5　相关分析

本小节主要介绍研究事物或现象之间联系的方法——相关分析，它主要研究变量之间的依存关系，变量并无主次之分，即地位平等。

4.5.1　定量资料相关分析

定量资料的相关分析主要是线性相关，线性相关主要研究两个或多个变量之间相互依存关系，可分为简单相关和偏相关。简单相关就是直接度量两个变量之间的关联。偏相关是校正其他变量影响后的两个变量之间的相关性。相关系数为正值时，代表两者为正相关，如果为负值，说明两者为负相关。相关系数介于 +1 和 –1 之间，相关系数绝对值越大，说明相关性越强。相关系数绝对值越小，说明相关性越弱，相关性系数强弱判定要依据业务经验而定。

这里介绍两个最常用的相关系数，Pearson 相关系数和 Spearman 相关系数。

Pearson 相关系数测量的是两个变量线性联系的紧密程度，这两个变量的地位是对等的，主要用于正态分布资料。

$$r = \frac{\Sigma xy}{\sqrt{\Sigma x^2}\sqrt{y^2}}$$

其中：$x = X - \overline{X}$。

Spearman 相关系数，它和 Pearson 相关系数定义是类似的，只不过在定义中把点的坐标换成各自样本的秩。Spearman 相关系数也是在 –1 和 1 之间，主要用于偏态资料或等级资料。

以上两种相关系数均可以在菜单中选择"SPSS 软件"–"相关"–"双变量相关中的相关系数 Pearson 和 Spearman"，如图 4-85 所示。偏相关系数则可以选择菜单"SPSS 软件"–"偏相关"来求得，如图 4-86 所示。

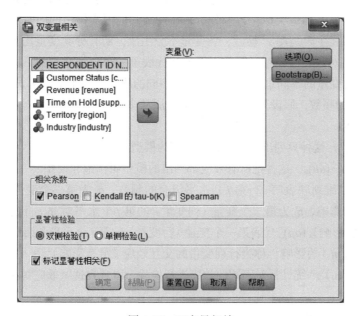

图 4-85　双变量相关

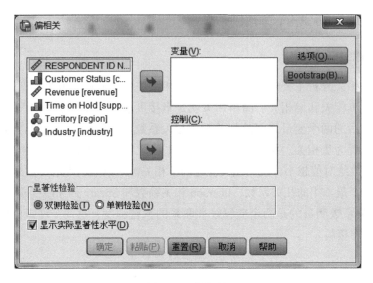

图 4-86　偏相关

4.5.2　分类资料相关分析

分类资料的相关分析常用的是列联分析即 χ^2 检验和对数线性模型，χ^2 检验可以通过菜单选择"SPSS 软件"–"描述统计"–"交叉表"–"统计量"–"卡方"求得。由于第 3 小节已详述，此处略过，接下来具体介绍对数线性模型。对数线性模型适用于研究二维列联表或高维列联表之间的关系，构造类似于方差分析，在控制其他因素作用的同时对变量的效应做出估计，而两维列联表主要是用 χ^2 检验，各变量不分主次，所有分类变量均为因变量。以二维列联表来介绍一下对数线性模型，假定不同的行代表第一个分类变量的不同水平，而不同的列代表第二个分类变量的不同水平，分类变量有不同的取值也叫水平，用 m_{ij} 代表二维列联表的第 i 行，第 j 列的频数，假设列联表单元格频数服从多项分布，各因素对单元格频数的影响可用下面公式描述：

$\ln(m_{ij})=\mu+\alpha_i+\beta_j$，这种只列出主效应的叫作简约模型。

$\ln(m_{ij})=\mu+\alpha_i+\beta_j+(\alpha\beta)_{ij}$，这种把所有效应都列出的模型叫作饱和模型。

其中，m_{ij} 为二维列联表第 i 行第 j 列水平组合的频数，α_i 为第一个变量（行变量）的第 i 个水平对 $\ln(m_{ij})$ 的影响，β_j 为第二个变量（列变量）的第 j 个水平对 $\ln(m_{ij})$ 的影响，这两个影响为主效应（单独影响），$(\alpha\beta)_{ij}$ 代表第一个变量（行变量）的第 i 个水平和第二个变量（列变量）的第 j 个水平对 $\ln(m_{ij})$ 的影响，称为行列变量的交互效应（组合影响），采用 Pearsonχ^2 和似然比（Likelihood Ratio）χ^2 统计量对不同的效应进行检验，以观察这些效应对频数差异的影响是否有统计学意义。

以关于某项政策调查所得的结果 table7.sav 为例，它显示了人们的收入和性别对该政策的观点，见表 4-20。为了方便起见，只分析性别与观点是否相关，也就是说要分析这两个因素是否有交互作用。通过菜单选择"SPSS 软件"–"分析"–"对数线性模型"–"常规"–"常规对数线性分析"–将行列变量选入因子，右方"模型"–"指定模型"下勾选"设定"–"构建项"，类型选主效应，选入行列两个变量。右方"选项"勾选"估计"。为了估计参数，系统强行限定同一分类变量的各水平参数之和为 0，即增加 $\Sigma_i d_i = 0$ 和 $\Sigma_j \beta_j = 0$ 和的约束，有了估计参数，就可以预测出任何 i, j 水平组合的对数频数 m_{ij}，"单元计数分布"注意选择"多项式分布"，默认是泊松分布，最后按"确定"按钮，如图 4-87 所示。

图 4-87　常规对数线性分析

表 4-20　某项政策调查

性　　别	α_1 观点：反对（0）			α_2 观点：赞成（1）		
	低　收　入	中　收　入	高　收　入	低　收　入	中　收　入	高　收　入
β_1 女（0）	2	7	9	25	15	7
β_2 男（1）	5	8	10	20	10	5

SPSS 默认约束是把两个变量最后一个水平定为 0，我们可以看到输出结果（（α_1, α_2, β_1, β_2）的估计为（–0.693，0，0.114，0），常数项为 3.665，见表 4-21，套入 $\ln(m_{ij}) = \mu + \alpha_i + \beta_j$ 公式中，如果估计值为正值则有促进作用，如果估计值是负值则有抑制作用，零为无效应。即，

$$\ln(m_{11}) = \mu + \alpha_1 + \beta_1 = 3.665 + 0.114 - 0.693 = 3.086 \quad \text{女性反对的个数}$$
$$\ln(m_{12}) = \mu + \alpha_1 + \beta_2 = 3.665 - 0.693 = 2.972 \quad \text{女性赞成的个数}$$
$$\ln(m_{21}) = \mu + \alpha_2 + \beta_1 = 3.665 + 0.114 = 3.779 \quad \text{男性反对的个数}$$

$$\ln(m_{22}) = \mu + \alpha_2 + \beta_2 = 3.665 \qquad \text{男性赞成的个数}$$

表 4-21 对数线性模型参数估计

参数估计 [c,d]

参 数	估 计	标准误	Z	Sig.	95% 置信区间	
					下 限	上 限
常量	3.655[a]					
[opinion = 0]	−.693	.191	−3.624	.000	−1.068	−.318
[opinion = 1]	0[b]	.	.	.	.	.
[sex = 0]	.114	.181	.631	.528	−.240	.468
[sex = 1]	0[b]	.	.	.	.	.

a. 在多项式假设中常量不作为参数使用。因此不计算它们的标准误差

b. 此参数为冗余参数，因此将被设为零

c. 模型：多项式

d. 设计：常量 + opinion + sex

我们尝试将行列变量的交互项加入，从输出结果中可以看出交互项无统计学意义 $P = 0.165$，即观点与性别不相关，见表 4-22。另外，SPSS 给出拟合度检验似然比 0.160 > 0.05，见图 4-88，说明当前模型与饱和模型无差异，即有没有交互效应都是一样的，可见交互效应不存在。（饱和模型包含了所有主效应和交互效应，拟合结果最佳，两者无差异表明当前模型拟合较好，出于少而精的原则能恰当表述数据，所以优选简约模型）。

表 4-22 对数线性模型加入交互项

参数估计 [c,d]

参 数	估 计	标准误	Z	Sig.	95% 置信区间	
					下 限	上 限
常量	3.570[a]					
[sex = 0]	.291	.222	1.313	.189	−.144	.726
[sex = 1]	0[b]	.	.	.	.	.
[opinion = 0]	−.413	.266	−1.551	.121	−.934	.109
[opinion = 1]	0[b]	.	.	.	.	.
[sex = 0] * [opinion = 0]	−.530	.382	−1.389	.165	−1.279	.218
[sex = 0] * [opinion = 1]	0[b]	.	.	.	.	.
[sex = 1] * [opinion = 0]	0[b]	.	.	.	.	.
[sex = 1] * [opinion = 1]	0[b]	.	.	.	.	.

（续）

参　数	估　计	标 准 误	Z	Sig.	95% 置信区间	
					下　限	上　限

参数估计 c,d

a. 在多项式假设中常量不作为参数使用。因此不计算它们的标准误差

b. 此参数为冗余参数，因此将被设为零

c. 模型：多项式

d. 设计：常量 + sex + opinion + sex * opinion

　　虽然对数线性模型可以在总观测固定时估计 m_{ij} 的值，但一般来说，对数线性模型并不用于预测也没有意义，主要是通过这个模型做独立性检验。另外，三维列联表即数据按照三个分类变量所列成的表，此时用 R 语言分析比较方便，可以使用 loglin(table, margin) 函数，这将在高级版中详述。

拟合度检验a,b

	值	df	Sig.
似然比	1.975	1	.160
Pearson卡方检验	1.974	1	.160

a.模型：多项式
b.设计：常量+sex+opinion

图 4-88　拟合检验

参考文献

[1] 贾俊平 . 统计学 [M].5 版 . 北京：中国人民大学出版社，2012.

[2] 柯惠新，祝建华，孙江华 . 传播经济学 [M]. 北京：北京广播学院出版社，2003.

[3] 冯国双，罗凤基 . 医学案例统计分析与 SAS 应用 [M]. 北京：北京大学出版社，2011.

[4] 汪海波 .SAS 统计分析与应用从入门到精通 [M].2 版 . 北京：人民邮电出版社，2013.

[5] 王喜之 . 统计学：从数据到结论 [M].4 版 . 北京：中国统计出版社，2013.

[6] 易丹辉 . 时间序列和分析：方法与应用 [M]. 北京：中国人民大学出版社，2013.

[7] 王汉生 . 应用商务统计分析 [M]. 北京：北京大学出版社，2008.

[8] 陆守曾 . 医学统计学 [M]. 北京：中国统计出版社，2002.

[9] IBM company. IBM SPSS Statistics 21Tutorial[M]. Illinois, SPSS Inc, 2012.

用户分析

在本书的第 1 章中，就游戏数据分析的流程和发展做过阐述，经历业务分析、指标体系建立和数据的采集处理后，如何统计、如何分析则是摆在我们面前最大的课题。一个基本的共识是数据中蕴藏价值，但是挖掘价值并发挥价值则是非常关键的。在后续章节的阐述中，将会就游戏的新增用户分析、活跃用户分析、渠道分析、收入分析、留存分析、ARPU 分析、付费转化分析和付费用户分析等专题展开探讨和学习。本章及其后续章节探讨的目的是期望通过一些分析方法和思路，让游戏数据分析变得更加完整，并发挥更大的价值。本章就新增用户和活跃用户的问题进行分析和探讨。

本章所涉及的日活跃用户数和日新增用户数分别用 DAU 和 DNU 表示。

5.1　两个问题

在任何一款产品的生命周期中，都需要不断思考两个问题。

❑ 如何有效获取用户。

❑ 如何有效经营用户。

游戏进入互联网后，从业者很多的时间都在学习如何经营用户，对如何获取用户其实并没有很认真地研究过。从一个产品荒芜时代走来，最初用户是没有选择空间的，然而随着不断变成红海，移动游戏进入智能机时代，游戏产品大量进入市场，用户的获取难度加大，不得已必须关注用户的获取。另外，由于数据太少了，更多的时间是在关心所谓的产品创意，根本不了解用户。拿移动互联网来说，它创造了更加公平的游戏研发和运营的机会，但是产品竞争更加激烈，随着游戏产品不断地产生和用户被过度消费，如何获取用户并以高质量的游戏数据赢得市场、用户、流量平台变成了每一个从业者比以往任何时候更加关心的事情。

如果说在端游时代，扎根于如何经营用户，那么在页游时代，则需要学会如何平衡体验和流量的再加工，而如今的移动互联网时代，这些移动产品告诉我们，必须学会如何高效以及精准地获取用户。因为移动互联网时代几点特征要求我们必须如此。

- ❑ 用户的终端环境趋于多样化，例如网络、设备、系统和分辨率等。
- ❑ 用户的标识更加准确，基于设备的用户画像将完整地描述一个人。
- ❑ 用户网络行为是可移动的，且根植于设备本身，因此流量平台发生根本变化。
- ❑ 在任何时间、任何地点、任何人都能保持与设备的高度交互。

移动互联网获取用户的方式有很多种，两种常见的方式如下。

（1）社交

移动设备就是一个社交环境，游戏是一种沟通方式，最好的游戏体验是寻求能力与挑战之间最佳的平衡。而挑战一部分源于游戏本身，另一部分是源于由社交属性，这种社交一方面是竞争，例如游戏中的排行榜，微信的熟人社交关系而呈现的排行榜等。另一方面则是对于自身超预期的能力认识所造成的。例如，在地铁上，你看到一个人在玩跑酷游戏，那么此时你已经被感染，甚至觉得如果此时你正在玩这款游戏，那么你一定比那个人强很多倍。

（2）定向

在过去很多的用户获取，有网吧地面推广、网站展示广告以及电视媒体广告等，之所以如此，是因为在过去基于cookie技术和受众分析，但没办法预先非常精准了解那些要被营销的用户的兴趣、属性以及认知。因为在过去无法做对于一个用户的精准分析和行为刻画。但是在今天，移动智能设备不只是一个娱乐工具，实际是一个数据收集器，在不违背用户隐私的原则下，比以往任何时代都更加清楚用户的情况。这其实带来更多的思考，尤其是在数据分析以及价值转化方面。

在这里要提到的另一点是，对于产品的推广，往往需要在用户量和质量上有所考虑，很多时候较高广告预算，会选择激进的大面积的广告购买和投放，以期望在初期获得更多的用户资源和流量，实际上，反倒损失更多的资金和用户。然而游戏的自然用户实际质量最佳，但不会有庞大的用户规模，但是经历了长期的用户沉淀，稳定的留存，即使每天只有 10 000 新增用户，一周后至少理论应该有 70000 的日活跃用户，当然这是在新用户一个不流失的前提下得出的数字，这一点的提出只想说明一个问题，不积跬步，无以至千里。

5.2 分析维度

围绕用户分析，无论是针对新用户还是活跃用户，需要变换一些维度去进行用户的拆解。例如，新用户分析更关注用户来源渠道。

图 5-1 是对目前可能涉及的维度分析进行汇总，在对一些指标进行详细分析时可能会关注的。下面就部分维度予以解释和说明。

（1）平台

产品的发布平台（不管是 iOS 平台、Android 平台还是 Windows Phone 平台），作为相关指标数据分析的重要维度，可以针对各个平台的表现情况来进行分析。如在 TalkingData Game Analytics 产品中，登录后则有如图 5-2 所示的信息。

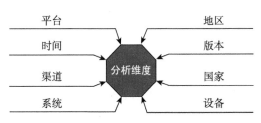

图 5-1　分析维度

图 5-2　分析平台

（2）时间

基于分析的需要，会随意设置分析时间区间，更加灵活自由地查看不同时间的数据表现，这一点往往在做数据分析报告时经常使用。对比两周或者两个月的数据趋势，了解整体的运营状况，例如环比、同比和趋势分析，都需要灵活的时间维度来完成。如图 5-3 和图 5-4 所示。

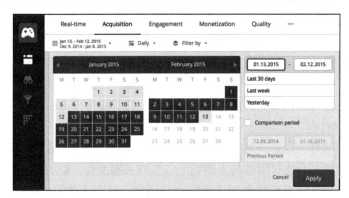

图 5-3　时间设置

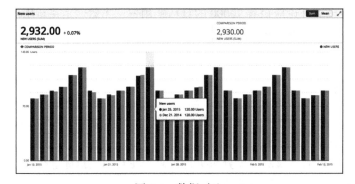

图 5-4　数据对比

（3）渠道

用户分析的第一个问题，就是解释和量化用户获取的效果，所以分渠道地看待用户的效果是非常必要的。然而，渠道的定义方式是非常广泛的，从传统意义的广告、关键词、登录页、网站，到新开服务器组，都是渠道的范畴。渠道相关的分析和定义请参考渠道分析章节。图 5-5 是某游戏的服务器列表。

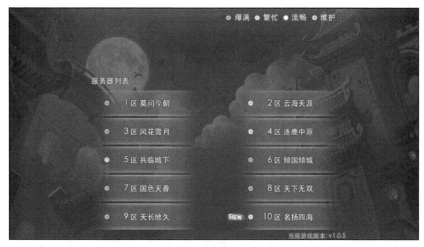

图 5-5　某游戏服务器列表

图 5-6 是用户获取分析的一些渠道维度，这些维度有助于把一些指标（例如 DNU 或者 DAU 等）做进一步的拆解和分析，衡量获取用户的效果。

（4）系统和设备

移动设备从未像今天这样碎片化，同一个产品由于运行于不同的设备上，不同的设备上运行的操作系统又是不同的，那么出现的问题的可能性就会很高，例如在游戏中，付费用户使用的是哪些设备比较多，大额付费用户使用的设备是什么，操作系统是什么版本，这些问题将关乎游戏的收入是否会下降。

然而这对于网页游戏，甚至是 PC、Xbox 等平台的游戏来说，不是问题，因为一个浏览器，覆盖度极高的操作系统，解决了这些碎片化的问题。移动设备的多样性和基于手机系统和设备性能的产品设计思路，导致了从来用户的需求没有达到像手机这样个性化和分散多样。

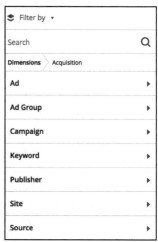

图 5-6　获取用户的分析维度

如图 5-7、图 5-8 和图 5-9 所示，显示的数据是针对某时间段内容付费用户的设备和系统等数据的统计，以付费用户作为研究群体，了解该用户群的设备相关的属性，那么就可从另一个角度，经营这些用户，因为如果付费用户不能流畅游戏，则会造成付费困难，进而收入会产生波动。

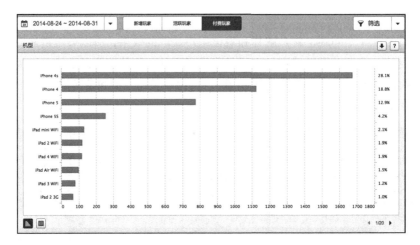

图 5-7　付费用户的设备

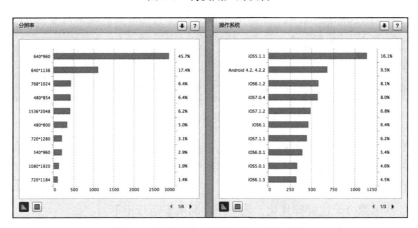

图 5-8　付费用户的分辨率和操作系统

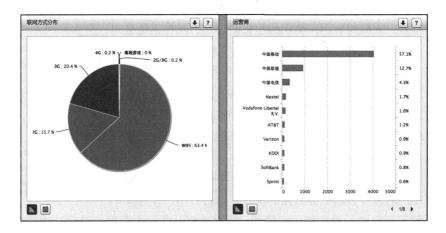

图 5-9　付费用户的联网和运营商

5.3 新增用户分析

产品是否可以留下用户，这是新增用户分析要回答的问题。

- ❏ 端游市场，无法准确地衡量不同渠道对于游戏用户量和收益价值的贡献。
- ❏ 页游市场，可以了解不同渠道的贡献和价值，但游戏环境对所有的人是公平的。
- ❏ 手游市场，需要知道不同渠道的贡献和价值，更需要知道在新增激活之前都发生了什么，因为游戏环境对所有人不再是公平的。

移动设备是一个展示个性需求和自定义用户的环境，为了获取用户，我们一直坚持的广告投放和用户定位方式，实际在这个手游市场发生了根本的变化，从获取用户、用户经营、用户挽留，全程都需要参与和注意，手机让我们有机会在任何时间、地点，对任何人推送信息和内容，这点为挽留用户提供了可以想象的空间。

直到现在，很多人还在坚持看新增用户数（DNU）来衡量获取用户的能力，即导入流量的能力，稍加改变的是在移动时代，我们学会了看留存率来衡量获取用户的质量，使用用户生命周期价值（LTV）来衡量综合收益。在页游和端游时代，我们可以说这是可行的，因为游戏环境是公平的。

然而，处于移动游戏市场，早在用户在服务端创建一个所谓的 UID（唯一用户标识）时，其实有那么黑色的一分钟是被深深忽略的。在这一分钟，我们损失掉了大部分的用户，而幸存的则是那批被强制建立在公平游戏环境下的用户，但是这批用户中又有很多是一次性用户，即对你的游戏毫无感觉和兴趣，或许只是为了某一个可以到手的奖励而被迫下载激活，也或许只是打开一次就退出游戏的用户。

新增用户的分析将分成两部分，第一部分是关于黑色一分钟，另一部分是关于那些激活的用户，即新增用户。

5.3.1 黑色一分钟

用户选择游戏需要经历一个过程，通过线上各种流量入口，到线下广告都是不断提升自身的曝光度，激发用户的兴趣，并最终转化用户。通过曝光、强制安装甚至推送的方式，最终赢得用户下载，然后需要安装游戏客户端、首次打开、激活、注册以及登录游戏。从用户下载安装到进入游戏这段时间，实际就是黑色一分钟。

在黑色一分钟里，需要分析和解决的问题恰恰是影响新增用户规模、活跃规模和收益的。对于这一分钟，需要了解那批流失掉的人究竟是为什么流失的，而一旦转化为新增用户后，了解的则就是留下的人到底有多少，留下来贡献的价值有多少。

在黑色一分钟，需要分析和面临的问题如下。

1）兼容适配。

2）安装、卸载、更新。

3）游戏打开运行。

❑ 超长启动时间。

❑ 响应速度慢。

❑ 手机内存占用高。

4）流量损耗过快。

5）电量消耗过快。

6）设备过热。

7）UI异常。

8）连接超时。

❑ 游戏闪退。

❑ 游戏卡顿。

❑ 游戏崩溃。

❑ 黑屏白屏。

❑ 网络劫持。

9）CPU使用率。

10）内存泄漏。

11）不良接口。

通过对以上的问题分析，有几种方式可以快速发现问题。一是要尽可能浏览和寻找用户的评价和反馈；二是要通过很多自动化测试工具来发现问题，达到测试标准后才能上线；三是要建立数据追踪，例如追踪错误日志；最后一种是通过综合的数据指标来分析问题，并确定问题发生的根源，例如超过5%的用户其单次游戏时长只有0～3秒，此时按照一般的分析，则说明游戏的崩溃问题比较严重，会出现闪退等问题。

在一般的分析和测试中，针对这部分的分析主要围绕下述的指标展开，主要是性能指标和兼容性测试的指标。

（1）流量

游戏运行过程中所消耗的网络流量，主要集中在游戏与服务器交互过程中产生的网络消耗。

（2）启动延时

对游戏发起启动指令，到真正进入游戏第一个界面所消耗的时间，反映了游戏的加载速度，跟游戏资源包大小有关。

（3）CPU占用率

游戏进程占用的CPU资源，CPU使用率过高，说明游戏比较耗电，而且容易卡顿。

（4）内存占用率

游戏进程所消耗的手机内存，内存占用率高容易引起游戏卡顿甚至闪退。

（5）IO等待率

游戏进程进行IO等待所占用CPU时间百分比，占用率过高说明游戏进行了大量的IO操作，例如文件读写。

（6）温度

通过 Android 温度传感器获取的手机温度，跟手机 CPU 占用率成正比。

（7）帧速率

游戏引擎每一秒内刷新的帧数，反映了游戏画面的流畅程度。

图 5-10 为角色扮演类游戏的测试报告，分别从性能指标和兼容性测试两方面予以说明⊖。

分类/性能指标	流量[bps]	启动时延[ms]	CPU占用率[%]	内存占用[kb]	IO等待率[%]	温度[℃]	帧速率[fps]
行业最优指标	30.67	200.62	0.91	19,027.6	0.08	24.94	21.38
行业平均指标	1,507.33	1,851.75	19.52	134,617.53	4.78	31.14	0
本游戏平均指标	5,507.24↓	2,145.55↓	24.28↓	250,918.16↓	4.62↑	29.74↑	0↑

图 5-10　性能指标

图 5-11　流量测试及优化

兼容性测试(包括:安装测试,启动测试,新手引导测试)										
功能点	安装失败	启动失败	游戏闪退	卡顿&卡死	游戏黑屏	数据异常	UI异常	其他异常	不兼容问题数	覆盖人群
安装	10	-	-	-	-	-	-	-	10	380万
启动	-	1	-	-	-	-	-	-	1	150万
新手引导	-	-	62	0	1	0	6	0	69	6722万
汇总	10	1	62	0	1	0	6	0	80	7252万

图 5-12　兼容性测试

以上是从游戏技术质量角度来探讨的，由于质量造成的这个阶段用户的流失只是一部分，还有一部分源于转化的用户是否是我们的潜在用户，在良好体验和质量的前提下，我们也需要清楚哪些用户是符合产品预期的，因此要分析和了解哪部分是自然用户，哪部分是推广用户。相对来说，自然转化的用户都是对游戏感兴趣的，也是游戏的潜在用户，而他们对于游戏的这种质量是非常在意的。

在推广用户的分析中，由于其用户群是被迫接受一些内容的，这方面挖掘用户需求，逐

⊖　TestBird 手游测试报告，链接为 http://www.testbird.com/wp-content/uploads/report/rpg.pdf。

渐精准地投放推广是日后的发展方式。就目前来看，我们需要很客观和清晰地了解推广用户带来的数据表现。

5.3.2 激活的用户

黑色的一分钟，过滤了那些不是游戏目标用户的群体，同时也把一部分游戏的用户过滤掉了。剩下的激活的用户中，同样存在游戏的目标用户，也存在非游戏目标用户。在一般情况下，我们认定激活的用户即为新增用户，英文为 DNU。不过，不同的公司有不同的定义方式，就单机来说，认定用户打开了游戏，就是一个新增用户，而联网游戏会要求用户注册账号，或者完成某一阶段动作，例如新手引导，才算是一个新增用户。不管如何，其实都代表了用户从此时开始正式参与游戏的交互。然而，对新增用户的分析只是起点。

新增用户的分析将主要回答来源于不同渠道的流量（即用户），其转化质量如何，这有助于选择制定用户获取的策略。此外，它也是用户对游戏的重要反馈，无论是质量（如刚才提到的黑色一分钟的测试），还是在游戏过程中的测试，都是需要不断追踪的。在质量之外，也反映游戏是否是这些新用户的最佳选择，针对新用户分析的相关内容将在接下来的几个章节中展开。

新增用户的分析需要结合很多的分析维度，同时新增用户也是其他指标分析的一个维度（如图 5-13 所示，在活跃用户中，新增用户的占比是多少），图 5-14 则是新增用户通过一些维度进行的拆解和分析，实际上是把新增用户作为一个样本或者群组，通过一些指标来反映该群组新增用户的情况。

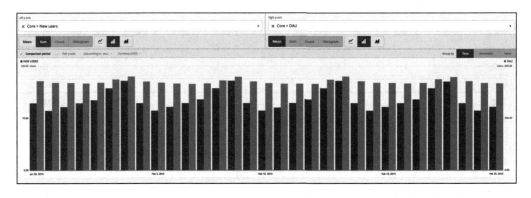

图 5-13　DNU 与 DAU 的对比

在图 5-14 中，可以查看这些新增用户的付费转化情况，即每日新增用户中的付费转化率是多少。同样，通过选定的新增用户群，可以筛选更多的维度进行分析。总之，就是多维度的综合判断某个新增用户群的质量（可能是某段时间、某个渠道、某种设备、某个地区的用户群）。

新增用户衡量的指标总结起来可以分成以下几类。

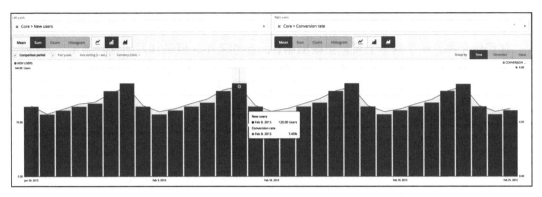

图 5-14　DNU 的付费转化率

（1）核心指标

- ❑ ARPU。
- ❑ ARPPU。
- ❑ 付费转化率。
- ❑ 游戏时长。
- ❑ 流失率。
- ❑ 回流用户。
- ❑ 留存率。

（2）游戏消费：消费点（IAP）

（3）游戏设计

- ❑ 等级。
- ❑ 关卡。

（4）游戏质量

- ❑ 异常。
- ❑ 错误。
- ❑ 崩溃。

把新用户作为一个群体，通过上述不同方面的指标进行衡量，其目的都是帮助分析对用户的营销效果。在用户获取方面，由于会基于不同的营销策略（例如不同的渠道、不同的方式、不同的时间），对应要去关注的指标衡量角度也一定是不一样的。例如当运营活动的主要目的是要对连续 30 日没有登录游戏，但是却没有卸载客户端的用户进行营销时（一定意义上，这样的用户群是流失了，但是通过一定活动手段拉回来活跃的，我们也认为是用户获取，专业的说法可能是回流用户），那么就需要重点关注该用户群是否返回登录游戏、是否付费、是否在这个阶段出现了崩溃等问题。这种方式下考核的指标是依据目的而设计的。

5.3.3 分析案例——注册转化率

注册转化率，一个基本上可以忽略的指标，虽然简单，但是却真实反映渠道、发行商、开发者的实力，以及对待产品的态度，最直接的是对游戏质量的反馈。如果用户无法正常进入游戏，就注定了一个用户要离开，原因是无法正常体验游戏。

注册转化率多数是针对联网游戏的衡量指标，对非联网等单机游戏，就要看激活设备与安装设备的比率，道理上是一致的，都是反映基本质量的。

所谓的注册转化率，其实指的是玩家从下载游戏后，打开激活，注册成功的比率，即注册账户 / 激活账户数，如果出现单个设备多个账号的情况，算作一次转化。

注册转化率的市场表现如下。

❑ 一线 90%。

❑ 二线 80%。

❑ 三线 75%（行业平均）。

❑ 普通 70%。

实际上，对于大多数游戏而言，尤其在安卓市场（包括越狱渠道），注册转化率并没有理想的效果，超过 40% 的游戏在注册转化率的表现是低于 70% 的。

注册转化率的意义主要有 3 点。

（1）流量的利用和转化

现在，一款游戏的营销和推广费用急剧增加，实际上，刨除本身积分墙等多数手段的强推广背后，很多垃圾用户存在其中，产品本身在流量涌进来的时候，并没有做好最佳的准备，服务器承载能力是大家都会考虑的，但有些问题是必须要解决的。

❑ 如何快速友好地解决注册。

❑ 解决输入法。

❑ 解决适配。

以上这些要素则是衡量产品实力、渠道实力的重要标识。积分墙就是一种强推用户量的方法，但同时增加了曝光度和用户覆盖，产生了其榜单效应和传播营销带来的自然用户（当然，这部分很多时候是被我们忽略掉的，后面文章会讨论这部分自然用户），但是，无论在推广端如何用力，玩家如何进入游戏的问题都是避免不了的。

（2）渠道软实力的彰显

如图 5-15 所示，大家可以看到，4 个渠道对同一款游戏的注册转化率有迥然不同的表现。

一款游戏在不同渠道的注册转化率水平变化很大，从 60% ～ 80% 水平不等。事实是，如果每天我们推广 10 000 人的新增注册用户，提高 10% 的转化率等于至少在入口提升了 1000 人进入游戏，如果 1000 人中，500 人流失了，而剩下的 500 人中，300 人稳定活跃，有 50 人最终产生了付费，且有一个大额付费用户，则至少从 10% 的提升中，我们得到了一部分收入。也许，并不能承担成本，但实际成就了用户的转化和良好的产品体验。

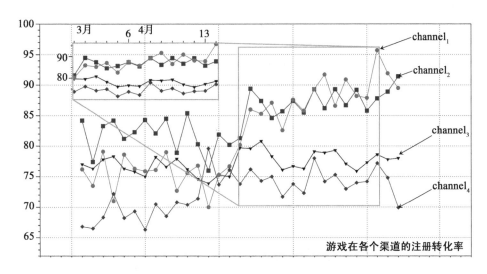

图 5-15 各大渠道的注册转化率表现

一个不争的事实是，现在的渠道都在做联运，都提供了支付 SDK，实际上是一个账号，一个支付功能。然而，接入渠道后，实际的 SDK 表现的性能和账户系统的体验，却给产品开发者带来了不小的麻烦，有的支持匿名注册，一键登录；有的进行复杂的渠道注册流程，搞的用户很不舒服，也就牺牲了产品。在注册转化率的提升问题上，不是谁的责任问题，而是互相促进和改进体验的问题。

（3）产品实力的证明

如今，智能机普及率已然很高，在进行注册转化率分析的过程中，实际影响因素很多。例如从产品层面来讲，UI 布局和逻辑、按钮大小、输入内容、输入法、系统版本、UI 配色和注册等待体验等。如图 5-16 所示。

注册转化率指标其实是一个很简单的指标设计，但是背后隐藏了我们在产品开发、用户体验和渠道对接等诸多环节的问题，作为分析师和数据使用者，真实了解指标隐含的意义和作用，其实很关键。

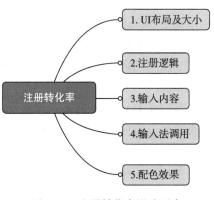

图 5-16 注册转化率影响因素

5.4 活跃用户解读

无论从 AARRR 模型还是 PRAPA 模型来看，第一个阶段都是关于用户的获取和评估的，然后是关于活跃用户的各种分析。活跃用户的分析实际是评估游戏生命和规模的关键，不过活跃用户的规模并不是评估游戏是否优秀的标准，从一定意义上来看，活跃用户是一个浮夸的数据指标，客观理性的分析活跃用户数据，是正确了解产品运营情况的一个方法。

在以 ARM（Acquisition、Retention、Monetary）为体系的模型中，活跃用户分析仅仅是作为留存（Retention）分析过程中的一部分。从用户转化的角度来说，每一个活跃用户最终都是新增用户的转化，可以说，具备一定生命周期长度的新增用户就是活跃用户，用 Retention 或者 Engagement 来代替活跃用户分析，这也是再恰当不过的，因为只有当新增用户存在留存的可能性时，活跃用户分析才存在价值。

抛开游戏上线初期的推广营销因素影响后，当产品稳定在良好的留存基础上，即产品逐渐向成长期和稳定期发展阶段，也是逐渐对于游戏品质和开始阶段投放影响的评估，因为在经历了初期撒网式的用户获取后，在沉淀的数据基础上，我们慢慢有选择地在重点区域、渠道进行用户和产品的运营，用户规模在扩大，质量也在提升。活跃用户的分析参照留存率和新增用户相关的分析，才具备现实的意义。

此处我们着重讨论日活跃用户，在游戏上线野蛮增长的时期，日活跃用户是重点考虑的内容，周活跃与月活跃的分析我们认为这是长期趋势和变化，与日活跃用户的分析之间存在比较强的相关性。在关于活跃用户的讨论中，我们将以英文 DAU、WAU 和 MAU 来替代日活跃用户、周活跃用户和月活跃用户。

5.4.1 DAU 的定义

一直以来，都是对于数据做加法。例如不断搜罗和变换出来更多的数据指标和维度以期待能够分析和回答更多的问题，但是在实际的分析中，如给用户提供产品一样，思考的是如何增加更多功能。这与符合用户的诉求却越来越远。

基于最基本的数据指标，实际上并没有深入地理解。或者说，并不了解数据以及隐含的用户、使用场景等。因此，也就造成了，在夹生的数据理解上，还在不断探寻新的数据组织和加工。

在定义 DAU 时，有的人会将每天登录两次以上的用户算作 DAU，而给出的行业标准是只要登录过的用户就算是 DAU。这样的指标，本身代表的是业务场景，而非一个简单粗暴的指标内容，换句话说，在背后是存在一个围绕 DAU 的体系和流程的。

可以以"转化率"或者"金字塔"的思想来理解这个 DAU，实际上，在做 DAU 数据时，有的人将登录两次以上的用户定义为活跃用户，或者登录时长超过 10 分钟算作一个活跃用户。其实，这些因素已经不重要了，它们只不过是一个转化率漏斗的某一步，如图 5-17 所示，从这些不同的 DAU 定义来看，就是 DAU 转化漏斗的某一步。但我们会发现，登录是最基本的要素，有了这个要素或者场景后，刚才提到的登录两次也好，在线时长超过 10 分钟也罢，如果按照"转化率"或者"金字塔"的思想来看，其实我们想知道层层过滤之后的，所谓那部分高价值用户的比例。

从业务场景的角度分析来看，这其实是在研究用户到达的好坏，而围绕这场景的核心，就会发现，影响 DAU 的分析因素其实很多，例如刚才提到了，基本的 DAU 定义是指，登录

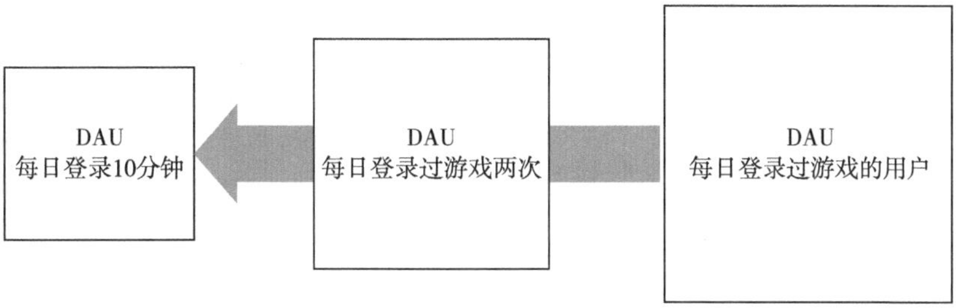

图 5-17　DAU 的转化率

游戏一次就是活跃用户。在这个过程中，如果结合刚才提到的转化率思想会发现，DAU 的转化率关系或者金字塔结构（仅以登录次数作为统计维度），是能够发现一些问题所在的。例如，用户的游戏行为习惯、付费相关性、营销活动刺激等。间隔时间极短的两次登录用户且级别很低时，很可能是登录存在问题，可能是趋利用户（即积分墙用户）。

统计日登录游戏的账号数（设备数），此处要去重。

例如，某日有 1000 个账号登录过游戏，总计登录次数为 1600 次（存在某些账号重复登录游戏），那么该日的日活跃账号数为 1000。不要小看这个解释，在实际操作中，经常会出现问题。例如，我们在写 SQL 语句提取数据时就应该加上 distinct 进行去重操作。

Select count (distinct passportid) from playerlogintable

此处 Passportid 指的是账户数，playerlogintable 则是用户登录表。

如果没有加上 "distinct"，统计的就是所有登录玩家的总计的登录次数，这样就会出现大的问题。

另外，DAU 的统计标准有很多种，在角色扮演的游戏中有日活跃角色数和日活跃账号数。由于这类游戏存在创建角色的问题，所以一般会分为两种统计方式。比较多见的是日活跃账号数，可以认为就是日活跃用户数。当然，很多游戏不存在这样的多角色概念，因此通过日活跃账号数作为统计的标准为最佳。

当然，还有一种统计标准就是设备的唯一标识，如 MAC、IMEI 这样统计日活跃设备数量，该种方式在移动领域是非常常见的。

5.4.2　DAU 分析思路

从 AARRR 方法论的角度来看，DAU 是整体生命周期中的一个转化环节，也就是说，DAU 本身每时每刻都在发生变化。例如，我们很多时候会看到游戏上线初期新增用户量会很大，基本上所谓的 DAU 都是新增用户贡献的，且 DAU 的稳定性也不够强等。所以，DAU 是活动的，其中不稳定因素的分析和控制，是我们展开讨论的内容。结合实际业务的需求，DAU 的分析将主要分为如图 5-18 所示的几个方面。

（1）核心用户规模

核心用户规模代表了游戏稳定性，不会受到外在因素的影响，不会轻易损失大量用户。

如果 DAU 通过长期不断地推广和短期新用户的导入来维持，那么 DAU 的规模则非常容易

受到影响，DAU 中的核心用户则是考量
产品质量的重要因素，在下文中我们提到
DNU/DAU，这一指标可以客观反映核心
用户规模的情况。

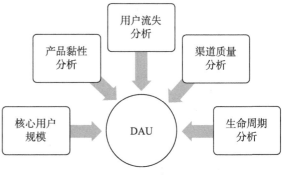

图 5-18　DAU 分析思路

（2）产品黏性分析

DAU 是由不同时期的新增用户在同
一天的不同留存构成的（后文会有详细介
绍），从这个角度来看，初期留存表明的是
产品是否赢得用户的兴趣；从长期留存来
看，用户是否接纳产品并认同产品。综合
起来，反映的是产品的黏性，这种黏性一方面是由初期的兴趣引发的进一步探索欲望，另一
方面则是由游戏的运营、核心玩法、社会性而产生的用户付出成本。用户的长期留存代表的
是用户的付出成本，对游戏来说，就是对 DAU 的贡献，核心反映的还是黏性。

（3）用户流失分析

DAU 规模不是一成不变的，例如我们要面对在推广期结束后的 DAU 巨大回落问题，但
我们要清楚什么幅度的回落是符合预期的，这点就如同我们很清楚在推广期的新增留存率是
非常低和不具备参考的意义是一样的。

（4）渠道质量分析

移动游戏需要依靠各大流量渠道对用户量（此用户量就是最终转化的 DAU）的贡献，
DNU 是对渠道的第一层级的考验，反映的是产品在适当的位置曝光是否可以获取足够的下载
用户和激活用户，而 DAU 则是判断各大渠道对产品用户规模的贡献，以及 DAU 用户的付费
收益转化。任何一款游戏在初期为了获得足够的用户规模都会选择更多的渠道，但随着 DAU
的萎缩，则有选择的保留用户基数较大的渠道作为重点运营，而用户基数较低的渠道则不做
重点运营。当然，我们也需要从收益层面考虑渠道的质量。

（5）生命周期分析

DAU 经过对比、趋势和拆解分析，则会反映产品的生命周期状态。例如经过长期观察，
我们发现 DAU 中大于 14 日的活跃用户开始持续走低，在新增流量不补给的情况下，意味着
DAU 开始走下滑趋势，沉淀的老用户开始逐渐离开了游戏；当然此处的 14 日只是举例。每
一款游戏的 DAU 中，老用户定义是不同的，当游戏处于核心用户规模稳定的前提下，老用户
的比例也会维持在一个很好的水平，但是出现剧烈的波动和下滑，就需要警惕，因为很有可
能是老用户离开了游戏，原因可能就是这些老用户无法登录游戏。

5.4.3　DAU 基本分析

DAU 的基本分析是利用了 DAU 的数据变化，通过不同的工具和简单数据变换计算，发

现最基本的问题。DAU 在整体游戏数据指标体系中是非常重要的，对于 DAU 的认识，有助于对游戏用户进行多项内容分析。在长期 DAU 基本分析中，我们归纳几点基本分析要考虑的问题，如图 5-19 所示。

（1）人气波动

建立每日活跃人数的弹性数值区间（阈值），预警要根据每个月的具体情况来看，例如每个月的节日、假期、学生开学等其他因素的影响情况，建立一套因素影响指数，并作用于人气波动的预警。在移动市场我们要考虑推荐位置、渠道推广等在短时间将用户规模拉升，导致 DAU 虚高的情况。

（2）趋势走向

综合一个阶段的日活跃变化情况，对于

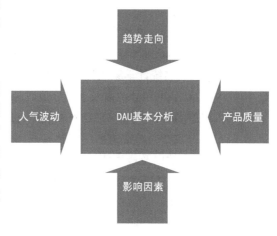

图 5-19　DAU 基本分析

重大拐点和趋势进行分析，并预测下一个周期的变化形式，对各个渠道和用户来源做到根据已有的数据和积累的经验，判断未来新的营销和推广所带来的影响。此目的便于我们比较历次行动的效果，同时不断地积累经验。趋势走向有两个重点关注的方面，一方面是用户规模的走势；另一方面是收益的变化和走势。

（3）产品质量

从日活跃的趋势变化和人气波动等其他因素综合看产品版本更新、活动设置等对于产品的收入和用户生命周期的影响，以及产品质量是否符合玩家的预期（质量的定义很广泛，比如付费点设计、系统设计、交互体验、核心玩法等）。在移动市场，产品质量内涵更加丰富，从基本的适配能力、联网能力、安装成功和更新成功等，多元把控和分析产品质量。

（4）影响因素

综合一个周期的日活跃数据和其他数据制定影响因素指数，便于宏观把控数据的变化。例如，进入预警范围的数据因为这些因素的影响究竟有多大，做到心中有数。

此处的影响因素更多强调在运营层面的干扰，如游戏外挂作弊、竞争产品影响、版本更新、活动的刺激、渠道位置和广告推广质量，这些都属于外在的影响因素，也是一个非常细致的对 DAU 的基本分析要关注的内容，因为完成了前 3 点的分析，我们要综合数据表现了解哪些因素影响了数据的这种变化。

当然，以上是简单地列举了日活跃用户基本数据分析的几个需要考虑的方面，对于数据分析千万不能局限在一个指标而进行所谓的分析，要全面地结合其他指标进行衡量和分析。例如新登用户和收入数据（充值、ARPU、APA 等）。

5.4.4 分析案例——箱线图分析 DAU

箱线图定义如下。

英文：Box-plot，又称为盒须图、盒式图、盒状图，是一种用作显示一组数据分散情况资料的统计图。因形状如箱子而得名。在各种领域也经常被使用，常见于品质管理[⊖]。箱形图于1977 年由美国著名统计学家约翰·图基（John Tukey）发明。它能显示出一组数据的最大值、最小值、中位数、下四分位数及上四分位数。

为什么使用箱线图分析 DAU？箱线图有助于帮助我们观察一组数据中的异常值，在游戏运营过程中，DAU 的异常监测，绘制箱线图是一种比较好的方式，箱线图中包含了最小值、中位数、四分位数以及最大值，通过描述这些数据，观察多组数据的箱线图中是否有离群点或者极端值，确定数据波动是否在合理和可控范围内，箱线图非常容易识别数据中的异常值。如果异常值持续被我们忽略，会对于我们的分析工作带来干扰，同时我们还要寻找异常值出现的原因，是开服、合服、服务器事故还是其他问题。有力地把握异常值分析是发现问题进而改进的绝佳时机。箱线图提供一个识别异常值的标准，MBALIB 给予以下的解释[⊖]：

"异常值被定义为小于 Q1–1.5IQR 或大于 Q3 + 1.5IQR 的值。虽然这种标准有点任意性，但它来源于经验判断，经验表明它在处理需要特别注意的数据方面表现不错。这与识别异常值的经典方法有些不同。众所周知，基于正态分布的 3σ 法则或 z 分数方法是以假定数据服从正态分布为前提的，但实际数据往往并不严格服从正态分布。它们判断异常值的标准是以计算数据的均值和标准差为基础的，而均值和标准差的耐抗性极小，异常值本身会对它们产生较大的影响，这样产生的异常值个数不会多于总数 0.7%。显然，应用这种方法于非正态分布数据中判断异常值，其有效性是有限的。箱线图的绘制依靠实际数据，不需要事先假定数据服从特定的分布形式，没有对数据做任何限制性要求，它只是真实直观地表现数据形状的本来面貌；另一方面，箱线图判断异常值的标准以四分位数和四分位距为基础，四分位数具有一定的耐抗性，多达 25% 的数据可以变得任意远而不会很大地扰动四分位数，所以异常值不能对这个标准施加影响，箱线图识别异常值的结果比较客观。由此可见，箱线图在识别异常值方面有一定的优越性。"

那么，这里有一个疑问，为什么距离是 1.5 倍？其实这是一种经过大量分析和经验积累起来的标准，有一定的参考意义。统计学中离群点为超出平均数 ±N 个标准差的范围的数值。这个数值并非随意而定，其中运用的是统计学知识。

当一组数据为对称分布时：

❑ 约有 68% 的数据在平均数 ±1 个标准差的范围之内。

❑ 约有 95% 的数据在平均数 ±2 个标准差的范围之内。

⊖ 百度百科，箱线图，链接为 http://baike.baidu.com/link?url=VotxmAXTjrv5dAmSYp2CdNMu8n9xT2BOyR88 N956IB1Bk52MOpM5resC7-9dwbc0SMkgOcOmvKv3LYIqzui7P8oi0vBqfRLAe4v_1ZByb_dZ6IbSVsGQ7 hH8v66g41oCH-wExzf9xJz9io_FXRb6Cu8My0PI_HCDC3YjiWP29K7。

⊖ mbalib 百科，箱线图，链接为 http://wiki.mbalib.com/wiki/ 箱线图。

❑ 约有 99% 的数据在平均数 ±3 个标准差的范围之内。

当一组数据为不对称分布时：

❑ 至少有 75% 的数据落在平均数 ±2 个标准差范围之内。

❑ 至少有 89% 的数据落在平均数 ±3 个标准差范围之内。

❑ 至少有 94% 的数据落在平均数 ±4 个标准差范围之内。

此外，箱线图分析中涉及几个术语指标，此处需要重点解释一下。

方差[⊖]：测度数据变异（离散）程度的最重要的指标，方差的计量单位和量纲不便于从经济意义上进行解释，所以实际统计工作中多用方差的算术平方根——标准差来测度统计数据的差异程度。

方差和标准差也是根据全部数据计算的，它反映了每个数据与其均值相比平均相差的数值，因此它能准确地反映出数据的离散程度。例如，平均日活跃为 A，通过方差判定整个月的 DAU 波动情况，以及距离 A 的离散程度。

期望[⊖]：广义地说，是指人们对每样东西提前勾画出的一种标准，达到了这个标准就是达到了期望值。多数情况下只讨论离散型期望。

中位数[⊜]：中位数是指将数据按大小顺序排列起来，形成一个数列，居于数列中间位置的那个数据。中位数用 Me 表示。

从中位数的定义可知，所研究的数据中有一半小于中位数，一半大于中位数。中位数的作用与算术平均数相近，也是作为所研究数据的代表值。在一个等差数列或一个正态分布数列中，中位数就等于算术平均数。

在数列中出现极端变量值的情况下，用中位数作为代表值要比用算术平均数更好，因为中位数不受极端变量值的影响；如果研究目的就是为了反映中间水平，当然也应该用中位数。在统计数据的处理和分析时，可结合使用中位数。

四分位数[®]：将数据划分为 4 个部分，每一个部分大约包含有 1/4（即 25%）的数据项。这种划分的临界点即为四分位数。它们定义如下。

❑ Q1 ＝第 1 四分位数，即第 25 百分位数。

❑ Q2 ＝第 2 四分位数，即第 50 百分位数。

❑ Q3 ＝第 3 四分位数，即第 75 百分位数。

四分位差[⑤]：四分位差又称内距、也称四分间距（inter-quartile range），是指将各个变量值按大小顺序排列，然后将此数列分成四等份，所得第三个四分位上的值与第一个四分位上的

⊖　mbalib 百科，方差，链接为 http://wiki.mbalib.com/wiki/%E6%96%B9%E5%B7%AE。

⊖　百度百科，数学期望，链接为 http://baike.baidu.com/view/295737.htm。

⊜　mbalib 百科，中位数，链接为 http://wiki.mbalib.com/wiki/%E4%B8%AD%E4%BD%8D%E6%95%B0。

®　mbalib 百科，四分位数，链接为 http://wiki.mbalib.com/wiki/%E5%9B%9B%E5%88%86%E4%BD%8D%E6%95%B0。

⑤　mbalib 百科，四分位差，链接为 http://wiki.mbalib.com/wiki/%E5%9B%9B%E5%88%86%E4%BD%8D%E5%B7%AE。

值的差。四分位差用公式表示如下。

$$Q = Q3–Q1$$

其中，Q1 的位置＝ $(n+1)/4$

Q3 的位置＝ $3(n+1)/4$

四分位差反映了中间 50% 数据的离散程度。其数值越小，说明中间的数据越集中；数值越大，说明中间的数据越分散。与极差（最大值与最小值之差）相比，四分位差不受极值的影响。此外，由于中位数处于数据的中间位置，因此四分位差的大小在一定程度上也说明了中位数对一组数据的代表程度。主要用于测度顺序数据的离散程度。当然，对于数值型数据也可以计算四分位差，但不适合于分类数据。

部分信息的示意图，如图 5-20 所示。

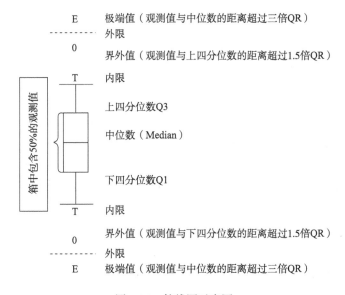

图 5-20　箱线图示意图

DAU 分析的一大意义就是发现异常值，从宏观层面了解目前的产品问题，尤其是在进行一段时间的趋势分析（箱线图不是最佳的趋势分析表现形式），以往是通过简单的折线图进行描述，然而其中一些异常点，是难以判定和发现的。箱线图则是从另一个角度分析DAU，并帮助找出异常的数据，与折线图的趋势描述一起综合分析，可以快速对过去的一段数据进行总结。不过，在解决发现的问题和决策建议方面，箱线图无法起到更大的作用，箱线图旨在控制质量和监测过去时间的运营效果。图 5-21 是某游戏几个月内的 DAU 数据，通过箱线图的形式进行描述，以每个月的 DAU 数据为制作一个箱线图的基础，连续绘制了6 个箱线图。

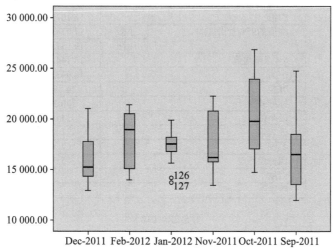

图 5-21　某游戏箱线图

可以发现，除了 2012-Jan 以外，都没有离群点或者极限值。相对而言，每个月游戏人数整体比较稳定，没有发生巨大的变化。而在 2012-Jan 出现了两个离群值，调查发现，是 1 月 4 日和 1 月 5 日出现的问题。经过 CCU（实时在线）曲线分析，发现关键节点数据变化很小，通过对竞争产品的分析发现，4 日和 5 日其他同品类游戏有线上领取活动。另外，元旦节后两天学生基本需要返校和白领休假归来，造成数据的暂时下滑。

此外，我们拿到如下图 5-22 的分析数据和上图对比来看，2012 年 2 月份和 2011 年 9 月份的中位数较高，说明这段时间内的平均日活跃相对于本月来说较高，可以看出这段时间内游戏内的用户上线较为频繁（当然此处要结合 PCU，在线时长来看更加准确）。

2011 年 9 月份为开始测试的月份，而 2012 年 2 月份为假期阶段，因此玩家上线的意愿相对来说会比较高一些。这也是意料之中的情况。

Sep-2011	均值		16 583.533 3	619.888 24
	均值的95%置信区间	下限	15 315.719 5	
		上限	17 851.347 1	
	5%修整均值		16 402.814 8	
	中值		16 501.000 0	
	方差		11 527 842.809	
	标准差		3 395.267 71	
	极小值		11 900.00	
	极大值		24 698.00	
	范围		12 798.00	
	四分位距		5 011.25	
	偏度		.668	.427
	峰度		.050	.833

图 5-22　两个月的 DAU 数据计算

Fep-2012	均值		18 107.896 6	502.547 16
	均值的95%置信区间	下限	17 078.475 4	
		上限	19 137.317 7	
	5%修整均值		18 144.743 3	
	中值		18 943.000 0	
	方差		7 324 055.810	
	标准差		2 706.299 28	
	极小值		14 019.00	
	极大值		21 397.00	
	范围		7 378.00	
	四分位距		5 516.00	
	偏度		−.247	.434
	峰度		−1.712	.845

图 5-22 （续）

然而 2011 年的 11 月份和 12 月份，中位数偏低，玩家上线意愿不够强烈，主要原因在于这一时期玩家进入考试周期，四六级、中期考试等，属于淡季阶段。

如图 5-23 所示，2011 年 10 月份国庆节期间，玩家上线意愿还算不错，但是没有达到理想的效果，中位数低于平均水平，因此国庆假期的活动或者推广效果不是非常理想，间接导致了下个月下滑得非常迅速，因此下次节日活动需要进行重新评估和调整。

Oct-2011	均值		20 490.935 5	669.590 12
	均值的95%置信区间	下限	19 123.450 0	
		上限	21 858.420 9	
	5%修整均值		20 458.566 3	
	中值		19 764.000 0	
	方差		13 898 878.929	
	标准差		3 728.120 03	
	极小值		14 733.00	
	极大值		26 834.00	
	范围		12 101.00	
	四分位距		6 999.00	
	偏度		.131	.421
	峰度		−1.385	.821

图 5-23　2011 年 10 月的 DAU 数据计算

如图 5-24 所示，2012 年 1 月份的表现算是情理中，由于 2012 年 1 月份过年，而过年 7 天玩家的游戏时间其实是缩水的，没有太多精力投入到游戏中，但是从箱线图来看，表现还算正常。高于平均水平，活动效果应该比较不错。1 月份虽然出现了两个离群值，但是 1 月份的标准差是最小的，也就是说 1 月份整体的活跃趋势稳定，没有大的波动。

总体来看，如果要考察产品生命周期，需要结合收益数据，以及其他的诸如 ACU、PCU、新增用户数等数据来综合看待产品生命周期，但是从 DAU 来看（狭义来说），人气在几个月来

Jan-2012	均值		17 420.677 4	247.713 35
	均值的95%置信区间	下限	16 914.779 3	
		上限	17 926.575 6	
	5%修整均值		17 487.797 5	
	中值		17 527.000 0	
	方差		1 902 219.092	
	标准差		1 379.209 59	
	极小值		13 727.00	
	极大值		19 881.00	
	范围		6 154.00	
	四分位距		1 598.00	
	偏度		−.850	.421
	峰度		1.198	.821

图 5-24　2012 年 1 月的 DAU 数据计算

保持相对的稳定，但是整体上经历了小幅的下滑。换个角度说，这款产品存在一些问题，人气持续稳中有降，可以说玩家度过初级的新手期后，中间的成长、竞争、追求阶段出现了问题，诉求不能满足，导致人气下滑。更加详细具体的原因需要更多的数据综合分析。

以上分析皆建立在与数据的对比和其他辅助的数据综合分析上，当分析者单纯观察一段数据时，不能通过中位数高低轻易下定论认为用户上线频繁与否，需要考虑很多的客观因素。使用箱线图分析 DAU 只是一种分析思路，可以从不同的角度解读数据。无论什么样的图形或者算法呈现，其目的都是服务于问题的解决，此处只作为一个案例为读者抛砖引玉。

5.5　综合分析

5.5.1　分析案例——DNU/DAU

DNU/DAU，该指标可以叫作活跃度指数，当然也可以叫作新增用户占比。关注的是新增用户在当日活跃用户数中的占比。在关注这个占比之前，先了解 DAU 中剩下的一部分，即 DAU-DNU，也称作 DOU（Daily Old User），如下图 5-25 所示。

如图 5-26 所示，图中显示 DNU 和 DAU-DNU 两条曲线。此处 DAU-DNU 就是下图中所示的老用户，即 DAU 中非当日新增用户部分。一般老玩家以 DOU 表示。

在此图蕴藏了两个信息。

1）玩家的行为习惯逐渐形成，DAU 形成周期性的波动，星期六成为用户游戏的高峰时间段，尽管这个事实，很多人都

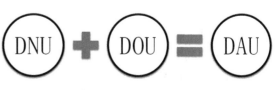

图 5-25　DAU 的构成

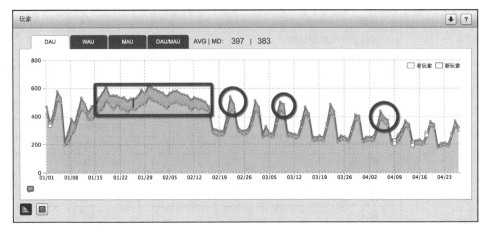

图 5-26　DNU 与 DAU

注意到了，但不是所有人在做周末奖励活动时都考虑了这个因素。对比可以看到在 1 月到 2 月春节期间，行为特点则是完全不同的。

2）图 5-26 两条曲线叠加区域越小，则留下的老用户（即 DAU-DNU）比例就越多，相对的留存质量则会好一些。这意味着游戏玩家自循环系统逐步成立，大部分玩家在次日之后都留在了游戏中。针对这一点，在下面展开解释。

对 DNU/DAU 的比率进行分析，做出如图 5-27 所示的几种表达。

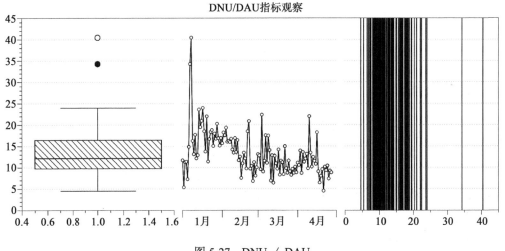

图 5-27　DNU / DAU

可以看到，基本上这个比率维持在一个很低的比例，大概在 10% ～ 15% 左右，换句话说，新增用户的占比只有全体日活跃用户占比的 10% ～ 15%，即使当游戏开始大范围拉新推广时，这个比例仍旧维持在 10% ～ 15%，但此种情况仅存在于游戏已经上线，且用户的自然转化情况比较理想的情况下。从数学的角度来看，这个比率计算的分子和分母，分别是 DNU

和 DNU+DOU（即 DAU），基本上变化幅度是同步的，当 DOU 足够多的时候，DNU 的新增影响是有限的。但是，如果一段时间内 DNU 的诸多用户不能转化为 DOU，则此比值将不断升高。如图 5-28 所示，则是 DAU 的构成解析。

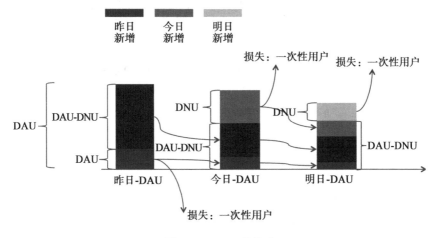

图 5-28　DAU 的构成

可以看到的是，昨日的 DNU 中的一部分（次日留存部分）变成了今天老用户（DAU-DNU）的一部分，而昨日 DAU-DNU 部分有一些转化为今天老用户的一部分，可以说是昨日的新增用户的一部分留存用户和昨日的老用户一部分留存用户组成了今日的老用户数。同时，在今天的 DAU 中，继续有 DNU 的加入，而这一部分，也构成了明日 DAU-DNU 的一部分，在明日的 DAU-DNU 中，同时还有昨日 DNU 在明日的部分贡献，昨日 DAU-DNU 在明日的贡献。

所谓老用户其实也是由之前不同时间点的新增用户组成的。因为每个用户的状态都是由新增用户向活跃用户过渡的。如下面的案例，如图 5-29 所示。

3 月 22 日的 DAU 为 220，3 月 22 日的 DNU 为 77，那么剩下 3 月 22 日的 OLD ＝ 220–77 ＝ 143，这 143 ＝ 130×17.7%+127×7.9%+132×5.3%+131×1.5%+182×2.2%+137×3.6%+129×0.0%+…。

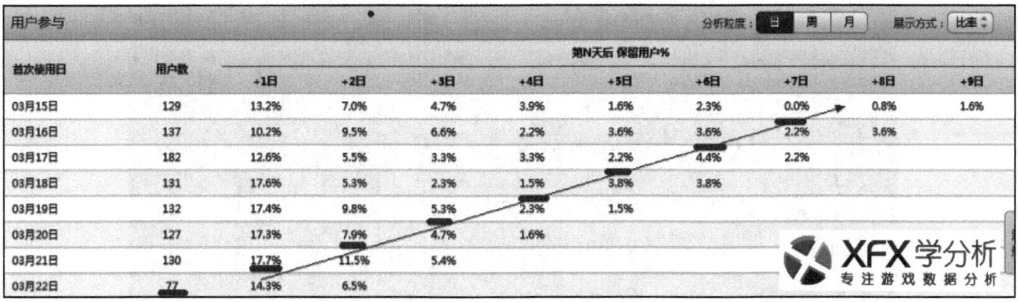

用户参与								分析粒度：| 日	周	月	显示方式：| 比率 ÷
首次使用日	用户数	第N天后 保留用户%								
		+1日	+2日	+3日	+4日	+5日	+6日	+7日	+8日	+9日
03月15日	129	13.2%	7.0%	4.7%	3.9%	1.6%	2.3%	0.0%	0.8%	1.6%
03月16日	137	10.2%	9.5%	6.6%	2.2%	3.6%	3.6%	2.2%	3.6%	
03月17日	182	12.6%	5.5%	3.3%	3.3%	2.2%	4.4%	2.2%		
03月18日	131	17.6%	5.3%	2.3%	1.5%	3.8%	3.8%			
03月19日	132	17.4%	9.8%	5.3%	2.3%	1.5%				
03月20日	127	17.3%	7.9%	4.7%	1.6%					
03月21日	130	17.7%	11.5%	5.4%						
03月22日	77	14.3%	6.5%							

XFX学分析
专注游戏数据分析

图 5-29　DAU 构成计算

由上述的计算了解到，所谓老用户，就是之前每日的 DNU 在统计 DAU 之日的留存率乘

积（即不同时间点在统计日的留存用户，这里是逆向计算的）并进行加和的数量。即

$$DAU_i = DAU_i+DAU_{i-1}\times DNU_{day\_1\_retention\_rate}+DNU_{i-2}\times DNU_{day\_2\_retention\_rate}+DNU_1\times DNU_{day\_i\_retention\_rate}$$

以上公式将 DAU 进行了拆分和细化，仔细来看的话，会发现，DAU 是由不同的 DNU 进行加权得到的综合值。而这个值代表了用户黏性变化和留存表现的综合指数。

上述的公式表明 DAU 是由之前不同时间点的回流 DNU 组成的，因此，可以得到不同时间点的回流 DNU 占据 DAU 的水平，即

$$Return\_DNU_i = DNU_i\times DAY\_1\_Retention\_Rate$$
$$DAU_{i-1}\% = Return\_DNU_{i-1}/DAU_i$$
$$DAU_{i-2}\% = Return\_DNU_{i-2}/DAU_i$$
$$\cdots$$
$$DAU_1\% = Return\_DNU_1/DAU_i,$$

故

$$DAU_i\%+DAU_{i-1}\%+DAU_{i-2}\%+\cdots\cdots+DAU_1\% = 100\%$$

注意，此处的 i 代表的是游戏当前运营的累计天数（理论上当前的 DAU 是来源于此前每一天的留存用户），如游戏是第一天上线运营，那么 i 就是 1，此时当日的 DAU 就全部是由 DNU 构成，由上述公式可知，如果游戏目前累计运营了 10 天，则有下列计算。

$$DAU_{10}\%+DAU_9\%+\cdots\cdots+DAU_1\% = 100\%$$

利用以上的原理，可以知道最近一周的 DNU 中有多少贡献给了今日的 DAU，这点其实很重要，知道了用户对于游戏的关注度和黏性。如果游戏中每日有超过 50% 的 DAU 是一周之前的 DNU 贡献出来的，可以想象，游戏黏着能力是很强的，至少对于用户而言，近期（至少 7 天）是不会离开游戏，或者淡忘游戏的。

按照上述逻辑，可以计算每个 DAU 的最近 7 日 DNU 贡献率，把每天的 DAU 都计算出来的贡献率绘制成如下图 5-30 所示的曲线，图中最近 7 日 DNU 对 DAU 贡献率持续走低，保持在 20% 左右，也就是说，现在每日的 DAU 中有 20% 的用户是最近 7 日的 DNU 贡献出来的。

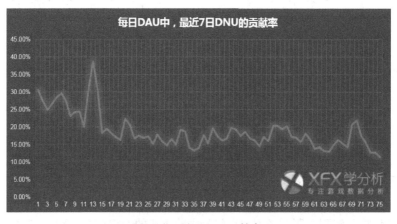

图 5-30　最近 7 日贡献率

反过来说，也就意味着，这款游戏 7 日之前的用户对于日 DAU 的贡献是比较大的，从图 5-31 显示的曲线来看，DAU 7 天之前的用户占比达到 60%+，即用户在该游戏的活跃周期较长，新增用户群体的质量和黏着性较好。

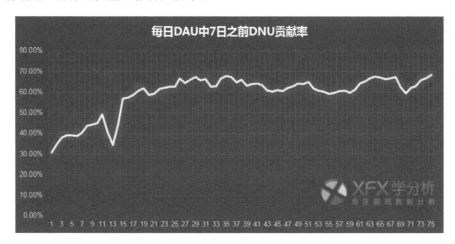

图 5-31　每日 DAU 中的 7 日前 DNU 贡献率

以上的模型计算在很多方面都可以使用，例如我们在检测渠道用户的质量时，就可以基于以上的逻辑进行分析，再如付费用户的付费周期研究也可以基于以上的模型进行分析。与之类似的，我们也会分析 DAU 用户的活跃天数，用于判断用户的质量，如图 5-32 所示，这种方法关注用户的登录频率，而刚才描述的方法是追根溯源，探讨构成 DAU 用户的基础。

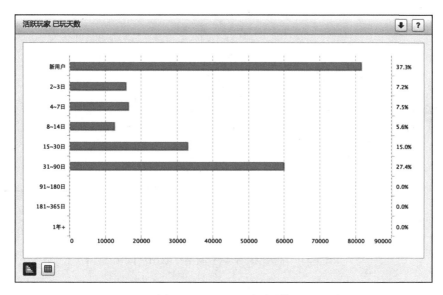

图 5-32　DAU 已活跃天数

以上的计算逻辑，本质上解决了 DAU 与 DNU 之间的划分矛盾，其实 DAU 可以认为是由之前不同时间点的 DNU 组成的。在这种逻辑下，可以很快地发现目前游戏的活跃用户群的状态构成。例如，如果都是大量的 7 日之前的用户保持活跃，那么意味着该游戏的黏性还是保持在很客观的水平上。这点也恰恰解决了曝光度的问题。一旦游戏不再曝光在用户面前，那就意味着，游戏可能被启动的概率大大降低。

在游戏足够吸引用户或者流量足够理想的情况下，随着新用户不断被带入到游戏中，游戏中 DOU 的比例会越来越高，即不同时间点 DNU 所转化的老用户不断登录游戏，那么 DAU 就会不断的成长。

当游戏带入的流量是虚假的或者游戏不足以吸引玩家时，每天导入的 DNU 会不断地被损失掉，就变成了一次性用户（即新增当天登录过游戏的用户，且此后不再登录游戏）。此时，我们会看到在随后的一段时间（尤其是停止推广后），DOU（即老用户）的比例并没有发生显著的增长，这一点从 DAU 是看不出来的，但是我们从 DOU 的比例可以看出来。此时，不需要等待几天再看效果，如果效果不佳，推广的第 2 天就需要停止。

从图 5-33 中可以看到，在大推开始，DAU 的规模急剧增长，但是基本上是 DNU 的贡献，推广几天的 DNU/DAU 平均水平在 83% 左右，这一点恰恰说明了在推广期间每一天的大量 DNU 并没有在次日有效地转化为 DOU。这一点我们从 DOU 比较平滑的曲线就可以看到，尽管这期间我们发现 DAU 急剧膨胀，但是实际 DOU 较推广前的涨幅是有限的，经过计算，较推广前 DOU 平均涨幅 30%，而实际此期间，DNU 的平均涨幅为 100 倍左右。推广结束后，DAU 较推广前涨幅 30% 左右。对比 DNU 约 100 倍流量的涌入，实际 DAU 和 DOU 的涨幅，实在是很微弱。

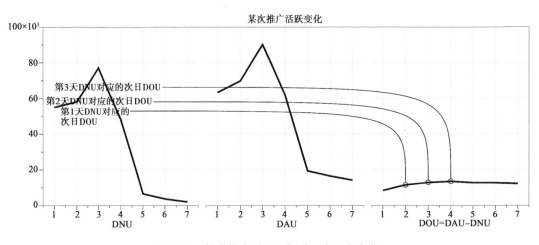

图 5-33　某次推广活跃—新增—老用户变化

总结来看，这个指标对于游戏的黏性理解和投放效果评估能够起到一定的积极作用。需要说明的是，这个指标对长期运营的游戏来说，是评估其生命力的一个重要参照，一般参照的行业水准如下。

- ❑ 一线：<10%。
- ❑ 二线：<20%。
- ❑ 三线：<30%。
- ❑ 四线：<45%。
- ❑ 行业平均水平：28%。

注：游戏上线初期的 1 ～ 3 天不具备参考意义。

5.5.2　使用时长分析

有很多游戏都会做如图 5-34 所示的活动面板。

图 5-34　某游戏的运营活动

这个功能点的设计，跟数据有关系，跟用户的行为有关系，图中英雄招募首日共计 5 次，每次 10 分钟，但有一个疑问，为什么是 5 次，且每次是 10 分钟呢？

如果对于以上的设计给予一个数据的解释，那么应该从以下的方向上进行探讨。

- ❑ 新增玩家的单次使用时长（次数）。
- ❑ 新增玩家的单日使用时长（次数）。
- ❑ 新增玩家的每周使用时长（次数）。

当然，如果统计的数据足够多，也可以分析活跃玩家，付费玩家在这几点的统计。

玩家首日要进行 5 次，每次 10 分钟的抽奖，换句话，新增玩家群体首日的游戏关注时长（注意不是使用）要有这个能力才可以完成这个抽奖活动，所以需要了解用户是否是这个行为习惯的。例如，在图 5-35 中新增玩家群体，首日的游戏时长是 19 分钟，而此时让玩家去完成一个 50 分钟的抽奖活动，对于用户而言是存在压力的。

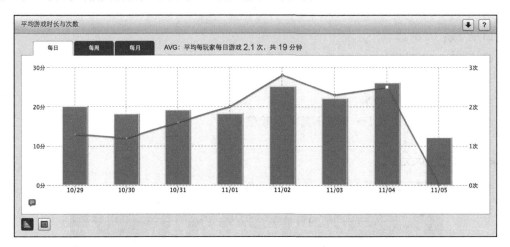

图 5-35　平均游戏时长与次数

　　这里从运营的角度来分析，有一种解释可能与上述的观点不同，即通过此运营活动来拉动用户的在线时长，设法获得这个奖励。实际上从图 5-36 的 U 型曲线可以回答这个问题。

　　在这个曲线中，理想的用户激励成长曲线是 1 号曲线的，因为玩家会随着给予奖励或者激励的丰富而不断进行响应设计，实际上设计的累计登录 30 天之类的活动也是这么考虑的。然而，从 2 号曲线趋势可以看出，在初期玩家对于激励的响应是很好的，但是随着激励的不断增加，这种响应并不是显著增长，而是缓慢降低。这种态势会进一步扩大，其实我们很多的设计，其响应情况都是和 3 号曲线是一致的。

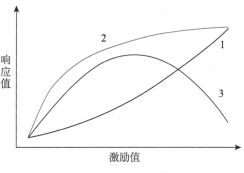

图 5-36　U 型曲线

　　回到刚才的问题，我们发现也许游戏不应该设计 5 次，且每隔 10 分钟的抽奖，因为很可能很多玩家进入第 3 次时就疲劳了，其激励并未有很好的响应。因为很多的玩家的游戏时长并未达到要求，这些激励对于很多玩家而言，虽然存在诱惑，但也难逃这个 U 型曲线所表达的含义。

　　如图 5-37 所示，玩家单次游戏时长有 21% 在 3 ～ 10 分钟，23% 在 10 ～ 30 分钟，这个时候可以确定，至少有 46% 的人有响应的可能性，也许在这个过程中，应该调整每次抽奖的时间间隔，让玩家响应活动的可能性再提高一些。

　　当然，在图 5-37 中，单次游戏时长小于 1 分钟的比例是很低的，这种情况是正常的，至少对于新玩家的表现来说，玩家进入游戏还是正常的。

　　如图 5-38 所示，我们可以明显发现，单次游戏时长小于 1 分钟的比例较高，也就是说这款游戏对于新玩家而言，前期的体验解决得不是非常理想，需要不断地优化和改进。

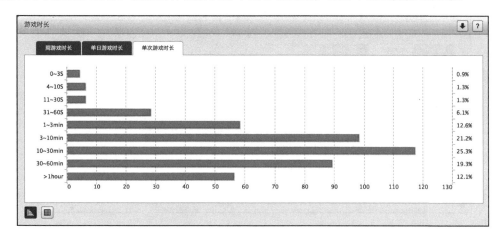

图 5-37 单次游戏时长——情况 1

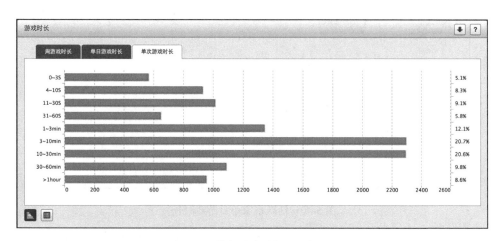

图 5-38 单次游戏时长——情况 2

从刚才的截图中可以看到，玩家是可以在一天中不断上线和下线参与活动的，而从这个维度，需要精确了解玩家的单日游戏时长情况，这点对于这类通过时间设计的活动是很有效的。在图 5-39 中，我们看到对于新增玩家而言，没有小于 1 分钟的玩家，也就是说，对于新增玩家而言，首日的体验还是很流畅的，就刚才设计的活动来看，活动设计时间保持在 10 ~ 30 分钟是很理想的，也许 50 分钟并不是一个很好的选择，至少有 46% 的玩家是这样认为的。

如果从活跃玩家的单日游戏时长来看，这点也许更明显，不同群体在游戏时长的表现差异是很明显的，所以了解游戏行为或许可以帮助我们更加合理地设计运营活动，如图 5-40 所示。

当然，对于活跃用户而言，也可以统计分析活跃用户的使用时长，尤其是要进行一些针对活跃用户的活动或者在系统设计时给予考虑。在图 5-41 中可以看到，活跃用户群体的使用时长和新增用户的时长之间差异是很明显的，如果对比付费用户的使用时长，这点差异更加明显，这些看似简单的统计信息，可能就变成了本节开篇的活动设计的参考因素。

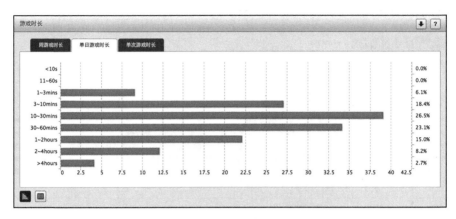

图 5-39　新增玩家单日游戏时长

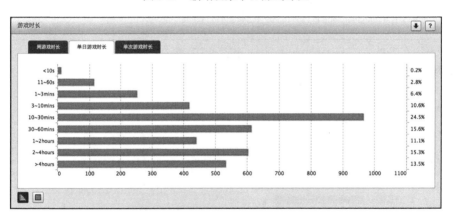

图 5-40　活跃玩家单日游戏时长

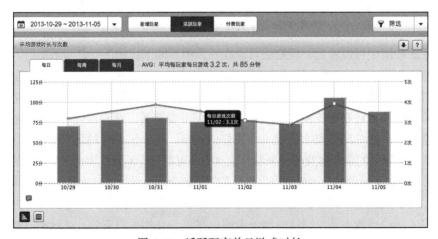

图 5-41　活跃玩家单日游戏时长

5.6 断代分析

维基百科这样解释断代分析：

A cohort is a group of people who share a common characteristic over a certain period of time.（特定时间内，对一组用户使用同样的指标进行分析。）

断代分析（Cohort Analysis），属于行为分析的子集，对特定的渠道、时间段的用户数据进行分析，而不是针对全部用户的分析，把用户按照一定的方式分成几组，但每组的用户都使用相同的指标进行分析。

断代分析的应用非常广泛，例如相同时间段内不同流量渠道的效果评估，基于用户首次购买的生命周期价值挖掘，如图 5-42 所示。

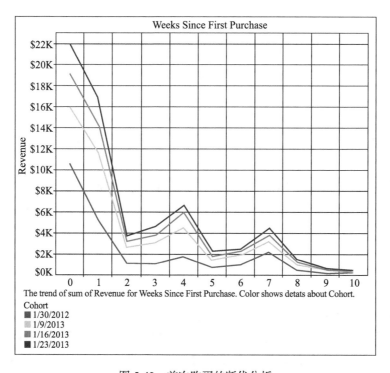

图 5-42 首次购买的断代分析

同样，在游戏数据分析方面，断代分析也发挥了巨大的作用。在本章谈到的 DNU 和 DAU 都属于可以使用断代分析进行总结和挖掘的。图 5-43 所示的是 DAU 的断代分析，这与 DNU 的断代分析（即留存率）是基本相同。

断代分析代表的是一种思想，在留存分析的章节中，将充分利用该思想进行用户的解读。图 5-44 所示的是一些可用于断代分析的指标。

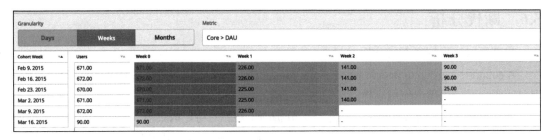

图 5-43　DAU 的断代分析

Metrics / Core
Paying Users
Retention
Returning users
Revenue per transaction
Session count mean
Transactions

Metrics / Core
ARPDAU
ARPPU
Avg. session length
Conversion rate
Conversion to paying
DAU

图 5-44　游戏的断代分析指标

本章的很多分析都是基于断代分析的思想完成的，而在后续的留存分析、收入分析等方面，也将持续利用该思路展开分析。本小节只进行简单介绍，具体应用分析穿插在具体的分析模块之中。

5.7　LTV

在游戏各项指标的统计中，有很多是考察玩家质量的，尤其是考察新玩家的质量。最早关注周流失率和月流失率，算法是上上周/月活跃用户中，在上周/月还登录的比例，而这个"流失"实际不是真正意义上的流失，玩家还会回流；这两个流失率实质是考察了连续两周/月登录的比例，即留存比例。

后来流行起来的留存分析，就是针对一批纯粹的新玩家，追踪他们从第一次登录之后每天的活跃人数。

近年来兴起的新统计 LTV（用户生命周期价值）的作用是在新用户留存分析的基础上进一步研究每个玩家的质量。

5.7.1　LTV 的定义

LTV 全称是 Life-Time Value，指用户在其整个生命周期的付费金额。这个指标跨过了用户是否登录游戏、游戏中的活跃程度和发育水平等诸多因素，直接算出一个用户能赚多少钱。

如果再结合从渠道抓取的单个用户成本，就可以宏观上计算出 ROI 了。同时，还可以进一步计算出每天、每个渠道的 ROI，供渠道在投放导量方面做决策。

LTV 的作用听上去很强大，可是计算时却有些难度，目前流行的算法是基于定义的，公式如下。

$$LTV = LT \times ARPU$$

公式中的 *LT* 指 Life-Time 用户生命周期，*ARPU* 指每个用户的付费金额。

不少公司采用的方式如下。

1）*LT*：1/ 流失率。

2）*ARPU*：直接引用全部活跃用户的 *ARPU*。

5.7.2 LTV 算法局限性

在实际操作中，这个算法有很大的局限，主要原因有两点。

1）用户在游戏过程中，每天的 ARPU 不是个恒定值；多数游戏是前期高，后期下降并趋于稳定，ARPU 采用单一的固定值，非常不可靠。

2）如果游戏仍在开放，用户的生命周期就在持续增加，同时，LT=1/ 流失率，这个算法很理想化，只有两种情况下可以采用这个公式。

❑ 玩家不回流，即按每周（月）的流失率损失用户，1/ 流失率周（月）后彻底流失完。

❑ 留存率等比衰减。实际上对于大多数游戏，1/周流失率和 1/ 月流失率的结果差异也很大。

由于公式中的两个因子都有很大的不确定性，导致在实测中的误差很大。不少公司采用另一种方法来计算 *LTV*。

记录一批用户从首次登录起的每笔消费，每天累加之后作为其用户生命价值，如果此处必须要有个公式的话，那么这个公式可以写成：

$$LTV = \sum LTV_i, \, i = 1, 2 \cdots, n$$

记录方法和统计留存的方法相似，记录每天新用户在未来每天的活跃人数，最终记录若干天后形成一个等腰三角形的数据表。如图 5-45 所示。

统计 *LTV* 也采用同样的方式，记录新用户每天的消费人数和消费金额，也能得到两个等腰三角形的 ARPU 表，如图 5-46 所示。

如果比较的话，还可以发现一些有价值的现象。例如，在某对战类游戏中：

1）玩家在刚进入游戏时付费率较低，如图 5-47 所示。

2）ARPPU 在初期是最高值，如图 5-48 所示。

3）人均在线时长是逐渐增加，然后衰减，如图 5-49 所示。

这种逐日计算的方式原本是针对 LT×ARPU 算法的检验，在关闭服务器后发现乘积的结果误差很大；甚至是游戏未关闭服务器时，真实记录的用户累计消费之和已经大于 LT×ARPU 的结果了。

日期	第1周	第2周	第3周	第4周	第5周	第6周	第7周	第8周	第9周	第10周	第11周	第12周	第13周	第14周	第15周	第16周	第17周	第18周	第19周	第20周
第1周	100%	25%	17%	14%	12%	11%	10%	10%	9%	9%	8%	9%	8%	8%	8%	7%	7%	7%	7%	7%
第2周	100%	27%	19%	15%	14%	13%	12%	11%	11%	10%	10%	9%	9%	9%	8%	8%	8%	8%	7%	
第3周	100%	29%	20%	17%	15%	14%	13%	12%	12%	12%	10%	10%	10%	10%	9%	9%	9%	8%		
第4周	100%	30%	21%	18%	17%	15%	14%	13%	13%	12%	11%	11%	11%	10%	10%	10%	9%			
第5周	100%	27%	19%	16%	14%	13%	12%	12%	11%	10%	10%	9%	9%	9%	9%	8%				
第6周	100%	30%	22%	18%	16%	15%	14%	13%	12%	12%	11%	11%	11%	10%	9%					
第7周	100%	30%	21%	18%	16%	15%	13%	13%	12%	12%	11%	11%	10%	9%						
第8周	100%	30%	21%	18%	17%	14%	13%	13%	12%	12%	12%	11%	10%							
第9周	100%	30%	21%	18%	15%	14%	13%	12%	12%	12%	10%									
第10周	100%	28%	21%	16%	15%	13%	13%	12%	12%	11%	10%									
第11周	100%	29%	19%	16%	14%	13%	12%	12%	11%	10%										
第12周	100%	25%	18%	16%	14%	13%	13%	11%	10%											
第13周	100%	29%	20%	16%	15%	14%	13%	11%												
第14周	100%	25%	17%	14%	13%	12%	10%													
第15周	100%	24%	17%	15%	13%	11%														
第16周	100%	28%	21%	16%	13%															
第17周	100%	26%	18%	13%																
第18周	100%	25%	16%																	
第19周	100%	24%																		
第20周	100%																			

图 5-45　等腰三角数据表

日期	第1周	第2周	第3周	第4周	第5周	第6周	第7周	第8周	第9周	第10周	第11周	第12周	第13周	第14周	第15周	第16周	第17周	第18周	第19周	第20周
第1周	98	66	55	51	43	41	42	38	31	34	32	37	26	26	28	26	17	21	21	20
第2周	85	52	51	40	42	44	41	35	35	34	38	28	28	26	27	20	24	20	19	
第3周	99	64	51	48	51	52	42	47	45	42	35	36	38	29	28	27	25	23		
第4周	99	56	47	55	48	50	49	45	49	38	38	38	34	25	27	26	24			
第5周	79	51	53	49	42	52	50	47	39	39	43	38	30	31	29	27				
第6周	66	49	42	37	45	45	44	33	38	31	29	24	25	24	21					
第7周	73	51	49	53	43	51	41	42	37	35	28	31	27	25						
第8周	78	51	57	53	55	41	44	39	36	32	31	29								
第9周	70	57	56	60	46	51	46	43	32	37	33	29								
第10周	76	52	51	50	50	48	38	33	40	31	29									
第11周	79	62	49	45	48	39	38	39	38	26										
第12周	74	47	47	38	38	34	37	32	30											
第13周	68	48	47	42	38	43	38	31												
第14周	73	56	43	38	41	40	35													
第15周	59	38	35	38	32	30														
第16周	53	40	37	34	28															
第17周	61	51	43	35																
第18周	67	45	39																	
第19周	50	37																		
第20周	54																			

图 5-46　等腰三角 ARPU 表

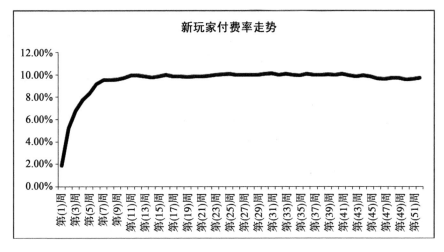

图 5-47　新玩家付费率走势

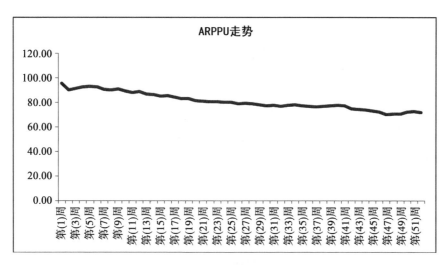

图 5-48　ARPPU 走势

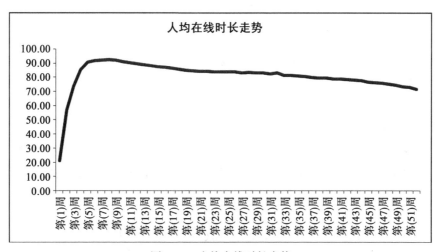

图 5-49　人均在线时长走势

　　这种算法的致命缺陷是，必须要等到游戏关闭之后才能"准确"地算出结果，这对游戏运营的指导作用就非常有限了，只能作为同类型的游戏的参考。

　　在实际操作中，需要的是根据有限样本推算出全部估值，例如，

　　取 52 周的 ARPU 值，可以拟合出一个指数函数公式，然后预估出第 53 周以后的节点上的数值，相加后得到无穷数列之和。

　　鉴于 exp（-0.021）≈ 0.979，可以肯定这个序列求和一定会有上限的。

　　对多数游戏而言，LTV 的衰减速度不是很有规律；一般都是前期衰减很严重，后期衰减较小，采用统一的拟合幂函数不是很科学。建议采用分段函数法。

　　例如，上文举例的游戏中，前 10 周的衰减非常严重，从第 11 周开始，留存率每周衰减

约为 0.1%。计算方法调整为：

$$LTV = \sum \Delta LTV_i + \sum \Delta LTV_j, i = 1, 2 \cdots, 10, j = 11, 15 \cdots, n$$

这种分段的调整在结果上会比通项的算法更准确。

在计算出 LTV 之后，宏观上还可以根据 CPC 计算出单个用户的 ROI，进一步辅助决策。

$$ROI = LTV/CPC$$

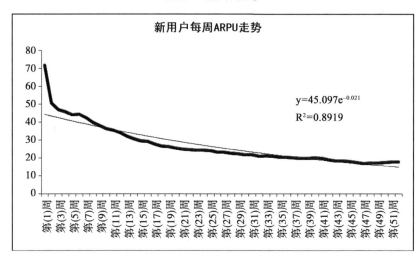

图 5-50　新用户每周 ARPU 走势

基于一般常识。

❑ 如果 ROI＜1，表示引入的用户贡献不足以弥补投入的成本，应停止追加投入。

❑ 即便 ROI＝1，表面上看是不赚不赔，算上人力、办公成本等之后肯定还是不划算的。

❑ 只有 ROI≫1 时，可以再追加投入。

在微观层面来看，还可以细化到每个渠道，考量每个渠道的 ROI。

将所有渠道按 ROI 排序后，一方面要对高 ROI 的渠道追加投入，另一方面要清理掉 ROI 过低的渠道。

5.7.3　用户平均生命周期算法

一般意义上的用户生命周期，是指一个用户玩这款游戏的时间。平均生命周期就是对所有相关的用户生命周期求平均值。

计算生命周期之前，首先明确两个定义。

（1）生命周期

严格地讲，生命周期有两种界定方法：线上算法与线下算法。前者指玩家纯粹的在线时间，后者指从首次游戏到当下的时间。

例如，某玩家在某游戏中，第一周 7 天内的在线时间只有 200 分钟，这里的 200 分钟和 7 天就分别对应线上算法与线下算法。用户生命周期主要面向线下时间的算法。

（2）留存率

留存率，指新玩家进入游戏之后每日的留存比例。使用这个指标时也有两种界定方法，固定值算法和修正值算法。两者的主要区别在于对于不连续登录的用户的界定。

例如，某玩家首日登录后，次日未登录，第三日又登录了，在第四日结算的时候，后者认定这个玩家其实应该算次日留存，应该重新计算一下次日留存，同时次日留存会略微增大。

这种带修正的算法得到很多人的认可，但是代价却是每天重新计算一遍留存表。

计算生命周期的时候要使用这个带修正的算法。

根据用户生命周期的定义，应该统计玩 1 天的玩家人数 a_1，统计玩 2 天的玩家人数 a_2，…统计玩 n 天的玩家人数 a_n，那么平均生命周期的计算结果如下。

$$LT = \sum (a_i \times i + a_2 \times 2 + \cdots + a_n \times n) / \sum (1 + 2 + \cdots + n) = \sum i, i = 1, 2 \cdots, n$$

这个公式化简之后的写法如下。

$$LT = \sum R_i \, i = 1, 2 \cdots, n$$

R_i 指第 i 日的留存率，即用户平均生命周期是留存率之和。

一般来说，留存率序列是衰减曲线，由 100% 逐渐下降，存在下限 0。

应用高数中的级数理论：单调下降序列求和不一定有极限，或者说满足特定条件的情况下才有极限。例如，

留存等比衰减，每日按 10% 的比例衰减，即次日留存 80%，3 日留存 64%，…，那么用户生命周期就是 10 天。

LT 存在极限的条件是 R_i 是无穷小序列，并且是比 1/n 级无穷小还要小。在实际应用中，R_i 的衰减不是很有规律，一般都是前期衰减很严重，后期衰减较小，那么采用统一的拟合幂函数就不是很科学。

例如《XX 世界》这款游戏中，前 13 周的衰减非常严重，从第 14 周开始，留存率每周衰减约为 0.25%；计算方法调整为：

$$LT = \sum R_i + R_j \, i = 1, 2 \cdots, 13, j = 14, \cdots, n$$

这种调整会比通项的算法更准确。

5.7.4　LTV 使用

LTV 实际代表的是分析用户的一种方式，尤其是对于从各个流量渠道带来的新用户，实际分析过程中，会采用如下的模式。

$$LTV = 累计收入 / 新增玩家数$$

其实这也是断代分析思想的一种运用，通过分析同一批新用户在随后每一日的收入累计，得到用户的价值分析。假设某一个游戏有 5 000 新增用户，这批用户在随后贡献的收入见表 5-1（确切地说是其中付费用户贡献的收入）。

表 5-1 LTV 计算

天　　数	每 日 收 入	LTV ＝累计 ARPU
第一天	20 000	20 000/5 000 ＝ 4 元 1 天
第二天	15 000	35 000/5 000 ＝ 7 元 2 天
第三天	10 000	45 000/5 000 ＝ 9 元 3 天
第四天	15 000	60 000/5 000 ＝ 12 元 4 天
第五天	10 000	70 000/5 000 ＝ 14 元 5 天
第六天	10 000	80 000/5 000 ＝ 16 元 6 天
第七天	10 000	90 000/5 000 ＝ 18 元 7 天

　　在表 5-1 中，可以看到 7 天时该批用户贡献了 18 元，也就是说，此时该批用户的 7 天贡献度达到了 18 元，这样就可以通过对比用户获取成本来衡量用户是否带来了利润。这里的 LTV 是和时间、收入产生关系的，不是以单一的收入作为单位。这点也恰恰是 LTV 的意义所在。

　　从这点上来说，我们看到的 ARPU 或者 ARPPU 都是有时间单位的，只是我们在很多时候进行分析不太注重这点，因此也就有了 LTV 与 ARPU 等价的概念出现。

　　关于表 5-1 中用户获取成本的计算，将在第 7 章中进行讨论。

留存分析

在 AARRR 模型中，很重要的一环就是 Retention，即留存率，它在另一个 ARM 漏斗模型中，同样是重点环节。游戏留存率已经成为从业者关注的最重要指标，无论是对推广效果的分析，还是对产品质量的把控，留存率都扮演着非常重要的角色。尽管 AARRR 模型和 ARM 模型有一些差异，但是都将对用户黏性的考量放在了对用户留存的考察上。在第 2 章我们已经就 AARRR 模型做过详细介绍，本章开篇先简单介绍 ARM 模型。

ARM [⊖] 模型是从游戏用户量和收益增长的影响因素角度建立起来的，如图 6-1 所示。

ARM 模型关注游戏最重要的 3 个阶段，即用户获取、用户留存和游戏收益，即游戏从量变向质变转换的过程。而 AARRR 模型也强调这 3 部分的分析，ARM 强调 ASL（Average Session Length），ASL 越长，就越有可能留下玩家，但必须与参与度、留存率结合起来分析。ARM 模型强调了用户获取的作用，认为 DAU 的增长是基于用户获取而转化的，DAU

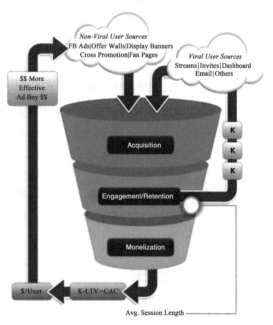

图 6-1　ARM 模型

⊖　社交游戏终极指南专题（8）：如何优化 ARM 获得高回报率，地址为 http://www.leiphone.com/news/201406/facebookgame9.html。

的基础源于不同方式获得的用户的黏性，而留存率正是其重要的考量。本章将就留存率进行详细的阐述。注意：本章提及的新增用户、新登用户和新用户均为同一含义。

6.1 留存率的概念

百度百科给出的留存率[⊖]定义如下。

"在互联网行业中，用户在某段时间内开始使用应用，经过一段时间后，仍然继续使用该应用的用户，被认作是留存用户；这部分用户占当时新增用户的比例即是留存率，会按照每隔 1 单位时间（例日、周、月）来进行统计。顾名思义，留存指的就是有多少用户留下来了。留存用户和留存率体现了应用的质量和保留用户的能力。"

上述定义描述中，留存率有两点要重点关注的内容。

❑ 计算的用户群。不同用户群的行为，确定了不同的留存表现。

❑ 计算的时间点。不同时间点确定了用户群以及留存率的表现。

从用户群上，我们需要明确计算的到底是什么留存率，不同用户群，会出现不同的留存率表现。如图 6-2 所示，在 TalkingData 的 Game Analytics 中，提供了 4 种留存率计算，分别为激活设备、新增玩家、活跃玩家和活跃设备。在实际使用上，还存在付费留存率的概念，这些不同的留存率都是客观反映用户质量的。目前大部分的游戏用户获取都是来源于渠道，对于渠道带来的新用户而言，需通过留存率判断新用户在随后的游戏参与情况，此时往往留存率是基于激活用户（用户下载安装并打开游戏）而设计的，其留存率的考量用户群就是激活用户，也就是说，此时的留存率是对用户开始激活游戏后的参与情况的描述，而激活作为了定义"新用户"的重要描述。回到刚才提到的付费留存率中，当一个用户付费后（即用户从免费转为一个新增付费用户），则是另一次"新用户"在随后留存情况的分析，只是此时的留存用户就是那些首次转化付费的用户。留存率是对于新用户在随后的游戏参与情况的分析，这里的新用户定义方式有很多种，用户激活是一种新用户的定义方式，而用户付费也是新用户的定义方式。在付费留存率中，我们把转化的付费用户当作留存用户来研究，也就是付费留存。在留存率的定义中，强调的是用户在某段时间内开始使用应用，即留存率的计算是以某种监测的行为或者动作的开始为依据，在留存率的背后是转化率的模型。在本章中，我们将就付费留存问题进行介绍。

6.1.1 留存率的计算

从时间上划分，留存率可以分为次日、三日、七日、14 日、30 日、90 日、180 日留存率，也可以分为周留存率，月留存率。一般情况下，游戏从业者倾向关注次日、三日和七日留存率，这主要是对新登用户的分析（此处新登用户多指激活打开游戏或者注册游戏），因为这与

⊖　百度百科的链接地址为 http://baike.baidu.com/view/4862186.htm?fr=aladdin。

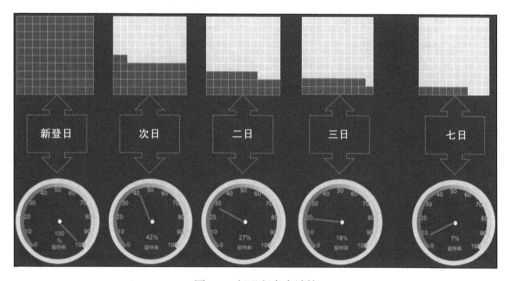

图 6-2　4 种留存率

用户获取有直接关系，游戏的 DAU 规模取决于所获取新登用户的留存表现。对于次日、二日、三日以及 7 日的留存率说明，如图 6-3 所示。

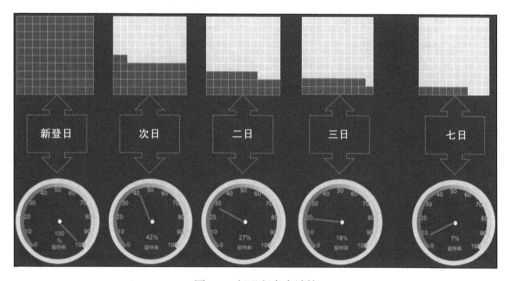

图 6-3　新登留存率计算

在图 6-3 中，某日有 100 个新登用户，次日有 42 个返回游戏，则次日留存率为：42/100 ＝ 42%，由此则二日留存率（第二日）为 27/100=27%，三日留存率为 19%，七日留存率为 7%。由此我们得出以下的定义。

❑　次日留存率：新登用户中，在首登后的次日再次登录用户数 / 新登用户数。

❑　3 日留存率：新登用户中，在首登后的第三天再次登录用户数 / 新登用户数。

❑　7 日留存率：新登用户中，在首登后的第七天再次登录用户数 / 新登用户数。

具体实现的逻辑如下。

追踪一批新用户

记录第 2 天还留存多少人

记录第 3 天还留存多少人

……

记录第 N 天还留存多少人

N 日留存率 = 第 N 天登录用户数 / 初始用户数

毫无疑问，首日留存率一定是 100%。

如图 6-4 所示，我们看到 8 月 7 日新登用户中，在 8 月 8 日登录的为次日留存用户，8 月 9 日登录为 2 日留存用户，以此类推。这就是留存基本定义，所谓留存率就是留存用户 / 新登的总量。

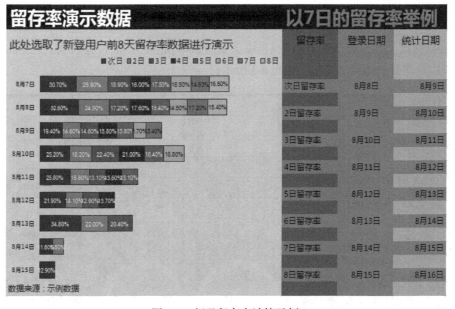

图 6-4　新登留存率计算示例

但需要注意的是，次日留存率与 3 日留存率本身没有必然联系，尽管从公式上来看，其分母都是同一日的新登用户数，然而各自的分子是不同的，即不同留存用户之间可能存在交集，但也可能是空集。如图 6-5 所示，新登用户有 A ～ E，次日留存用户有 A、B、E，而 3 日留存用户则有 B、C，7 日留存用户则只有 E，次日留存用户 ∩ 3 日留存用户 = {B}，而 3 日留存用户 ∩ 7 日留存用户 = ∅。

另外，存在 4 日留存率比 3 日留存率高的可能性。留存率代表的是一种用户返回游戏的概率，尽管随着时间的延长，这种概率整体是趋于下滑的，但是在某些情况下，时间越久的留存率则会稳定更加活跃的用户，这批用户经过一些活动或者运营的刺激，被重新激活，返回游戏，进而就会发生留存率上升的情况，也就是说会交集出更多的重合用户。

$\dfrac{A+B+C}{A+B+C+D+E}$	$\dfrac{B+C}{A+B+C+D+E}$	$\dfrac{E}{A+B+C+D+E}$
次日留存率	3 日留存率	7 日留存率

图 6-5　新登留存率计算公式示例

6.1.2　留存率的三个阶段

留存率是转化率的一种，即由初期的不稳定的用户转化为活跃用户、稳定用户、忠诚用户的过程，随着留存率统计过程的不断延展，就能看到不同时期的用户的变化情况。

留存是以研究新用户为目标对象的，即我们研究某一个点的一批用户在随后的十几天、几周、几个月的时间内的生命周期情况，这样可以从宏观上把握用户的生命周期长度以及我们可以改善的余地。

如刚才所说的，我们要宏观观察用户的生命进程情况，最佳的办法就是从用户导入期就开始。所谓用户导入期就是用户接触并进入游戏的阶段，这个阶段的分析其实是大有作为的，因为用户进入游戏来源于不同的渠道，通过不同的营销手段拉入游戏，通过交叉分析，用户的后期留存情况就能从一个层面把握渠道质量。例如，付费、黏性、价值量、CAC 成本。

如图 6-6 所示，截取了 4 天新登用户在随后接近 40 天的留存变化情况。

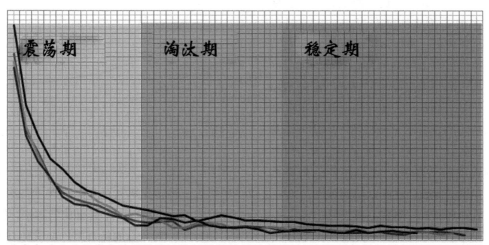

图 6-6　留存率的 3 个阶段

图 6-6 中显示的是跟踪了 39 天的数据，从中可以发现，留存率的变化初期是震荡得比较厉害，但是随后开始逐步地趋于平稳，下一个时期就开始逐渐稳定，保持在一个水平上。如果持续观察下去，随后开始逐渐衰退，并最终无限趋于 0。由此形成了留存率的 3 个关键阶段。

❑ 震荡期：不断寻找游戏的潜在用户。

- ❑ 淘汰期：不断运营游戏的潜力用户。
- ❑ 稳定期：挖掘和稳定游戏核心用户。

事实上，以上的过程是符合用户生命周期的基本形式，在导入期用户量会增加很多，例如通过一些动漫或者影视题材，可以短期吸引大量用户下载激活游戏。此时大多数用户也会在最初的一天甚至两天内体验游戏，初期的几天用户留存率会表现在较高水平（如果推广和渠道策略比较符合产品特质时），之后则会不断淘汰非游戏产品用户。很多用户在初期是因为很喜欢某一种题材而进行游戏体验，但是实际的内容并没有考虑题材受众群体的认知，因此很多人会离开游戏。进而就逐步淘汰了很多初期获得的用户。

同时，随着用户的成长，还会逐渐淘汰一些因为游戏内容或难度增加而选择放弃的用户（实际上就是留存下降，流失加剧的过程）。在用户的成长过程中，这样的留存牺牲是必然的，而此时的淘汰就意味着接下来的用户成长将会趋于稳定，并保持一个时期。换句话，最终我们找到了游戏的核心用户。

当游戏进行封测并导入自然用户（达到一定数量级时才具备参考意义，且并没有通过强制的推广手段，例如积分墙导入的用户）时，用户留存表现是衡量产品的重要依据，只有这个时期的留存率数据达到要求后，才会进行大范围的推广和用户获取，而在游戏开始推广后，大量的用户进入游戏，此时会导入很多的非游戏的潜在用户，而此时留存率会比较低，如图 6-7 所示。

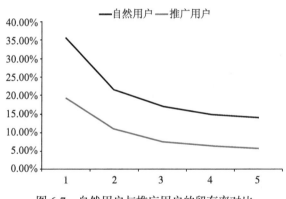

图 6-7　自然用户与推广用户的留存率对比

这种留存率的差异是必然存在的，但随着推广的结束以及不断曝光、不断增加的自然新增的影响，留存率会逐步提升到封测期间的正常水平（如果产品是很优秀的，那么推广结束后的留存率应该与封测时的表现差距很小），前提是产品具备优质留存率的基础，之所以谈到这点，主要是留存率作为一种转化率和百分比数字，需要了解隐含机制和要素。笔者一直强调，转化率是解决环境的关键，所以一个百分比的数字，即使很高，却不一定代表业务健康，有可能 40% 的次日留存率，其分母的新增用户量只有 100 个（这个数量级远没有达到自然用户留存率监测分析的要求），这时候的留存率不具备参考意义。从概率统计的角度来说，样本量偏低，其反映的返回概率（留存率）无法反映总体的情况。有时候，这类百分比数字也是会说谎的。

刚才提到了 3 个时期，也就是震荡期（留存高）、淘汰期（留存波动）和稳定期（留存趋于稳定水平）。实际上，随后还存在衰退期和流失期，这属于流失率分析。衰退和流失的基本都是老用户，本身具备了较强的游戏黏性和价值，流失分析不仅仅在衰退和流失阶段分析，在震荡期、淘汰期和稳定期也同样要进行流失分析，因为这部分用户可能是 DAU 的主要构成部分。在 DAU 的分析部分，我们已经知道了每一个活跃用户都是不同日的新登用户在某一天登录留存的一部分，留存率的重心是关注获取用户的效果和市场策略，这是 DAU 成长的基石。此外，用户导入初期阶段同样需要去做流失分析，因为初期流失是最多的。但是，由于初期用户的游戏参与度有限，故提供的信息也是有限的，偶然因素较多，所以选择做留存率分析可以和渠道、市场投放策略结合，快速了解效果，并提供优化和投放决策。相比之下，在这个阶段进行流失分析很难进行实际的业务驱动和决策制定，同时由于和广告网络合作，涉及费用结算以及投放周期制定等原因，留存分析可以很快帮助支持这些方面的决策产生。这里其实就可以看到，数据指标最终是否有效，以及选择何种指标，这是和实际是否能驱动决策和行动产生有直接的关系，否则即使再美好的数据指标，不产生具体决策和解决方案，都是无用的。

留存率是很有效的，因此需要持续跟踪，且要将版本更新、推广等诸多因素结合起来分析，试图找到玩家的最佳周期制定相应的策略提升质量。此外，留存率的分析可以结合聚类、决策树等做深入的分析，用于挖掘渠道具体的用户质量、盈利分析等。这类深入的分析要建立在长期的留存率跟踪分析的基础上，抓住留存率长期的作用特点，才能更好地把握这类深层次的分析。

另外，就刚才提到的 3 个时期，如何界定用户处于哪个时期，需要通过产品和数据很好地把握和衡量，必要的时候需要对变化趋势做显著性检验，这也恰恰是考验数据分析师综合分析能力的重要方面。数据不会说话，但是分析师会说话，因此数据反映的内容需要基于人的分析和判断才具有价值和意义。

刚才提到的另一个词就是流失，新用户看留存，老用户看流失，但是从目前一些分析系统上看到的情况是，这部分没开发或者都被省略了，因为这部分的难度相对比较大，再者，其改善带来的效益不是立竿见影的。因此，很多时候忽视了对老用户的质量把控和分析。因为老用户在整个用户的生命进程中，更多是在衰退期和流失期才会引起关注（实际上从进入游戏就伴随流失）。这种想法存在一定的问题，老用户对于游戏的黏性和收入贡献比例都是很大的，流失的分析需要放在与留存率分析同样的地位上。如果说留存率关注新用户，解决用户获取以及用户量的问题，那么流失分析则关注全体用户，解决收入以及用户量的可持续增长的问题。

6.1.3 留存率的三要素

在计算广告学中，谈到了三要素，即语境、广告和受众，留存率也存在类似的三要素，并且与计算广告学研究的对象极其相似，从留存率的分析维度来看，重点是对获取用户效果的分析（当然分析产品质量也是重要的部分），而这其中就涉及广告投放的环节。首先我们从计算广告学说起。

1. 计算广告学

雅虎研究院资深研究员 Andrei Broder 在 2008 年的第十九届 ACM-SIAM 学术讨论会上，

首次提出了计算广告学（Computational Advertising）的概念，他认为，计算广告学是一门由信息科学、统计学、计算机科学以及微观经济学等学科交叉融合的新兴分支学科。Andrei Broder 提出了计算广告学的研究目标——实现语境、广告和受众三者的最佳匹配[一]。之所以在此处提及计算广告学，是因为计算广告学也是依托于数据和计算方法来分解问题和优化广告投放的，这点与我们在游戏数据分析方面是类似的。你可以认为广告和游戏是相同的，都属于创意和艺术加工的范畴。然而二者都是在追求效果最大化，解决获取用户以及用户与内容之间的问题。在计算广告学中，强调研究语境（Context）、广告（Advertisement）和受众（User）的相互最佳匹配，这也就是说这三点是重点的研究要素。

此外，从广告的几个参与者角度，计算广告优化的目标有 3 点。

1）对广告主来说，希望投放效果最优。

$$\max \sum_{i=1}^{M} \text{CTR}(a, u, c) \cdot (\text{Value}(a, u, c) - \text{Price}(a, u, c))$$

$$\text{s.t.} \sum_{i=1}^{M} \text{Price}(a, u, c)) \leq B_j, \text{UE}_j \geq \text{UE}_{j0}$$

2）对媒体来说，希望收益最大化。

$$\max \sum_{j=1}^{N} \sum_{j=1}^{T} \text{CTR}(a, u, c) \cdot \text{Price}(a, u, c)$$

$$\text{s.t.} \quad \max \sum_{j=1}^{N} \sum_{i=1}^{T} \text{UE}_{ij}(a, u, c) \geq \text{UE}_0$$

3）对社会来说，希望社会效率最优。

$$\max \sum_{j=1}^{N} \sum_{i=1}^{T} (\text{CTR}(a, u, c) \cdot \text{Value}(a, u, c) + \text{UE}(a, u, c))$$

以上的对于计算广告学的介绍，帮助我们理顺了如何从数据角度分析和看待关于用户获取和优化关注点。在图 6-8 中，从多个视角比较系统地表达了在线广告的传播漏斗及设计。这个漏斗完全适用于游戏用户方面的获取、分析和优化[二]。

可以从图 6-8 中看到这个漏斗与 AARRR 模型或者 ARM 模型的分析思路是有相同之处的，例如注重用户的留存、转化。从获取用户的角度，计算广告学为我们提供了很好的分析参考，加强对目标受众的分析，控制上下文环境、优化广告内容。游戏的用户获取也需要广告的支撑，计算广告中强调的语境（或者叫作场景）、受众和广告创意的三大要素，也恰恰是游戏用户获取的重要方面。计算广告学的思路不仅仅是服务于游戏的用户获取，更是我们在进行深入游戏数据分析研究的方向性指导。

⊖ 百度百科计算广告学地址为 http://baike.baidu.com/view/4330198.htm?fr=aladdin。

⊜ 百度文库计算广告学的基本概念链接 http://wenku.baidu.com/link?url=d5Jgrcw_ZVow7Ct2ELCsTF_2ioWxFjt8。YkWdhRQwtWHQiomsHpKaj7Eu4pHWWKpprea-c7yLZuh1LNzCFjNcp5KV4jO4M0UjR3NUQirxYq_O。

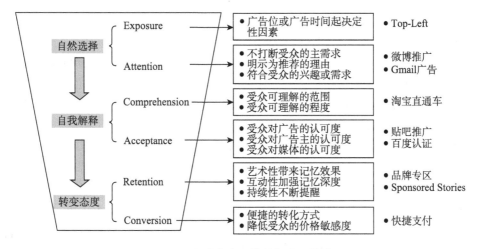

图 6-8　在线广告的传播漏斗及设计

所以，留存率的分析实际上不仅仅是一个停留在用户到达或者激活游戏之后才开始着手的过程，留存率实际上是一个贯穿整个用户获取、参与、付费过程的指标数据。如图 6-9 所示，从广告获取用户的方式来说，留存率分析需要从用户看到广告宣传阶段就开始了，例如不同广告素材对单击和转化的影响，这也决定了最终的留存率分析中的新增用户数。留存率是转化率的一种形势，虽然只是在用户激活后才出现，但都是获取用户的漏斗模型中的效果阶段，而这恰恰也反映了广告投放购买的用户效果，如果在留存率基础上，再去看付费转化率，则可以衡量用户的收益效果。

图 6-9　游戏用户通过广告转化的路径

结合计算广告学重点研究的三点要素，至此我们也明确了留存率分析的几个重要因素，我们将从更大的维度来分析用户的留存率。

2. 留存率的三要素

广告的最终目的是寻找到最佳匹配，进而提升效果，而对于这个效果的衡量，留存率是非常重要的一方面，当然订单转化数、付费情况也都是效果衡量的标准。如果分析留存率，前提是我们要清楚地找到最佳的匹配，哪些要素是必须要关注的，以下的 3 点是作者所认为的重要参考因素。

❑ 环境：获取用户的方式、渠道、方法。

❑ 用户：获取用户的质量、效果、兴趣。

❑ 产品：本身产品的质量和人群受众定位。

留存率达标了，才可以进行推广，由封测期间的自然用户的留存率表现来确定是否可以进行推广，尽管在推广期的留存率一定是偏低的。三个要素其实就是影响留存率的关键要素，如果用一个词来形容，就是体验。实际上，从用户角度来看，在线广告传播漏斗及设计整体的转化路径就是一个体验过程，虽然背后支撑的是数据、技术，如果忽略了用户、环境和产品本身的因素，就很难单纯从数据分析和技术角度完成效果的优化和提高。因为用户永远只会去感受，即听到的、看到的、触摸的，这就是体验。下面一个比较生动的案例可以说明这个问题。

当用户主动进入 App Store 时，如果此时向用户提供推荐内容，那么推荐的效果会好一些，会赢得更多的点击和激活转化，但前提是你有很好的推荐引擎和数据支撑。

然而，同样的数据和推荐引擎技术，在某些 App 向用户展示 Banner 广告时，我们会发现，实际用户的点击和激活转化却完全达不到效果，难道是我们的数据和技术不行吗？

其实，当用户进入 App Store 时，用户是有主动的内在发现游戏、下载游戏的需求，这是关键的驱动力，其中的环境因素（在 App Store 商店中找我们游戏时，大多数是在 WiFi 网络条件下）、用户兴趣（有发现寻找某些类型游戏的需求）和产品宣传（产品的核心特色和包装也是用户选择的驱动力）都会有非常重要的作用，然而当我们在电台或小说应用中开始展示广告时，用户实际上并没有这方面的需求和获取游戏的动力，也许此时用户手机中已经安装了一款同一题材、同一玩法的游戏。最终来看，留存率可能并不是很理想，尤其是在近期不断流行的积分墙方式，尽管有效果要求（也只是完成某些动作，例如注册），但是却很少能保证留存或者付费效果，就是因为上述因素的制约。如同更早时间的游戏刷榜一样，积分墙也是在改变榜单权重，进而获得更多曝光机会，从而更大概率地获得真正属于游戏的用户。只是在这种模式下，只考虑了产品宣传，用户的环境和目标受众是否是需要这样的内容，是否会恰当的在用户面前曝光，则是一个现实的难题。

马化腾说过的一句话："不管什么年龄和背景，所有人都喜欢清晰、简单、自然、好用的设计和产品，这是人对美最自然的感受和追求。"所谓用户的体验，或者深入一点就是用户的行为和心理需求，就是要把握住用户的情感，设计内容的耐玩性和趣味性，抓住用户的核心诉求，了解用户放弃的原因（比如痛苦、失败、麻烦、不一致）。从获取用户角度，就是我们提到的留存率三要素。

这种体验是在用户接触到游戏时就已经产生了。一个用户选择了什么渠道、看到了什么描述、什么关键字、什么截图、什么下载、什么安装速度、什么首次加载、什么二次加载、……就已经诞生了体验，用户的流失不是一蹴而就的，而是不断积累的，当达到了体验上的"耐受点"时，用户就会突然离开，而且是毫无征兆的。在上述的描述中，就涉及了谈到的环境、用户和产品。

如果在 iOS 平台，用户最终要在官方应用商店下载游戏，但用户获得游戏的相关信息可能来自于其他应用的插屏或者 Banner 广告，或者积分墙推广，那么单击广告是否正常跳转到商店、是否存在白屏无法跳转，则关乎了从点击到下载的转化。即使用户最终变成了一个新用户，然而官方应用商店的一些评价会影响用户的游戏体验。如果在体验过程中遭遇了网络问题而无法体验游戏，则留存率就会发生巨大的变化。这些都是属于环境因素，不仅仅是网络，也有设备，还有获取游戏的环境。

从用户角度来看，刚才提到的其他用户的评价，会影响到用户的下载激活可能性。可能读者有疑问，留存率是对新用户的描述和分析，怎么和评价有关系呢？实际上，每个新用户最初都是源于曝光展示，并在单击、下载转化后才形成的，从成本角度来说，当设备开始曝光展示游戏时，就是成本开始计算的起点。而留存率除了反映用户和游戏质量外，最终也可以计算 ROI，计算的内容是转化用户最终是否可以负担推广成本，多久的生命周期可能会赚钱。

用户角度的另一个重点就是兴趣，什么样的广告图片、文字是符合游戏推广的，能够唤起用户的兴趣，并最终单击、下载、激活。就《秦时明月》这款游戏来说，如果了解到所有动漫用户都自称是"秦粉"或者"月饼"，那么在 banner 或者插屏的广告文字就有了新的选择。

回到留存率本身，即使那些在 7 日还返回游戏的玩家，并不是在新增后的每一天都会一直登录游戏，这点是有数据参考的，可以计算一下新增用户在新增日后到第 7 日之间登录的分布。体验成为游戏想要去获得更高 7 日留存率的关键因素，因为你会发现其实现在的游戏呈现的玩法本质上没有什么差异，而且太多的用户还没有接触到这个玩法就已经开始流失了；另一种情况（比如现在的手机游戏），在最初的几天用户就充分掌握了游戏的玩法，那么接下来的留存率该如何优化，将决定游戏的用户规模。因为手游相比页游和端游有更加低廉的放弃成本，投入成本（比如游戏的时间和金钱的投入）也很少。那么，体验则成为最关键的影响因素，而体验也不止是一套 UI，实际跟用户有关的视觉、触觉和听觉都属于体验的范畴。如图 6-10 所示。

图 6-10 游戏主城画面

当用户对自己所付出的成本和时间都可见的时候，用户是很难放弃游戏的。例如，在策略游戏中，不断升级的建筑，越来越复杂的操作和布局，都让用户得到了一种内心的愉悦。当用户收到了一条消息，了解到自己的家园被别人毁掉的时候，用户会毫不犹豫地进入游戏查看，选择是否进攻或者修补漏洞。换句话说，此时是通过游戏机制来提升产品黏性，不断地刺激用户，进而长久地留存下来。移动设备最大的变化是用户很难在同一屏幕内做两件事，例如你不可能边玩游戏、边看视频，这也注定了用户的设备使用是碎片化的，作为游戏很难长时间霸占用户的手机屏幕，至少持续的时间不会很久，因为用户有电话、有社交、有工作等其他事情。

所以，有什么能够刺激用户在一天中再次主动打开和关注游戏，这是最重要的，因为一旦解决了这点，等同于游戏的留存率会有很好的表现。就体验的话题继续剖析，体验的反馈是这一切的起点，只有当用户对游戏的反馈足够好的时候，用户才会认为你的体验良好，所以认为这款游戏值得继续体验下去。

如图 6-11 所示，这里有视觉的设计（如进度条），也有触觉的设计（如可以看到诱导用户点击的战斗），当然也有听觉的设计，然而，是否会带来最佳的效果取决于用户在经过体验操作后的实际反馈，只有享受了这一过程，用户才会清楚这种玩法或者这款游戏是否值得投入下去，这也决定了用户是否会在某个时间点再次回归游戏继续去探索。

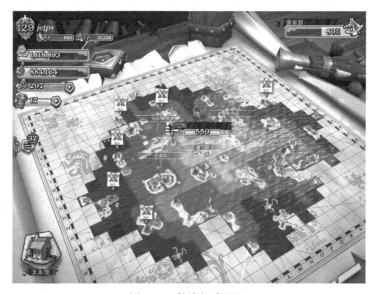

图 6-11　航海探索画面

移动设备的黏性源于用户对未知内容的追求，无论是我们看到手机屏幕显示的一条未读语音留言，还是看到我们游戏中的家园被他人瓦解，都会存在一种本源的动力去挖掘和了解真相，甚至会在最初的一段时间内在期盼下一秒、下一分钟或者下一个小时可能发生的事情。例如，我们每天都不断地浏览自己的朋友圈，这都是对于未知内容或者信息的挖掘，这其实就是黏性。同样的原则也适用于游戏，如图 6-12 所示。

图 6-12　航海探索时间等待画面

在该游戏中，用户的战船一次远航需要两个半小时的时间才能返航，而这个明确的时间实际上也告诉用户，在两个半小时以后，你要回归游戏进行相关的操作，了解出航结果，而自我规划的航行路线，实际上是一种概率，用户充分利用自己的知识来抉择路线，这恰恰刺激了用户对于结果的期待，而最终带来的反馈刺激反而会有更大的效果。但是，在很多回合制的卡牌游戏中，这种不确定性的设计是确实存在的，用户对于结果没有更多的思考和期待空间。一句直白的话就是，如果你不打开这款卡牌游戏，也不会想到要进入游戏，并进一步体验游戏，因为上一次退出的进度和这次打开的进度及内容是没有区别的，本质上没有带来更多的反馈和惊喜，而这点正是移动产品最大的致命因素。

总结起来，留存率实际只是一种表面上的工具，然而作为分析师去分析留存率的表现，是需要了解留存率背后所折射的问题和影响因素。不管是留存率的根本影响因素还是在体验上，都涉及用户心理、产品机制和内容设计等。此外，几乎所有的从业者都清楚某些产品类型的留存率就是高于其他类型产品，但是为什么高，并不是每一名从业者都了解的，而发现问题并找到答案是最重要的，这些在对留存的讨论中已经通过案例予以阐述。

6.2　留存率的分析

6.2.1　留存率的三个普适原则

图 6-13 为一款公测 100+ 周，各周新用户在他们各自生命周期内各周的留存，其中孤单的蓝线，是第一周的新用户和不删档内测阶段的用户总和。

当然，曲线是按照周留存来计算的。如果你看过长尾理论就会知道这是符合幂律分布的。

我们探讨的三原则其实都是从这个曲线趋势出发的，只不过有三个重要维度需要重点注意，即不同用户群、不同时间和不同产品。

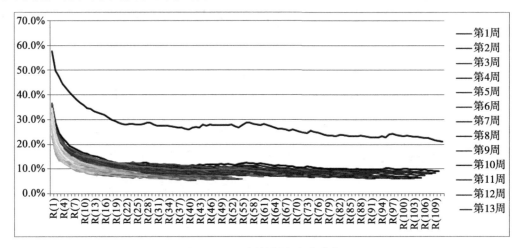

图 6-13　100 周的周留存率曲线

1. 原则之一

不同用户群之间的留存率趋势是一致的。

用户群的定义方式有许多种，例如付费用户群、完成新手引导用户群。如图 6-14 所示，是一种自由化的用户分群的展示方式，基于这种分群，就是对于业务的定义和分析。拿渠道用户群来说，不同渠道之间的用户留存趋势是一致的，但不同渠道之间的留存率水平是不一致的，渠道的留存率水平差异可以作为衡量渠道的一个指标。

图 6-14　选择玩家群操作过程

通过任意的群体筛选后，其在留存的趋势表现上，基本上都呈现如图 6-15 所示的形式，不同的是留存率高低有差别。此外，这种趋势有助于游戏开发者圈定产品用户的生命周期，尤其是不同的用户群的生命周期。例如，渠道 A 和渠道 B 用户在留存率曲线的对比中，会帮助分析渠道用户的质量，这作为重要的判断渠道用户质量的参考。

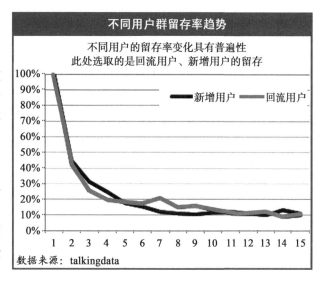

图 6-15　不同用户群的留存率趋势

2. 原则之二

不同产品之间的留存率趋势是一致的。

如图 6-16 所示，这一原则的利用，对于开发者而言，具有很大的意义，因为每个公司不只研发一款产品，在系列产品中，用户的留存表现可以帮助开发者理解自己的产品质量。此外，我们可以把同一款产品的两次更新当作是两款产品来看待，这样也帮助我们比较前后版本的黏性和质量情况。

再者，留存曲线本身就存在流失期、蒸馏期、稳定期，通过横向和纵向的对比，帮助开发者尽快找到玩家的生命周期长度。同时，这条曲线对于渠道而言，也存在很大的意义，因为同一个位置，什么游戏的质量更好一些，我们可以通过对比多款产品的留存曲线来进行决定，当然这只是渠道在量化最佳位置收益最大化的一个数据分析点。

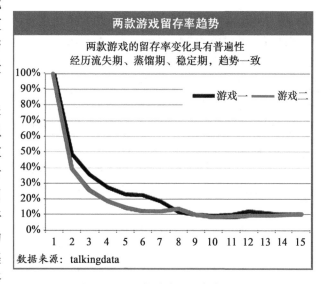

图 6-16　两款游戏的留存率趋势

3. 原则之三

不同日期之间的留存率趋势是一致的。

如图 6-17 所示，游戏会有推广时期和自然增长时期，我们可以对比推广时期和自然增长两个时期的用户群的留存率表现，进而了解不同时期的用户质量。这点其实作用很大，如果我们只是使用一个次日、三日和 7 日，其实很多时候会规避问题，因此，建议再做留存率分析，多进行不同时期的留存率对比，而这可行的基础就是留存曲线整体上的趋势一致。如果我们只是每日孤立看待留存率，效果并不是很明显。

对于不同日期的留存率衡量不是只限于两日，也可以是自定义时间点、自定义用户属性（例如时间段内，启动至少 3 次），总的来说，就是要说明不同时期的用户留存的变化情况，这有利于我们把握不同时间点的推广和投放情况。

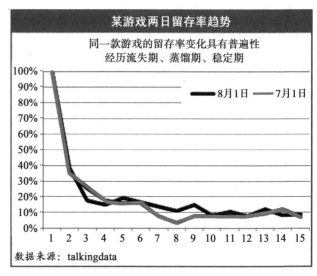

图 6-17　某游戏的两日留存率趋势

6.2.2　留存率分析的作用

基于留存率的分析体系，在端游市场时期就已经提及了，进入移动时代，留存率的意义变得越来越重要。用户不再需要长时间地消耗和参与游戏，相反，其游戏频次随着移动设备的 3A（Anytime，Anywhere，Anyone）属性在不断地发酵，对产品的体验更加挑剔，流失成本降低。总结一下，留存率分析有 3 点意义。

（1）衡量有效用户

寻找究竟哪些人才是游戏的真正用户，有效用户的衡量解决了产品与目标用户定位的准确性，更重要的是解决了不同方式下获取用户的效果评估。

（2）衡量运营表现

运营作为增值服务提供给用户，能够从活跃、收益两个方面得到体现，而对活跃的判断标准之一就是留存率，而不是 DAU，因为最终留存率决定 DAU。

（3）挖掘用户特征

真正的用户具备什么样的特征，决定了在对潜在用户推广中，如何发现谁会转化，进而加强营销。

1. 衡量有效用户

留存率探寻一批用户的导入质量情况（包括游戏前期的成长等），或者是市场、渠道的质量研究，进而方便我们后期调整投放策略，改进游戏方案。简单地说，用户体验一款游戏大概经历如图 6-18 所示的过程，在每个阶段都有对应的衡量指标，如果串联起来看，这其实是一个转化率问题。不过这一切转化并不是从一个用户的激活开始的，虽然留存率的计算以激活用户作为标准，但是在激活之前还有很多环节的转化过程。

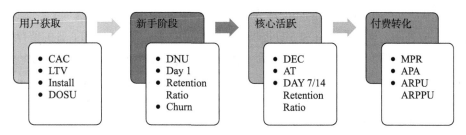

图 6-18　游戏用户转化路径

从留存率的角度来说，留存率的好坏也客观反映了不同形式的用户获取方式的效果。在现有的游戏推广体系中，由于受制于广告结算模式的限制，一般以 CPA 或者 CPM 作为结算的依据，然而作为出资的广告主来说，就像我们在本章讨论计算广告学时所提到的，寻求的是投放效果最优。在保证一定的用户量的前提下，着重提升以下两个方面。

❑ 用户获取的质量，即留存率作为衡量准则。
❑ 转化用户的收益，即用户生命周期价值作为衡量准则。

当我们通过广告展示来吸引转化用户时，对于新用户留存率的分析就启动了。在标准体系中，留存率计算的分母是激活的新用户，而这一标准其实也会因为对业务的不同定义，而出现更多的所谓留存率。如图 6-19 所示，激活率实际上也是留存率的一种，只不过其代表的是那些下载游戏，而最终打开激活游戏的比例。

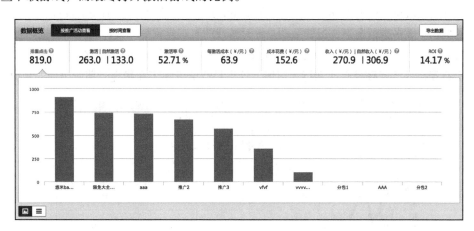

图 6-19　推广效果追踪数据

此处的留存率并不是用于考量游戏玩法或者内容是否吸引人的，这个激活率是反映产品的技术质量是否过硬、是否存在版本适配、闪退、网络连接异常、无法注册等一系列问题的。当然，那些下载了游戏最终没有打开的用户，可能还有更多的原因，例如忘记了安装、安装存储空间不足等。

基于业务需要的留存率计算和分析，是从广义上利用留存率来发现更多的产品问题。例如可以定义用户行为来进行留存率的计算。因而留存率是一个广义的概念，但其本质是从转化率的思想出发，在刚才所讨论的几个环节中，都是深刻影响用户转化的。

如图 6-20 所示，游戏在 5 日和 6 日提供新手礼包，对比发现，5 日和 6 日的留存率表现，

尤其是次日留存率确实非常理想，然而活动之前 3 日和 4 日，活动之后 7 日，留存率水平都是接近的，但 5 日和 6 日留存率（除了次日留存率）都出现了非常明显下滑，甚至低于平均水平。

分析来看，5 日和 6 日的新增用户中很多人都是老玩家注册新账号来领取奖励，这也从 +2 留存率开始偏低的状况得以说明。此种方式的尝试实际上没有得到预期的效果，反倒是造成了数据的波动。尽管从短期看，DAU 会出现增长，然而随着活动的结束，DAU 就会出现下滑，所以说，留存率实际上是决定 DAU 规模的重要因素。

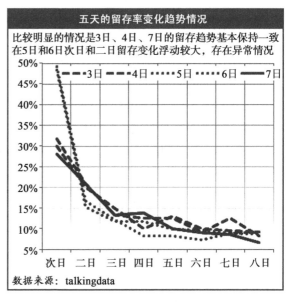

图 6-20　游戏 5 天留存率变化

2. 衡量游戏运营表现

如图 6-21 所示，当留存率进入稳定期后，留存率会呈现有规律的波动，而非持续的走低，这一点特征与运营活动的设置、周末效应都有明显的关系。大多数情况下，运营活动是针对游戏的真正玩家群而设计的，当然也存在针对新用户的运营活动，然而最终目的都是要把更多的用户过渡到稳定期，因为在这个稳定期，用户会呈现出有规律的游戏登录频次和行为习惯，这也是恰恰反映了在稳定时期所出现的规律波动。

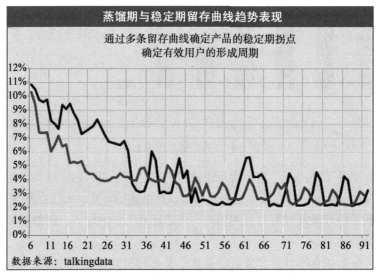

图 6-21　蒸馏期与稳定期留存曲线趋势表现

在留存率的震荡期，留存率变化较大，也淘汰了大多数的用户，然而在稳定期，基本上都会留下游戏的真正用户。如图 6-22 所示，结合用户转化和留存的几个阶段，相继对应了潜在用户到潜力用户的过渡，最终尽可能地转化为核心用户。

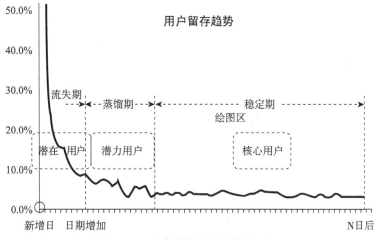

图 6-22　留存趋势与用户转化过程

留存率从宏观上反映了运营表现，其意义不仅仅在活跃用户，同时也关系到收益。如果游戏每日收入大部分是由 14 天之前注册的用户贡献的，那么 APA 和 DAU 是非常稳定的，因为至少到今日，14 天前的用户是仍旧是活跃的，且这批用户经过一个时期后，用户游戏习惯和黏性已经慢慢建立起来了。

通过分析某月登录用户的最近 3 个月的注册分布，了解玩家生命周期。如图 6-23 所示。然而每一个活跃玩家，其实也是一个留存用户，只不过是来自于不同注册时间的用户。运营的质量将关系到这些用户的游戏体验和感受，并最终影响到用户规模和收入。

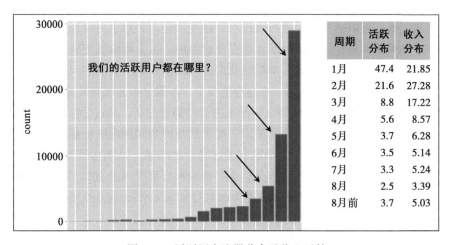

周期	活跃分布	收入分布
1月	47.4	21.85
2月	21.6	27.28
3月	8.8	17.22
4月	5.6	8.57
5月	3.7	6.28
6月	3.5	5.14
7月	3.3	5.24
8月	2.5	3.39
8月前	3.7	5.03

图 6-23　活跃用户注册分布及收入贡献

3. 挖掘游戏用户特征

留存率是对已经转化用户的最粗粒度的标记，在排除了诸如技术等问题造成的留存率影响后，我们需要知道的是，那些留下来的人具备什么样的游戏特征，基于已有留存用户的特征，来推测和计算未来可能转化的用户设备、操作系统、品牌、游戏习惯，在尽可能早的时间点，不断对用户进行营销和提升回流的操作。

所有的数据分析和数据都是以解决问题为先。留存率分析最大的窘境在于，即使了解到留存率存在差距，但是依旧找不到提升留存率的办法。例如，次日留存、7日留存水平都不是很高，需要进一步提升，但是往往找不到方法，很多时候，可能回过头来通过不断的游戏体验，去寻找问题，实际现在很多人已经知道通过留存率来分析体验的问题。然而，驱动用户体验决策而有意义的成功标准，一定是可以明确的与用户行为绑定的标准，而这些行为也一定是可以通过设计来影响的。在对留存率本身进行解读的基础上，更需要的是了解数据指标背后用户的行为，进而解开留存率优化的难题，这些行为必须要能够进行量化，同时通过设计可以影响行为，最终验证结果。

先从留存用户分析开始，进一步研究那些留下来的用户的特征，如图6-24所示，这是结合游戏设计简单地进行留存用户分析的情况。

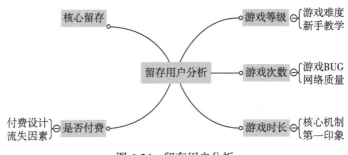

图6-24   留存用户分析

这些因素使我们可以通过设计进行改进，而这些改进，必然会对应在一定的量化基础之上，因为刚才提到了，只有这样的标准才是存在价值的，也是可以真正通过数据分析解决问题的。换句话，只是一个单纯的留存率指标我们并不能清楚地发现这些问题，抑或更多的时候，只能凭借体验和感觉来解决问题，在这种情况下，数据分析并没有发挥应有的作用。

图6-25是基于留存用户的游戏等级特征来进行的简要分析，通过分析次日、7日、30日用户的首日等级变化情况，了解不同质量用户对于游戏内容和进度的把握情况，进而快速定位是否是游戏内容过难，或者新手教学没有做好导致的结果。从图中可知，次日留存用户，在首日停留的等级有22%是在4级。换句话说，假设次日留存率为30%，且新玩家首日等级达到了4级，那么次日返回游戏的概率则是30%×22% = 6.6%。这就是通过已有用户的某些特征，推算理论上用户返回游戏的概率。

基于以上信息，对比7日留存用户的新登日变化情况来进行分析，如图6-26所示，在7日留存用户中，等级达到2的用户有14%，而在次日留存用户中，首日等级达到2级的比例是 18%，从这点来看，7 日留存用户的质量的确是高于次日留存用户。围绕游戏本身设计的要素（如每日游戏时长），可以判断用户的首日游戏体验是否达到了预期的效果。所以，这里可以去结合用户的游戏时长进行判断。

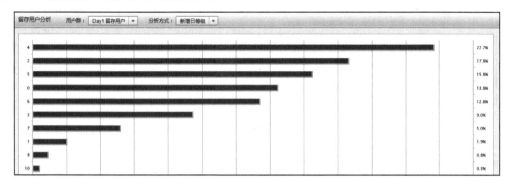

图 6-25　次日留存用户分析

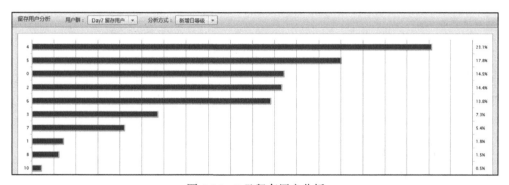

图 6-26　7 日留存用户分析

另一个分析是基于留存用户的游戏市场来进行判断，作为一个游戏设计者，肯定会判断自己的游戏是硬核还是中核，或者休闲，不同的情况对应的游戏时长是不同的，如图 6-27 所示，结合新增用户等级的变化情况来容易看到，用户的游戏时长中有 30% 的人在 0 ～ 10 秒就离开了，针对这点可以反映几个潜在的问题，例如网络不稳定、加载问题、渠道的虚假用户等问题。针对这款游戏 10 ～ 30 分钟用户的数量占比相对不高，因此对于那些首次接触该题材的用户来说，新手引导存在一定的问题，用户在最开始的成长中遭遇了一些问题（如初期的赠送奖励不足以让用户继续体验接下来的游戏内容）。

不过值得肯定的一点是，在这款游戏中，可以看到基本上是一个正态分布，相对合理。而在某些游戏中，如果服务器不稳定或者网络没有解决，那么此时用户的游戏时长曲线就会变成一个偏态分布，如图 6-28 所示。

对于这种情况，肯定是存在较大问题的，游戏核心机制没有有效地吸引住用户，因此就需要去做比较深入地分析和改进。

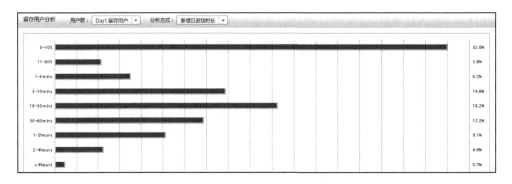

图 6-27　次日留存用户的游戏时长分析

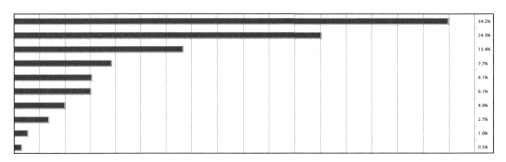

图 6-28　游戏时长分析

6.2.3　留存率分析操作

1. 留存率计算过程

表 6-1 是某款游戏内测时的数据，首日登录 5524 人（即 11 月 21 日新增用户），由此可以追踪这些人在随后的每天中有多少还活跃，例如这 5524 人中，在 12 月 4 日登录的用户为 1609 人，就是 13 日留存率为 1609/5524 = 29.13%。

表 6-1　游戏内测留存数据

日　　期	留存人数	留　存　率	日　　期	留存人数	留　存　率
11 月 21 日	5 524	100%	11 月 28 日	2 394	43.34%
11 月 22 日	4 129	74.75%	11 月 29 日	2 450	44.35%
11 月 23 日	3 752	67.92%	11 月 30 日	2 249	40.71%
11 月 24 日	3 250	58.83%	12 月 1 日	1 866	33.78%
11 月 25 日	3 029	54.83%	12 月 2 日	1 767	31.99%
11 月 26 日	2 820	51.05%	12 月 3 日	1 752	31.72%
11 月 27 日	2 687	48.64%	12 月 4 日	1 609	29.13%

如图 6-29 所示，不难发现，这 14 天里每日的留存人数是衰减的；11 月 29 日受到周末

效果的影响，出现一个小反弹，这一点也说明了，尽管从总体趋势上，留存人数是随着天数增加变得越来越低，但是这不意味着最近一天的留存人数就一定比前几天的留存人数低很多。当到达一定阶段，留存人数也会逐渐稳定。这一点我们在 6.1.2 节中有过类似的讨论。

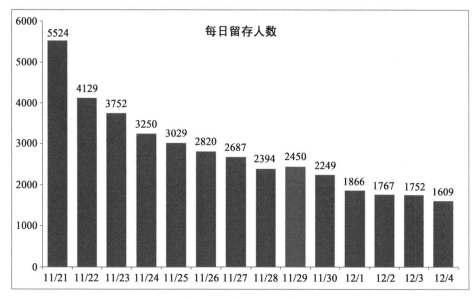

图 6-29　每日留存人数

采用同样的方法，可以追踪第 2 天的新用户（共 1350 个）和这些新用户在随后每天的留存人数，也就是说每一天的新用户都存在一个如上述的留存人数和留存率的表格需要维护。

在 6.2.2 节中，谈到了留存率实际上是决定 DAU 规模的重要因素，因为留存用户是最终构成 DAU 的全部，当获取的新用户的留存率衰减度越低，其留下并最终转化为 DAU 的用户就越多，见表 6-2，计算了两天新用户留存率及其衰减度。

表 6-2　新用户留存率即衰减情况

	day1	day2	day3	day4	day5	day6	day7	day8	day9	day10	day11	day12	day13
11-21	100%	74.7%	67.9%	58.80%	54.80%	51.00%	48.60%	43.30%	44.40%	40.7%	33.80%	32.00%	31.70%
11-22	100%	61.9%	46.8%	43.30%	39.60%	37.60%	34.70%	38.40%	36.00%	27.7%	24.70%	24.40%	21.90%
11-21 衰减度		-25.3%	-9.1%	-13.4%	-6.80%	-6.93%	-4.70%	-10.9%	2.540%	-8.3%	-16.9%	-5.32%	-0.93%
11-22 衰减度		-38.1%	-24%	-7.47%	-8.54%	-5.05%	-7.71%	10.66%	-6.25%	-23%	-10.8%	-1.21%	-10.2%

注意，衰减度算法为：（N+1 日留存率 /N 日留存率）−1。

根据衰减度算法，通过绘制折线图，得到了如图 6-30 所示的情况。当留存率的衰减很小时，曲线趋于平缓，并接近 0%，但一般都是小于 0% 的衰减。如果大于 0%，就意味着产品的留存用户在增加，并未随着时间拉长而有更多用户放弃，例如 11 月 22 日的新用户，其 day8 和 day9 的留存率是高于 day7 的。此外，一般而言次日留存率最高，但是基本会维持在一个平均水平，如一般在 40% 左右，而剩下流失的 60% 的用户，多数都属于非产品的用户，这其中有一部分是属于刚性流失，有一部分是属于产品自身技术问题导致了流失。

当留存率一直保持较高的水平时，意味着流失掉的用户比较少，进而 DAU 的规模会逐步增长。所以，判断产品质量，通过计算留存率的衰减度，会从另一个侧面来挖掘留存率的价值。

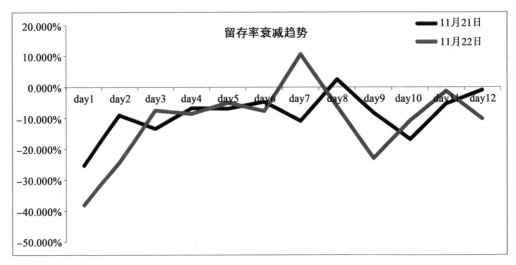

图 6-30　留存衰减趋势

留存率指标，作为一种转化率机制，留存率是研究固定群体的转化情况。换句话说，是希望看到这个群体自然的变化情况，由于存在统计上时间滞后性，往往不小心就会带来错误。例如，11 月 21 日的次日留存率在 11 月 22 日统计出来，3 日留存率在 11 月 24 日统计出来，7 日留存在 11 月 28 日统计出来，但使用者会出现一些错误，见表 6-3。11 月 22 日统计的是 11 月 21 日的次日留存率，但会错误地认为是 11 月 22 日的次日留存率（因为统计的用户群是 21 日的，次日留存用户则是在 22 日有登录行为的，但这是代表 21 日的次日留存行为，实际通过系统计算数据，要在 23 日才会将该数据计算出来）。出现这个问题的原因就是统计日展现的数据不是统计日的，这点很多人在使用一些系统时都会出现这样的问题。这是需要注意的方面。

表 6-3　两日新用户留存表现

日期	11 月 21 日留存人数	11 月 22 日留存人数	日期	11 月 21 日留存人数	11 月 22 日留存人数
11 月 21 日	5 524		11 月 28 日	2 394	469
11 月 22 日	4 129	1 350	11 月 29 日	2 450	519
11 月 23 日	3 752	836	11 月 30 日	2 249	486
11 月 24 日	3 250	632	12 月 1 日	1 866	374
11 月 25 日	3 029	585	12 月 2 日	1 767	333
11 月 26 日	2 820	534	12 月 3 日	1 752	329
11 月 27 日	2 687	508	12 月 4 日	1 609	295

需要注意的是，通过留存人数并不反映留存水平差异，因为 21 日和 22 日的新用户量相差较多。不过以上表格在留存率的计算过程中，是非常重要的。该游戏连续追踪了 14 天的新用户和每日的留存人数，见表 6-4。

表 6-4　14 日留存人数

	11-21留存	11-22留存	11-23留存	11-24留存	11-25留存	11-26留存	11-27留存	11-28留存	11-29留存	11-30留存	12-1留存	12-2留存	12-3留存	12-4留存
11-21	5 524													
11-22	4 129	1 350												
11-23	3 752	836	634											
11-24	3 250	632	329	416										
11-25	3 029	585	280	257	313									
11-26	2 820	534	255	213	176	249								
11-27	2 687	508	247	190	132	149	186							
11-28	2 394	469	206	156	96	111	100	157						
11-29	2 450	519	235	163	98	105	92	104	256					
11-30	2 249	486	217	136	80	95	82	73	148	194				
12-1	1 866	374	168	113	72	84	73	61	112	101	114			
12-2	1 767	333	168	101	62	71	62	54	95	84	62	73		
12-3	1 752	329	164	108	68	60	57	46	90	76	54	41	69	
12-4	1 609	295	134	94	47	52	54	45	81	75	42	26	37	75

不过这种表格不方便阅读，经过在使用中调整排版格式，等腰三角形的形式已被大家普遍接受，在表 6-5 的基础上，最后计算出如表 6-6 所示的留存率。

表 6-5　14 日留存人数等腰三角表示法

	day1	day2	day3	day4	day5	day6	day7	day8	day9	day10	day11	day12	day13	day14
11-21	5 524	4 129	3 752	3 250	3 029	2 820	2 687	2 394	2 450	2 249	1 866	1 767	1 752	1 609
11-22	1 350	836	632	585	534	508	469	519	486	374	333	329	295	
11-23	634	329	280	255	247	206	235	217	168	168	164	134		
11-24	416	257	213	190	156	163	136	113	101	108	94			
11-25	313	176	132	96	98	80	72	62	68	47				
11-26	249	149	111	105	95	84	71	60	52					
11-27	186	100	92	82	73	62	57	54						
11-28	157	104	73	61	54	46	45							
11-29	256	148	112	95	90	81								
11-30	194	101	84	76	75									
12-1	114	62	54	42										

（续）

	day1	day2	day3	day4	day5	day6	day7	day8	day9	day10	day11	day12	day13	day14
12-2	73	41	26											
12-3	69	37												
12-4	75													

最终，根据留存人数表，计算出留存率的数据，见表 6-6，显示的是 11 月 21 日到 12 月 4 日期间每日新增用户在随后时间的留存率表现。

表 6-6　14 日留存率计算

	day1	day2	day3	day4	day5	day6	day7	day8	day9	day10	day11	day12	day13	day14
11-21	100.0%	74.7%	67.9%	58.8%	54.8%	51.0%	48.6%	43.3%	44.4%	40.7%	33.8%	32.0%	31.7%	29.1%
11-22	100.0%	61.9%	46.8%	43.3%	39.6%	37.6%	34.7%	38.4%	36.0%	27.7%	24.7%	24.4%	21.9%	
11-23	100.0%	51.9%	44.2%	40.2%	39.0%	32.5%	37.1%	34.2%	26.5%	26.5%	25.9%	21.1%		
11-24	100.0%	61.8%	51.2%	45.7%	37.5%	39.2%	32.7%	27.2%	24.3%	26.0%	22.6%			
11-25	100.0%	56.2%	42.2%	30.7%	31.3%	25.6%	23.0%	19.8%	21.7%	15.0%				
11-26	100.0%	59.8%	44.6%	42.2%	38.2%	33.7%	28.5%	24.1%	20.9%					
11-27	100.0%	53.8%	49.5%	44.1%	39.2%	33.3%	30.6%	29.0%						
11-28	100.0%	66.2%	46.5%	38.9%	34.4%	29.3%	28.7%							
11-29	100.0%	57.8%	43.8%	37.1%	35.2%	31.6%								
11-30	100.0%	52.1%	43.3%	39.2%	38.7%									
12-1	100.0%	54.4%	47.4%	36.8%										
12-2	100.0%	56.2%	35.6%											
12-3	100.0%	53.6%												
12-4	100.0%													

以上的留存率表格，也称为留存矩阵。在 TalkingData Game Analytics 中，已有类似功能出现，如图 6-31 所示。在该留存矩阵基础上，可以通过筛选渠道，定义留存条件等多维度钻取，进而得到基于业务需要的留存矩阵。例如，对于来自渠道 A，且进入游戏完成新手引导的用户，计算出来的留存率最终构建一个留存率矩阵。

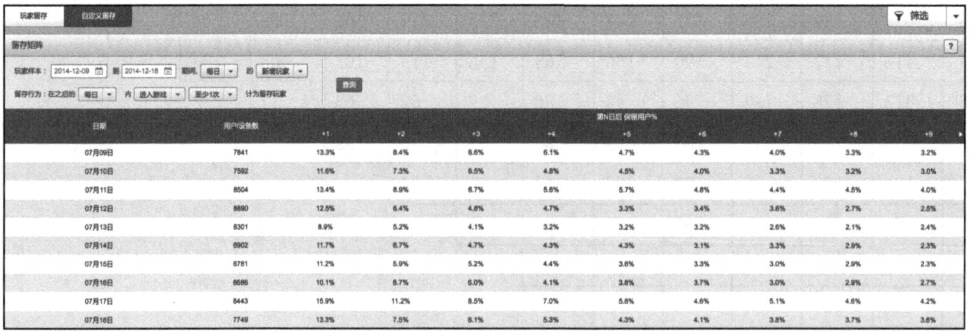

图 6-31　留存矩阵

不过，表 6-5 的留存人数和百分比也不方便阅读和应用，很多情况下游戏开发者只是想了解一般玩家的流失速度，而不是要无数个次日留存、三日留存和七日留存数据。所以，一般采用平均值法来计算留存率，即把得到的每天新用户的次日留存率、三日留存率和七日留存率做平均值，作为平均的水平进行衡量。

如表 6-7 所示，把 8 个 7 日留存做算术平均，得到 33.0%，即可以计算目前的 7 日留存率水平，这是目前业界普遍接受的平均留存率计算方式。

表 6-7　平均 7 日留存率计算法一

	day1	day2	day3	day4	day5	day6	day7	day8	day9	day10	day11	day12	day13	day14
11-21	100.0%	74.7%	67.9%	58.8%	54.8%	51.0%	48.6%	43.3%	44.4%	40.7%	33.8%	32.0%	31.7%	29.1%
11-22	100.0%	61.9%	46.8%	43.3%	39.6%	37.6%	34.7%	38.4%	36.0%	27.7%	24.7%	24.4%	21.9%	
11-23	100.0%	51.9%	44.2%	40.2%	39.0%	32.5%	37.1%	34.2%	26.5%	26.5%	25.9%	21.1%		
11-24	100.0%	61.8%	51.2%	45.7%	37.5%	39.2%	32.7%	27.2%	24.3%	26.0%	22.6%			
11-25	100.0%	56.2%	42.2%	30.7%	31.3%	25.6%	23.0%	19.8%	21.7%	15.0%				
11-26	100.0%	59.8%	44.6%	42.2%	38.2%	33.7%	28.5%	24.1%	20.9%					
11-27	100.0%	53.8%	49.5%	44.1%	39.2%	33.3%	30.6%	29.0%						
11-28	100.0%	66.2%	46.5%	38.9%	34.4%	29.3%	28.7%							

而在如 TalkingData Game Analytics 等产品中，对于平均的留存率也是采用此中计算方法，如图 6-32 所示。

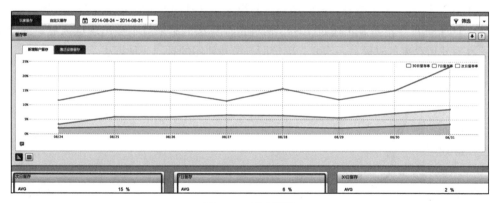

图 6-32　留存矩阵

不过也有另一种计算方式，即若计算一段时间内的用户留存率，应该先对所有新用户求和，然后再将所有 N 日留存人数求和，最后把两者相除才是留存率。如表 6-8 所示，7 天留存人数总和 3772，除以 7 天总样本量 8829，得到 42.7%。

表 6-8　平均 7 日留存率计算法 2

	day1	day2	day3	day4	day5	day6	day7	day8	day9	day10	day11	day12	day13	day14
11-21	5 524	4 129	3 752	3 250	3 029	2 820	2 687	2 394	2 450	2 249	1 866	1 767	1 752	1 609

（续）

	day1	day2	day3	day4	day5	day6	day7	day8	day9	day10	day11	day12	day13	day14
11-22	1 350	836	632	585	534	508	469	519	486	374	333	329	295	
11-23	634	329	280	255	247	206	235	217	168	168	164	134		
11-24	416	257	213	190	156	163	136	113	101	108	94			
11-25	313	176	132	96	98	80	72	62	68	47				
11-26	249	149	111	105	95	84	71	60	52					
11-27	186	100	92	82	73	62	57	54						
11-28	157	104	73	61	54	46	45							

按照简单算术平均值的计算方法，得到的结果见表 6-9。

表 6-9　平均 7 日留存率计算法一的结果

	day1	day2	day3	day4	day5	day6	day7	day8	day9	day10	day11	day12	day13	day14
1	100.0%	58.5%	46.9%	41.5%	38.8%	34.9%	33.0%	30.9%	29.0%	27.2%	26.7%	25.8%	26.8%	29.1%

按照先求和后相除得到留存率的方法，结果见表 6-10。

表 6-10　平均 7 日留存率计算法二的结果

	day1	day2	day3	day4	day5	day6	day7	day8	day9	day10	day11	day12	day13	day14
2	100.0%	67.8%	58.7%	51.5%	48.0%	44.6%	42.7%	39.4%	39.2%	35.8%	31.0%	29.7%	29.8%	29.1%

如图 6-33 所示，对比两种算法的结果差异很大，这种差异的主要原因是每日导入量级差异太大，如果每日导量差异不超过 10%，两种留存算法的结果就不会出现这么显著的差异。所以，在对比留存率的时候，一定要先确定所有游戏使用的是同一种算法。

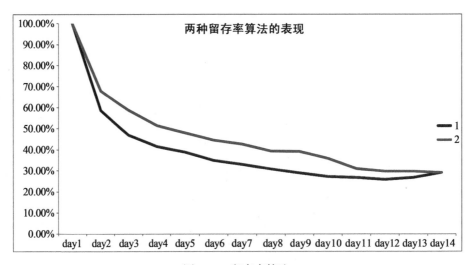

图 6-33　留存率算法

在解读留存率表的时候，还会发现某些天的留存比例比其他的都低，如表 6-11 中的 11 月 25 日导入的新用户，几乎可以断定这一天的新用户质量不如其他天。

表 6-11 11 月 25 日留存率异常情况

	day1	day2	day3	day4	day5	day6	day7	day8	day9	day10	day11	day12	day13	day14
11-21	100.0%	74.7%	67.9%	58.8%	54.8%	51.0%	48.6%	43.3%	44.4%	40.7%	33.8%	32.0%	31.7%	29.1%
11-22	100.0%	61.9%	46.8%	43.3%	39.6%	37.6%	34.7%	38.4%	36.0%	27.7%	24.7%	24.4%	21.9%	
11-23	100.0%	51.9%	44.2%	40.2%	39.0%	32.5%	37.1%	34.2%	26.5%	26.5%	25.9%	21.1%		
11-24	100.0%	61.8%	51.2%	45.7%	37.5%	39.2%	32.7%	27.2%	24.3%	26.0%	22.6%			
11-25	100.0%	56.2%	42.2%	30.7%	31.3%	25.6%	23.0%	19.8%	21.7%	15.0%				
11-26	100.0%	59.8%	44.6%	42.2%	38.2%	33.7%	28.5%	24.1%	20.9%					
11-27	100.0%	53.8%	49.5%	44.1%	39.2%	33.3%	30.6%	29.0%						

实际上，这样的结论是没有多少应用价值的，进一步挖掘会发现 11 月 25 日这批新用户来自 8 个渠道，见表 6-12。

表 6-12 11 月 25 日各渠道用户留存率表现

	day1	day7	7 日留存率
11 月 25 日新用户	313	72	23.00%
渠道 A 新用户	103	35.00	33.98%
渠道 B 新用户	87	6.00	6.90%
渠道 C 新用户	46	8.00	17.39%
其他渠道	77	23.00	29.87%

渠道 B 的新用户和渠道 C 的用户留存远低于平均水平，于是可以确定，B 渠道的用户不适合做推广。分析其原因，可能是这个渠道的用户不喜欢这款游戏，也可能是这个渠道有作弊嫌疑，那么在未来的推广中，就该酌情对 B 渠道逐渐削减预算。

这个"酌情"主要是考虑门户类网站的因素：不少玩家是在诸如新浪、腾讯类的网站看到游戏广告，之后通过百度搜索才找到官网，结果被划入百度渠道的用户，注意此处所列举的案例是一款 PC 的大型客户端游戏。

不过，如果贸然削减预算，带动的震荡远比数字层面看到的要大。

在比较渠道留存优劣的时候，还要考量流量的因素，举一个实际中遇到的例子，如下。

❏ 渠道 A：导入 1000 用户，七日留存率 40%。

❏ 渠道 B：导入 10000 用户，七日留存率 30%。

那么哪个渠道好一点呢?

纯粹从数字层面看，A 渠道会好点；不过在实际操作中，真的把 A 渠道做到 10000 的新增量时，留存率往往达不到 B 渠道的水平，所以说抛开流量谈留存是毫无根据的。站在公司层面，推出一款新游戏之前，也使用留存率作为考核的指标，这是比较明智的。不仅仅是游戏公司，现在连发行商、渠道都要通过该指标考核游戏。如果某游戏内测期间，监控到的留存率水平过低（七日留存 8%），极有可能要重新优化改造，可以及时止损，避免继续投入。

在使用留存计算的时候，往往是端游 > 手游 >App，游戏行业内普遍认同的健康水平是，次日留存 40%、周留存 20%、月留存 10%。当然，不同游戏类型的表现也不尽相同，可根据自己游戏类型参考例如 TalkingData 等数据机构发布的行业数据，对比自己产品。

2. 留存率分析案例

（1）事件描述

如图 6-34 所示，统计发现某三日的次日留存率较之前和之后下降了 50%，但是在 DAU 整体趋势上没有显示的变化。

+1日	+2日	+3日	+4日	+5日	+6日	+7日	+8日	+9日
21.1%	15.1%	12.7%	11.0%	10.3%	9.4%	9.0%	8.0%	7.3%
16.4%	11.2%	9.6%	8.6%	7.8%	7.1%	7.0%	6.2%	
19.5%	14.0%	12.4%	10.9%	9.8%	9.5%	8.8%		
29.7%	22.9%	18.6%	16.8%	16.0%	14.0%			
30.2%	22.0%	18.9%	16.9%	14.8%				
29.1%	20.5%	17.1%	14.9%					
30.7%	20.1%	17.3%						
27.9%	19.2%							

图 6-34　留存率下滑

如图 6-35 所示，相同时间段的 DAU 没有明显的波动，保持稳定的水平。当游戏推广时，DAU 会出现极高的增长，但留存率会非常低，因为很多用户并不是游戏的目标群体，比如积分墙的推广手段，就会带来大量的垃圾用户。了解 DAU 的表现后，接下来需要了解 DAU 中的新用户，以及影响新用户的安装量（比如安装是否成功）是否有变化，逐步确定影响因素。

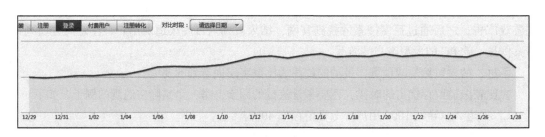

图 6-35　DAU 的趋势表现

由于留存率的变化与用户的安装量和注册新增量有直接的关系，此处我们先确定留存率分母的相关影响因素。通过查看安装量，发现安装量没有明显的波动，安装量到新用户这一步转化，会流失很多用户，因为很多的机型、网络或者操作系统的问题，很多用户启动时就会崩溃，进而无法激活。在图 6-36 中，安装量并没有出现增长。

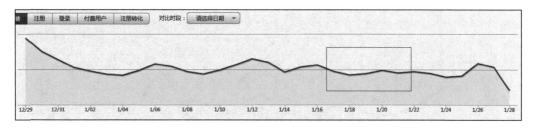

图 6-36　安装量的趋势表现

这一部分也可以通过运营和推广事件来了解目前游戏是否有大型推广，进而影响了留存率的表现。接下来，如图 6-37 所示，用户的注册量（新用户）骤然增加。安装量并没有出现增长，但是注册新用户却增加明显，一种情况就是优化了注册环节，转化了更多的新用户，另一种情况就是原本的活跃用户受到了运营的影响，注册了很多新的账号，因为留存率的计算大多数是以一个用户注册为准的，当然也有以设备为统计单位的。

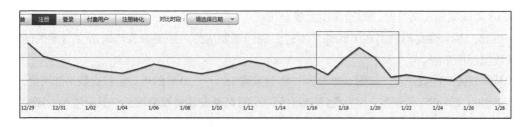

图 6-37　注册用户量变化趋势

（2）原因分析

基于以上的数据表现，初步断定是两种情况，如下。

1）新开服务器。

2）老玩家刷号。

针对第 1 种情况，分析注册和安装的趋势，如图 6-38 所示。

由游戏官网得到了游戏开服的时间表，了解到除了 1 月 6 日的波峰是由于游戏做了软文投放，刺激了游戏用户增长外，其他的红圆圈（除了 1 月 16 日）均是在周末开新服务器刺激新用户增长的，工作日所开的新服务器并没有出现波峰，例如 1 月 3 日、1 月 7 日、1 月 9 日等。该游戏在 1 月 18 日开设新服，根据刚才的经验，1 月 18 日不会出现较大的波峰，但是从 1 月 18 日～20 日会出现一个较大的波峰。这样就排除了工作日新开服务器造成的影响。

那么也就是剩下第 2 种情况，即老玩家存在刷号的可能性。接下来，需要做两方面的工作。

❑ 细分数据，如注册活跃占比、注册安装转化率、玩家单日游戏次数、留存趋势表现数据。

❑ 继续查找数据有问题期间的运营活动情况，便于问题定位。

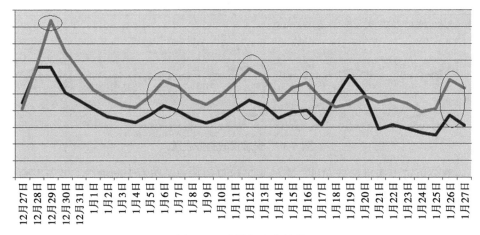

图 6-38 注册与安装趋势

经分析在游戏论坛发现了一个活动：新服务器开放后，新建帮派在开服务器后前 3 日，召集 10 名玩家加入其帮派，即送帮主大量金币。

由此，基本确定问题出在了此处。不过，我们还要从另一层面来看当时所在时期的问题，即从数据层面来看。

从单日游戏次数来看，如图 6-39 所示，明显发现 18 日～20 日的单日游戏次数增加明显，这是小号增加，刷号的一个征兆，因为我们已经看到这个时期的安装量没有增长，只是注册大幅增长。

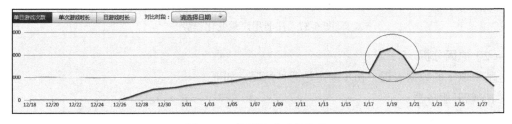

图 6-39 单日游戏时长趋势

从单次游戏时长来看，单日游戏时长一直保持得相对平滑和稳定，但是在 18 日～20 日三日，出现了明显的波动，即用户单次游戏时长不高，即存在大量低级账号，如图 6-39 所示。

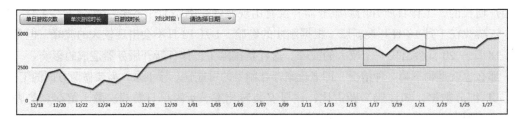

图 6-40 单次游戏时长趋势

从留存趋势表现来看，留存率能够帮助我们快速定位问题，例如，

❑ 是否是某一个新登用户质量的问题。

❑ 某一日或几日外部事件导致的留存变化。

如果是用户质量问题，该批次用户的新登次日、二日、三日等留存率都会偏低。如果是外部事件问题，不同批次新登用户在某一统计日的留存率会表现得都很低。

先看第 1 种情况，了解次日留存率的前后变化，如图 6-41 所示。

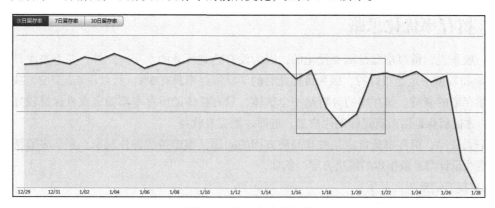

图 6-41　次日留存率趋势

很明显地发现，次日留存率只是在 18 日～ 20 日三天下滑得很明显，三天之后次日留存率恢复正常水平。接下来，我们再看 18 日～ 20 日的留存趋势与 21 日之后的留存趋势表现，如图 6-42 所示。

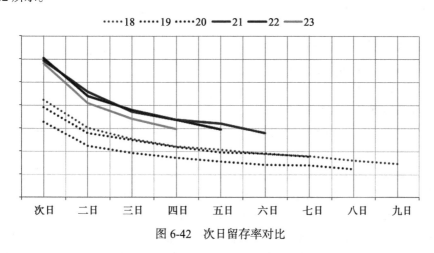

图 6-42　次日留存率对比

我们可以明显地发现，18 日～ 20 日的留存曲线趋势整体上是低于之后的 21 日～ 23 日留存曲线的趋势表现，即 18 日～ 20 日的新增用户质量不高，因为大部分是老用户刷新号登录造成数据增长，这样的用户活跃度是有限的。

换句话说，这是运营活动设计有问题，间接地影响了各项数据的表现。

至于第 2 种情况，本书不做进一步说明。

归结起来，留存率的分析绝对不是孤立的，也不是看看就可以了，驾驭留存率分析，能够帮助我们解决很多运营的问题。例如，我们可以分析是因为运营活动设置导致数据的下滑，还是因为外部事件的干扰造成了数据的下滑。单一的留存率指标意义不大，但是综合利用其他指标组合定位、分析问题，就显示出它的作用。

6.3 留存率优化思路

一般来说，留存率低是需要优化的，因为没有达到行业的水平。此外，并不是次日留存率达到 40% 就一定是很好的，因为可能此时的 7 日留存率只有 5%，所以在 6.2 节中，我们谈到了留存率的衰减。留存率的分析是一个整体，只有整体的留存率都稳定或者保持较好的水平时，才能够保证游戏有足够的用户量，进而才能提升收益。

毫无疑问，留存率低肯定是游戏品质方面的问题，很难持续黏住玩家，那么多数情况下改善游戏设计都是最根本的解决方案，例如，

- ❏ 提升游戏界面品质。
- ❏ 调节数值平衡。
- ❏ 优化新手体验。
- ❏ 强化用户个性化体验。

在实际操作中，深层次的提升游戏的可玩性，不仅受限于开发人员的能力，还需要长久的开发周期，一些简单的设定往往能够简单、直接、有效地提升留存率，例如，

- ❏ 加入每日登录奖励。
- ❏ 短信提醒未登陆回访的用户。
- ❏ 退出界面中加入提醒，提示明日来登录会得到哪些奖励。
- ❏ 移动游戏很好地利用消息推送。

注意：渠道运营也有不同的策略。

持续地推广对用户回流有很大的帮助，因为可以确信"能把用户导入第一次，就一定能把他导入第二次"。

筛选优质渠道，偏重这些渠道来导入新的用户，会使整体留存率靠近优质渠道的水平。如果新增用户的留存率低到必须止损的警戒线，那么就必须停止向这款失败的游戏中导入新用户，同时工作重心转向从当前活跃用户身上挖掘价值。

移动设备的屏幕再大，也很难像 PC 那样在一个屏幕内同时进行多个会话，移动屏幕限定了用户在一个时刻就只能开启一个会话模式，很难做到边玩游戏、边看视频。这也就意味着，用户注意力可以非常集中，但是却又非常容易被打断。

不同于 PC 产品的是，移动的 3A 属性使得我们更加容易触达用户。用户触达则是获取客户的关键，目前手段主要有 3 种。

❑ 消息推送。

❑ 广告展示。

❑ 应用商店。

广告展示是用户被动地接受推广信息。对于新用户而言是不断施加影响进而转化。而对于老用户，即那些已经安装了某个游戏，但是最近没有活跃的群体，则是重新唤回用户，重新打开游戏。对于目前的游戏市场推广而言，更多的是不断地获取新用户。对于老用户，尤其是没有卸载、活跃频次低的用户，没有做更多的工作，当产品进入一个平稳发展期后，这样的问题就会愈加突出。随着移动广告行业进入程序化购买，DMP 的角色在整个广告投放环节中扮演更重要的角色后，基于数据的精准的用户营销，则会解决在广告获取用户方式中对老用户的营销问题。

目前，应用商店是最主要的用户获取产品的途径，用户主动接受商店的推广信息，无论是新用户还是老用户，此时内在驱动力非常强，因为使用了应用商店的目的就是寻找适合自己的产品。在这种方式下，可以认为大量的用户流量是聚集在应用商店中，但驱动转化的动力更加强劲。

此外，在 Android 渠道，如果脱离了应用商店（例如手机助手的辅助），很多时候用户的游戏下载都是退到了后台执行。然而在游戏下载完毕后，安装包并不会主动安装并提示用户打开下载文件（在 iOS 平台，其选择、下载和安装是一气呵成的，并不需要用户的再次操作），那么就造成了转化率较低的问题。

消息推送是有效的方式之一，用户并未受到更多的干扰（用户不必退出当前的会话），对于老用户的营销来说，这是最佳的方式。基于对大量老用户的数据分析，发现问题，并随时提供不同用户群的消息推送方案，对不同用户执行不同的运营策略，并通过推送到达用户，可以进行更加准确的衡量。数据分析是一个闭环过程，在完成了对用户的数据分析后，基于特征和问题，会做出不同的行动方案。然而，如何执行方案并达到目标群体，一直以来都是困扰数据分析人员的最大问题，因为很难有通道是可以触达用户的，而推送则是时下最有效的解决方式。

当然，对这种推送方式也存在一些误区。例如，推送形式一成不变、不区分用户和时间的推送、大量密集发送给用户等。本书不是一本讨论运营技术的书籍，所以此处不做详细阐述。

6.4 留存率扩展讨论

留存率只是整体留存分析的很少一部分，真正挖掘留存的价值还要做很多工作，留存分析也不只是新用户的专利。留存率分析方法有很多，这取决于分析的维度和角度，也许有时候可以尝试做一个显著性分析，查看两个服务器的一段时间的留存变化是否显著；也许可以针对同时间的两个服务器的用户做分析，或者是不同渠道或市场的用户分析。总的来说，只要明确和了解留存率思想要解决的核心问题，那么即使有再多的方向，也会很快就清晰地确立分析方向。下面，讲一下付费留存概念。

1. 付费留存概念

付费留存概念是不难理解的，实际上是判断用户随后的付费留存率是多少。但它与付费用户的生命周期是存在关系的。

留存问题的分析不是停留在表面问题的解析上，对每一个发生状态转移的用户群体都可以做类似的留存模型分析，例如付费用户的留存分析，还有在发现付费用户累计付费达到了某一个额度后用户的留存表现，这都是对固定用户群的留存解析。留存问题不是停留在表层的计算，实际上是一种分析思想的呈现。例如跨过新手引导阶段（或者达到某个等级）的用户留存表现，本质上是对用户群体的划分，并对该用户群进行参与度分析的方法，这种方法也决定了留存的计算模式。

2. 付费用户留存模型

在有了付费留存后，接下来将重点分析用户付费留存质量。按照每天来计算，会发现今天的付费用户由两部分人构成，一部分是新增付费用户，另外一部分是之前的活跃付费用户，但是活跃付费用户是由之前不同时间点的新增付费用户在某一个统计日期，又再次发生付费行为的人群构成。从这个角度就可以计算出每天的付费用户贡献度，一个典型的问题就是，在今天100个付费用户中，20个是本日新增，80个是老付费用户，这些付费用户中近7天付费的有40个，剩下40个是7天之前有过付费的，且在今天有付费行为。在这个简单的逻辑中，我们看到今天的付费用户有40%来自于7天之前，且能计算出来40%用户的贡献收入。

这种做法的好处是把很多之前的问题绑定到一起来对待。一个典型的场景就是，在最初考察一个阶段新用户的＋1或者＋3留存率的同时，可以对几日留存用户的付费进行留存跟踪，这个过程很复杂，但是最后可以很快衡量用户质量。

回头继续刚才的计算，会发现一些显著的特点。例如，一般而言，在付费用户群中，开始新增比例会很大，而老付费用户比例很低，随着时间的推移，这个老付费用户比例会逐渐变大，从10%不断变大，到了一个阶段后不在变化，之后可能是下滑，也可能是提升，这是一个形象的付费用户生命周期的直接立体展现。

3. 留存作弊

在面对无数渠道导入的用户时，总会发现一些渠道在作弊。

考量留存，就是因为原先"仅考核到达量做结算导致很多渠道注册存在很多假账号，登录一次游戏后就骗结算"的渠道太多，而众多游戏厂商考量留存之后，作弊的渠道还会让假账号在次日、三日、七日都登录一次，之后又有厂商加入了在线必须满足××分钟的设定，于是高级作弊渠道又采取挂机的方式，这就陷入了"道高一尺魔高一丈"的博弈循环。所以，在任何情况下对于数据指标的解读使用都不是绝对的。

第 7 章 | *Chapter 7*

收入分析

基本上所有的游戏都需要盈利，总结起来大概有两种模式。

❑ P2P（Pay to Play）：用户需要付费才能进行游戏。

❑ F2P（Free to Play）：用户可以直接免费体验游戏。

P2P 模式，即付费购买游戏，这里主要有两种模式，第一种是需要直接付费购买软件或者光盘，才能体验游戏。例如在苹果的应用商店中看到很多游戏是要付费下载的，此模式是直接在线完成的，还有 Xbox 平台的游戏，是需要付费购买游戏光盘才能进行游戏的，此模式是线下完成的，不过近来也可以登录在线商店完成购买。第二种则是类似于《魔兽世界》《梦幻西游》，用户可以免费下载游戏，但是以游戏时间作为游戏收费的条件，即用户从打开游戏开始，通过游戏计时收费作为主要的盈利模式，这种模式对每个人是公平的，用户通过投入的时间和个人的能力，不断在游戏中成长并达成目标。

F2P 模式，即免费游戏，提供免费的游戏下载和体验，用户可以选择在整个的游戏生命周期中都不花钱，不再强制用户为游戏付费，取而代之的是要换取更多的用户体验游戏。在该模式中，通过设计付费点（IAP Model），在端游市场更愿意称作道具（Item），进一步刺激用户的消费需求和能力，不断挖掘用户的价值。当然，在免费模式中，有一些游戏（特别是休闲游戏）拥有海量的用户，这类游戏是通过海量的用户来赢得广告订单，通过展示广告而产生收益，而这部分收益不是直接从用户身上得到的，是通过广告转化而得到的。

免费模式的游戏，是目前最为广泛的模式，用户将在游戏中投入更多的时间和精力，这种模式的核心就是要获得足够的用户，当存在稳定且庞大的用户量后，经过对于游戏投入成本的引导和游戏内容的刺激，部分用户开始选择通过以付费购买道具或者服务的方式，以更低的代价，在游戏中实现跨越式的进步。这种模式拉开了免费游戏中付费用户与免费用户的差距，也就是存在了不平等性，在不断升级的矛盾中，利用时间和金钱的投入，不断地提升自己。

本章关键词是收入，就收入分析展开具体的讨论，涉及 ARPPU、ARPU、付费转化率、付费用户和 ROI 等关键词，通过对以上的指标和内容的阐述，清晰地了解收入分析框架、方法和基本准则，特别指出的是，本章讨论将以免费游戏为代表。

7.1 收入分析的两个角度

7.1.1 市场推广角度

每一笔收入都源于每一个用户历经发现游戏（广告曝光展示）、单击、下载、安装、激活、活跃和留存的过程，最终完成付费转化，带来游戏的收入。在这个过程中，每一步都将面临用户的不断流失，以及衡量效果的转化率。习惯于站在运营的角度来进行收入分析，却忘记了收入是源于潜在用户的不断转化而形成的。

所以，收入的分析从来都不是只针对付费用户的分析。关于这点一直以来都存在误区，因为所关注的焦点永远是付费的那批用户是怎样打开付费的（例如首次付费等级、付费内容），却忘记了这些付费用户也是从一个普通用户开启这段付费旅程。而站在用户获取的角度，实际上要更加关心这批用户曾经是如何转化成为付费用户的。因此，收入分析将从两个角度入手，一个是市场推广，这属于外部流量因素；另一个是产品运营，这属于内部的内容因素。

从用户获取和市场推广的角度，关心的话题如下。

1）每一个激活用户花 4 元钱，那么这个用户多久才能赚回 4 元钱？

2）一次推广活动两天总计花费 10 万元，带来 4 万用户，那么随后第几天这次推广活动赚回 10 万元？

以上两个问题，实际上就是一个简单 ROI 问题，即投入与产出之间的一个衡量，当然 ROI 必须考虑收益、时间和质量 3 个要素。第一个问题是从单个用户角度来考虑的，而第二个是对整体的一次效果分析，其实就是在前面的章节提到的 CAC 和 LTV 之间的对比。

表 7-1 是两种不同推广角度的推广方案，A 方案是按照普通投放的形式，B 方案是按照用户兴趣的精准投放形式。

表 7-1 推广数据

推广活动	推广周期	推广用户	推广成本	收回成本	七日收益	ROI 分析	次日留存率	三日留存率	七日留存率
推广 A	7 天	10 000	30 000	5 天	50 000	1.67	15%	7%	1.1%
推广 B	7 天	8 000	32 000	3 天	80 000	2.5	21%	14%	8%

下面，以统计两种推广方案所获取用户的 7 日收益为标准来分析。

对 A 方案的 ROI 计算如下。

$$ROI = （50\,000-0）/30\,000 = 1.67$$

对 B 方案的 ROI 计算如下。

$$ROI = （80\ 000–0）/32\ 000 = 2.5$$

此处的成本为 0 主要的原因是游戏销售的是成本趋近为 0 的虚拟商品，因此整个利润就是游戏实际所赚到的收入。粗略地计算后，发现了 B 方案的 ROI 已经远远好于 A 方案。下面将通过衡量 CAC 和 LTV 进行对比。

对于 A 方案，推广后第 5 天收回 30 000 元成本，且截至 7 日，收益为 50 000。

$$LTV = （50\ 000–30\ 000）/10\ 000 = 2$$
$$CAC = 30\ 000/10\ 000 = 3$$

即 LTV：CAC = 2：3

对于 B 方案，推广后第 3 天收回 32 000 元成本，且截至 7 日，收益为 80 000。

$$LTV = （80\ 000–32\ 000）/8\ 000 = 6$$
$$CAC = 32\ 000/8\ 000 = 4$$

即 LTV：CAC = 6：4

在 A 方案中，收回成本后的两天时间，每个用户的 LTV 是 2 元，而得到这样一个用户需要 3 元，而此时的 2 元是纯粹的利润，因为获取用户成本已经在前 5 天时间被均摊，但 LTV 还是低于 CAC，随着对 14 日收益或者 30 日收益的计算，LTV 则将逐渐增长，但取决于用户的留存率。

在 B 方案中，收回成本需要 3 天时间，意味着剩下 4 天时间都是纯粹的利润，经过计算，此时 LTV 为 6 元，而此时的 CAC 为 4 元，在 B 方案用 3 天时间均摊了获取用户成本的情况下，其随后的纯粹利润是 A 方案的 3 倍，且 LTV 已经大于 CAC，并且留存率也是优于 A 方案的用户投放效果。

对于收入分析，其实缺失最多的就是从 ROI 的角度来分析，一方面是受限于早期游戏的用户获取和推广方式依赖于一些线下渠道，从用户衡量角度来说很难准确地反映出来；另一方面，游戏是一个注重用户运营和产品内容的行业，因此相对来说收入分析更多反映的是运营和内容相关的，而如何去挖掘潜在目标用户是历来都在思考的问题。对于收入相关分析其实也是一样的，因此理解用户获取相关的数据和针对收入分析的辅助是必要的，对于移动游戏市场来说，大量的用户获得游戏都是依赖于线上渠道的转化，如类似 360 手机助手的第三方手机助手商店、游戏或者应用内的 Banner 广告、苹果应用商店等都是用户下载和激活游戏的主要渠道。关于 ROI 方面的阐述，在后续内容中将会继续介绍。

7.1.2　产品运营角度

关于收入分析，谈及较多的则是运营层面，本章最开始已经提到，这个层面主要聚焦在付费用户的贡献度和转化场景，并对游戏内容和付费点做进一步的分析和指导。从运营的角度进行游戏收入分析分为以下两个方面。

1）宏观收入分析：重点关注用户游戏充值付费，即如下公式探讨的内容。

$$Revenue = DAU \times ARPU = DAU \times \%P \times ARPPU = APA \times ARPPU$$

2）虚拟消费分析：重点关注用户如何消费游戏内容，包括付费点的认知和分析准则。

游戏收入的产生必须是以用户将充值到游戏中的虚拟币消耗完毕为标准，才算游戏开发者真正得到了收益。如果用户只是把人民币充值到了游戏账户，却没有做任何消费，不能算作是游戏的最终收益。所以，本章所提到的付费实际是一个包含了充值用户和虚拟消费用户的综合概念。此处延伸出一个话题，就是在用户充值和消费之间是要维持平衡，如果用户充值很多，却没有进行消费，就难以继续再次充值，也就难以形成持续性消费。这样的付费用户也只是属于一次性付费用户，直接的反映就是付费率以及收入的变化。下面，重点从运营的角度，对宏观收入分析和虚拟消费分析做进一步的阐述。本章重点是对宏观收入分析进行讨论，虚拟消费分析则会在后续章节予以重点讨论。

7.2 宏观收入分析

宏观收入分析是日常游戏数据分析工作中最为基础，也是最重要的一环，体现在各种日报、周报以及月报中，在一些专项的分析报告中，也会有体现。

如果按照每日的计算，游戏收入有以下 3 种方式。

$$Revenue = DAU \times ARPU$$
$$= DAU \times \%P \times ARPPU$$
$$= APA \times ARPPU$$

其中，

❑ Revenue，游戏收入。

❑ DAU，日活跃用户。

❑ %P，付费转化率（也称作付费渗透率）。

❑ ARPPU，平均每付费用户收益。

❑ ARPU，平均每用户收益。

❑ APA，付费用户数。

以上计算均按照每日维度，如无特别定义，宏观收入一般均指游戏充值。

基于以上的模式探索，在进行收入分析时，可以采用"杜邦分析法"帮助我们理解指标作用，并可以快速定位问题、分析问题，最终提供解决方案。如图 7-1 所示，对某个月收入的分析，通过分析对收入有直接影响的因素，不断进行指标的细分和稳定的定位，这种宏观的收入分析是平时经常使用的方式。在图 7-1 中，可以看到排除了 ARPPU 和 DAU 的影响之后，确定了是由于付费转化率影响了收入，接下来就需要针对付费转化率做进一步的探究，最终完成基于付费转化率的问题确定。

上述的内容多数是关于用户充值的分析，即用户的基本付费转化。就刚才的收入分析，实际上是可以和用户的虚拟消费结合起来进行一些分析的，即对用户的消费内容做分解，从

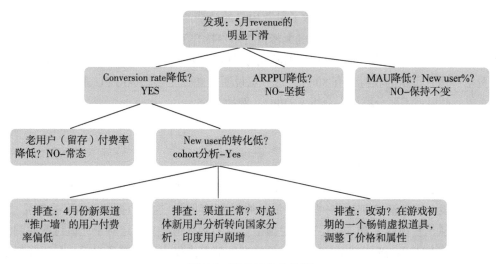

图 7-1　某月的收入分析

这个角度分析收入时关心的就是虚拟消费部分对于用户付费的拉动，因为如果用户没有足够的消费动力，就不会持续性的在游戏中充值。如图 7-2 所示，在充值与消费问题上，可以看成是天平两端，当用户产生更多消费需求时，才会选择向游戏充值。

　　这一点在农场经营或策略类游戏中是非常明显的，因为用户需要购买时间来加速自己的农场建设。而此时，用户在这类游戏中付出的成本则是非常直接地反馈给用户的，我们可以通过农场建设情况，判断用户的成本付出。用户的充值动力来源于已付出的成本，包括成就感，还有不断增加的时间消耗，但是现在很多时候不仅关心用户充值情况，也关心用户虚拟消费在哪些方面，但是将二者结合起来挖掘用

图 7-2　充值动力与消耗需求的天平

户的需求，寻找用户的充值动力，现在做得不是非常深入。图 7-3 所示为一种将用户分成了不同的用户群，进而了解用户的消费变化和需求，在过去习惯于通过游戏内置消费点贡献的收入或者消费量来判断哪个消费点是大多数用户的选择，这种方式实际上掩盖了很多信息。

　　图 7-3 展示的同样是对收入的分析，但是选择分析的维度是完全不同的，重点剖析了付费用户（APA）的充值贡献情况。通过充值金额排名，将 10% 的用户算作是大额付费用户（Whale 鲸鱼用户），40% 归为普通付费用户（Dolphin 海豚用户），50% 算作小额付费用户（Fish 小鱼用户）。当确定了比例后，需要关注的就是当不同群体发生变化后，对于收益有多少影响。例如监测上个月还是 10% 的大额付费用户中，有多少在本月降低了付费。与此同时，考虑的另一个因素就是 ARPPU，即付费用户的收益贡献，这个值很多时候都作为唯一的游戏收

益水平的综合参考，但免费游戏刺激了付费用户的消费能力，用户的消费能力被完全释放，即所谓游戏"贫富"差距变大，10%的大额付费用户拉升了ARPPU的表现，使得多数游戏付费用户被"平均"了。所以，经过计算的游戏每月的ARPPU为400元，而这其中有接近50%的付费用户每月贡献的收益只有80元，这一点说明不能完全依赖ARPPU来判断游戏的付费用户贡献，此时就需要分群体去分析ARPPU，例如，

- ❏ 50%的付费用户ARPPU为80元。
- ❏ 40%的付费用户ARPPU为110元。
- ❏ 10%的付费用户ARPPU为210元。

分群体地了解每个群体的真实收益贡献能力，是在精细化运营中，针对用户特点进行营销的数据手段，当考量如何定价一些付费活动的要求区间时，这些数据都是实际的参考。

此外，从消费内容来看，需要通过对虚拟道具的购买情况来确定对于充值付费的刺激作用。例如新消费点是否受欢迎，在对原来受欢迎的消费点做出定价等调整后，是否降低了消耗和收入，用户的道具消费需求是否趋于饱和，用户是否存在长期消费点。

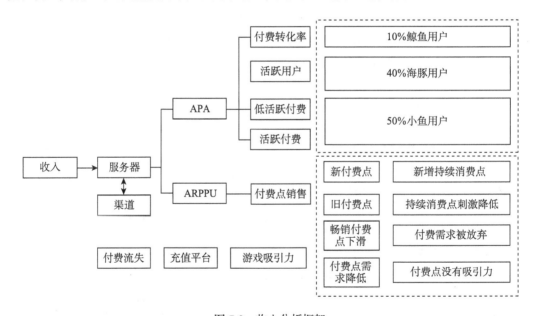

图 7-3　收入分析框架

7.3　付费转化率

付费转化率也被称为付费渗透率，是非常重要的游戏收益考核指标。在前文中提到过，要重视从运营和游戏内容层面去了解和分析这个指标，该指标实际上在新增用户获取方面也扮演着非常重要的作用。如果不是严格地区分，付费转化率和付费率是同一个概念。从狭义上说，付费转化率是关心从用户获取开始的全流程的转化过程，最终转化为一个付费用户，

而付费率则可以认为关心一个活跃用户是否转化为付费。基于 ROI 的用户获取方式中，付费转化率是从收益方面来考量推广效果的指标。图 7-4 所示为一款游戏用户转化路径大概的模式。

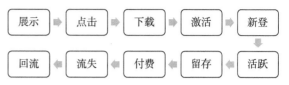

图 7-4　用户转化路径

在这个路径中，对于付费转化率更多是关心用户从新增以后的阶段开始的，实际上并没有将该指标与推广效果和 ROI 很好地衔接起来。作为一种转化率的计算，转化率的核心是在可控制的环境中做了什么，它负责描述产品发生的事情。如图 7-5 所示，其建立的转化分析都是围绕图 7-4 中从用户的获取阶段到最终玩家流失阶段的基于产品环境的数据分析。

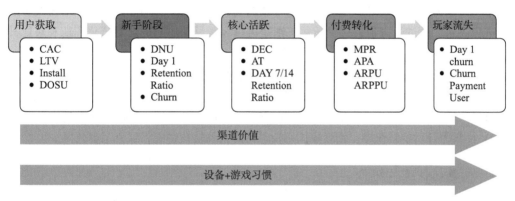

图 7-5　用户全生命周期转化分析

如果从公式角度分析就是如下的情况。

$$Revenue = DAU \times ARPU = (DNU+DOU) \times ARPPU \times P\%$$
$$DNU = Actived = install\% = download\%$$
$$DOU = Retention\ of\ DNU$$

其中，DOU 指的是除了新增用户以外的用户，但是这批用户都是以前不同时间点上的新增用户在统计日的留存用户。例如昨日新增用户的次日留存就是今日的 DOU 的一个组成部分。这样来看，无论是留存率还是付费转化率都是基于最原始的用户获取开始的。因此，一方面从付费转化率本身指标出发进行分析，另一方面要结合用户获取的效果来分析。

如果把以上的路径转变为数据指标监控的话，会有以下的数据指标（部分指标定义源于腾讯罗盘）。

❑ 曝光量：广告展示次数。

❑ 点击量：广告被用户单击的次数。

❑ 激活量：通过单击广告链接到应用商店并安装打开的用户数。

❑ 投放成本：广告主投放该广告消耗的成本。

❑ N 日转换为付费用户数：通过广告带来的新安装用户，在 N 日内有付费行为的用户数。

❑ N 日付费转化率：N 日转换为付费用户数 / 通过广告带来的新安装用户。此处可详细计算累计付费率和新增付费率。

❑ N 日收入贡献：通过广告带来的新安装用户，在 N 日内带来的收入。

❑ N 日 APRU：N 日收入贡献 / N 日转换为付费用户数。

❑ N 日回本率：N 日收入贡献 / 投入成本。

❑ N 日留存率：通过广告带来的新安装用户，在安装后的第 N 天，有活跃行为（比如登录）的独立用户数 / 安装量。

基于以上的数据指标，就可以衡量一次广告投放效果的好坏，这其中关键的要素就是付费转化率，因为这是对于推广用户的质量考核的重要标准之一，当然这些用户的付费贡献能力着重在收入方面进行分析，付费转化率则是可以客观反映用户的付费转化周期和对比其他投放推广的效果。这一点的作用就如同留存率一样。

上文指标描述中提到了，对付费转化率的分析可以追踪 3 个指标。

❑ N 日付费转化率：衡量每一天的付费转化的效果，含当日所有用户情况。

❑ N 日新增付费转化率：衡量每一天新转化的付费用户情况，明确转化周期。

❑ N 日累计付费转化率：衡量推广用户总体的付费转化情况，综合了解效果。

7.3.1　付费转化率的概念

所谓付费转化率就是在一个游戏中，付费玩家占整个活跃玩家的比例，用数学表达式就是付费玩家数 / 活跃玩家数。从宏观上来说，付费转化率代表了在玩家群体的付费意愿、消费观念和目前的游戏消费能力。在某种程度上，说明了游戏本身付费玩家转化能力、付费点、经济系统是否为玩家所接受，是游戏收益能力的一个有效指标（当然也要结合 APA、ARPU 来看）。玩家的付费意愿代表了一部分玩家是否接纳这款游戏，抉择是不是要玩下去，购买的意愿与金钱之间玩家要做出一个决策。

从微观上来说，付费转化率代表了一个人喜爱一个商品到了非买不可的地步发生的概率。注意，此处强调的是一个人和一个商品。但是，这种非买不可存在两种情况，一种是理性购买，在此情况下要多加决策；另一种是冲动型购买，此时不加决策，但是存在购买的非持续性因素的加大（如当前看到很多的移动游戏的付费更加靠前，基本新增用户在初期的一两天就完成了生命周期的大部分付费）。因为持续付费是因为对某些付费点或者道具形成了依赖，比如一些每个月固定的特权服务费，是一种习惯性的操作，而玩家产生首次付费，必然是对游戏的某些道具产生了非常大的需求，很可能就是一次性的。当玩家付费了就为付费转化率贡献了一分力量，这份力量没有在付费多少上产生差异。如刚才所言，在付费转化率这个问题上没有玩家之间的差异，付费 1 万元和付费 1 元的玩家在对于转化率的贡献上是一样的。虽然在百分比上贡献了一点，但是付费转化率却不能作为反映游戏整体的收益利好的唯一标准，原因如下。

1）如果玩家只是冲动的单次消费，那么这样的付费贡献是有限的，因为有可能玩家后期不再付费，或者付费周期较长，贡献度很小（指收益价值和游戏付费活跃价值）。

2）整体具有稳定消费能力（持续消费玩家）的比例究竟占到整体付费转化率的多少是衡量有价值转化率的参考标准。

3）由此带来的流失有多少，因为付费转化伴随着流失，在某些时期如果过度强化付费转化率，会加速玩家游戏进程状态的转变，说白了圈钱的味道太浓了。

4）过高的转化率和新登留存关系，直接影响游戏玩家的整体感受，变成有钱人的世界，不公平的情绪和心理反应强烈。

付费点定价、调整、设计间接作用于付费转化率，付费转化率在产品的生命周期中不同阶段表现是不同的，其增长存在瓶颈。在现实的运营情况下，存在一个值是无法超越的，这主要是由于游戏本身的承载能力造成的，如玩家规模、玩家付费能力等。如刚才所述，有一种情况付费转化率是虚高的，因此，转化率不是越高越好。如果存在很多单次付费用户（只有一次付费行为），他们的群体可能占据了付费转化率的很多空间，从运营角度来看，往往发生于活动规划运营而引发付费行为表现。

因此要更加精细地分析付费转化率的问题，探寻有价值的付费转化率，不仅要从宏观的 APA 和收益把握，还要从玩家的生命周期来看待这个问题。

7.3.2 APA 和 DAU 对付费转化率的影响

付费转化率受到 APA（付费用户）和活跃玩家数的制约，往往只看转化率的高低不足说明游戏目前的盈利好坏，日常的运营活动大多是在保 APA 增长，同时也要结合微博、论坛和官网等活动降低活跃玩家数的下滑，尽可能维持活跃玩家数也增长，因为 APA 来自于活跃玩家数，如果活跃玩家数呈现下滑，即使 APA 提高了，把付费转化率拉上去了，这也只是暂时的情形，因为整体游戏玩家的规模开始萎缩，而付费群体之所以付费是在寻求与免费玩家的

差异化和游戏消费感觉的体验。所以，有些时候过高的转化率也不是很好的情况。如图 7-6 所示是 3 种付费转化率都增长的情况。

第一种情况下活跃用户规模降低，如果此时 APA 保持稳定或者增长，那么付费转化率则呈现增长的趋势，此时属于暴力拉收入。

第二种情况下 APA 出现大规模的增长，但活跃用户规模保持稳定或者小幅增长，那么付费转化率依旧是呈现增长的趋势，此时属于有效提升。

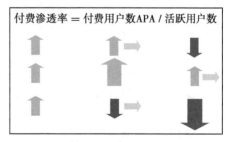

付费渗透率 = 付费用户数APA / 活跃用户数

图 7-6　付费渗透率提升的三种情况

第三种情况下 APA 和活跃用户规模都出现萎缩，但是活跃用户规模出现了更大的下滑，因此付费转化率依旧增长，此时产品品质开始下滑。

在以上的三种情况下，最理想的是第 2 种情况下的增长，如上文所提到的，转化率的提升并不能代表业务一定就理想，图 7-7 提到 3 种下降情况，也未必都意味有问题。

第一种情况下，APA 呈现了下降的趋势，但是活跃用户却是增长或者稳定的，这种情况属于付费转化率出现了问题。

第二种情况下，活跃用户的增长远远大于 APA 的增长，这有可能发生于产品推广初期用户规模增长的阶段，尤其在策略经营的游戏中是非常明显的。一般而言，由于对于付费转化率的分析都是静态的，即没有通过一个时间序列来做分析，所以这种情况并未被重视。

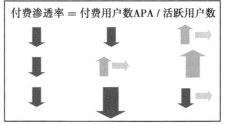

图 7-7 付费渗透率下降的三种情况

第三种情况则是最严重的情况，大量的付费用户从游戏中流失掉。这种情况也经常会出现，拿移动游戏来讲，付费用户的设备具备一定的特点，若发现大量的付费用户使用的是某一品牌机型，或者大量的付费用户都在某一个渠道贡献的时候，针对这个渠道或者机型的游戏包却出现了登录困难、网络异常、游戏闪退等问题，那就会出现很多付费用户流失或者付费困难问题，但是在整体的活跃用户规模上影响却很小，因为就免费游戏而言，APA 总体的规模也不过是活跃用户规模的 10%（这个 10% 就是付费转化率，之所以是 10%，是基于经验值的）甚至更低。

本书中强调，转化率是强调对当前可控环境的描述和衡量，也就是说必须存在上下文的情景才具有现实的分析意义，不能唯数据论。总结来说，单一付费转化率的升降不能说明游戏玩家付费意愿高涨或者降低，要结合 APA 和活跃玩家综合来看。

7.3.3 真假 APA

为什么存在真假 APA 呢？原因很简单，就是因为在衡量付费转化率时，一元钱用户和一万元的用户在转化率的贡献是一样的。付费转化率计算的只是人数的百分比，这其中存在真假的 APA 之说，如果 APA 中存在大量的单次付费用户，即冲动型付费用户，这样衡量起来的 APA 质量就会大打折扣，同时也会造成对于 ARPU、付费点设计、运营活动的一些虚假的判断，例如，

❑ 一个月内只登录过游戏一次，且有一次付费的玩家。
❑ 一个月内只付费一次，且之后或之前不曾付费的玩家。
❑ 一个月内活跃度很高，但是之前和之后不再付费，且本月只付费一次的玩家。

如果在一款游戏中存在大量这样的账号，那么计算的付费转化率的水分是很大的。因此，转化率其实也应该存在一个金字塔模型。但是这个金字塔并不是非常稳定的，因为受到运营活动、付费点调整等变化影响很大，应该随着运营周期，把单一的转化率进行分层解析，如图 7-8 所示。

从微观上来说，付费转化率代表了一个人喜爱一个商品到了非买不可的地步，即购买这

件事发生的概率，也就是说用户的付费转化往往是内在的强大驱动力而引发的。当然，这不是说偶然因素（如单机游戏的误操作造成了短信扣费），或者用户被运营活动及其奖励所吸引，而盲目付费转化。如果玩家只是存在这样的一个临时性需求，只是购买了这一次，而不再是一种持续付费的购买行为，那么就有必要去甄别这样的行为和玩家进而改进。毕竟，就像你进了一个超市，你只想去买一瓶可乐，但是你看到口香糖，你也会情不自禁地去拿上一个，前提是钱够，且有足够的刺激（口香糖摆在收银台的位置上，消费便捷性会刺激用户购买），否则还是没用。

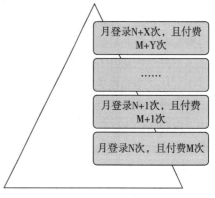

图 7-8　付费转化率层次分析

　　APA 群体的分层解析还是要从这个金字塔模型开始，之所以存在有价值的 APA 和相对价值量偏低的 APA，主要差异是在付费频次、付费间隔和付费道具方面。这有点类似于 RFM 模型分析，不过和 RFM 还是有差异的，付费道具是明显的差异点。

　　玩家的付费道具是游戏进程中某阶段的辅助，还是一种长期依赖。例如通过付费购买的道具，这些道具的持续时间、道具关联系统、道具出现的等级、玩家使用道具的自身改变（如击杀、死亡和经验速率等），都是可以用于分析道具消费的重要因素。通过这些信息的整合，利用决策树或者聚类分析，能够在金字塔结构的指导下，得到不同层次付费用户的付费习惯，低端用户向上层转化，高端用户要保持群体的稳定性。

7.3.4　付费转化率的引申

　　付费转化率是对于付费用户的描述，所以也要从付费用户角度去进行分析。对于付费用户金字塔的研究将有助于我们了解付费转化率，基本的付费转化率包含了所有付费用户。如果从付费用户贡献度或者说是价值量来衡量，可以把用户分成了鲸鱼用户、海豚用户和小鱼用户。

　　（1）付费用户的构成

　　如图 7-9 所示的情况，从付费用户的生命周期的角度做了划分，付费用户是一个很复杂的群体，第一层认识是普遍认识，也是最多采用的数据分析层次，但是从第二层开始的细分，对后续很多分析都是很有益处的。

　　那么此处有一个问题：如果付费用户金字塔是稳定的，那么对付费转化率的提升是否一定有意义？

　　提出这个问题的原因是对不同付费群的研究中发现，群体用户的特征在最初阶段就已经形成

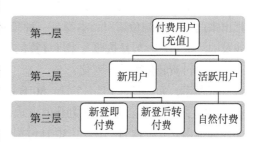

图 7-9　付费用户的 3 层结构

了，换句话说，推测一个用户在一款游戏中的付费能力基本上就是圈定了。当然，针对这一点很多人会产生质疑，因为通过游戏付费"陷阱"、黏性、延伸消费，可以进一步扩大需求，刺激消费。这一点确实是存在的，但是如果你仔细去分析数据，很多玩家在整个生命进程中，消费基本上是在自己的承受范围和压力之内。

不排除极限用户，例如深度迷恋游戏以至于全面投入游戏中，但是这类用户所占的比例很小。从这个角度来分析，每个人付费能力是基本固定的（想要延伸和刺激消费，就得更新、运营、增加内容），那么不断拉高的付费转化率其实没什么太大的作用，因为付费的人终究付费，花费多的人（有钱人）自然就愿意花费。如果你的游戏足够值得他们去消费，那些本来付费就很少的人，玩到最后也会花费很少，甚至就是流失，因为游戏太多，选择太多，诱惑太多。这么看，付费转化率意义是有局限的。

在这种情况下，可以来做一件事，那就是在付费用户的初期，就能够预测和判断付费用户的付费能力，而不是通过后期的实实在在的数据来验证究竟哪些是真正的鲸鱼，哪些是海豚，哪些又是小鱼。这点也恰恰反映了数据分析的价值，用过去发现预测未来，而不是用未来验证说明过去。因为前进与创新的动力来自于对未知的探索和训练，未知是具有很强的指导意义的，但某些时候也是灵感迸发偶然发现的。

（2）付费转化率的结构化

所谓结构化，就是分层建立付费转化率。因为在付费用户的研究上已经建立了金子塔模型，那么过去使用一个付费转化率指标去衡量的方式需要进一步细化，当然这不是说原来的方式不对，因为在一些高级别的分析报告和演讲中，一个指标就可以了。

然而，作为一个分析师，在具体面对业务时，不能就这样粗放使用一个付费转化率去分析问题，因为这样会掩盖掉很多的问题。因此建议采用分层付费转化率，如图7-10所示。

❑ W-PUR：鲸鱼用户的付费转化率。

❑ D-PUR：海豚用户的付费转化率。

❑ F-PUR：小鱼用户的付费转化率。

这里可能存在一个问题：该如何计算付费转化率（PUR）？计算方法如下。

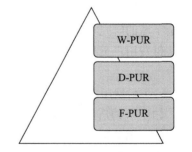

鲸鱼用户/活跃用户数量

需要解释一下，鲸鱼用户是基于历史鲸鱼用户特征计算出来的本月的鲸鱼用户，本身是一种预测数据，此处所涉及的活跃用户一般是按照月维度计算的，即MAU。

图7-10 基于3种用户的付费转化率

（3）付费转化率的序列化

留存率，如次日、3日、7日、30日留存率，这是从对一批或者一个渠道新登用户的一种观察分析手段，是一种时间序列化的方式，由此对于付费转化率也可以进行时间序列化。

即推出首日、次日、7日、30日付费转化率，但是要明确的是这里的用户是新登用户。N日付费转化率含义如下。

1）限定时间内的新登用户，N 日付费的用户 / 限定时间内的新登用户。

2）假设 10 月 8 日有 500 人新登用户，首日 50 人付费，那么首日的付费率为 50/500 = 10%。

3）假设 10 月 8 日有 500 人新登用户，10 月 9 日（即次日）有 25 人付费，则次日付费率为 25/500 = 5%。

这种方式的付费比率从另外一个角度将之前统计的付费转化率进行了细分和立体化，这种细分把新增用户和活跃用户的付费问题明确了，因为有的新增用户是首日便开始付费，而有的新登用户是在一定时期内选择付费，但是达不到活跃用户的标准。这样也能帮助我们更加细致的研究活跃用户的自然付费周期。

以上是针对具体每日的付费转化率分析，就像留存率研究一样，可以限定时间为周，即一周的新登用户在下周内的付费转化率研究，这都是可行的，具体还要看自己需要。

此处是借助于留存率的模式进行的付费转化率研究，在本质上方法和之前的讲述是一样的，只是稍加改动，至于该方法是否符合产品需要和分析需要，要根据自己实际情况而定，这里所述的内容仅供参考，作为探索和讨论之用。

7.3.5 付费转化率的影响因素

在讨论付费转化率的开始处提到过，所谓付费转化率其实是一个概率值，即一个人喜爱一个商品（道具）到了非要购买的地步发生的概率。而在这个过程中，实际上存在转化过程，如图 7-11 所示。

（1）发现合适商品

这一点无论对于移动游戏还是 PC 游戏，都是非常关键的。如同收到微信朋友发来的消息一样，只有当玩家最需要的时候，提醒其存在，其转化则是最有效的。而从移动游戏的角度来说，这

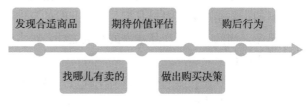

图 7-11 付费转化路径影响因素

也是非常有效的方式，因为相比 PC 游戏，直接可触达用户手机屏幕的消息和内容，促进了用户的内容转化。在前文提到移动设备的 3 大属性：Anywhen、Anywhere 和 Anyone，这就意味着能够随时随地向用户传达想要表达的内容或者用户需要内容时，随时随地精确传达到用户。最后，要确保传达的付费点在用户心目中确实是属于应该付费的道具或者商品。在此环节中，利用产品的积累和有效的信息推送，会促进用户发现内容。

（2）找哪儿有卖的

当用户有需要时，直接告诉用户能够购买的位置，这一点是非常重要的。这里引申出一个问题，除了提醒存在之外，还需要让付费点变得容易发现，提高曝光度，聚焦用户的注意力。所以，在移动游戏中，适当的公告栏、关键信息的标注展示，都在帮助用户和驱动用户转化。在这个环节，要不断提升易用性，包括在内容的衔接和转化上，都需要体现对用户的关怀。

（3）期待价值评估

期待价值评估是一个通用的模型。接下来，从产品付费购买的角度介绍这个模型，如表 7-2 所示，产品有很多属性，当用户接触产品时，会建立对产品的初期印象，进而形成期待，即转化的概率，而用户一旦完成转化或者受到其他因素干扰后，会形成一个价值反馈或者决定，此时也存在一个概率，这两个概率的比较，会影响最终的决定。

表 7-2　期待价值评估模型

产 品 属 性	期　　　待	价 值 反 馈
产品属性 1	P1	Q1
产品属性 N	Pn	Qn
总评	$\sum P$	$\sum Q$

- ❑ 当 $\sum P > \sum Q$ 时，用户选择不购买。
- ❑ 当 $\sum P < \sum Q$ 时，用户选择购买。
- ❑ 当 $\sum P \approx \sum Q$ 时，则受到其他因素影响较大。

这个模型实际上是一种分析方法。以移动游戏为例，当用户在应用商店选择下载时，用户会受游戏截图、游戏图标、包体大小等因素影响，从而形成对该游戏的期待值，而当用户基于以上的信息开始下载、安装、打开游戏时，则形成了对游戏的反馈。如果该反馈远低于初期建立的期待，用户就会放弃继续玩该款游戏。同样的场景，在用户付费购买的过程中也是一样的。当用户购买过道具后，用户此时的反馈是大于期待的，即做出购买决策的过程就会更迅速。当然，除了产品本身的影响之外，很多时候用户的心理因素和外围其他因素也会影响转化过程。

在评估过程中，有一些因素对于促进付费转化、做出决策具有关键的作用，从付费点的设计上，有以下几点。

- ❑ 个性化：付费内容是否可以体现玩家的个性，展现玩家的能力（策略经营游戏中的家园建设或城墙防御结构）。
- ❑ 可替代性：付费点是否存在多项类似的选择，如在 FPS 游戏中的武器选择。
- ❑ 信息真实性：付费点是否描述得真实可靠，是否有如承诺一样的使用价值。
- ❑ 性价比：用户是否觉得付费值。
- ❑ 时机：什么时间购买或者付费是最重要的。
- ❑ 流行度：随着时间、节日等节点存在的付费内容别人都有，自己也需要有。
- ❑ 象征性：在游戏中的一些头衔、数值或道具，意味着用户的身份和价值。

以上只是罗列了部分要素，实际上，这些要素直接影响了用户的决策。在整个转化过程中，期待评估过程是最容易发生大量流失的环节，当该环节解决后，下一步做出购买决策的过程就会更加顺利。

（4）做出购买决策

在上述步骤进展的速度越快，那么这一步就更加容易转化，并做出购买决策。但是，如果在购买过程中，出现了更多的可变因素，就会导致购买决策撤回。例如当用户开始选择支付时，页面加载白屏、购买支付失败、购买过程操作较多，进而出现放弃购买。与此同时，用户对产品的信任度和满意度，以及对付费点本身的认知度，都决定了是否会做出最后的购买决策。就这点来说，也需要关注用户的二次付费、三次付费等，因为这恰恰反映用户对付费内容的反馈和满意度。

（5）购后行为

在付费前存在期待反馈，在付费后也有期待反馈，用户的实际付费效果完全好于预期，则会驱动产生新的付费需求，包括一些内容的刺激。例如在卡牌游戏中，目前普遍采用付费用户的阶梯概率，当付费用户付费达到一定规模后，用户通过抽奖得到极品卡牌的概率就会提升，但是如果用户付费规模很低，或者没有付费的用户，则永远不会得到最佳的收益和内容。不过在某些情况下，为了平衡不同群体，也会预留一些惊喜，进而在游戏中形成一些热点和口碑宣传，刺激更多用户的参加。刚才已经提到了付费后的行为，会直接影响用户的二次甚至三次的付费，所以对于付费转化率的分析，出了关注首次的转化，还需要关注二次、三次付费。

付费转化率伴随着游戏生命周期的变化，也会采取不同的策略，如图 7-12 所示，在如今的移动游戏市场，受制于渠道的压力和生命周期的短暂，付费转化率更加靠前。然而，随着产业的不断成熟，长线运营将依旧是非常重要的，过度消费用户之后，则会在短期内榨干用户的价值，此时用户没有了继续付费的动力。

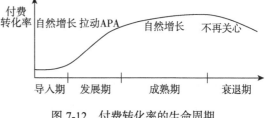

图 7-12　付费转化率的生命周期

对于付费转化率的分析总体上遵循环境分析，在前文提到过，转化率本身是对可控环境的分析，所以从数据分析的角度来看，只是针对转化率本身的解读并不能解决问题。需要联合更多的分析内容，例如，

- ❑ 用户首次付费购买的分析。
- ❑ 畅销付费点的时间序列分析。
- ❑ 促销效果评估分析。
- ❑ 分群用户的付费转化分析，如鲸鱼用户、海豚用户、小鱼用户。
- ❑ 用户首次付费前的相关行为分析，如等级、时长、进度等。
- ❑ 首次付费用户转化后的行为分析和二次付费分析。

7.4　ARPU

在 ARPU 部分，现在倾向使用一个词 ARPDAU（Average Revenue per Daily Active User），

其计算方法如下。

$$ARPDAU = 每日总收入 / 每日活跃用户数$$

ARPU 是一个泛指的概念，最后一个"U"可以看成是 User（用户），活跃用户就是 ARPDAU，新增用户就是 ARPUDNU。当然也可以看成是 Unit（单元），可以针对游戏中消费点进行 ARPU 化。Zynga 的 Roger Dickey 说过，能量机制的 ARPU 是 0.03 美元，装饰元素是 0.02 美元，竞争玩法是 0.05 美元，这恰恰反映游戏的设计能力，也是服务于游戏设计的。

7.4.1 ARPDAU

ARPDAU 诞生于移动游戏市场，由于移动游戏的用户忠诚度不够高、流动性强、手游产品生命周期短、推广费增长迅速、推广周期短等因素，所以不能再以 ARPU 或者 ARPPU 这种按周或月为维度的衡量方式来进行计算。ARPDAU 其实是在更短的时间间隔内在游戏的收益能力与用户量之间寻找一个桥梁。

不过近一个时期，一些质量上乘的移动游戏开始专注于长线运营，其生命周期长达几年时间，此时参考月 ARPU 是非常必要的。

从下面的公式中可看到其作用。

$$Revenue = DAU \times ARPDAU$$

上述公式是对每天收入的一种计算模式，如果按照用户生命周期来做衡量则变成如下公式。

$$E\_Revenue = DAU \times ARPDAU \times E\_LT$$

其中，E 为期望，LT 为生命周期。

综上可以得到，在用户规模和平均收益固定的前提下，可以根据生命周期长度的变化来确定收入规模，这点其实是平时最常去考虑的。

ARPDAU 衡量的是每日活跃用户的收益贡献（结合 ARPDAU 的定义来看），用户规模、用户生命周期、产品质量和渠道推广这几点都是对公式的直接反馈。由此处的 ARPDAU，必须再谈另一个新词 ARPDNU，即每当游戏产生一个有效新增用户，单日为游戏贡献收入为 ARPDNU，ARPDNU 实际上是衡量一个新增用户的收益价值，但新增量也算作 DAU 中的一部分。

ARPDNU 直接反馈在推广阶段，表现为一个有效新增用户的收益能力。这点与谈到的用户获取成本之间是需要对比分析的，也与 ARPDAU 存在对比分析。新增用户的收益贡献，则直接关系到推广成本是否可以收回，用多久的时间收回等。例如，当 ARPDNU 为 5 元时，且每个用户获取成本为 3 元，共计转化了 1000 个用户，那么就有如下计算。

1）新增用户的收入贡献为 5×1000 = 5000 元。

2）推广获取用户成本为 3×1000 = 3000 元。

此时，发现 ROI 为 5/3。换句话，此次推广能收回成本，并取得一定收益。

而刚才提到的 ARPDAU，计算的是每一个活跃用户每天的收益贡献，当游戏的 DAU 处于稳定期时，这是一种很好的宏观估计游戏收益的办法。下面将展示两个 ARPDNU 和 ARPDAU 的计算公式。

$$ARPDAU =（DNU\_Revenue+DOU\_Revenue）/DNU+DOU$$
$$ARPDNU = DNU\_Revenue/DNU$$

其中，

❑ DNU+DOU = DAU。

❑ DNU_Revenue+DOU_Revenue = Daily Revenue。

从两个公式中，进行处理则会得到如下公式。

$$ARPDNU / ARPDAU = (DNU/DAU)×(DNU\_Revenue / Daily Revenue)$$

在这个比率中，有非常熟悉的 DNU/DAU，以上公式处理后的比率实际反映了游戏的新增用户对于游戏收益的影响力，此处针对该公式的分析不做展开讨论。

7.4.2　DAU 与 ARPU

无论是重计费游戏还是轻计费游戏，都想把用户规模做到一定的量级。从这个公式中能够看到，首先在 ARPDAU 较低的情况下，生命周期长度和用户规模都成为保障收入的支撑；其次有效用户群不仅代表推广阶段较好的用户质量，同时也是产品质量的重要体现。

就 DAU 而言，需要进一步了解 DAU 的结构和质量，因为 DAU 是最直接影响未来的用户生命周期和提升付费概率的因素（如在 DAU 中，优质用户不断的积累）。如图 7-13 所示，通过 DAU 看待游戏的 3 种发展态势，在粗放增长阶段，活跃用户依托于新增用户的获取快速增长，但是老用户可能在快速下滑，这类游戏生命周期短暂，ARPU 随着逐渐增长的 DAU，很难长期稳定在一个水平。而在细火慢熬阶段，活跃用户规模稳定，同时老用户规模也在不断增长，这个阶段的游戏多数处于利润区，即稳定的付费群体和稳定的收入来源。在量质并增阶段则形成了双增长，即活跃和老用户都在增长，通过外在的获取新增用户拉收入的作用在减弱，同样留存率起到了关键的作用，留存率的优化提升了 DAU 的规模。DAU 良好的结构（不在重度依赖新增用户）将对收入和游戏用户规模有很好的指示作用，这样 ARPDAU 的衡量作用就更加准确和有效。

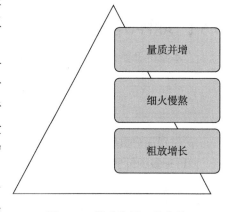

图 7-13　游戏发展 3 种态势

此外，用户生命周期在 LTV 的衡量和 DAU 的增长方面，也起到了关键作用，不仅衡量推广的用户质量，同时也是产品黏度和质量的重要衡量指标。表 7-3 所示是 3 个参数所反映的游戏标签。

表 7-3 DAU、ARPDAU 和 LT 参数反映的游戏标签

参　　数	游戏标签	相关参数
DAU	产品容量	留存、新增
ARPDAU	付费模式	ARPU、ARPPU
LT	核心玩法	时长、流失

Jon Walsh 说，"从游戏类型来看，有的游戏属于高转化率游戏，这类游戏付费转化率高，但是 ARPPU 低；有的游戏属于高付费游戏，这类游戏付费转化率低，但是 ARPPU 高。"如果从 ARPDAU 的角度去看待的时候，会发现不必考虑付费用户的付费结构和规模，而是快速通过生命周期和规模来衡量收益能力。

7.5 ARPPU

在中国市场，包括上市公司的财报中，更多时候用付费 ARPU 来代替 ARPPU，这种方式延续至今。本书将严格区分 ARPPU 和 ARPU 的概念，在第 2 章中已经明确了 ARPU 和 ARPPU 的定义。

❑ ARPU（Average Revenue per User）：平均每用户收益。

ARPU = Revenue/Players

❑ ARPPU（Average Revenue per Payment User）：平均每付费用户收益。

ARPPU = Revenue/Payment User

7.5.1 ARPPU 的由来

在本章的开始部分，已经提及了关于游戏收入的计算有以下 3 种方式。

$$Revenue = DAU \times ARPU$$
$$= DAU \times \%P \times ARPPU$$
$$= APA \times ARPPU$$

从付费用户贡献的角度来计算，需要关注两点。

❑ 有多少付费用户。

❑ 付费用户平均贡献。

其中的付费用户平均贡献就是 ARPPU。其实，这个概念在电信产业的应用已经很成熟了，在网游产业也成为一项数据指标标配，从某个程度上讲，ARPPU 是衡量产品盈利的能力，也是衡量产品发展活力的指标。但也不能过于相信一个 ARPPU 就能代表和衡量所有的情况。ARPPU 在移动运营商方面使用的是针对全体在网的用户（所有用户都是付费用户，从这个角度来说 ARPPU 和 ARPU 是一个含义，同样的 P2P 游戏，诸如魔兽世界、付费购买或下载游戏也是如此）在一个时间段内从每个用户身上所得的利润。

所以，ARPPU 针对的并不是所有参与游戏的用户，而是特指那一批为游戏付费的用户。而在 P2P 游戏中，ARPPU 针对每一个参与的用户，且所有用户都是付费用户。不过在免费游戏中，付费用户的付费能力被释放，开始出现了鲸鱼用户、海豚用户以及小鱼用户，而这点在 P2P 游戏中并不是特别明显。这也是接下来要讨论的问题，ARPPU 在免费游戏上使用的局限性。

7.5.2　平均惹的祸

Nicholas Lovell 曾经这样表达过：

"在免费游戏领域，收入不会遵循常规分布模式，而是呈幂律曲线走势。"

在一般情况下，谈到平均，都会假设是高斯分布。基于此经常会让人陷入一些思维定势，对于真实的情况并不了解，错误地拿整体的 ARPPU 去估量付费用户的收益贡献能力，往往是片面和不准确的。免费游戏更加奉行"极端主义"，而 P2P 游戏更奉行"平均主义"。

ARPPU 是一个算数平均数，在均数的范畴中概念很大，比如几何平均、截尾平均、调和平均（主要用于在玩家升级的平均速度方面的应用）等。而恰恰因为 ARPPU 是算数平均数，所以，一些使用上的误区或认识是需要校正的。

算数平均数是描述数据分布的集中趋势的统计指标，但是如果数据分布严重地偏态，那么这个时候算数平均数的结果的参考意义是有限的。从 ARPPU 来讲，希望通过 ARPPU 的计算代表整个付费群体的平均消费水平和收入贡献，也是集中消费的趋势。但对一款游戏而言，并不如希望的那般呈现所谓的正态分布形式，其实，如果把每人收入贡献绘制成频数分布来看，这是一个典型的幂律分布。小额付费群体多，但收入贡献少；大额付费群体少，但贡献收入多。而这时如果合并一起进行 ARPPU 的计算，显然高估了小额群体的付费能力，低估了大额群体的消费能力。

（1）从集中趋势分析的角度来看

其实，不是非常懂得精细化运营的人都是这么粗略地看待指标进行分析，现在对于这样一个使用误区，尤其在进行精细化运营后，更多的是要进行群体细分、群体定位。当然，如果要从宏观上把控整个游戏的平均消费水平，一种办法是去掉一些噪声，如截尾均数（按比例去掉两端数据，在计算均数时，如果和原来的均数相差不大，则说明极端值不存在，均数不受影响，一般是取 5%），除了这种方法，还可以通过一种非常简单的统计指标来分析，这就是中位数。

中位数：全体数据按大小排列，在数列中处于中间位置的那个值。中位数主要是位置平均数，所以不会受到极端值的影响，因此在评估 ARPPU 指标时，如果偏态分布严重，中位数是可以尝试的，可以反映集中趋势和平均水平。如果我们将所有用户的付费额排序，并取出来中位数时，两个 50% 的区间内收入贡献一定是差距很大的，也就是说中位数也只是一种反映集中趋势的方式（在游戏中，多数场景下的数据都呈现幂律分布）。在进行 ARPPU 的分析时，多种方式结合，切勿迷信单一指标的计算和效果分析。

（2）从离散趋势分析的角度去看

在游戏中付费用户群体划分为3个部分：小鱼用户、海豚用户和鲸鱼用户，这3个群体可以通过对总的付费群体进行百分比划分。所谓百分位数就是一个位置指标，可以将所有玩家的付费额按从小到大排列，然后按照百分比划分。如从左向右50%为小鱼，40%为海豚，10%为鲸鱼。在此情况下，分别计算各个群体的ARPPU值，相对刚才的从集中趋势的角度得到ARPPU，会更加准确地的分析不同群体用户的消费能力。实际上，刚才说到的中位数就是一个特殊的百分位数。

当然了，从离散趋势分析的角度，全距也都是可以使用的，也是很简单的，只是一种检查而已。但是方差、标准差等可能并不适合分析游戏中的消费数据，虽然说它们涉及要分析的每个变量，但是由于它们也受到极端值的影响，所以不适合去做这种分析，它们的合理使用范畴是在服从正态分布的数据中。

一个ARPPU所代表的内容很多，在分析中，要避免一些误区产生，也要适当地使用统计学中的一些灵活的方法重新审视和分析这些数据。

7.5.3 首次付费与 ARPPU

ARPPU是对用户付费能力的一种研究，尽管多数采用了平均值计算法，但在更大的范畴内，利用ARPPU的分析思路，可以扩展和发现更多的知识。例如，从某个方面来说，ARPPU其实也是一个阈值，当处于某个临界点时，其付费效果是最佳的。例如，圈定用户的首次付费金额的阈值（这个阈值的意义在于，针对不同付费能力的用户，施以不同策略会达到最佳的转化），也将最大化用户收益，这与用户的付费行为的持续研究有很大的关系，甚至与游戏付费点设计有紧密的关系。

如图7-14所示，通过"决策树"算法对首次付费用户进行研究，1代表在首次付费后有二次付费，0代表没有二次付费。在首次付费的用户中，有20.3%的用户选择了二次付费，比较明显的特征是首次付费的金额越高，其二次付费的可能性就越高，从图7-14中可发现，当付费金额大于582元时，有28.3%的首次付费用户选择二次付费。

经过对二次付费的分析，可以很快圈定首次付费用户中20.3%的二次付费用户属于在未来重点运营和维护的。根据分析的结果，按照用户的首次付费金额划分维护的用户群，则可以显著提升不同区间内用户的二次付费转化率。例如首次付费低于105元的用户，驱动转化二次付费的运营策略和付费刺激策略与其他区间是不同的。这种根据用户付费能力的运营（首次付费1000元的用户，与首次付费10元的用户，在游戏的付费心理上是完全不同的，这一点可以做到一定的预估，可惜的是在过去并没有对这一点进行详细的分析），是数据化运营的体现，不再是完全随机的进行客户的营销和运营，做到了对资源的绝对控制。然而，现在移动游戏领域习惯于对所有用户的营销（基本的CRM系统目前在游戏行业都不存在），而这恰恰是目前存在的最大问题。移动游戏的出现，更加需要精准到每一个具体用户。以最低的代价充分挖掘用户的价值，这是产品不断追求的目标。

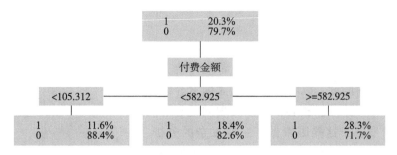

图 7-14　首次付费用户的二次付费分析

实际上，类似的分析机制在电商等领域已经比较成熟，而目前在游戏方面的数据分析没有脱离传统的框架。由于游戏也是讲付费转化和订单转化的，相似的分析机制和思路可以从其他领域的分析中予以借鉴和转化。在上述的付费分析中，通过圈定了合理的首次付费金额，进而有效圈定重点维护的用户群体，而在大运营和数据化运营的概念下，这种基于数据分析的知识，可以帮助我们规划运营活动和节省大量的时间，提升效果，并且做到可追溯。

7.6　APA

APA，活跃付费用户数，是进行收入有关的分析中非常重要的部分。其中涵盖了用户充值方式、消费内容、充值频次、充值间隔、充值额度、充值渠道和充值设备等内容。

按照月维度，APA 也被称作 MPU（Monthly Payment User）。一般来说 APA 按日、周和月的维度来进行分析。移动市场偏向关注日 APA 数据。APA 是经过了层层转化，最终转化为付费的部分。如图 7-15 所示，用户从激活游戏到注册、完成任务、购买物品和最终付费，整个转化的重点是转变成为一个有付费习惯的用户，尽管 APA 代表的是最终的转化用户数，但是却很难忽略这之前的每一步转化。

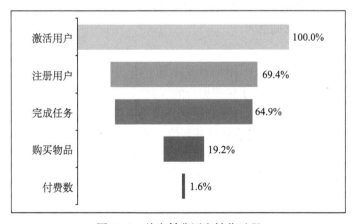

图 7-15　首次付费用户转化过程

7.6.1 APA 分析

APA 分析有 3 大要素，如图 7-16 所示。

APA 的分解方式有很多种，但核心都是围绕三大因素的组合分析，在不同的分析角度，反映了不同的问题。以下将围绕三大因素介绍一些分析的方法和思路，但核心都是以发现问题和解决问题为先，如果基于这些因素做了一些复杂的分析，却没有任何的实际应用和方案实施，那么就不要轻易尝试这种组合分析，因为没有分析结果的应用是毫无价值的。

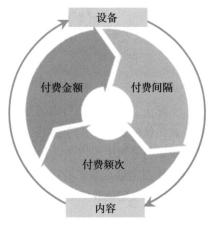

图 7-16　APA 分析的 3 大要素

第一种分解方式是基于付费用户的付费贡献度（付费金额），即从用户的付费规模进行分析，此种方式将用户分为鲸鱼用户（大额付费用户）、海豚用户（中端付费用户）和小鱼用户（低端付费用户）。这种分解方式起源于免费游戏模式，尽管免费游戏的出现，刺激了长尾理论在游戏中发挥了不可替代的作用，但二八原则依旧在游戏市场有着不可替代的作用。游戏的大部分收益仍旧是由少数大额付费用户贡献出来的。

第二种分解方式是基于传统营销中的 RFM 模型演变而来的，通过对用户的最近一次付费时间、付费频次和付费额度的合理加权处理，计算分数，进而发现谁是最具备价值的用户，并对这批用户进行不断的营销。例如，不断地开放新的服务器，吸引这批付费用户实现争夺资源和达到良好的排名，通过付费方式提升自己在游戏中的地位和实力。有关此种方式的用户划分，本书不做详细讲解，感兴趣的读者可参考相关资料。

第三种分解方式是依据付费用户的生命周期，比如新增付费用户和老付费用户（曾经付过费的用户），由此也演变出 LTV 的概念。对于新增付费用户的研究，可以进一步区分 APA 以及整个 APA 的稳定性和挖掘空间。

7.6.2　付费用户的划分

Nicholas Lovell 从理论上解析了付费用户的模型[⊖]，一个观点就是付费转化率的提升意味着收入在随后的一段时间内会逐渐打开和扭转，因为一旦用户开始付费（且这个群体不断膨胀），那么收入就会有起色，这些人会从最开始的一元两元发展到几十几百元的规模。

事实上，这种情况是存在的，但是看似正确的命题却鲜有证明。可以认为收入的增长不是靠量的积累，也就是说不是靠拉来多少用户，有多少用户转化了付费，而是依靠那些少量却能创造大收入的用户。这点在免费游戏中是如此的。

⊖　http://www.gamesbrief.com/2011/11/whales-dolphins-and-minnows-the-beating-heart-of-a-free-to-play-game/

现在大多数游戏是免费游戏，免费游戏去掉了体验游戏的障碍，这就在最大程度上解放了用户的消费能力，去除了消费的上限。

（1）用户群划分依据

由免费游戏的用户构建的虚拟社会本身就是不平等的，因为消费的差异化打开了，因此可通过道具的形式不断地解放和发展用户的消费潜能，例如消耗品、升级、美化、社交和金钱换时间的方式。在 Lovell 的文章中提出了一个模式化免费增值能量定律，下面进行具体介绍。

将玩家分成 3 大类。

❑ 每月投入极少资金的小鱼，通常是 1 美元。

❑ 花费"中等"数额的海豚。他们平均每月花费 5 美元。

❑ 投入大量资金的鲸鱼。他们平均每月花费 20 美元。

免费体验者属于第 4 类。

3 类用户的分布比例如下。

❑ 小鱼：50% 的付费用户。

❑ 海豚：40% 的付费用户。

❑ 鲸鱼：10% 的付费用户。

注意，这是能量定律模型的近似估值。你可以调整分布比例和 ARPPU 数值，但调整分布比例和 ARPPU 数值会改变预期的曲线。

此处 Lovell 谈到的付费用户的划分标准是 5：4：1，这一点就确立了在对待 ARPPU 的问题上也要阶梯式的看法，相比笼统确立 ARPPU，空喊提升或者降低，这种确立方式是有效的，也是比较精准的。

（2）实践和结果

按照 Lovell 的理论进行分析，首先拿到用户的充值记录，将充值记录进行处理，由原本的交易格式变成基本的表格数据。利用数据透视表得到每个账户的充值金额和充值次数，分别得到图 7-17 和图 7-18 的曲线。

如图 7-17 所示，在充值金额的曲线上，看到基本上是符合幂律分布的。

图 7-17　充值金额曲线

而对充值次数进行分析，也与充值金额的趋势基本一致，符合幂律分布形式。而接下来的付费用户的分类模型采用什么样的数据进行分类将变得非常重要。

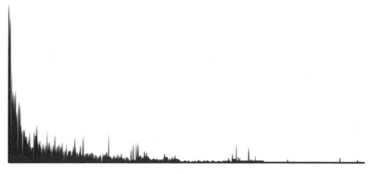

图 7-18　充值次数曲线

如刚才所提到的，把用户的充值数据变化形式，由交易数据变成表格数据，这一步是最关键的，由表格数据就可以知道每个付费用户目前的充值总额和充值次数。下面就利用这种数据进行具体的分析处理。

首先，确立几个统计指标（平均数、众数、中位数）。

❑ 平均数：即 ARPPU，也就是充值总额 / 总充值用户数。

❑ 众数：一组数据出现频率最高的值，在 Excel 中的函数是 mode()。

❑ 中位数：一组数据从小到大排列，处于中间位置的数，在 Excel 中的函数是 Median()。

完成以上 3 个数据指标的计算，数据见表 7-4。

表 7-4　ARPPU 的几种计算方式

平均数（ARPPU）	289
众数（Mode）	50
平均数（Median）	60

如果你愿意，也可以计算一下在交易数据格式下的众数。

接下来，就是比较关键的步骤了，这里使用 SPSS 软件进行描述统计，并做频数分析，这个过程也可以在 Excel 的数据分析过程中完成。

把刚才处理好的数据导入到 SPSS 软件中，一共有 3 个变量，如图 7-19 所示。

进行分析的字段分别为 passportid（账户 ID）、money（充值额）和 paytimes（充值次数），如图 7-20 所示。

随后，打开频率分析面板，如图 7-21 所示，选取付费次数和金额。

在统计量位置，按照自己的需求进行选取就可以了，如图 7-22 所示。

单击"继续"按钮，等待结果输出。输出后，在左侧会有相应的提示，如图 7-23 所示。参照提示查看就可以了，此处重点查看频率表。

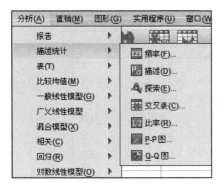

图 7-19 SPSS 描述分析菜单

名称	类型	宽度	小数
passportid	数值(N)	8	0
money	数值(N)	8	0
paytimes	数值(N)	8	0

图 7-20 描述分析所使用字段

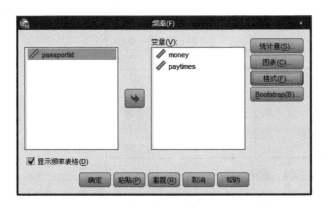

图 7-21 频率分析面板

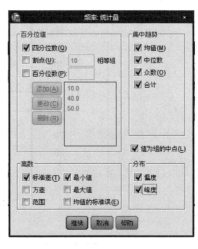

图 7-22 频率分析的统计量选取

图 7-24 所示是输出的频率表。

可看到 50% 的用户充值在 50 元，按照之前的结论，把这部分群体划分为小额用户，即小鱼用户。然而，如图 7-25 所示，根据平均数计算的 ARPPU 是 289 元，达到该级别的用户不到 20%，换句话，ARPPU 不能笼统地判断目前游戏用户的充值能力和付费情况。

接下来，如果按照 Lovell 的划分，40% 为海豚用户，那么目前累计小鱼和海豚付费用户达到 90% 了，如图 7-26 所示。

海豚用户的充值最高达到了 571 元，最低 60 元。

随后，把 10% 划分为鲸鱼用户，他们的最高充值达到了千元以上。

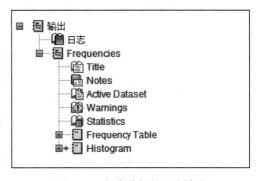

图 7-23 频率分析的日志输出

money				
	Frequency	Percent	Valid Precent	Cumulative Percent
Valid 1	9	.8	.8	.8
2	5	.5	.5	1.3
3	2	.2	.2	1.5
4	2	.2	.2	1.7
10	73	6.7	6.7	8.4
12	1	.1	.1	8.8
13	1	.1	.1	8.6
20	48	4.4	4.4	13.0
21	1	.1	.1	13.1
22	1	.1	.1	13.2
30	136	12.5	12.5	25.7
34	1	.1	.1	25.8
40	13	1.2	1.2	27.0
41	1	.1	.1	27.0
50	249	22.9	22.9	50.0
60	25	2.3	2.3	52.3
70	11	1.0	1.0	53.3
80	22	2.0	2.0	55.3
90	7	.6	.6	55.9
94	1	.1	.1	56.0

图 7-24　频率表

220	4	.4	.4	78.3
230	2	.2	.2	78.5
240	1	.1	.1	78.6
250	16	1.5	1.5	80.0
252	1	.1	.1	80.1
253	1	.1	.1	80.2
260	3	.3	.3	80.5
270	1	.1	.1	80.6
280	4	.4	.4	81.0
290	2	.2	.2	81.1

图 7-25　部分截取频率表

450	6	.6	.6	87.6
460	1	.1	.1	87.7
480	2	.2	.2	87.9
490	1	.1	.1	87.9
500	13	12	1.2	89.1
510	1	.1	.1	89.2
540	1	.1	.1	89.3
550	3	.3	.3	89.6
560	2	.2	.2	89.8
571	1	.1	.1	89.9

图 7-26　海豚用户的区间划分

以上是按照 Lovell 的划分方式进行的，接下来要进行以下分析了。

首先，小鱼用户占据 50% 的用户总量，经过数据处理得到：

❑ ARPPU：35。

❑ 收入占比：6%。

其次，海豚用户占比 40% 的用户总量，经过数据处理得到：

❑ ARPPU：192。

❑ 收入占比：27%。

第三，鲸鱼用户占比 10% 的用户总量，经过数据处理得到：

❑ ARPPU：1927。

❑ 收入占比：67%。

经过以上分析和整理，基本上验证了 Lovell 所说的 5∶4∶1。

以上分析的是 ARPPU 与收入贡献占比的关系，实际上，不同 ARPPU 水平所代表的付费转化率也不相同。一般而言，使用一个总体的付费转化率来代表整体的付费效果，然而不同 ARPPU 值所能代表的付费转化率也是不一样的，通过二者的对比分析可以了解具体的付费点所贡献的 ARPPU 和付费率之间的关系，进一步了解付费效果。例如，ARPPU 在 35 元时，其付费用户数贡献了 50%，然而付费转化率可能是 8%。ARPPU 在 192 元时，其付费用户贡献了 40%，而此时的付费转化率为 5%，基于不同 ARPPU 细分的付费转化率，是更进一步对付费用户进行的区分。

7.6.3 付费频次与收入规模

除了以上通过收益贡献规模来划分付费用户之外，其实还有通过用户的付费次数来进行付费用户的划分方法。在早期的 RFM 模型中，最重视的三个因素之一就是用户的付费频次，它也作为衡量用户持续贡献收益能力的重要参考。基于用户累计收益的贡献划分，注重的是找到大额的用户，重点维系。然而，基于用户付费频次的分析，注重的是用户的长期价值，因为免费游戏本身就是通过不断对付费用户的刺激，逐步释放用户的付费能力。

通过分析付费一次、两次或更多次用户群的收益贡献，了解目前用户的付费潜力，在通过累计收益划分付费用户的模型中，由于天然存在的很多用户本就是大额付费用户（首次付费就是很高的比例），结果有可能会忽略一些从小额或中端用户最终成长起来的大额付费用户。通过付费频次和收益的分析，挖掘和细分出更多的有价值的付费用户。

如图 7-27 所示，从中可以发现付费 1 次的用户占比 83%，但是收入贡献却有 74%，而付费 3 次以上的用户占比只有 0.8%，收入贡献只有 5.2%。移动游戏目前存在了大量的一次性付费用户，由此引发了收入波动巨大的问题，如果太多用户没有持续的付费动力，那么收入的稳定增长就会显得乏力。此外，图 7-27 中一个明显的现象是，付费在 2 次以上的用户收入贡献了 26%，但相比仅有 1 次付费的用户来说，这 17% 的用户更加稳定，更具备长期付费的动力。

如图 7-28 所示，从曲线中可以看到，如果衡量贡献度，付费 3 次以上的用户为 5.2%/0.8% = 6.5，而付费一次的贡献度仅仅为 0.89，随着付费次数的增加，用户的贡献度在逐渐增加。换句话说，如果要提升收入，则需要游戏运营方通过各种手段不断地刺激用户 2 次、3 次甚至更多次的付费转化，由此才会带来更多稳定的收入。

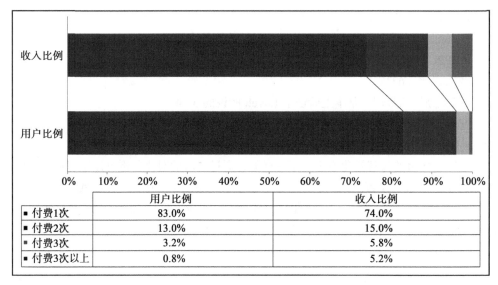

	用户比例	收入比例
▪ 付费1次	83.0%	74.0%
▪ 付费2次	13.0%	15.0%
▪ 付费3次	3.2%	5.8%
▪ 付费3次以上	0.8%	5.2%

图 7-27　收入比例与用户比例关系

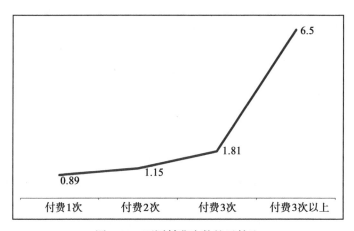

图 7-28　不同付费次数的贡献比

7.6.4　付费频次与付费间隔

在电商领域中，随着客户购买次数的增加，平均再次购买的时间是开始减少的。同样的分析思路，在游戏中也可以用来分析付费用户的付费频次与付费间隔之间的关系。如图 7-29 所示，用户的付费次数增加，其发生下一次的付费时间间隔是在不断缩小的，用户两次付费时需要的时间间隔是 9.7 天，然而当用户付费 8 次时，其付费间隔才是付费两次时所用的时间的一半。

由此，对于付费黏性，在付费频次的分析中，予以确定和量化，如图 7-30 所示，对于渠道 A 付费用户，在首次付费用户中，有 24% 的用户选择了 2 次付费，而在 2 次付费的用户中，又有 43% 的用户产生了 3 次付费行为，在转化路径中，用户付费频次的高低在最初的几次付费表现上非常关键。

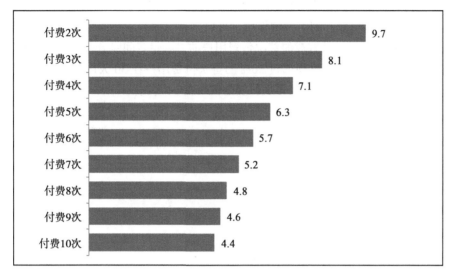

图 7-29 付费频次与付费间隔的关系

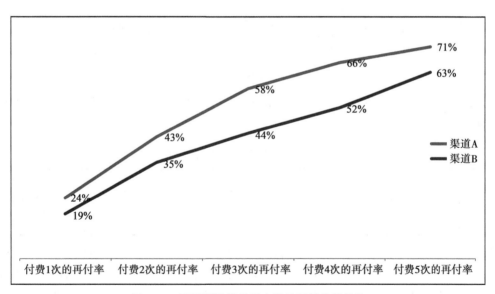

图 7-30 不同渠道付费用户的重复付费的趋势

与在电商分析中的一些行为表现类似，基本在 3 次付费时，用户的付费黏性已经形成（注意，此处只是举例说明某一款游戏的情况，并不代表所有游戏的付费行为表现），也就是说，影响用户是否持续进行游戏的驱动力就来源于用户最初的 1 ～ 3 次的付费体验，这个阶段如果没有良好的付费体验，那么用户基本就不会形成很好的游戏付费黏性。

值得注意的是，在过往针对付费黏性这一点的衡量，更多是停留在感性的认识上，然而通过对付费频次行为的分析，可以简单将这类感性的问题，用真实的数据表现衡量出来。这对于制定游戏收益提升的方案有很好的指导意义。

既然用户的前三次付费起到了关键作用，可以分析二次或者三次付费用户的规模以及生命周期划分。图 7-31 所示为某游戏的首次付费用户的二次付费间隔分布，横轴代表转化二次付费所需要的间隔时间，可以发现超过 50% 的首次付费用户在 30 天内发生二次付费，随着付费间隔拉长，首次付费用户转化为再次付费的概率在不断降低。

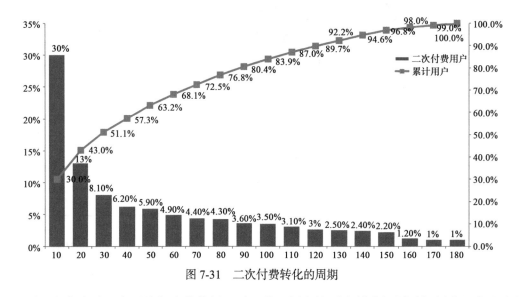

图 7-31　二次付费转化的周期

对比电商中对用户回购行为的分析，可以基于用户的再次付费间隔时间划分用户生命周期，见表 7-5。

表 7-5　用户重复付费间隔的划分

半衰期	28 天	30%	30%	30%	10%
		活跃期	沉默期	睡眠期	流失期
		0-10 天	11-45 天	46-124 天	125 天以后

注意，此表中的半衰期可以认为是指发生二次付费的新增付费用户（首次付费用户）多久能够达到所有发生二次付费用户数的 50%。也可以认为，前 50% 达到二次付费的用户相对稳定，持续转化付费的可能性更高，后 50% 的二次付费用户，随着时间的拉长，转化可能性变得很低。在表 7-5 中，可以看到 50% 的付费用户在 28 天内完成二次付费转化。

针对以上划分的 4 个阶段的用户群，可以采用不同的营销策略，设计不同优惠额度的消息推送或者精准地定向推送。不同时期，用户的习惯是不同的，其游戏深度也是不同的，那么，就需要在营销的时候灵活的制定策略。

7.7　分析案例——新增用户付费分析

新增用户的付费分析可用于新增用户收入的预测，同时结合推广成本，可以很好地量化推广效果和用户质量。新增用户付费分析包含了留存率、付费转化率和 ARPU 等综合知识的运用，着重考察某一段时间的用户在随后生命周期内的付费贡献。以下是基于某一周新增用户进行的分析，将从留存用户、付费转化率、收入、ARPU 和 ARPPU 等几个维度对新增用户的付费进行剖析，随后将基于这些知识，建立新增用户的收入预测模型。

7.7.1　新增用户留存

无论是 ARM 还是 AARRR 模型，都提出了留存率是用户收益转化的关键阶段。一个新增用户的收入产生，必然是在留存后才能贡献出来的，这里的留存可以理解为广义上的与游戏有实质性的交互。既然是在留存后才可能贡献收入，那么可以认为新增用户的收入贡献 100%来自于新增用户中留存下来的用户，由他们完成付费转化。图 7-32 所示为某一周新增用户在随后 52 周的周留存率表现，周留存率在 25 周以后，基本上非常平稳了，也就是说形成稳定的用户规模。

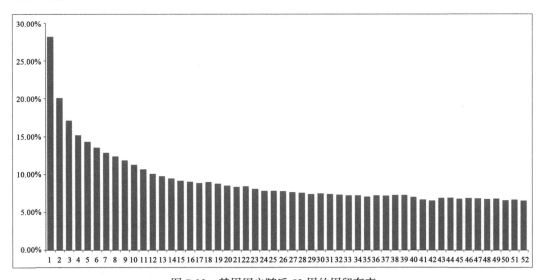

图 7-32　某周用户随后 52 周的周留存率

刚才讨论过，新增用户的收入贡献要基于留存。如图 7-33 所示，新增用户的收入转化分为以下几个阶段（以周新增用户为例），从新增用户转变为留存用户，再转化为付费用户，最终成为收入的来源。

假设某周新增用户 10 000 人，次周留存用户 4 000 人，而这 4 000 人中有 400 人选择了付费，且贡献收入为 20 000 元。以次周留存的 4 000 人作为主要的分析对象，可以了解到的信息如下。

- □ 次周留存率为 4 000/10 000 ＝ 40%。
- □ 次周留存用户付费转化率为 400/4 000 ＝ 10%。
- □ 次周留存用户 ARPPU 为 20 000/400 ＝ 50。
- □ 次周留存用户 ARPU 为 20 000/4 000 ＝ 5。

7.7.2 付费转化率

基于新增用户的留存用户，其付费转化率
有两种，以周新增用户及周留存为例，第一种
是周留存用户中转化为付费的比例，第二种是
周留存用户中付费用户占比周新增用户。当然，
如果仅从新增用户中累计付费用户的角度（所有
付费用户都是留存用户）来看，也存在一种累计
付费转化率，即累计付费用户数／累计新增用
户数，此处不做详细讨论。

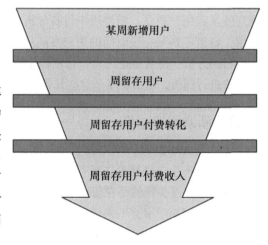

图 7-33　新增用户的付费转化流程

- □ 第一种付费转化率的计算公式为：周留
存用户中付费用户／周留存用户。
- □ 第二种付费转化率的计算公式为：周留存用户中付费用户／周新增用户。

图 7-34 所示是某一周新增用户在随后 52 周内，每一周的留存人数中转化为付费用户和
留存用户付费转化率（第一种）描述。

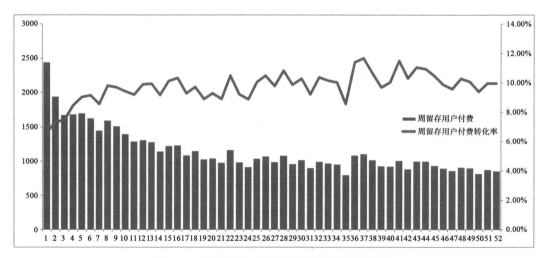

图 7-34　周留存中的付费用户及其付费转化率

毫无疑问，周留存用户中的付费用户也是逐渐下降的，但也开始逐步稳定，因为随着该
周新增用户在随后的深度游戏，付费习惯和游戏素质都在培养和提升。与此同时，周留存用

户的付费转化率在最初的几周呈现了加大的增长趋势，随着用户群不断稳定，达到一个稳定规模后，付费转化率呈现稳定的波动。如果将连续 52 周的新增用户的周留存用户付费转化率绘制出来，则会发现在最初几周的付费转化率会有较明显的增长，随后基本上不会有很大的波动，如图 7-35 所示。第一种付费转化率衡量的是每周留存用户的付费转化效果，此处不考虑用户是否曾经付费（有可能用户在上周留存并付费了，而在这一周又留存了且又付费了），重点关心在留存的当周是否有付费。第一种付费转化率的曲线走势较为平缓，浮动较小，这为最终的新增用户的收入预测提供了依据。

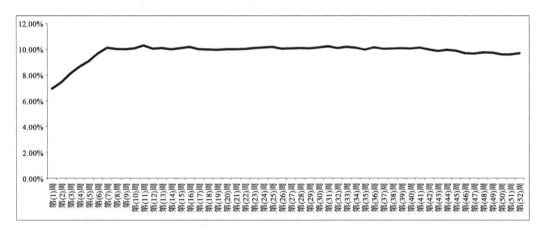

图 7-35　连续 52 周新增用户的周留存用户的平均付费转化率（第一种付费转化率）

第二种付费转化率的曲线形式与留存率的变化趋势一样，可以认为是付费转化率的留存表现，重点是关注用户的再次付费可能性，实际上此处的分子简单来说就是新增用户在随后每一周中付费转化的部分，但这些用户同时又是一个周留存用户。

如图 7-36 所示，是某周新增用户在随后 52 周的付费转化率（第二种）表现，随着时间的变长，付费转化率也在逐渐降低，与留存率分析的观点类似，不断提升最初阶段的周付费转化率对整体收入的提升有至关重要的作用。新增用户的留存率是衡量用户质量和提升用户规模的重要标准，而第二种付费转化率则是衡量留存用户的持续付费能力和付费生命周期的。

相比于第一种付费转化率，第二种付费转化率更注重在留存用户中的这些付费用户随着时间的衰减，在图 7-34 中，已经注意到了这些付费用户的衰减情况。然而，在第一种付费转化率中，却无法体现这种衰减趋势。第二种付费转化率意在控制和优化用户的付费生命周期。

7.7.3　留存用户中付费用户的收入

除了关注平均付费转化率以外，接下来将重点看用户的收入贡献情况。某一周的新增用户的收入贡献，可以看作是随后每周周留存用户中的付费用户付费收益的累计，即，

$$周新增用户收入＝第 1 周留存用户收入＋第 2 周留存收入＋\cdots$$

其中，

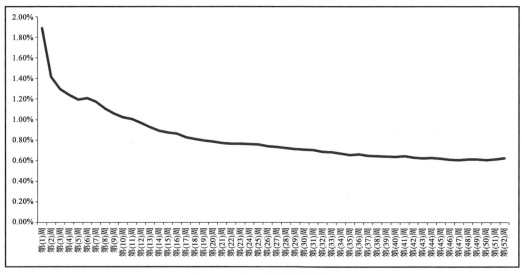

图 7-36　第二种付费转化率

❑ 第 1 周留存收入 ＝ 第 1 周留存用户 × 付费转化率 ×ARPPU ＝ 第 1 周留存用户 ×ARPU，
以此类推。

❑ 付费转化率 ＝ 第 1 周留存用户中付费用户 / 第 1 周留存用户，以此类推。

❑ ARPU ＝ 第 1 周留存收入 / 第 1 周留存用户，以此类推。

❑ ARPPU ＝ 第 1 周留存收入 / 第 1 周留存用户中付费用户，以此类推。

基于以上分析，可以绘制某周新增用户的周留存收入变化趋势图，如图 7-37 所示。我们
可以发现，最初几周留存用户的付费贡献是比较高的，随着周期拉长，随后周留存用户的付
费贡献趋于稳定。

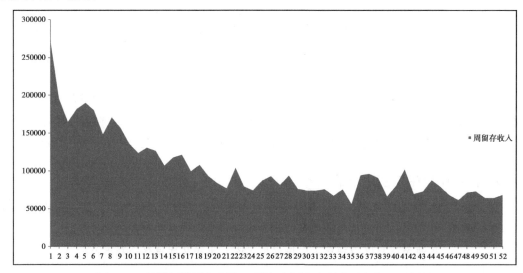

图 7-37　某周新增用户连续 52 周留存用户中付费用户收入面积图

同时，绘制累计周留存收入，可以明显地发现新增用户在随后的生命周期中收入的贡献情况。图 7-38 所示是根据某周新增用户在随后 52 周的收入变化情况（收入都是由新增用户在各周留存下来，且转化为付费用户的贡献），其中横轴 1 的代表 52 周累计总计收入，从 2 到 53 代表每一周留存用户的收入贡献，红线代表累计收入占比，累计 18 周的收入达到了 50%，累计 38 周的收入达到了 80%。

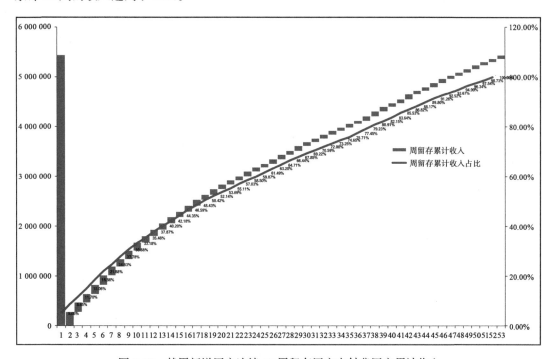

图 7-38　某周新增用户连续 52 周留存用户中付费用户累计收入

7.7.4　ARPU

在新增用户的付费分析中，ARPU 和 ARPPU 都扮演了非常重要的角色。按周的维度进行分析，新增用户的收入都是由随后每周留存用户的付费转化贡献的，所以新增用户的付费分析就是对周留存用户的付费研究。

在新增用户的付费分析中，存在两种 ARPU。

❑ 第一种 ARPU = 每周留存用户收入 / 每周留存用户。注意，此处的每周留存用户收入来源于留存用户中付费用户的贡献。

❑ 第二种 ARPU = 每周留存用户收入 / 周新增用户。

第一种 ARPU 注重衡量每周留存用户的付费能力。在周留存用户中，每增加一个付费用户，其收益贡献就是一个 ARPU。随着每周留存用户的衰减，其中的付费用户也同时出现下滑（付费用户都是从每周留存用户中转化的）。如图 7-39 所示，计算的第一种 ARPU 在最初的几周呈现了增长的态势，也就是说尽管留存用户逐渐下滑，然而付费用户下滑的速率却远低于留存用户的下滑速率。图 7-39 所描述的曲线走势与图 7-35 所描述的付费转化率走势基本一致（很大原因都是对于当周留存用户的付费转化率和 ARPU 的考量）。最初这批新增用户中在第一周留存且付费，也选择了在第二周留存，且持续付费，这种可能性使得在最初几周积累了大量的有持续付费习惯的用户。从次周留存 ARPU 为 6 元多，到第 8 周留存 ARPU 涨到了 9 元。换句话说，基于这个 ARPU，我们可以认定在一段时间内，ARPU 的震荡是比较小的，基本稳定在一个区间中，这为后续的收入预测提供了很好的参考。

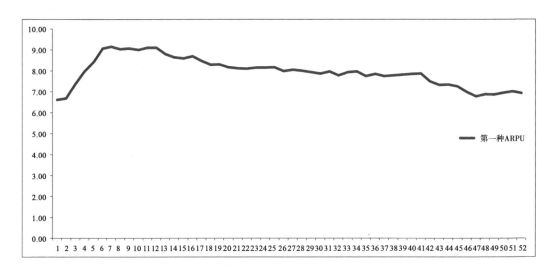

图 7-39　第一种 ARPU

　　第二种 ARPU 如同第二种付费转化率一样，其计算的分母是新增用户，如图 7-40 所示，从趋势上看和留存率的曲线趋势是相同的。重点衡量新增用户在阶段性时间内的收入贡献，也是从生命周期的角度看待新增用户的平均付费能力的变化，衡量每一个新增用户随着时间变化其收益的变化情况。例如，周新增用户有 10 000，如果次周的 ARPU 是 2.09 元，那么就意味着，若新增用户在次周平均每个用户的收入贡献就是 2.09 元，在次周产生的收入就是 20 900 元，而此时若第二周的 ARPU 为 1.49 元，收入则是 14 900 元，也就意味着第二周收益就比第一周的收益少贡献 6 000 元。

　　此外，如果对第二种 ARPU 进行累加，累计 ARPU 是通过不断累加每一个时间区间内的收入去计算分摊在每一个新增用户身上的价值。如果某周有 131 085 个新增用户，相关的计算见表 7-6。不断提升的累计 ARPU 与每一个新增用户的获取成本之间是可以进行比较的，如果每一个新用户的获取成本是 5 元，那么累计 ARPU 达到 5 元需要 2 周时间，这意味着收回成本，新用户开始创造利润的时间至少需要两周。

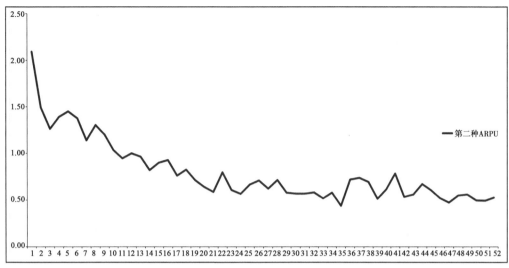

图 7-40 第二种 ARPU

表 7-6 某周新增用户的相关数据

周	周收入	周留存用户	周付费用户	ARPPU	第一种 ARPU	第二种 ARPU	累计周ARPU
1	274 198	36 935	2 439	274 198/2 439=112.42	274 198/36 935=7.42	274 198/131 085=2.09	2.09
2	195 800	26 381	1 940	195 800/1 940=100.93	195 800/26 381=7.42	195 800/131 085=1.49	3.58
3	165 781	22 473	1 674	165 781/1 674=99.03	165 781/22 473=7.38	165 781/131 085=1.26	4.84
4	182 539	19 922	1 680	182 539/1 680=108.65	182 539/19 922=9.16	182 539/131 085=1.39	6.23
5	190 252	18 780	1 694	190 252/1 694=112.31	190 252/18 780=10.13	190 252/131 085=1.45	7.68
6	180 611	17 795	1 626	180 611/1 626=111.08	180 611/17 795=10.15	180 611/131 085=1.38	9.06
7	149 244	16 874	1 442	149 244/1 442=103.50	149 244/16 874=8.84	149 244/131 085=1.14	10.20

如图 7-41 所示，表示的是某游戏一周新增用户在随后每一周的累计 ARPU 曲线，如上述所说，累计 ARPU 最大的意义是对新用户获取成本进行衡量，确立开始创造利润的周期。

值得注意的是，如果对第一种 ARPU 和第二种 ARPU 进行一定计算，会发现如下信息。

第二种 ARPU ／第一种 ARPU ＝某周留存用户／原始周新增用户＝某周留存率，也就是说，留存率代表了两个 ARPU 的比例关系。同样的信息在之前的付费转化率的分析中，也有发现，即留存率代表了两种付费转化率的比例关系。

7.7.5 新增用户的收入计算

两种 ARPU 其实代表了从两个角度来分析新增用户的收入贡献，第一种 ARPU 所代表的周新增用户收入在 7.7.3 节中已经提及，具体如下。

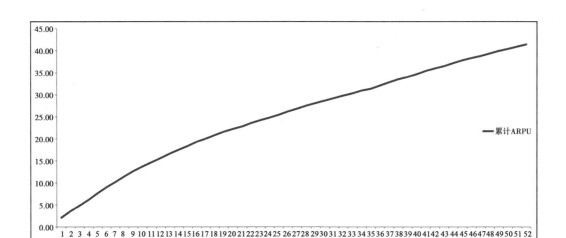

图 7-41　累计 ARPU

第一周留存用户 × 第一周 ARPU ＋第二周留存用户 × 第二周 ARPU ＋…＝第一周留存用户 × 第一周付费转化率 × 第一周 ARPPU ＋第二周留存用户 × 第二周付费转化率 × 第二周 ARPPU ＋…

注意，此处的付费转化率指的是第一种付费转化率，而 ARPPU 的计算可参照表 7-6，其计算公式如下。

ARPPU ＝每周留存用户收入 / 每周留存用户中付费用户

基于以上的公式，只要知道了每天理论上要推广的新增用户量，就可以计算新增用户随着生命周期变化，计算出理论上的收入水平。主要是通过行业平均留存率变化趋势曲线预测新增用户随着生命周期的变化，在每个时间段内留存下来的用户（即新增用户在随后时间内仍留在游戏中的数量），由于在对第一种的 ARPU 分析中，发现第一种 ARPU 基本上是恒定的，此处如同留存率曲线一样，可以确定一个 ARPU，进而最后完成收入的预测。表 7-7 所示是对某周 131 085 个新增用户的收入预估，此处理论周留存率是代表该游戏的预估留存率趋势，第一种 ARPU 是预估该游戏的收益能力，最终基于新增用户完成预测的收入。这种模式下的收入预测其实是有先决条件的，即假设的留存率和假设的 ARPU 完成了对最终收入的预估。

表 7-7　某周新增用户收入预估

周	周收入	周留存用户	理论周留存率	预测周留存用户	第一种 ARPU	预测收入
1	274 198	36 935	27.21%	27.21%×131 085=35 662	8.64	35 662×8.64=308 119.68
2	195 800	26 381	19.09%	19.09%×131 085=25 023	8.64	25 023×8.64=216 198.72
3	165 781	22 473	16.04%	16.04%×131 085=21 024	8.64	21 024×8.64=181 647.36
4	182 539	19 922	14.37%	14.37%×131 085=18 841	8.64	18 841×8.64=156 738.24
5	190 252	18 780	13.18%	13.18%×131 085=17 283	8.64	17 283×8.64=149 325.12
6	180 611	17 795	12.31%	12.31%×131 085=16 139	8.64	16 139×8.64=139 440.96
7	149 244	16 874	11.60%	11.6%×131 085=15 203	8.64	15 203×8.64=131 353.92

在上述的预估案例中，实际上 7 日的周收入总计为 1 338 424，而理论预估的收入为 1 282 824，存在的收入绝对误差为 –55 600，相对误差为 –55 600/1 338 424 ＝ –4.15%。

第二种 ARPU 所代表的新增用户收入预估计算如下。

周新增用户 × 第一周 ARPU ＋周新增用户 × 第二周 ARPU ＋…

在该模型中，只需要考虑第二种 ARPU 的变化即可，只要确立第二种 ARPU 的理论变化方式，就可以直接进行收入的预估。因为从第二种 ARPU 的变化来看，是可以做到对 ARPU 的函数建模，并确立一个行业水平用于计算。此外，由于第二种 ARPU/ 第一种 ARPU= 留存率，而第一种 ARPU 是恒定的，其留存率也是可以确定的，故第二种 ARPU 实际上是完全可以确立下来的，也就是说第二种 ARPU 是第一种 ARPU 进行了加权处理的数值，这个加权就是相对应的留存率。有关使用第二种 ARPU 进行收入的预估和计算，请读者自行完成。

渠道分析

流量为王的时代，谁能够获得用户，谁就拥有主动权，手游时代同样如此。具备先天优势的渠道是把控用户进入游戏、接触游戏的入口，因此拥有好的推广渠道，对于游戏来说已经成为了不得不跨越的第一步。然而，在精细化运营越来越被重视起来的今天，地毯式铺设渠道的做法已经不被看好，因为这种方式搭建成本高，维护成本高，用户质量参差不齐，性价比差。因此，如何获取有效的推广渠道并加以维护，进一步挖掘渠道用户的潜力，将是所有游戏厂商要不断进行的工作。本章将就如何分析渠道数据做详细的阐述。

8.1　渠道的定义

从广义上来讲，渠道就是产品向目标用户转移过程的具体通道或路径。对于游戏而言即游戏向玩家转移的途径。无论是官方市场、第三方市场、手机助手，还是一则广告、一个推荐、一篇软文，都可以成为一个渠道。渠道是最有效地获取潜在用户的方式。渠道包含用户资源（即流量），涉及从推广到运营整个过程中的每一个角色，无论是研发商、发行商，还是运营方，都与渠道息息相关。渠道本身聚合了大量的用户群体，构成可以使产品向用户转移的"货架"，成为平台。然而，平台的位置是有限的资源，对于推广方而言，对于资源的争夺和需求日益强烈，使得渠道资源变得无比重要。由于推广方的普遍认知（获得了最佳渠道资源即获得了不错的收益），导致渠道资源的获取成本不断增加，为产品找到最合适渠道的过程变得异常艰难。加之市场炒作将"数量"（获取产品用户数量）标榜为衡量产品是否优秀的标准，使得推广方没有找到适合自身产品的最佳渠道，渠道也没有找到适合自己用户资源的最佳产品。

8.2　渠道的分类

移动游戏的推广产业链很复杂，尤其是在中国市场。iOS 相对比较简单，但是安卓市场鱼龙混杂，任何用户的入口都可以被认为是一个渠道。

推广的产业链如图 8-1 所示。

图 8-1　推广的产业链

从数据追踪的方式来看，可以简单把渠道分为两类，即分包追踪类和短链接追踪类，如图 8-2 所示。分包追踪类常见于安卓系统，指对于不同的渠道使用不同的包名加以区分。短链接追踪类常见于 iOS，指对于 App Store 的产品而言，推广方式常常是广告链接的形式，最终的下载渠道都是 App Store。在这种情况下，无法判断用户是由哪个广告引入的，因此对用户单击广告链接的行为进行追踪，将广告链接作为渠道来对待。

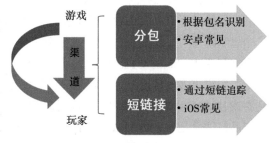

图 8-2　追踪方式划分渠道分类

8.3　渠道分析的意义

渠道分析是通过把渠道数据和运营数据相结合进行分析，进而对未来运营方向做决策时提供判断依据。

8.3.1　最佳渠道是运营之外使产品的利益最大化的方式

最佳渠道是指能够获取核心目标用户，并建立忠诚关系。从渠道角度来看，首先希望自身的资源用户是最契合产品需求的，这样在把握和推广产品的过程中，将决定是否得到产品推广方的价值认可。其次渠道本身的资源用户与渠道之间的稳定关系将决定用户是否忠诚于渠道。如果用户本身对渠道没有忠诚度，如回访周期较长甚至不回访，那么用户对渠道就不存在忠诚，这类用户即使在短期内成为产品的激活用户，也不会成为产品较好的留存用户。不得不说，渠道所期望的用户忠诚度和产品所期望的用户忠诚度在一定程度上相悖。这一点不难理解，因为渠道所期望的用户忠诚是指会经常回访并经常在渠道上激活新的产品。而产品所期望的用户忠诚指能够长期在产品中留存、下载并转化为核心用户。因此，渠道分析就不仅仅限于对用户新增做分析了，还要扩展至活跃、留存、付费，甚至流失。

8.3.2　品牌的力量不容小觑

无论是渠道方还是产品方，都希望打造自身的品牌影响力。一方面，品牌是一个不断积累用户并逐渐在用户心中形成良好印象的过程，另一方面又是通过口碑的影响力，实现长尾的目标。从游戏的角度来讲，品牌的形成过程就是逐渐在市场中获取更多玩家的青睐，用高质量的游戏产品逐渐在市场中形成影响力。假如我们提到暴雪、网易，自然而然会想到魔兽世界、梦幻西游等产品，每当在一些广告或者新闻中看到诸如这些具有品牌力量的公司所发布的产品，也难免会有要去试一试的冲动。这就是品牌在用户心中的影响力，可以为产品吸引更多的用户。那么怎样才算是一个真正的品牌？简单理解就是逆向 IP。在 2013 ～ 2014 年的手游市场，IP 热一直是各大会议都会提及的问题。为何市场对 IP 会如此狂热？简单来讲，一个好的 IP 能够为游戏吸引用户，这是 IP 在初期所体现的力量，无论是动漫、小说还是电视电影。那么，为什么好的 IP 能够吸引用户呢？原因很简单，用户对 IP 存在认知度。控制欲是人的本能属性，当人们在看一部小说、一部动漫的时候，往往会有自己的"思路"融入进去，这个思路就是"如果剧情这样发展该多好"。因此，当这些可控因素出现在游戏中时，用户就会有立刻要去尝试的动机。因此，品牌在影响用户的同时，除了带给用户熟悉的背景外，还要带给用户更多的认同感。也就是游戏的设计模式符合本身 IP 的故事背景。这样用户才能找到游戏 IP 与游戏本身的共鸣，进而对游戏产生依赖，逐渐帮助游戏形成品牌。在设计上，很多产品往往会把付费的刺激点前置，也就是常说的赚快钱，这样的结果就是游戏会变成用户的快餐、快消品。这样做对于游戏本身来讲不能说是错的，毕竟开发游戏的目的还是为了赚钱，但是就品牌的长尾效应来讲，绝对不是对的。

从渠道的角度来讲很容易描述。回头客是建立在认知的基础上，这一点类似于游戏产品的 IP 效应。如今的移动市场渠道很多，用户的选择十分广泛，但是用户在养成习惯后，往往只会停留在那么一到两个渠道中。因此，如何使自己的渠道变为用户的习惯渠道，是目前渠道获取客户的最大难题。如今用户对于渠道的新鲜度已经很弱了，越来越少的用户会去尝试一个新的渠道。因此，在用户的常用渠道上给予用户优质的用户体验是解决用户对渠道形成认知的重要因素。如果用户在一个渠道上每次下载都会伴随安装捆绑软件，那么用户自然会去尝试其他渠道。而一旦用户形成一个渠道的下载安装习惯后，想要改变是很困难的。因为从用户的角度来讲，更换新的渠道存在一定的成本，包括下载渠道、寻找目标产品、下载安装位置等。

8.4 建立渠道数据分析体系

渠道该给用户什么？用户真的会挑剔渠道吗？体验是个整体性的感觉，对于用户来讲，某个渠道的下载速度快就是最佳渠道，速度是形成渠道认知的第一步，至于使用习惯，可以慢慢适应。因此，渠道的品牌建设也许并不需要面面俱到，但一定要有亮点。因为用户对品牌的忠诚不需要太多的理由。

开发者在经过了不断地尝试之后，逐渐总结出作为优质渠道所共有的特点，如图 8-3 所示。

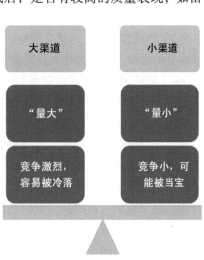

知名度	下载量
高活跃	高黏性
高付费	ROI

图 8-3　优质渠道的共性

8.4.1 建立数据监控体系

无论是做预测还是做分析，数据都是用来支撑的基础，但是在获取可用的分析数据之前，需要建立数据分析监控体系。除了固有的第三方统计分析工具所提供的数据之外，还要根据自己的商业逻辑、业务模式建立一套数据分析指标体系，建立因地制宜的数据分析模型来优化渠道投放和策略。无法衡量就无法改进，在实际实施推广计划的过程中，往往会发现，我们的策略与市场的发展现状相比滞后了，此时由于一些既定因素的干扰，又不能及时针对市场的情况做出及时有效的调整，导致不得不硬着头皮实施。直接导致推广的效率低下，成本增加。产生问题的原因就是没有监控实施变化。如果推广营销人员对于产品的把控周期太短，如只把 KPI 定在了下载激活，那么自然用户后续的质量、行为就会被忽略，自然也就不会关注产品本身的质量和优化问题。自然用户的表现和产品本身的质量直接决定了推广策略是否符合渠道的投放选择，当用户下载后，是否有较高的质量表现，如留存、新手通过率、付费、活跃度等指标。

因此，构建完整的渠道监控指标体系，是渠道分析的基石。不要在需要分析问题的时候才去提取指标，你会发现想要的数据全部没有。

在了解渠道前，先要了解自己，渠道本身没有好坏之分，只有合适与不合适。大渠道用户量大，而小渠道的用户量小，这是普遍的认知。然而，我们没有注意到这样一个问题，如图 8-4 所示，小渠道的量即使再小，也足以撑起合适的游戏；大渠道用户量虽然大，如果用户对游戏不买账，也不会带来期望的用户量。

在不考虑与渠道的公关以及推广成本的前提下，单就产品质量而言，数据表现是获取用户流量的关键所在。如果不能达到渠道 A 级以上标准的数据表现，不受

大渠道	小渠道
"量大"	"量小"
竞争激烈，容易被冷落	竞争小，可能被当宝

图 8-4　不同渠道对待产品的态度

渠道的青睐也是在所难免。iOS 渠道看 App Store 而安卓渠道看彼此，如图 8-5 所示。因此，在游戏上线的前期，产品尚在调试阶段的时候，不宜大量铺设渠道，而是瞄准一个测试数据好的渠道细细打磨产品，将数据表现优化到最佳状态，交出满意的成绩单，自然会获得其他渠道的推广青睐。然后再维护重点的几个大渠道（能够给产品带来主要用户量的渠道）才是正确的渠道选择方式。相反，如果在产品上线前期大量铺设渠道，耗费巨大的推广费用不说，如果产品数据表现欠佳，还会给市场造成不好的影响。即使慢慢调优，也很难改变市场对游戏的不良反应。

图 8-5　渠道选择产品的角度

在获取用户成本不断提高的前提下，只是关注渠道有没有用户量的思想终究会被淘汰，越来越多的推广者会考虑除了带来用户量以外的其他因素，以确保能够在投放选择正确的前提下最大化的提供长尾效应。图 8-6 所示为从渠道关注的角度进行拓展的 4 个维度。

1）目标市场：每个渠道的玩家和游戏都具有特殊性。充分了解玩家的群体特征，有利于在推广前分析渠道是否符合游戏的设计。而了解渠道玩家的生命周期有利于把握游戏在该渠道运营的过程中的活动节奏，使渠道收益最大化。

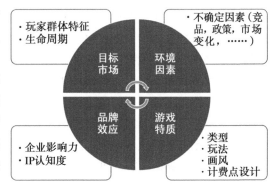

图 8-6　关注渠道的角度

2）品牌效应：企业影响力包括渠道和开发商两方面。而 IP 认知度则是影响玩家是否选择该游戏的关键。

3）游戏特质：无论推广策略、渠道质量还是 IP 认知度，最终影响游戏的最大因素还是游戏本身的质量。如果游戏本身质量优良，那么就能够反客为主，将渠道带来的影响降到最低。

4）环境因素：环境因素是不可控因素，同期竞品的上线、政府政策的变化、市场发展的变化，都会影响游戏上线后的表现。因此，要能够准确地把握市场的动向，尽量将不可控的环境因素掌握牢固。力求顺应有利因素而避开不利因素。

对于处于不同角色的人员来讲，虽然了解渠道的特性意义不同但是目标一致。如图 8-7 所示，市场人员更关注游戏推广获客阶段，而运营人员更关注游戏玩家的经营阶段。也就是说，市场人员关心的是玩家进入到游戏之前的行为，而运营人员负责玩家进入到游戏之后的行为。对于市场人员来讲，如何选择投放渠道，如何使用预算成本是重中之重，与玩家相处的时间很少。而运营人员更关心玩家在游戏内的行为，将玩家进行细分、玩家群体差异化运营，以及多渠道的差异化运营，最大化的实现玩家价值才是主要目标。但是二者都是以 ROI（投入产出比）为共同的目标。

判断渠道是否有效是一个筛选的过程，每个渠道都是贡献者，但是要看贡献的价值大小。判断的方法是使用比较模型，如图 8-8 所示，主要集中在成本比较、收益比较以及投入产出比比较。在比较的过程中，不同渠道之间的冲突会不断地涌现出来，而这些冲突就是对渠道做取与舍的判断依据。例如，对不同游戏在同一渠道的表现进行比较，对同一游戏在不同渠道的表现进行比较。很容易就会发现哪些渠道的价值高，哪些渠道的价值低。在做出判断后，对投放选择做出倾斜，扩大优质资源渠道的投放力度。

图 8-7　不同角色关注的角度不同　　　　　图 8-8　比较模型

在数据驱动下的最佳渠道优化策略如图 8-9 所示。这是针对渠道进行数据分析监控的流程，涵盖了从定位目标开始，一步步进行拆解的详细过程，每一步都具有承上启下的作用。最终可实现渠道优化的目的。

1. 定位目标——什么能做，什么不能做

定位目标是一个知己知彼的过程。首先要了解自身产品的属性、名称、类型、IP、安装包大小、网络连接需求和适配性等方面；其次是目标人群，了解目标人群的特征，包括年龄、性别、IP 认知、收入结构和区域分布等。要确保产品设计符合人群的需求。最后分析目标渠道的特点。了解渠道获取用户的方式，分析渠道游戏的分布有助于帮助我们了解渠道是否符合产品的推广。了解渠道的方法有很多，如图 8-10 所示。

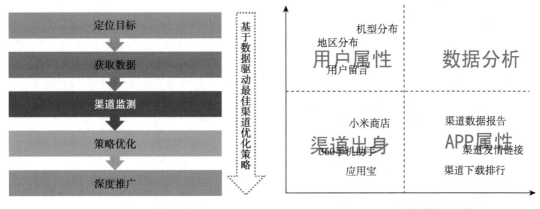

图 8-9　最佳渠道优化策略　　　　　图 8-10　了解渠道特性的维度

1）渠道出身：很多渠道的出身有很明显的特征，如360手机市场和360手机助手、小米商店和小米手机、应用宝和QQ。这些渠道与自身出身之间的关系可以侧面反映出渠道用户的属性。最明显的莫过于硬件厂商的应用商店直接与硬件绑定，对于适配性方面的考虑是个十分明显的指导方向。

2）渠道APP属性：APP属性是根据单个渠道进行监控分析得出的结论。途径有很多，如渠道数据报告、渠道内的APP分类排行、渠道内的APP下载量，甚至渠道的友情链接等，都可以是了解渠道APP属性的途径。

3）渠道用户属性：对于安卓渠道，很明显的分析优势就是分包追踪，我们为每家渠道的渠道包打上特殊的包名（当然这也是某些渠道的要求），进而对该渠道的数据表现进行监控，统计渠道中用户的属性特征，主要通过机型、分辨率、操作系统、联网方式等方面的硬件信息了解用户属性特征。对于iOS而言，在分包统计方面可能有一定的阻碍，但是由于iOS的硬件属性单一，因此对于硬件属性的了解需求远没有安卓的迫切。

4）数据分析：数据分析是贯穿在整个产品生命周期过程中的一项工作。从产品上线前期的产品定位分析、目标人群分析、收入预期分析到产品上线后的数据专项分析，都是对决策起指导作用的关键。

了解渠道与定位产品是同时进行的过程，两者并不相悖。定位产品所需要了解的信息包括如下内容。

1）题材。

2）性别、年龄。

3）游戏深度（频率、时长、进度、周期）。

4）数据采样：

❏ 月平均活跃天数。

❏ 生命周期。

❏ 平均登录次数。

❏ 有效转化率。

❏ 平均游戏时长。

❏ 新手引导转化率。

5）指标调整：

❏ 优化新手教程（促进有效的用户转化）。

❏ A/B test游戏机制（影响用户登录）。

❏ A/B test运营活动（影响用户登录、活跃、收入）。

❏ A/B test用户流失（减少软性流失）。

❏ 游戏设计关键点追踪（任务、玩法）。

❏ 付费体验设计（影响收入）。

可以看出，在分析的过程中需要不断尝试、不断改进，是一个闭环的过程。最终达到调试游戏的目的。

2. 获取数据——哪些先做，哪些后做

我们已经对自身产品有了定位，明确了目标用户，了解了渠道的特性，接下来要实施的是过程。这里要做的事情很多，按照步骤一步步去实现，将重心放在渠道推广的效应层面上。

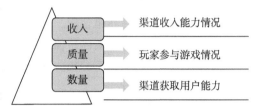

我们要建立渠道分析的指标体系，明确分析的方法和模型。指标体系最终还是要服务于业务分析，因此从分析的初衷来看，要服务于渠道评估。最佳的渠道评估策略分为3部分：数量、质量和收入。

图 8-11　评估渠道质量的 3 部分

（1）数量

数量是衡量用户获取能力的关键所在。粗犷的推广部分，数量是主要关注的指标所在，这也是为何大渠道会被捧而小渠道经常无人问津甚至被忽略的原因，也使得很多小的开发商的游戏无法获取用户数量上的优势而使上架变得十分艰难。一般情况下，对于开发者来说，最关心的数据是新用户的数量，这代表了推广的效果。当然，数量分析揭示的也是渠道用户的获取能力，可以反映出用户对渠道的黏性和忠诚度。如果渠道本身的用户体系不完备，没有具有黏性的用户群和稳定的用户导入方式，那么能够给开发者带来的用户资源也是有限的。从分析的角度，对于数量维度的分析，要关注如图 8-12 所示的指标。

- ❑ 安装量：以独立设备为单位，衡量有多少设备安装了游戏。
- ❑ 注册量：以玩家的账号为单位，衡量有多少玩家注册了账号。
- ❑ 注册转化率：用注册量除以安装量，衡量玩家从安装到注册的转化率情况。（单设备多账号排重计算）
- ❑ 渠道份额：衡量渠道对于游戏新增注册玩家的占比情况。直接反映渠道带入玩家数量的能力。

这 4 个指标是从数量上衡量渠道的基本因素，要做到能够说明用户的行为信息还不够，因为用户行为是要结合具体目的来看数据反馈。例如通过注册转化率的表现，可以看出某个渠道的用户是否更贴近于游戏的目标用户，然而这只是分析目标用户的第一步，这个转化率的表现会带来很多实际的问题需要进行分析，也就是说影响注册转化率表现的因素包含哪些呢？如图 8-13 所示，网络质量、游戏加载速度、游戏运行资源占用大小、适配性和注册成本等因素都是隐形的影响条件，看似微不足道，但会导致用户直接离开。

图 8-12　数量维度关注指标　　　　　图 8-13　影响转化率的因素

针对不同情况下的需求，在统计指标基础上进行延伸分析，逐个解决各个细节中的问题。

（2）质量

质量维度的分析主要集中在玩家参与游戏的情况指标。目前，游戏产品的推广中绝大多数的分析只停留在数量分析的层面，很少会有人深入到质量层面进行分析。稍微深入一些的分析会涉及渠道的收入贡献情况，但是却忽略了一个很现实的问题：目前很多推广的成本是收不回来的，即单用户的贡献价值远小于用户的获取成本。在这种情况下就迫使开发者要深入游戏玩家的行为质量进行分析，使得在有限的玩家数量内获取最大的价值，并决定未来投放渠道的收入增长潜力。

如图 8-14 所示，平均日活跃、平均一日玩家比例、平均次日留存率、首周付费率，这4 个指标是质量维度分析的基础。可以看出这 4 个指标都是偏前期关注的指标，也就是推广的初期需要重点关注的指标，与数量维度分析的几个指标相比，更偏重解决投放的质量问题。

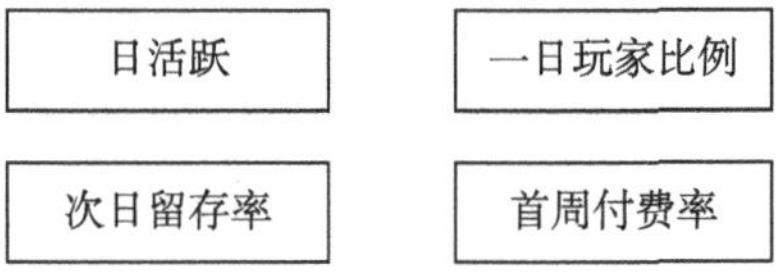

图 8-14　质量维度关注指标

❑ 日活跃：每天登录游戏的玩家数量。

❑ 一日玩家比例：玩家在新增日以后，再也没有登录过游戏的玩家数量所占当日新增数量的比例，也就是计算新增日即流失的玩家比例。

❑ 次日留存率：新增玩家在第 2 天还会登录游戏的比例。

❑ 首周付费率：新增玩家在新增日后的 7 天内进行付费的比率。

渠道的平均日活跃有助于了解该渠道长期的活跃走势和水平。而一日玩家比例是反映推广用户质量的核心指标。如果玩家在新增首日即流失，属于刚性流失，这部分流失是很难通过后续的调试和活动来挽回的，是考验游戏对于玩家第一印象的吸引程度的指标。又是极大地影响留存率的关键指标，所以必须了解留存率中的水分有多少，多少人是刚性流失，又有多少人是软性流失。将两种群体区分开，进一步了解真实用户的留存水平。留存率作为质量控制的一个节点，次日留存率的水平往往是大部分渠道用来对游戏进行评级的标准之一。除此之外，留存率的作用更多的是挽留核心用户，例如用各种运营手段使用户留存下来，这种做法往往被认为是解一时之渴的做法，其实不然，在新手引导设计被不断小白化的今天，玩家往往在第一次游戏的短暂时间内无法接触到游戏的核心设计和能够使其感兴趣的动力，而留存下来往往能够弥补这一缺陷。最终使用户转化成核心用户的概率大大提升。

首周付费比例放在质量维度中起到承上启下的作用。虽然首周付费比例不能直接反映出收入但直接影响收入的指标。最终的渠道用户资源还是要转化为收入来衡量的，不能完成这一步，就不能完全判断一个渠道质量的价值。同样，这里用到的是比较模型，首周的付费比例情况决定了渠道推广后用户的付费质量情况，与自然阶段（非推广期）进行比较分析，衡量推广期的用户质量。一般来讲，如果用户在首周不能形成付费，在以后的活跃期内也很难形成付费。

（3）收入

收入维度分析渠道的盈利能力情况也是开发者最关心的部分。对收入的分析是最常见的分析维度，这里重点要覆盖几个指标，如图 8-15 所示。

❑ 收入：玩家充值的金钱数。

❑ 付费人数：付费玩家的数量。

❑ 付费率：付费玩家数所占活跃玩家数的比例。

❑ ARPU&ARPPU：每个活跃玩家收入和每个付费玩家收入。

图 8-15　收入维度关注指标

这几个指标耳熟能详，并没有特殊的含义，只是需要明确计算方式，可能会因为各家的计算方式和叫法不同导致一些差异。对收入的监控是一个持续的过程，需要不断监控和衡量渠道的收益能力，做好用户获取成本和用户收益之间的平衡，即 ROI。后续我们会对 ROI 的评估做详细的解释。当然，从监控指标的维度来看，这几个指标有时并不能满足分析的需求，但却是进行收入分析的基石。基于渠道的收入分析可以按图 8-16 的角度进行拓展。

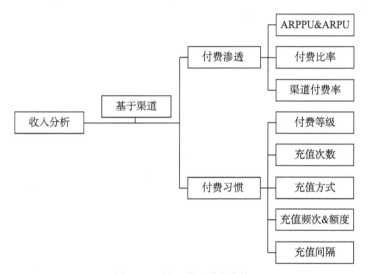

图 8-16　基于收入分析拆解

（4）"QQ 妹儿"渠道分析模型

通过对分析维度的分解，可以简单总结为 QQM（QQ 妹儿）渠道分析模型，如图 8-17 所示。通过数量、质量和收入 3 大指标维度进行渠道的分析找出最优渠道，进而有效地推广策略优化、流量优化，实现利益最大化。

3. 深入到位——做了事情，不代表就做好

在明确了分析的维度之后，并不一定就能够解决问题，还需要深入理解业务并能够深入到业务中，环环分解进行分析，不断优化推广策略。优化推广策略的第一步就是建

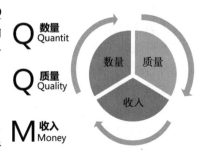

图 8-17　"QQ 妹儿"分析模型

立良好的第一印象。在用户进入游戏之前要对用户产生足够的吸引力，使用户能够成功进入到游戏中，之后才是针对用户的行为进行优化。

有哪些因素会影响用户在渠道中对游戏的第一印象呢？图标、截图、应用描述/ASO、推广位置、渠道包（大小、Lite/HD）、PR、Banner Ads、星级、下载量、评论、下载速度、信息正确率、联网和更新等因素，都会影响用户在进入游戏之前对游戏形成的第一印象。在不断地尝试和A/B Test中筛选出最适合渠道玩家口味的设计，是玩家能否选择进入游戏的关键。作为一个玩家，看到图8-18这样的评论，还有信心下载游戏进去玩吗？

九游玩家 来自于 九游游戏中心
小米2s，完美闪退，根本停不下来！进去就退出来！

图8-18 玩家反馈示例

这不是玩家的问题，不是渠道的问题，更不是设备的问题，而是游戏的问题。如果玩家这样被拒之游戏门外，就不要谈游戏设计、游戏属性了。当然，在实际应用中，也要对这些影响因素做取舍。例如，一款Q版三国杀题材的游戏做推广的时候，使用三国杀物料的设计素材，转化率要比真实游戏截图物料高出2～5倍。在这种情况下就要对信息的正确率做出取舍。

8.4.2 渠道推广分析的闭环

总体来看，在做推广的时候，要把握推广思路，形成闭环，如图8-19所示。

明确目标：包含很多项。在做推广之前要明确游戏本身的属性、目标人群的属性、推广渠道的选择、推广费用的预算、用户量导入的预期、推广周期、推广起止时间，以及接入渠道的成本（主要是程序方面的时间成本）等，确保在推广的过程中没有遗漏项。

数据体系：数据体系主要是前面提到的指标体系的建立。在基础指标的基础上针对自身游戏的特质做判断。可行的办法是遵循加减法，在不考虑分析目的的前提下先把在游戏内能够产生的数据指标全部列举出来，尽可能全面。然后根据分析目

图8-19 推广的闭环

的进行筛选，结合监控技术难点等，将没必要的数据指标项剔除，最后形成一套实际可行的数据分析指标体系。

渠道分析-追踪评估-推广优化：这3部分是密不可分的，是整个分析闭环的核心，其他步骤的效果都由渠道分析来决定。基于数据驱动的渠道分析运营策略如下。

1）利用工具追踪自然增长用户和推广用户的激活。

2）对比、识别自然激活用户和推广激活用户的特征。挖掘忠诚用户转化漏斗的路径特

征：主要了解忠诚用户从下载开始到转化成忠诚用户的行为路径以及属性。当然，这里的忠诚用户需要自行定义，例如付费用户，达到有效游戏时长或者游戏深度，按需定义。

3）聚焦于忠诚用户的获取途径。

❑ 定义用户特征。

❑ 追踪忠诚用户。

❑ 识别由忠诚用户所带来的流量。

❑ 推广朝这些流量倾斜。

4）监控忠诚用户以及渠道所带流量的情况，并计算所需费用。

5）调整到性价比高的渠道。

这里要提到一个榜单效应。榜单具有极强的吸引自然流量的能力，在通过推广的积累达到一定的榜单位置后，着重跟踪榜单效应所带来的自然流量，并进行分析判断。

当然，所有的分析结果最终都要服务于 ROI。对于一个优质的渠道，应该是在数量质量之外，更能给游戏带来收入的渠道。ROI 是衡量渠道流量变现能力的重要依据。ROI 的计算方式在第 7 章中已经介绍过，这里不再赘述，主要就 ROI 的分析框架进行分析。ROI 是投入产出比，以转化率为核心，从用户单击图标、下载游戏、安装成功到启动游戏、注册账号，形成活跃用户留存下来，付费转化为核心用户，投入的成本主要框架如图 8-20 所示。

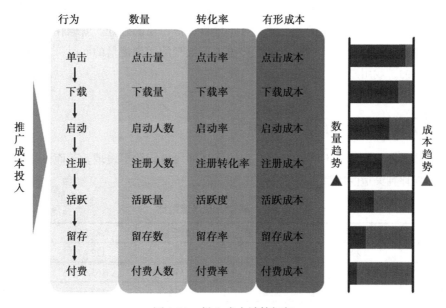

图 8-20　投入成本计算框架

通过这个框架可以看出，从用户点击开始到转化成核心用户——付费用户，是一个"漫长"的过程，而每一步的转化，都可以根据投入的成本进行单个用户成本的计算。整个过程中以转化率为核心，从数量上来看，一步步转化就是上一步用户数量不断递减的过程。越是接近核心用户，单个用户成本越高。因此，提高转化率就成了节约成本的核心问题。在成本核算的过程中，不断完善每一步的转化率，有助于降低单个用户的获取成本，在获取用户量目标一定的情况下，可以节省推广投入的成本。第二步就是针对产出做分析，产出的分析比较简单，就是分析付费玩家的充值行为，核心公式如下。

$$Revenue = DAU \times ARPU = (DNU+DOU) \times ARPPU \times P\%$$

收入＝每日活跃用户数 × 每活跃用户平均收入

＝（每日新增用户数 + 每日登录老用户数）× 付费率 × 每付费用户平局收入

公式虽然简单，但是要考虑的影响因素却十分复杂并且具有极强的不确定性，包括：

❑ 研究对象：付费用户。

❑ 关联分析维度：登录频次、游戏时长、硬件属性、付费频次、首冲周期、付费间隔、充值时间，以及游戏内的道具购买、道具消耗、货币使用和货币积压等数据。

在做渠道推广的时候，除了分析产品本身和渠道之外，还要充分了解竞品。由于游戏时长的同质化十分严重，同类产品的推广时期对于产品的挤压显得十分重要。如果在推广预算成本上的空间不大，避开产品推广的高峰期是节省成本的有效措施，对于渠道而言也是充分利用有限用户资源，发挥渠道资源利用率的有利保证。当然，从先入为主的用户习惯来讲，这样的做法对于同质化的产品会有一定的影响，然而这也是考验和验证产品品质的一项"偏方"。如果产品本身质量足够优良，自然不必担心被其他产品先入为主而导致自身产品被冷落。换个角度来讲，先入为主的竞品还有帮忙培养用户习惯的好处。就像在评判微信游戏对于游戏市场的影响一样，在其利用流量优势抢占了大批的用户流量的同时，也为整个游戏市场培养了更多的游戏用户。

8.5 分析案例——游戏渠道分析

表 8-1 是一款游戏 8 个不同渠道一个月的每日平均指标数据表现。下面，结合真实数据表现来看如何评判渠道的质量。

表 8-1 某款游戏渠道数据

	新增用户数	活跃用户数	充值金额	ARPPU	次日留存率
渠道 A	2 290	3 506	3 055	172.47	32.65%
渠道 B	2 044	3 171	2 510	165.31	33.67%
渠道 C	2 294	3 081	2 816	137.41	33.17%
渠道 D	804	1 080	375	121.01	34.64%
渠道 E	6 068	12 042	22 516	179.52	25.52%
渠道 F	2 052	2 354	2 532	124.92	31.12%
渠道 G	51	214	453	331.39	26.90%
渠道 H	160	343	369	245.84	34.73%

这组数据并不是全部的渠道，姑且当作是一款游戏的全部渠道，因为数据的表现很有代表性。

- ❏ 数量指标评估：从数量指标看，渠道 E 为一级渠道；渠道 A、渠道 B、渠道 C 和渠道 F 为二级渠道；渠道 D、渠道 G 和渠道 H 为三级渠道。
- ❏ 质量指标评估：次日留存基本持平，作为数量第一的渠道 E 留存率最低。
- ❏ 收入指标评估：收入一目了然，一级渠道 E 最高。ARPPU 值方面，数量最少的渠道 G 贡献 ARPPU 值最高。

除此之外，在衡量渠道本身的流量是否具有长尾效应时，可以试用一项比值做横向对比，即每日新增/每日活跃。这个比值的区间是 [0，1]，当比值越接近于 1 时，说明新增用户占比越高，玩家的长尾效应越不明显，即忠诚度低；反之则说明玩家的忠诚度高，适合做长尾营销。图 8-21 所示的某款游戏分渠道监控新增用户所占活跃用户的比例监控数据，渠道 F 具有明显的新增用户占比过高的特点，说明该渠道靠新用户来支撑用户体量。这种数据的渠道还可能有刷量嫌疑，需要进一步做用户来源分析，确定渠道用户数据真伪。

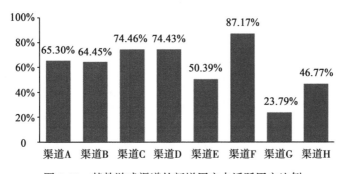

图 8-21　某款游戏渠道的新增用户占活跃用户比例

事实上，在实际操作过程中，渠道的质量更体现在投入产出比 ROI 上，来看表 8-2 所示的一组数据。

表 8-2　某款游戏渠道每天 ROI 变化趋势

	+1 日	+2 日	+3 日	+4 日	+5 日
渠道 A	38.15%	54.77%	68.84%	82.93%	92.05%
渠道 B	165.34%	206.66%	229.86%	284.09%	297.45%
渠道 C	98.20%	98.93%	100.33%	102.18%	103.15%
渠道 D	60.46%	64.76%	68.09%	69.50%	70.27%
渠道 E	26.35%	27.33%	27.90%	28.28%	28.54%
渠道 F	100.18%	106.74%	110.36%	115.38%	117.11%
渠道 G	11.96%	24.70%	30.81%	36.07%	39.40%
渠道 H	42.44%	48.35%	55.56%	61.49%	69.36%

这组数据中列举了每个渠道自游戏上线日开始，ROI 的变化趋势。从数据中可以看出，能够很快达到 100% 的渠道即为优质渠道，ROI 达到 100% 说明成本已经回收，那么超过 100% 的部分即为盈利。当然，在实际计算过程中还要考虑不断增加的投入成本。在本案例数据中，渠道 B 成为一级渠道，盈利远超其他渠道，而渠道 C、渠道 F 也能够很快收回成本。相比之下，其他渠道的收益能力显得暗淡。

因此，衡量渠道质量的方法有很多，不能完全依靠一种方法和角度，要根据实际的运营目标和需求，有针对性地判断渠道的质量。衡量渠道质量即衡量用户质量，在通过一定的积累掌握了各个渠道的特点之后，就能够根据经验判断出应该如何铺设渠道以及进行用户选择。

第9章 *Chapter 9*

内容分析

在本章中，游戏内容是一个很宽泛的概念，可以是游戏设计，也可以是游戏体验，也可以是游戏的运营。本章所讨论的内容分析，适用于游戏，但也同样适用于其他领域，例如移动应用的运营（实际上游戏也属于应用的一类）。本章我们将对一些游戏内容设计、运营方式、用户经营等相关主题进行分析和总结，其中会穿插数据分析的方法，着重强调分析思路和要素的指引作用，从另一个角度来诠释数据分析对于产品和内容运营的重大意义。同时，也会结合一些算法、基础理论去深入探讨一些问题，进而快速了解和掌握驱动一个方案落地的方法。

本章会从营销分析、流失预测、版本更新、购买支付、长尾理论实践和活动运营等诸多方面进行分析，涉及内容分析的等级分析、关卡分析等。

9.1 营销分析与推送

9.1.1 理解用户

移动设备的 3A 原则（Anywhere、Anywhen、Anyone），决定了在其平台上的产品必须也遵守这个原则，同时用户需要这个平台不断出现新的内容，即不断产生与设备的交互和沟通。

以策略游戏为例，用户一直都在等待新的建筑完成升级，然而随着升级时间的不断拉长，用户的注意力开始下降。此时，如果有建筑完成升级的消息，用户一定会返回游戏，确立下一步的升级或者建设方案，在一定意义上，这是对时间和游戏内部资源的最低浪费。

如果游戏的建筑或者人物被其他在线用户毁坏或者打败了，此时如果有及时的推送消息，对于用户来说是非常关键的，这样可以及时降低损失和修复建筑，这是很多用户非常需要的。

在《部落冲突》游戏中，提供了回放功能，对于很多用户来说，可以及时了解过去一段时间内，其他用户是如何毁坏自己建筑的，并及时制定新的策略，或者选择是否对用户进行复仇。以上所述的核心是要确立一种能将这种信息、策略传达给需要的用户，并且能够因为这些传达给用户的信息返回游戏，最通常的情况是用户因手机中推送的一条信息而打开产品，参与互动。

因此，了解哪些用户经常查看回放，经常攻击其他用户，那么这些用户就更加在意自己的建筑和人物的保护。他们一旦受到了攻击，系统并给予了适当的提示或者消息推送，用户就很容易返回游戏。

所有的设计，其实都是在提升用户的黏性，由于移动设备本身的屏幕限制，在多数情况下，当前屏幕只能做一件事情（霸屏体验），用户的聚焦和注意力是非常有限的。如果从根源上去了解的话，很多的移动产品缺乏上述的设计，用户对于产品内部的事情没有期待，或者说没有概率性的设计在里面。

例如，在很多的卡牌游戏中，当用户退出游戏后，游戏内没有更多的内容会吸引用户回到游戏中查看和参与，用户上次退出时的进度和内容，当下一次打开后还是一样，用户的信心就会减半。用户的卡牌人物不会在用户离开的时间段内自动升级，除非用户进入游戏，手动进行卡片合成和升级。任务或者地图的进度没有任何变化。再如消除类的游戏，用户每天有5颗心，当用户达到后面难度较大的关卡时，往往全部消耗完毕，一关也没过去，退出后，下次打开发现还在当前的关卡，此时用户看到没有变化的内容和关卡，则会联想上一次的失败体验，时间久了，则会对游戏失去兴趣。每一次打开游戏后，如果没有惊喜（就是用户不在参与的时间段内，产品内部进行了自我的运转，比如建筑升级、家园被突破、人物被打败、系统赠送福利），那么用户每一次参与，就会失去兴趣和信心。

内容本身概率性设计的缺乏，导致产品的黏性和欲望的下降，也就是说缺乏对产品的期待。因此，恰当地利用用户的期待，适当地给用户推送消息，那么从留存、付费等方面均会得到较好的提升。

场景变得比以往更加关键，例如用户在体验跑酷游戏时，为什么跑？答案就在图9-1中。用户每一次重新开始游戏时，都会看到一只怪物跑出来追逐自己，原因就在于玩家扮演的角色从神庙中夺取了宝物，而此时守护宝物的怪物就要不断地追逐用户，这样就在很短时间内，形成了用户对于游戏世界观的认识，也就是跑酷跑得有道理。用户在理解了游戏内容后，就产生一种积极的情绪和内容反馈。当无法取得用户在情感和设计的认同时，也就无法驱动用户进一步参与游戏。

所以理解用户，要从游戏的设计和情感角度出发，当用户真正融入游戏后，任何的操作和营销，都会得到用户的积极响应。

图 9-1　神庙逃亡

9.1.2　营销方式——推送

游戏的营销关键还是要俘获用户的心智（即通过关键的文字、图像等快速打动用户），刚才提到的推送是最近用得比较多的一种对用户进行营销的方式，推送的特点是覆盖到所有的已有用户，同时是一种免费的营销方式，因为游戏开发者或者应用开发者，自己就可以通过服务器端完成消息的推送。此外，从数据角度看，最重要的是可以根据分析结果，选择要推送的用户群。在移动设备上的优势进一步发挥了，因为不再受时间、地点和受众的限制，这比 PC 游戏多了更多的营销空间。

众所周知的是，推送可以提升产品在一段时间内的活跃度，关键功能的使用，从营销目的来说，也是对用户的再次经营和挽留。不过，单纯地依靠营销推送是难以解决长期的黏性和忠诚度的，数据分析和用户洞察将在此环节中发挥重要的作用。

但是，推送也存在问题，就是缺乏概率性的设计和过度频繁的打扰，使得用户丧失信心，对基本的推送营销缺乏感情和交互。

推送作为在移动运营中最佳的营销载体，在使用中需要关注的分析要素有以下几点。

❑ 受众（Audience）。

❑ 创意（Creativity）。

❑ 时空（Time &Space）。

❑ 策略（Strategy）。

首先，对于受众的分析要依托于对于用户的分析和洞察。例如，根据营销目的的不同，找到不同需要营销的客户制定有针对性的推送策略，用户的寻找和洞察分析则是尤为关键的，关乎最终的效果回馈。TalkingData GameAnalytics 中的营销模块功能如图 9-2 所示。

图 9-2　营销模块筛选用户

很少有推送是针对所有用户进行的，因为这与一次广告曝光给所有用户的行为是没有区别的。在营销获取客户的过程中，还是希望能够找到目标用户，不断缩小范围和推广成本。在对于已有用户的推送过程中，策略是相同的，只针对真正感兴趣的用户进行推送，才可能最大发挥作用。

然后是对于创意进行分析，这点是与受众分析紧密结合的，不同类型的产品策略不同。对于游戏而言，一般就是推送体力恢复、回归游戏，这对于用户的刺激是很弱的，反倒是游戏内容被其他玩家破坏，或者有新的活动存在，激发用户对于内容的挖掘和期待，这样更能让用户进入产品，参与其中。而此时如果难以决定什么样的效果会比较好，也可以利用 A/B 测试的方式，如图 9-3 所示。对目标人群进行随机的分配两个不同的创意内容，最终可以通过数据了解用户的反馈效果。在本节开篇，用了很多笔墨描述内容创意的概率性设计是尤为关键的，这是在目标筛选后，展现在用户面前的就是活动内容的创意和期待。

接着考虑的是时空，其实就是推送的场景。在什么样的网络下、什么样的时间、是午饭时间、还是上班时间、还是定时推送，这些都是和时空有很大的关系的，将影响用户的参与热度。

推送更多是基于已有用户的动作，那么就需要了解和分析用户在游戏中的活跃、参与和体验情况，只有这样，用户对于推送内容的参与才有热情，所以了解用户的行为习惯，将帮助我们制定场景策略，有效地避免盲目推送和营销。

最后一点是关于策略的，如同时空一样，哪些用户是对于推送具备响应能力的、抗干扰的，哪些用户是比较敏感的，且很少通过推送转化的，这些都是需要考虑的因素。不同的产品形态采取的策略是不同的，如金融产品的推送是和收益相关的，但同时在推送的频率上也要采取不同的策略。而这些策略的制定都是需要数据分析来反馈效果的。

图 9-3 营销模块设置活动对照组

本节中着重分析了营销的方式之一——推送,这种方式在具备较强的数据能力和满足几点要素后,才能进行有针对性的实施。营销的最大意义是对于不同阶段和生命周期的客户都能进行相应的运营,同时基于数据做出及时的调整和优化,这是非常重要的。

9.2 流失预测模型

从宏观上看,流失的分析主要是围绕几个流失率指标进行的。关于游戏用户的流失,普遍的衡量指标有周流失与月流失,不过流失分析的更大意义在于,当用户已经表现了某些方面的特征时(此时用户并未离开游戏),就要有针对性地采取措施,流失分析的最大意义是对于有价值的用户进行分析(多是指付费用户)。接下来研究的问题有两个。

1)有关付费用户的月登录流失问题。

2)有关付费用户的月付费流失(付费用户的月登录流失定义:本月充值的用户在下个月不再有登录行为。付费用户的月付费流失:本月充值的用户在下个月不再有付费行为,但有可能还有登录行为,这部分用户被称为沉默付费用户)。

9.2.1 数据准备

影响流失的普遍判断有:在线活跃、充值或消费活跃、用户账号属性(如果细分还有副本的活跃度、某些活动的活跃度或者社交的数据等)。在做流失预测模型之前要进行以下数据准备。

- ❏ 用户 ID。
- ❏ 用户角色名。
- ❏ 等级。
- ❏ 注册时间。
- ❏ 本月充值总额。
- ❏ 本月铜币活跃（铜币的交易次数）。
- ❏ 本月绑定铜币活跃（绑定铜币交易次数）。
- ❏ 本月元宝活跃（元宝交易次数）。
- ❏ 本月活跃天数（登录天数）。
- ❏ 本月登录次数。
- ❏ 本月登录总时长。
- ❏ 下月充值总额。
- ❏ 下月登录天数。

以上是从数据库中取出来的基本指标，而进行分析的指标可以在这个基础指标的基础上再进行丰富，例如，每活跃天在线时长＝登录总时长／活跃天数；每活跃天登录次数＝登录次数／活跃天数；活跃度＝活跃天数／本月已注册时长（这里衍生的"活跃度"指标在后面的分析中会起到神奇的效果）。

9.2.2 数据建模

数据都准备好了以后，现在就开始建立模型，以下用到的是 SPSS Modeler 软件，整体建模过程如图 9-4 所示。

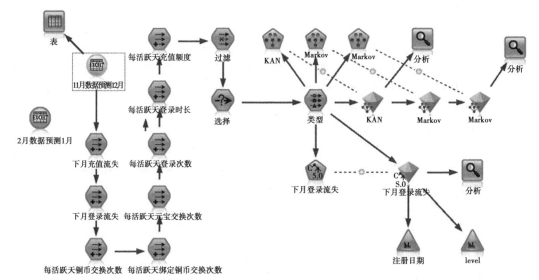

图 9-4 数据建模全流程

　　首先采用源节点来录入数据。数据分为两份，第一份为"11 月预测 12 月"数据，第二份为"12 月预测 1 月"的数据，如图 9-5 所示。

　　接着利用"导出"节点，导出所需要的衍生字段，如图 9-6 所示。

　　因为这里的"下月充值流失"是根据下月是否有充值来判断转换的，下月充值为 0 即为流失标志为 T，否则为 F（"下月登录流失"同理）。如图 9-7 所示，利用导出节点，依次衍生出以下字段。

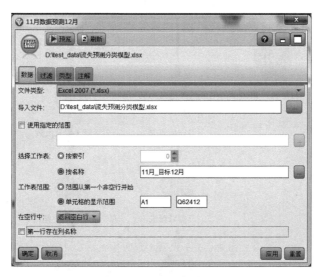

图 9-5　数据准备

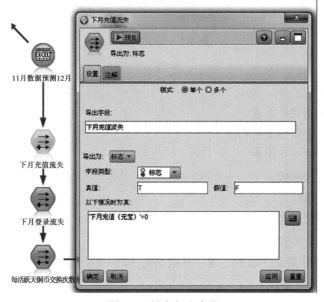

图 9-6　导出衍生字段

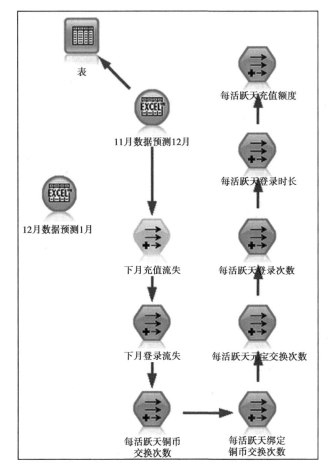

图 9-7　衍生字段

❏　下月充值流失。

❏　下月登录流失。

❏　每活跃天铜币交换次数。

❏　每活跃天绑定铜币交易次数。

❏　每活跃天元宝交易次数。

❏　每活跃天登录次数。

❏　每活跃天登录时长。

❏　每活跃天充值额度。

❏　活跃度（登录天数 / 本月已注册天数）。

接下来就是对一些多余字段的过滤还有数据的清理（包括空值的数据，或者不合理数据，如活跃度 >1 为不合理数据）。

添加"过滤"&"选择"节点，如图 9-8 所示。

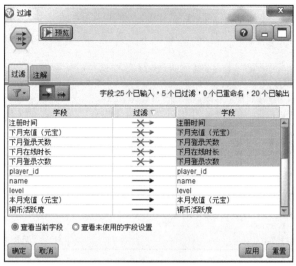

图 9-8　添加节点

把无用的字段过滤掉（根据自己源数据来过滤，如这里的下月充值（元宝）字节已经转换成"下月充值流失"字节，所以可以删除），单击"确定"按钮。

打开"选择"节点，模式选择"抛弃"，条件写上一些需要清除的数据，单击"确定"按钮，如图 9-9 所示。

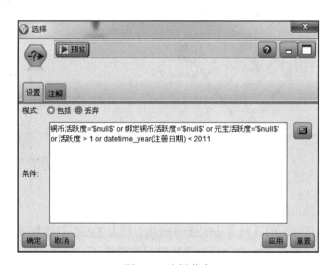

图 9-9　选择节点

模型之前的数据准备到此基本完成了，最后添加一个类型节点，如图 9-10 所示。

先研究的是下月登录流失，所以现将下月充值流失角色设为无，下月登录流失设为目标，接下来就是选择需要预测的模型。这里选择贝叶斯与 C5.0 的算法。

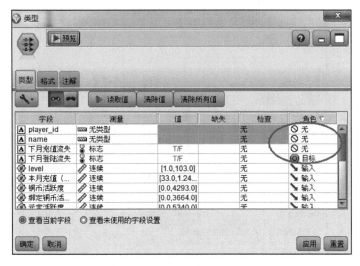

图 9-10　添加类型节点

这里贝叶斯有 3 种方法：TAN、Markov 和 Markov_FS。下面，使用这 3 种方法，并分别添加 3 个贝叶斯节点，名字分别命名：TAN、Markov、Markov_FS。

设置 TAN 结构类型为 TAN；设置 Markov 结构类型为 Markov Blanket；设置 Markov_FS 结构类型为 Markov Blanket，并且勾选 "包括特征选择预处理步骤"。分别运行得到 3 个模型，最后连接一个 "分析" 节点，在默认状态下按 "运行" 按钮，如图 9-11 所示。

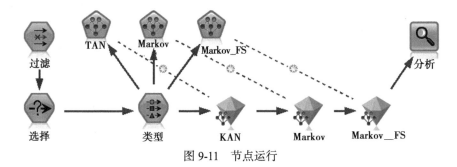

图 9-11　节点运行

分析节点运行结果，如图 9-12 所示。

可以发现，运用贝叶斯的 3 种方法的准确率基本都为 83%，这说明 3 种方法差别并不大。对一般预测而言，准确率在 80% 以上已经算比较好的结果了。但是，这里将进一步采用 C5.0 的算法与其比较。

添加 C5.0 算法节点，默认状态下按 "运行" 按钮，得到 C5.0 的模型，单击 C5.0 模型节点，如图 9-13 所示。

可以看到每一个变量的重要性，而 "活跃度" 这个变量的重要性是最高的。（这也说明了一些衍生字段对后期分析的重要性）

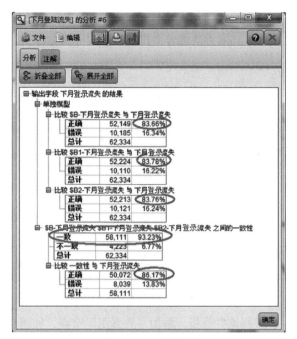

图 9-12　运行结果

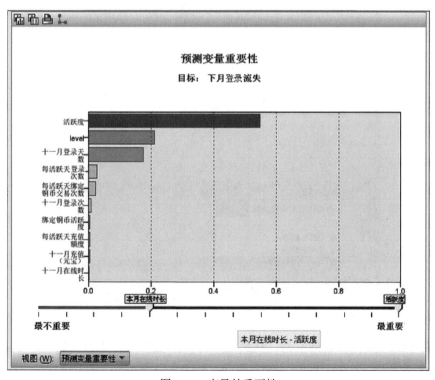

图 9-13　变量的重要性

接下来添加"分析"节点，发现准确率达到 85%，比贝叶斯方法稍好，如图 9-14 所示。（有一些情况对决策树使用 boosting 方法或者进行截枝修剪可能会得到更好的效果）

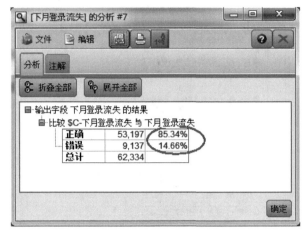

图 9-14　添加分析节点

再用 C5.0 模型进一步进行流失分析，添加"直方图"节点，如图 9-15 所示。

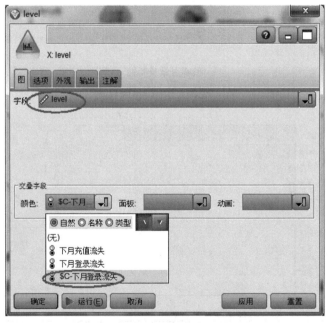

图 9-15　添加直方图

选择字段为 level OR 注册时间，在交叠字段的颜色中选择我们通过 C5.0 预测出来的"$C- 下月登录流失"字段，单击"运行"按钮，如图 9-16 所示。

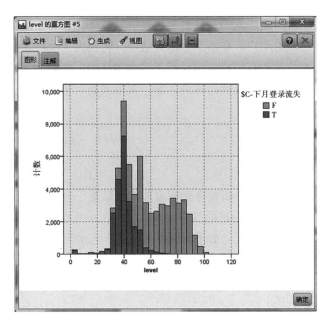

图 9-16　直方图

用这个方法可以进一步预测下月流失的等级分布，或者注册时间分布，或者更多有关用户的信息，原理是一样的，在这里不再做拓展。至此，流失预测模型已经建好可以投入使用了。接下来需要预测 1 月份的数据，可以进一步看到这个预测模型在下个月的准确性仍可以保持在 85% 左右，说明预测的效果还是不错的，之后可以直接进行一系列的分析。（在这里说明一下，一般预测模型会随着时间的推移慢慢降低准确性，所以建议在做预测之前都用前一个月的数据来训练一次模型，从而让模型保持一定的准确性）。

附加一个 12 月份付费用户在 1 月份流失的注册时间分布图，如图 9-17 所示，读者可自行分析，得出一些结论。

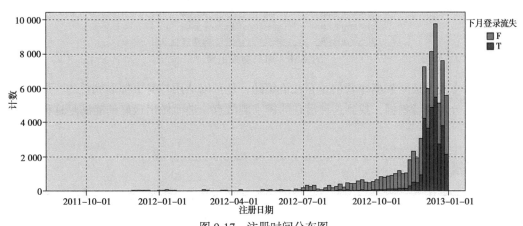

图 9-17　注册时间分布图

如果说留存解决的对产品获取的质量衡量和投放策略优化，那么流失分析和预测则是更多挽留那些即将离开游戏的用户。在整个生命周期中，转化为一个付费用户的成本是非常高的，流失预测和流失率的控制在付费方面发挥了重大的作用，相对而言，其模型的通用性比较强。如果是针对纯粹游戏机制或者内容的预测，则模型就和游戏本身很多因素绑定，不具备普通实用性。

9.3 购买支付分析

某些时候充值异常增高时，分析师会选择提取详细数据，分析充值记录或者道具消费记录。如图 9-18 所示，就是在查询用户的购买记录。用户在某一段时间内，对于某一种道具的需求量很大，产生了多次反复购买。如果看到此处，很多人会想到这就是数据库营销的一个原型。当用户存在一种需求时，就要想办法去满足，从数据库营销角度来看，在用户的信息中已经找到了这种需求，那么就有理由去满足需求。虽然用户感觉不强烈，但是实在的行为却发生和被记录在数据库中。

补气养血丸•小	16454	2012-03-22 09:40:06
补气养血丸•小	16454	2012-03-22 10:03:14
补气养血丸•小	16454	2012-03-22 11:01:51
补气养血丸•小	16454	2012-03-22 11:30:15
补气养血丸•中	16454	2012-03-22 13:04:15
补气养血丸•中	16454	2012-03-22 13:15:43
补气养血丸•中	16454	2012-03-22 13:25:57
补气养血丸•中	16454	2012-03-22 15:36:32
补气养血丸•中	16454	2012-03-22 15:43:22
补气养血丸•中	16454	2012-03-22 16:17:15
补气养血丸•中	16454	2012-03-22 22:00:39
补气养血丸•中	16454	2012-03-22 22:00:40
补气养血丸•中	16454	2012-03-22 23:39:46
补气养血丸•中	16454	2012-03-22 23:42:00
补气养血丸•中	16454	2012-03-23 00:31:17
补气养血丸•中	16454	2012-03-23 00:39:56
补气养血丸•中	16454	2012-03-23 01:07:54
补气养血丸•中	16454	2012-03-23 01:32:48
补气养血丸•中	16454	2012-03-23 03:02:25

图 9-18 用户购买记录

用户存在需求证明数据库营销是存在价值的，是可以从用户身上攫取利益的，那么就可以通过数据分析或者挖掘，找到这种潜在的需求刺激点，进而做出最好的能满足这种需求的设计和改进。

9.3.1 场景分析

所谓场景分析是指数据分析在场景的支持下才具备意义，也可以理解为要理解业务才能进行分析，在数据库记录的用户行为背后，实际上隐藏了一些场景和业务逻辑，我们很难用数据库记录的日志和用户购买道具消费排行，来指导下一步的落地方案和执行，因为任何的数据分析结果所呈现的方案，最终都是要进入特定的场景才能有效发挥。例如，在谈到计算广告学时，3 大决定因素是受众、语境和广告，单纯的数据定向和优化分析最终还是要借助语境和广告创意来完成，最终曝光给用户的是广告创意，受众分析对目标用户进行了画像分析，而广告创意就是达到画像所描述的效果，但同时也确保看到广告的用户在所处的环境中能够被激发，达到与广告传递的信息或者价值一致的水平。如果难以激发用户达到与所传递广告一致的诉求，那么再好的数据分析和结果，都无法发挥作用。

数据分析已经给了我们足够权威的结果，那就是用户对这个道具有巨大的需求，需要引导用户进一步消费和刺激。但是正如本书一直强调的，数据分析是以解决问题为先，究竟如何制定优化和方案，这恰恰是数据分析结果转化的关键。

我们可以看得到用户对于该道具的购买需求很高，在一段时间内不断地购买，但是在查看过游戏商城的 UI 设计后，发现商城系统不支持批量购买，用户每次交易只能买一件，然后再次单击才能再进行购买。从移动游戏来看，这种设计无疑是一个很大的问题。当用户每次购买时，都要不断地弹出输入法，不断地加载网络，重复完成购买，这样就造成了时间浪费，用户的输入成本和购买成本是很高的。从数据来看，用户转化满足消费的步骤变长，导致在中间环节中很多用户的流失。能够判断的是问题是出现在商城购买支付环节上，虽然从数据分析告诉我们这种道具的需求量激增，应该优化位置和用户推送。但是，更关键的是用户如何方便消费。数据分析不仅是在描述一些现象，还要在本质上解决问题。

用户对某种消费点的需求比较多，这是一个重要的分析结果。如何转化结果为方案并能执行，不是只能空想方案，将其与场景分析结合，将带来巨大的价值。一般通俗的设计方式是提供批量购买的礼包方式，例如一次性购买 10 个或者自定义购买数量，这两种方式都是有效的解决用户需求增长的办法，不过做出以上的改变都需要注意一些问题，这些问题都是从场景的角度出发的，如下。

1）输入法的局限。

2）批量购买的设计。

9.3.2　输入法的局限

手机端的输入很难达到像在 PC 上输入一样的顺畅和快捷，对于用户而言是一个成本很高的事情。例如，有的是全键盘，有的是九宫格，弹出时是否会遮住关键输入区域、是全屏还是半屏，都是要考虑的问题。对于很多用户而言，输入在移动端是最麻烦的事情，尽管很难跳跃过去，但是还是可以通过一些手段减缓，因为所有的键盘都是可以在程序开发时手动配置。

在移动游戏方面，输入法的问题很小，但是却关乎了用户对于游戏输入的重要方面，例如注册转化率、购买转化率，其实都涉及输入法的问题，但是在分析相应转化率时，却往往容易忽略这个重要的问题。在一些优秀的应用或者游戏中，大部分已经解决了这个问题。这里举个例子，如图 9-19 所示，用手机登录社交应用时，当输入账户时，其输入法界面自动调整成以下的形式，这里有"@"、"."符号，这是为了方便用户输入的，因为大部分人还是用邮箱注册的账户。用户在输入时，也会自然想到要输入这些符号，当存在这样的认知时，用户自然想得到能够满足需要的服务，即键盘直接就带有这些符号，而不必进行切换，这就是上下文语境（或者叫作场景）所带来的效果和威力。

图 9-19　键盘界面

当输入完账户时，注意键盘上的"后一项"、"完成"等按钮设计，用户可以完成如在键盘上 Tab 的操作。当跳到了密码区时，输入法形式在此发生了变化，这个切换就完成了。

游戏消费点的设计只是希望用户去完成批量购买，那么只需要锁定此区域的输入只能是数字键盘，诸如以上的自动识别调整就可以了。那么输入障碍就会减少很多。

这里描述的是一种办法，还有另一种通过优化 UI，不弹出输入法解决问题的办法，如图 9-20 所示。

这是一款手机网游的商城购买界面，对于部分需求量很大的付费道具，提供了礼包购买的方式，当进行购买时，会弹出下面的界面，如图 9-21 所示。

图 9-20　道具商城界面

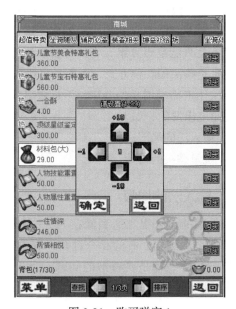

图 9-21　购买弹窗 1

当用户的输入不顺畅时，UI 是可以进行弥补的。通过 4 个方向箭头和不同的数量级，完全可以满足用户的购买需求。在上图中，用户的购买可以随意进行设置，在多数情况下是不需要弹出键盘的，可以满足大多数用户的需要。此外，用户的购买某些时候倾向于整数购买，例如图中设置的默认购买 10 个材料包，即便出现零头购买，这里的整体购买成本也会很小。在购买物品的时间成本上，从数据中我们会发现一个用户在线 2 小时，总计有半个小时在购买道具，而某一个单一道具购买消耗了 10 分钟。

9.3.3 批量购买的设计

实际上，批量购买设计和输入法问题有相似的地方，解决的都是操作体验。本节要说的是批量购买同时解决的还有需求的释放。本来你只会买 5 个礼包，然而在设计的安排下，你却买 10 个礼包。

在购买决策流程中，做出购买决策的这一环是最困难的。因为无论是购买体验还是外界反馈等因素都会使用户放弃购买。例如，在刚才的购买游戏礼包的案例中，当用户决定要买了，如果是买 20 个，却要一次一次的重复购买，可能买到第 10 个，用户就决定不再买了，因为购买不通畅而最后放弃购买余下的部分，这就是损失。购买决策过程的风险是最高的，因为可能因为支付的不通畅、购买的便利度、购买疲劳和购买怀疑等问题放弃购买。所以，我们的宗旨是让用户尽可能缩短做出购买决策的时间，这样成功的概率就会增大。批量购买就是缩短了原来一次又一次重复购买的麻烦（因为每次重复购买都是在做出一次购买决策）。

通过大量的用户充值购买发现，单日用户对于 A 道具购买在 10 个左右（比如喇叭），那么就把购买的默认值设置成 10 个，在这个基础上用户自由选择，可以说也是减小了购买的成本。如图 9-22 所示。

实际在图 9-22 的设计之外，也有其他优秀的设计方式可以解决用户的购买支付问题。图 9-23 所示是招商银行的掌上生活，对于用户手机充值的设计。

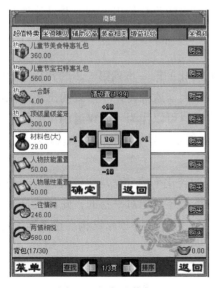

图 9-22 购买弹窗 2

图 9-23 手机充值界面

　　基于用户的手机充值行为，规划了用户的充值金额区间，并且通过单击的方式，直接确定金额。当用户输入手机号时，弹出的键盘直接就是数字键盘，有效地提升用户的输入操作效率。并将用户注意力高度集中在蓝色区域上，无关区域使用了灰色。高度注意力的聚焦和快速地购买流程使得用户在长期操作中，形成了下意识的操作习惯，减少了购买决策的停留时间，进而黏性不断提升。

　　在上述的分析中，主要是围绕产品体验展开的，然而这背后除了基于数据库营销的设计，还有对于体验设计的数据监控和分析。很多的数据分析是以结果为导向展开的，例如看到了付费点或者充值增长，逆向推理，优化付费点的设计、促销和曝光。

　　从未有数据分析是脱离业务和场景的，基于产品设计和体验的分析，在分析中发挥着巨大的作用，这是需要不断去重视的领域，基础指标和 KPI 不能完全说明问题，但是这些最细小的设计或者问题，影响了最终的关键指标。如何量化和分析这些隐含的因素是我们要完成的课题，但是这又不是基本的算法或者软件能够解决的。例如我们常常关注付费转化率，其隐含的影响的因素有支付转化率（支付场景）、充值转化率（充值场景）。

　　在针对内容的分析方面，基于场景的分析，就发挥着重要的价值和成长空间。场景分析，将数据指标按照场景进行分解，围绕设计体验、心理反馈和受众定向进行有效的数据驱动分析，不再是围绕简单的指标化的分析模式操作，而是围绕场景进行指标的拆解和 KPI 的量化考核，该方式也重点突出了业务导向的分析思路，首先要做的就是结合场景进行业务的多重分拆和 KPI 的重新设计。

9.3.4　转化率

　　在场景分析中，最重要的就是要学会转化率分析，或者叫作漏斗分析，在刚才提到的支付分析中，很多的业务问题都是通过对转化率和场景的集合得出方案，并最终执行。下面介绍几种典型的转化率情况。

　　（1）回炉型转化率

　　如图 9-24 所示，所谓回炉型转化率指的是在转化的第一步到第二步的转化过程中出现了较大的障碍，从第一步到第二步，转化率变化比较大，这种转化率形式的出现，就需要回炉进行问题分析和处理，这种转化率在渠道用户推广时可以作为一个渠道用户质量把控的分析方法，同时，也是检测游戏本身在新用户导入时的新手引导等功能的检测。

　　（2）常规型转化率

　　如图 9-24 所示，从整体来看，不同步骤之间的转化率的变化是比较缓慢的，并没有出现某一个步骤的大幅下滑，且整体的转化率趋势保持得还是相对平稳的，此种就是常规型的转化率。一般来说，达到这种类型的标准就很不错了。由于这种模型结构在很多地方都能用到，所以这里不具体举例说明这个问题。

　　（3）优质型转化率

　　如图 9-25 所示，所谓优质型转化率就是在常规型转化率的基础上表现得更好一点，在几步之间的转化损失更小一点，即下降速度更加缓慢。在很多涉及转化率的分析上，这种类型的转化率属于优质型的转化率，但是一般而言是达不到的。

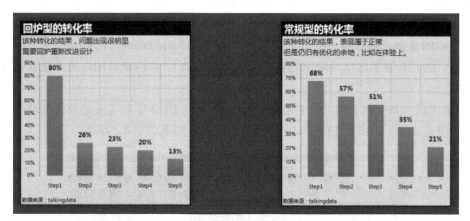

图 9-24　转化率 1

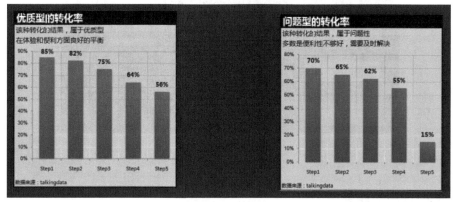

图 9-25　转化率 2

（4）问题型转化率

如图 9-25 所示，所谓问题型转化率，往往问题都是比较怪异的。一般而言，前几步转化率都比较理想，但是在后续的某一步出现了问题，这种落差会比较明显。在转化率表现上，就是突然某一步的转化率下滑较大，这种形式的转化率一般会出现在购买流程转化率分析中，某一个事件的转化过程中也会出现这种下滑。

这样的转化率问题定位比较快速和直接，能够马上进行修补。不同于回炉型的转化率，这种转化效果只需要针对某一步进行优化就可以了，而不需要全局性的优化。

以上就是 4 种转化率模型，这里只是简单地描述一下，如果要深刻理解，还需要进行具体的数据分析和实践。

9.4 版本运营分析

本节将以腾讯的《穿越火线》游戏为例来讲述版本更新的一些内容，结合定位理论，做一些运营的探讨，最终都是以高阶的数据分析思想作为指导。首先要先提到定位理论，简单来说，定位的基本原则不是去创造某种新奇的或与众不同的东西，而是去操纵人们心中原本的想法，去打开联想之结。定位的真谛就是"攻心为上"，消费者的心灵才是营销的终极战场。

《穿越火线》是一款FPS（第一人称射击游戏），以2012年的《潜龙危机》这个版本更新为例，重点谈一下，如何进行版本更新和运营。图9-26是该版本的页面。

图 9-26　版本首页

9.4.1　把握用户的期待

FPS版本更新（不更新模式或者较多新玩法的情况下）无非有3大块：新地图、新武器和新道具（除武器以外的附属道具），这3点在FPS游戏中用户的认知度是最高的。换句话说，这是作为FPS类游戏版本更新的标配。"攻心为上"就是要按照用户的认知办事，在期待与反馈之间寻求平衡，甚至反馈要远远大于期待，但是用户期待什么？用户最需要什么呢？用户只能接受有限的信息，喜欢简单、讨厌复杂，因此版本更新尽管设计了很多信息，但是聚焦用户的注意力，把握用户的焦点，但是占据心目中的位置，才能快速响应用户的真实需要。

聚焦用户的焦点，不只是在版本更新中使用，在游戏内付费点的设计方面，也是同样可用的。在认知的大众化的问题上，在付费点设计也会遇到，用户在游戏中要完成成长、竞争、交互等方面的"工作"，但是这几个方面的进一步深化，是需要辅助的道具作为支持，因为用户希望通过钱来换取"时间＋精力"。用户的需求是完成原本需要通过"时间＋精力"完成的事，而"时间＋精力"的辅助就是具体的道具，如装备、经验丹等。用户需求是要加快升级、更高的防御、更好的装备、移动速度加速。而作为设计者，我们更多地从游戏的设计角度定义了这些需求之下的道具，也就是说可能是经验丹、宝石等。对用户而言，在进行付费转化初期，我们最担心的就是需求不能满足，或者信息不对称造成购买决策过程的第一阶段就流失了用户，因此这第一步是整个实施购买决策过程的关键。

有的游戏在这个时期的做法是直接在第一步就帮助用户建立这样的大众化的认知，按照用户的使用习惯、称谓方式进行用户的认知培养，如图9-27所示。

在《天龙八部》中，我们看到商城是通过搜索按照用户的认知形式搜索道具，这缩短了整个购买决策的过程。购买决策过程越短，成功购买的可能性就会越大。《天龙八部》按照用户的购买消费特征，更加切合实际地迎合了用户的需求，同时把这一步直接植入到了搜索功能中，这样的设计确实对付费转化起到了很好的作用。再看看《剑侠世界》的商城，我们发现，这里也明确了用户的需求（基本是一种大众化的认知），如图9-28所示。

图 9-27　认知大众化

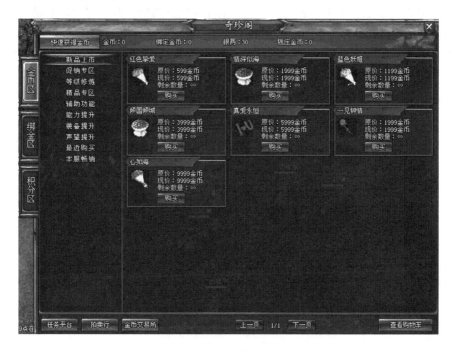

图 9-28　道具商城设计

图 9-29　内容提要

回到更新的主题上，在手机游戏中，以《崩坏学园》为例，其内容介绍和动态更新就是响应了对应的目标人群的需要。图 9-29 所示为内容提要的截图。

在图 9-30 的动态更新中，明确了用户关心的几大主题，例如最新装备、新增活动和新增主线，用户可以快速浏览，捕捉重要信息，并及时形成期待。同时，围绕目标用户而打造的语言风格，从情感上打动用户，使得用户对产品的运营更加青睐和认可。

图 9-30　最新动态设计

9.4.2　地图

围绕用户认知度最高的 3 部分内容，将分别介绍，首先看地图更新。

（1）地图背景知识介绍

对于现在越来越注重游戏内容的用户而言，游戏情感和文化是用户沉迷在一款游戏和产生黏性的重要因素。文字介绍展现的是最起码的对用户的关怀和责任心，如图 9-31 所示。

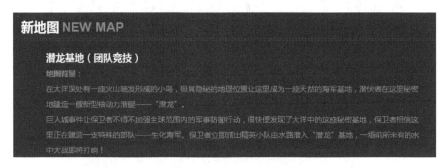

新地图 NEW MAP

潜龙基地（团队竞技）

地图背景：

在大洋深处有一座火山喷发形成的小岛，极其隐秘的地理位置让这里成为一座天然的海军基地，潜伏者在这里秘密地建造一艘新型核动力潜艇——"潜龙"。

巨人城事件让保卫者不得不加强全球范围内的军事防御行动，很快便发现了大洋中的这座秘密基地，保卫者相信这里正在建造一支特殊的部队——生化海军。保卫者立即派出精英小队由水路潜入"潜龙"基地，一场前所未有的水中大战即将打响！

图 9-31　地图信息设计

（2）图片的魅力永远大于文字

人是视觉生物，100 句话的描述抵不上一张图片来得直接。因此，在《穿越火线》的更新版本中，可以看到，文字介绍之后常常会配上几张地图的原画，从不同的角度来帮助用户建立对地图的初步的印象，用户期待的第一层就形成了。但是，这还是不能刺激用户，如图 9-32 所示。

图 9-32　地图场景

（3）地图怎么玩

地图怎么玩是用户心目中的疑问。在 FPS 游戏中，每当新图出来后，用户都会进行体验，通常首日新图的使用率在 70% 左右，但是次日就会回归到 30% 甚至更低。究其原因在于，用户在体验游戏时缺乏引导，由于对地图不熟悉，挫折感提升。如果在用户进入游戏之前，就已经熟悉和了解地图的基本走位和玩法，挫折就会下降。与此同时，解开用户的疑问，并且期待的第二层已经开始形成，也就是说，用户的期待又被提高了，黏性更强，版本更新所带来的压力（收益和人气的流失）会被稀释，如图9-33所示。

图 9-33　地图玩法介绍

（4）新地图是推广的媒介

新地图更新的好处不仅仅是推出一张地图，带来人气提升和提高在线时间，增加黏性，同时地图包装也是一个策略，这个包装不是包装地图本身，而是借助地图包装其他道具、模式等。这种做法是在告诉用户，你持新品打新地图，你会非常厉害，这件事对于付费用户是非常有诱惑力的。在《穿越火线》这个版本的更新中，你可以看到在新地图实战的截图中，所持武器和道具均为该版本的新道具，这也在侧面帮助游戏宣传新版本武器。此外，也帮助用户查看新武器在游戏中的实战所持的效果（这一点在我们更新一些外形非常艳丽的游戏付费道具时，非常容易提高用户的期待值）。

图9-34所示为实战持有武器图片，用户所指武器为本次更新的斯泰尔 AUG A3（步枪）。

在地图实战情景中，我们再次看到了这把武器，目的也是让用户感受到真实场景下的效果，最大化拉动用户的期待值，如图9-35所示。

在地图介绍中，我们看到用户手持一件冷兵器，如图9-36所示。

图 9-34 武器介绍

图 9-35 武器实战介绍

图 9-36　冷兵器介绍 1

　　而这件冷兵器是此次版本更新的新武器，于是在地图的具体使用中，我们再次看到用户持有这件武器。

　　实际上，地图的宣传和武器的宣传不是割裂的，而是一体完成的。使得用户在关注地图的同时，也会留意地图中的武器，尽可能地影响和形成用户对产品的认知，这有助于后续的黏性提升，如图 9-37 所示，则是专门介绍了武器的情况。

9.4.3　武器

　　在更新版本的新武器方面，确实做了不少功夫，新武器界面推出了 5 把武器。

　　这个版本推出了一把 M4A1 刷漆版武器。在其他运营中，这看似是一种不太让人理解的做法，而且放在了最前来推广。这属于在 FPS 市场利用用户认知，进行付费点的品牌化营销，抓住了 AK47、M4A1 两把武器来做，因为这两把武器在整个 FPS 市场中用户的认知度极高。《穿越火线》中 AK47 和 M4A1 非常好用，而且每一把新品的 M4A1 和 AK47 都与之前推出的 AKA47 和 M4A1 有些差异，这种差异具有受众定位的作用。换句话说，满足了在主流认知下，差异化需求的满足。

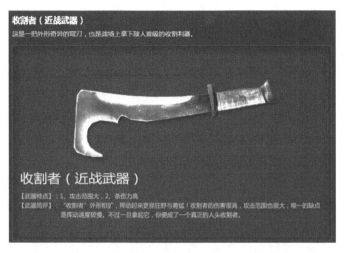

图 9-37　冷兵器介绍 2

如图 9-38 所示，不同于其他游戏的道具介绍方式，在对新道具的介绍和推广方面，首先每把武器都有配图，其次列出了武器的各种设置参数，其三尽管这是一把存在于游戏中的武器，商家把改变后的原武器的特性和改变的地方详细的描述给用户。

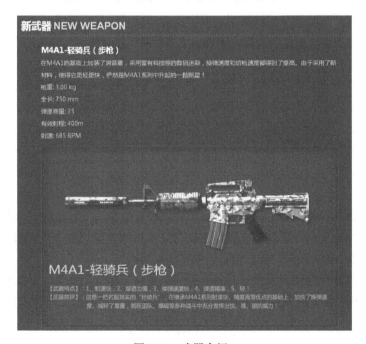

图 9-38　武器介绍 1

最重要的一点，武器的特点描述得非常详尽，并且是按照用户的认知描述的。如射速快、穿透力强、换弹快、弹道精准、轻。这些特点是用户在 FPS 游戏中实战时最关注的几个要素。从用户的角度包装产品，这些特点就是用户期待的。如果进入游戏后体验，发现这些要素都具备了，那么给予我们的反馈将大大超出预期，用户的存在感、黏性就被培养起来了。此外，附加的武器评述是一种非常有用的佐证，可以加大用户对武器的信任和消费安全感，因为在"定位"中了解到用户的消费是缺乏安全感的、对品牌的印象是不会轻易改变的，因此评语就加强了这种安全认识。

M4A1 和 AK47 变成了两大品牌，让品牌在用户的心中占据最有利的位置，使品牌成为某个类别或某种特性的代表品牌（比如武器类别，突击步枪）。这样，当用户产生相关需求时，便会将定位品牌作为首选，也就是说，这个品牌占据了这个定位。

除此之外，在武器的介绍时，采用了两套解释和介绍武器的办法：参数法和大众法。对于非高端用户（大部分人都是非高端用户）采用了大众法，采用这种办法的原因就在于消费者喜欢简单、讨厌复杂，按照大众的思考模式，把参数化的武器介绍分解，达到用户理解的程度，这对于用户是一种非常强烈的关怀。例如用户对于武器的认识可能局限在威力大小、射击精准度和换弹速度等几个通俗词语可以解释的方面，如果专业词汇描述可能对应的是伤害值、弹道等术语。

而参数法针对高端、军事用户而言，参数化的解释对于他们而言是更加有利的。例如枪重、枪长、弹匣容量、射程和射速等。从这方面来看，细分了客群，深刻把握用户的心理，把用户的消费心理研究到非常高的地步。可以说他们知道了要抓住消费者的心，必须了解他们的思考模式，这是进行定位的前提。因此，从消费者（付费用户）的 5 大消费思考模式入手解决了这个问题。

后续的几把更新武器都遵循这一原则：消费者接受信息的容量是有限的，宣传"简单"就是美，一旦形成的定位很难在短时间内消除，盲目的品牌延伸会摧毁商家在消费者心目中的既有定位。所以，无论是产品定位还是广告定位，一定要慎之又慎，每个细节都要做到非常精准和细致，如图 9-39 所示。

9.4.4 新道具

可以说，新道具种类很多了，但是这里统一用"新道具"的标题代替，减少复杂以及降低用户认知的成本，这种方法在游戏版本更新时经常用到。说到底，让页面看起来整洁，降低用户学习的成本、简约设计、层层分解，如图 9-40 所示。

新道具的宣传部分遵循武器宣传时的原则，但是由于除武器品类以外的道具，用户本身认知存在一定障碍，因此将重点放在道具在游戏内的功能和能够给用户带来什么样的好处上，如图 9-41 所示。

图 9-39　武器介绍 2

图 9-40　更新页面介绍

图 9-41 新道具介绍

9.4.5 其他更新

刚才已经说过，用户是视觉生物，即使我们做出很多努力，改善了很多细节，但是当用户进入游戏体验时发现，这与优化所说明的文字不符合，那么用户此时在期待和反馈上就出现了问题。当期待大于反馈时，此时用户会不满，并有吐槽的情况，如进入论坛传播问题，而这些都是我们不想看到的情况。

下面，我们看看《穿越火线》在功能优化（其他更新方面）的操作方式，选择《黑鹰计划》版本中的其他功能优化来举例说明。

优化功能每个细节都配上图片，同时增加红色线框，提醒用户注意使用，这就降低了用户的学习成本，在游戏内容和功能非常多的情况下，每一个改动和优化都可能导致用户不习惯和进行重新学习，因此配图并说明改进是尊重用户，也是降低用户负担的好方法，如图 9-42 所示。

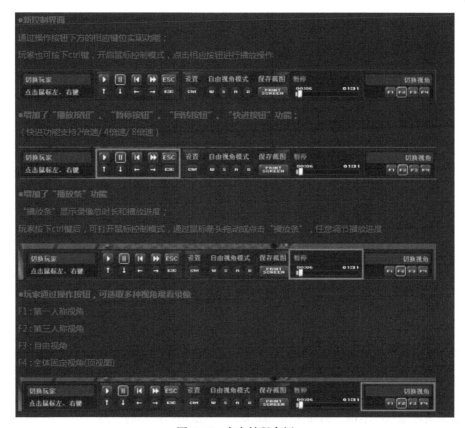

图 9-42 内容教程介绍

9.5 长尾理论实践

9.5.1 概念

百度百科对于长尾理论，进行了以下的描述和解读。

长尾理论是网络时代兴起的一种新理论，由于成本和效率的因素，当商品储存流通展示的场地和渠道足够宽广，商品生产成本急剧下降以至于个人都可以进行生产，并且商品的销售成本急剧降低时，几乎任何以前看似需求极低的产品，只要有卖，都会有人买。这些需求和销量不高的产品所占据的共同市场份额，可以和主流产品的市场份额相当，甚至更大。

举例来说，一家大型书店通常可摆放 10 万本书，但亚马逊网络书店的图书销售额中，有四分之一来自排名 10 万以后的书籍。这些"冷门"书籍的销售比例正以高速成长，预计未来可占整个书市的一半。这意味着消费者在面对无限的选择时，真正想要的东西、和想要取得的渠道都出现了重大的变化，一套崭新的商业模式也跟着崛起。简而言之，长尾所涉及的冷门产品涵盖了更多人的需求，当有了需求后，会有更多的人意识到这种需求，从而使冷门不再冷门，如图 9-43 所示。

长尾（The Long Tail）这一概念是由《连线》杂志主编 Chris Anderson 在 2004 年 10 月的"长尾"一文中最早提出，用来描述诸如亚马逊和 Netflix 之类网站的商业和经济模式[○]。

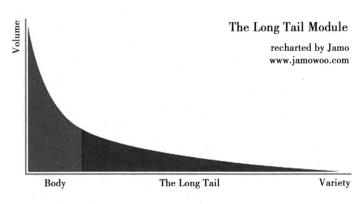

图 9-43　长尾理论 1

长尾理论同样适用于游戏产业，并得到了充分利用和发挥，在一些大型的 MMORPG 游戏中，其游戏商城的道具多达上千种，很多游戏商城已经具备了道具搜索功能（实际上用户的搜索也是符合长尾理论的），帮助用户寻找需要购买的道具，这就如同在电商平台的货架体系是一样。长尾理论将冷门产品的能力挖掘出来，需要我们重视尾部的力量。然而长尾理论在实践中，需要注意一些事情，例如顾尾不顾头、二八法则和尾部的挖掘。

9.5.2　顾尾不顾头

尾巴的来源有几处：小众需求，从头部分裂出的，而长尾理论在游戏中的应用首先要保证头部要起来，但是很多游戏把大量精力放了一些小众的需求方面。对于从头部分裂的，没有有效的推送和利用，进而导致不断增加尾部的长度，同时头部又没有起来。长尾的尾巴不是一种要靠堆积 IB 品类和数量就能形成的，我们在保证头部的前提下，还要抑制一些 IB 向尾部过度。整体幂律分布的面积越大，给予我们的空间和机会也就越大，但是在更多时候尾巴太长，头部太瘪，如图 9-44 所示。

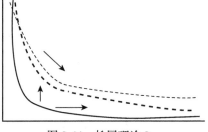

图 9-44　长尾理论 2

长尾市场的形成要保证销售半径大、货架足够长、搜索成本（购买决策时间）低，这是形成长尾市场的 3 个要素。长尾理论强调个性化、客户力量和小利润市场，

○　百度百科 长尾理论 链接为 http://baike.baidu.com/link?url=WrNMoj7P5ujyoFeL9YudSJP5wYek63n0dHMZZrGj-yGKv-YUQ2yS0W77g3ZOUpdwotDeNTl9lSYJsWD12EnVvMA0Vf4PBu61azv6td3kN6Yq

但是这种个性化和客户力量也是某个群体的趋势和倾向，而不是个体之间的差异化需求。如果评估的个性化的需求量在我们评估的客户水平数量之下，那么这样长尾市场投入与查处是不符合预期的，相反会造成头部市场的动摇。

9.5.3　长尾与二八法则

长尾强调最多的一点就是增值导向，适合个性化定制服务，符合更加广泛的客户需求，二八法则是成本导向，适合大规模生产环境下的古典经济学，稀缺为常态。然而，作为长尾模糊了二八的界限，但首要是满足头部的需求，因为这是主体的需求，个体的个性化定制必须是以某个个性化的群体趋势来拉长长尾，而不是以满足单个个体的需求为导向的。这里不代表二八已经不起作用了，因为在游戏中，我们经常开启累计充值或者累计消费，目的就是利用 20% 的重要客户资源产生 80% 的利润，二八只是换了一种形式作用于经济系统。

9.5.4　尾部的挖掘

尾巴要长，但要合理。

很多时候我们把尾巴做长了，但是却没有做肥，这是错误使用长尾的表现。

首先，用户的需求会无限地增长和多样化，但是不代表我们要不断地被用户牵着鼻子走，在道具长尾效应方面，作为设计者要进行道具设计的控制和产出，不要抑制尾巴的出现，但要出现得合理，在用户认知很高的道具系统上推陈出新，优化道具系列商品。例如喇叭，作为游戏中消耗最大的品类，不断优化喇叭的种类和形式，在已有认知的道具模型上，丰富属性和用户特色需求，进行单一道具多方面的功能拓展，这种尾巴的出现是一种良性的尾巴，也是会把尾巴变肥的一种策略。

其次，我们会经常考虑当尾巴变薄时，要加强尾巴的厚度，这种想法没有错，但是当我们在一些用户本身不存在高认知道具上，使用低成本进行优化处理，那么产生的后果是用户会继续不选择购买，要再次变肥，除了要不断地优化高认知的道具，还要寻求非主流（长尾用户）用户的需求倾向，把握个性化群体的需求，进行道具设计，同时提高道具的使用价值，刺激用户需求，变厚尾巴。

最后，使用推荐系统，增加道具的曝光度和认知度，这是一种主动变肥和拉长尾巴的策略。付费用户在满足自身已有的购买情况下，多数情况下会受到外部因素的影响，例如付费群体购买。

总体来说，当尾巴变得太长时，我们需要优化。由长尾创造的产值是通过不断积累实现的，但是这种积累不是停留在每个道具卖一个的低份额累加上的，我们习惯于通过活动充值来刺激新品的销售，但是没有考虑尾巴和头部的变厚是相互关联的。APA 群体和消费行为固定的情况下，长尾要服从于群体，而不是反过来。

在不断增加的尾巴中，还有一个致命的问题就是，随着货架越来越大，用户快速定位自己需要的商品的花费也越来越多，搜索成本加大导致了尾巴的稳定性减弱、厚度变薄，如何平衡是做好长尾的关键步骤，而在这个问题上又回归到刚才谈到的问题，我们要在用户既有的道具认知基础上不断地丰富和优化，同时结合技术和数据挖掘手段来向用户推送信息。

因此，可以说单纯的上下架、扩充道具数量不是长尾的作用，砍掉没用的尾巴，有的放矢制造"新长尾"才会带来收益。长尾的使用要恰到好处，用户需求存在多样性，但多样性要在可控的范围内，引导用户的需求向运营转移，同时又不能束缚用户的多样性需求。

9.5.5 案例——FPS 游戏的长尾策略

在以往对于 FPS 游戏道具购买排行的分析中，会发现围绕 M4A1 和 AK47 的相关消费是非常高的，在一般的用户体验这类游戏时，对于 M4A1 和 AK47 具备较强的认知，也是首选的武器类型。但是武器的种类有很多种，在 FPS 游戏中，可以通过版本更新不断添加各种新式武器，例如巴雷特、AUG。这样就存在一个问题，当再次分析道具消费时，这些更新的道具只存在一天或者两天的消费高峰，随后就无人问津，从收入来讲贡献的比例就很低了。

但是，从长尾理论来看。这貌似是符合长尾的几个要求。挖掘冷门产品的潜力，虽然小众，但是转化率很高，核心关键词的排名对 SEO 优化效果也有很大的作用，如图 9-45 所示。

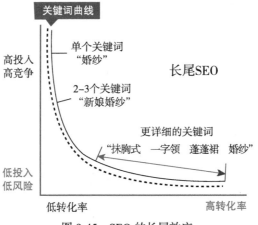

图 9-45　SEO 的长尾效应

回到刚才的 FPS 游戏道具问题上，似乎和上述的过程类似，但是存在一个潜在的问题，就游戏道具来说，是在不断创造需求，用户天生没有对游戏道具的认知，例如对刚才提到的 AUG 或者巴雷特，用户对此没有什么概念，也可以说用户可能不是很了解 AUG 是什么类型的武器。而在图 9-45 中，我们会发现，用户是存在认知和主动需求的，即对婚纱存在认知，而在这个认知基础上，进一步按需求细分，此时诱发长尾效应是自然的过程。当用户根本不知道 AUG 是何物时，也就不知道为什么要购买这样的道具。如果用户知道 AUG 是一把很好的突击步枪，如同 AK47 一样好用时，也许购买的意愿就会很高。

用户虽然对于新武器缺乏认知，但是用户不缺乏的是对游戏玩法的认知，比如在 FPS 游戏中有几种玩法。

- ❏ 生化模式：重点就是打僵尸、需要子弹多、精准度一般。例如格林机枪就是最需要的。
- ❏ 爆破模式：团队配合、战术打法、需要精准度高，需要消音效果好的武器。
- ❏ 狙击模式：自然需要狙击步枪。
- ❏ 多人竞技：需要酷炫颜色的武器。例如刷了金色的武器、黄金武器。

这些是不同玩法下用户的实际需求，而这些需求最终将转化为对武器道具的需要，而用户在缺乏对新武器的认知时，利用用户已有的认知，满足其玩法的需要，就是最低成本，并且将取得上佳的效果。

借助用户已经形成的对 AK47 和 M4A1 的认知，在基础版 M4A1 和 AK47 的基础上进行个性化需求的改进，做足长尾市场。将目前存在的大量 M4A1 和 AK47 客户群中进行细分，再把新用户不断导向基础版 M4A1 和 AK47，形成了头部的稳定用户源和不断补充的细分市场。

实际上在长尾理论支持的尾部市场中，首先要建立起来的是用户对于尾部的需求和认知，存在认知和需求后，做好尾部市场才存在空间。本小节的案例中，正是利用数据分析和用户分析发现了用户对于基础性的 AK47 和 M4A1 存在极高的认知，同时对于玩法又存在多样性，利用游戏设计的小策略，将玩法产生的需求与用户所认知的内容形成统一，这样就容易将长尾市场做起来。

由此，在后续的 M4A1 基础版武器中推出了：

- ❏ M4A1-A：子弹 +5，消音器，不可拆卸。
- ❏ 红魔：红色涂装的 M4A1-A（QQ 会员专属）。
- ❏ 青铜、白银、水晶 M4A1。
- ❏ M4A1-B：子弹 +5。
- ❏ M4A1-CUSTOM：子弹 +5，带微瞄。
- ❏ 沙漠风暴：M4A1-CUSTOM 的升级版，新增消音器。
- ❏ M4A1-X：子弹 +5。
- ❏ 黄金 M4A1-X：子弹 +6，带消音器。
- ❏ M4A1-S：子弹 +5，换弹速度、切枪速度加快。
- ❏ M4A1- 隐袭：外观缠上纱布，瞄准镜，消音器，换弹速度略微加快。
- ❏ 黄金 M4A1：子弹 +8。

在后续的 AK47 基础版武器中推出了：

- ❏ AK47-S：红黑外观，微瞄，子弹 +5，换弹速度、切枪速度加快。
- ❏ AK47-A：子弹 +5，右键刺刀。
- ❏ AK47 黑锋：黑色外观的 AK-47-A。
- ❏ 黄金 AK：子弹 +8。
- ❏ AK47-B：子弹 +5。

❑ 百城 AK47：百城联赛奖品，子弹 +5，百城涂装。

❑ 红龙 AK47：AK47-S 的中国红涂装。

AK47 和 M4A1 的长尾战略是建立在用户存在对游戏认知度基础上，对我们能够把控的用户认知的个性化需求，现在看来，长尾目的不是越长越好，而是要长得符合预期，符合用户已有认知下的个性化需求，放之四海的个性化需求是不能满足的。

9.6 活动运营分析

本节的目的不是讲述活动运营该如何展开，而是更多将注意力放在，如果进行活动分析时，该从哪些角度和数据展开分析，同时加强对于活动运营的理解，这些理解将辅助活动效果的评估。

9.6.1 理解活动运营

游戏存在两大类数据：一类是数值反馈数据，另一类是需求反馈数据。数值反馈数据更多是反映游戏设计的情况；需求反馈数据更多围绕产品运营等外在驱动力对于游戏的影响。而活动运营就是对需求反馈数据的一个适应过程，例如消费内容。需要了解的是，游戏本身质量是关键，活动运营只是放大和挖掘产品潜力，属于辅助手段，不是核心诉求，根本点还是在游戏本身的内容和质量上。

就移动游戏而言，对每个用户都是不公平的，因为每个人所持有的设备是不同的，有可能在某一个设备型号上，就无法正常的启动和体验。此时即使研发质量再好，内容再饱满，但是基本技术质量不过关，还是会导致用户流失。活动运营必须在质量保证良好的基础上，去解决用户的内容消耗和黏性提升的工作。

活动运营包含的范畴很大，图 9-46 所示是分析了整个活动运营的过程，其中包含对于活

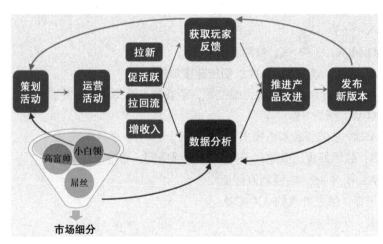

图 9-46　活动运营流程（图片引自 Nelson 移动游戏运营那点事 .pdf）

动策划和活动目标的描述，最关键的是依托数据，将关键反馈数据收集起来，用于产品的改进和优化。

9.6.2 活动数据分析

在活动分析中，我们要考虑如图 9-47 所示的因素。

除此之外，还有几点尤其要关注。

图 9-47 分析因素

- ❏ 受众：对谁进行活动运营，最终效果评估的重要载体。
- ❏ 时间：什么时间的活动，影响创意和效果评估。
- ❏ 创意：创意和表达将决定用户的参与度，影响第一感觉。
- ❏ 触达：如何将活动消息散发给用户，如何唤起用户参与，影响最终效果。

一般而言，从狭义上来说，活动运营和数据包含了两个大方面：收入和人气，如图 9-48 所示。围绕这两点，展开相关的数据指标分析和评估。活动数据分析更多的是一种场景分析，因为活动本身是针对特定的目标或者群体的，采取特定的创意内容和触达手段，这就和计算广告学的三要素有相似之处。

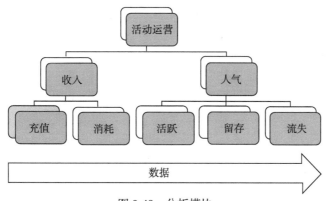

图 9-48 分析模块

从宏观数据层面，图 9-48 的相关指标可以简单评判活动效果的质量，如果更加系统的从受众、创意、触达方式分析，则需要更加丰富的数据进行支撑。如页面点击率、参与率和领取情况等，由活动直接带来用户的后续付费表现。具体的分析是，针对同一样本人群的活动前、活动中和活动后的表现，使用相关数据指标，进而量化效果（这其实就是断代分析方法的一种应用场景）。

此外，由于针对活动的分析多数都是对特定群体的营销，所以，在可能的情况下，可以将受众进行分群，了解在具体的一些指标上的数据表现。在对某些群体按照既定条件分群后，将分群后的用户作为一个分析单元，查看相关的指标，如图 9-49 所示。

已建立用户群			
用户分群	描述	创建日期	操作
华北地区	143968用户, 用户于 2014-7-1~2014-8-31 新增 所在国家为:中国 所在地区为:北京、河北、天津、山西、内蒙古	2014-08-08 15:36:26	删除
广东地区用户	61088用户, 用户于 2014-7-1~2014-8-31 新增 所在国家为:中国 所在地区为:广东	2014-08-08 15:36:26	删除

图 9-49　用户分群

　　活动分析更多像是在广告中对于相关环节的综合分析,从这点上看,数据分析很多内容是相通的,主题都是围绕某一群用户进行相关的营销,进而期望达到所需要的效果,最终都走向效果监测和内容评估,认识到这点,其实无论是活动分析还是广告效果分析,在一定意义上,没什么本质区别。

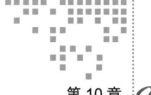

第 10 章 *Chapter 10*

R 语言游戏分析入门

10.1 R 语言概述

R 语言主要用于统计分析、绘图。R 语言是由来自新西兰奥克兰大学的 Ross Ihaka 和 Robert Gentleman 开发的（也因此称为 R 语言），现在由 "R 开发核心团队" 负责开发。R 语言是基于 S 语言的一个 GNU 项目，所以也可以当作 S 语言的一种实现，通常用 S 语言编写的代码都可以不做修改地在 R 语言环境下运行。R 语言的语法是来自 Scheme。

在市面上有各式各样的统计分析制图软件，如 Microsoft Excel、IBM SPSS、SAS、Stata 还有 Matlab 等，但是为何就选择 R 语言呢？

R 语言有很多优点，如下。

- ❏ 如果你为花费巨额去购买应用软件而头痛，那么 R 语言是一个很好的选择，因为 R 是一款免费的开源软件。
- ❏ R 语言作为一款统计分析软件，具有比较全面的数据处理、分析以及可视化技术，而其可视化的强大功能更让人为之惊叹。
- ❏ R 语言可以轻松地从各种数据源进行导入、读取数据，如文本文件、数据管理系统、统计软件，以及专门的数据仓库。而这一点与游戏行业运营特征尤其合适。
- ❏ R 语言里面有很多封装好的算法包，我们可以轻松地调用这会让你体现到各种便捷。
- ❏ R 语言可运行于多种平台上，包括 Windows、UNIX 和 Mac OS X，这也让 R 语言有了更大的发挥空间。如远程服务器上安装 R 与 Rstudio Server 的配合应用。

注意，本书所使用的 R 语言版本为 3.0.0，配合集成开发环境为 Rstudio。

R 语言拥有很强大的制图能力，图 10-1 是 R 语言展示制图功能的一个示例。

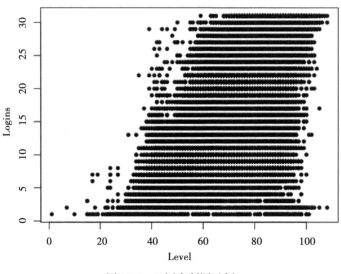

图 10-1　R 语言制图示例

　　常规的散点图在点数较少的时候可以发现变量之间的关系，当数量较多的时候会让人不知所措，因为你看到的只是一堆无规则的点。而图 10-2 的高密度散点图则让人耳目一新。

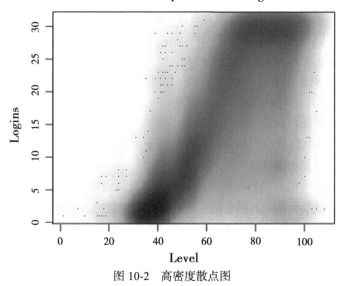

图 10-2　高密度散点图

　　在图 10-2 中，可以观测到 40 级范围的玩家一个月中的活跃天基本集中在 0 到 5 天，40级至 70 级玩家的活跃天随着等级上升呈现直线上升趋势，而大部分的 70 级到 100 级的玩家一个月 30 天基本维持登录。可以看出，合理的使用数据可视化方法可以让我们在数据分析中如虎添翼。接下来，让我们一步一步体验 R 语言在游戏运营数据分析中的强大所在。

10.2　新手上路

在使用之前，需要先安装 R，在 CRAN（Comprehensive R Archive Network）http://cran.r-project.org/ 上可以选择 Windows、Linux 和 Mac OS X 版本免费安装，根据所选择的平台的安装说明安装即可。

如果在 Windows 中安装了 R，打开后程序后的界面如图 10-3 所示。

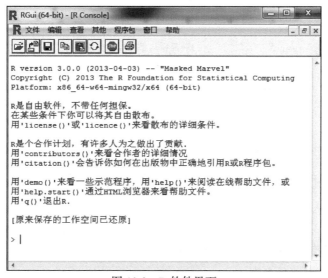

图 10-3　R 软件界面

R 可以通过安装其他的包拓展其分析的功能，并且 R 对大小写敏感。接下来，我们进行一些简单的 R 操作，从具体操作中体验 R。

表 10-1 是运营常见的每日收入以及活跃数据，要对最近一周的收入数据进行简单的分析，用函数 c() 把收入与活跃玩家数据以向量的形式分别赋值给 revenue 与 active_players 两个变量，而 ">" 为输入提示符，"<-" 是赋值符号，同时也可以用常规的 "=" 符号来赋值。而 "#" 的作用是添加代码备注。

表 10-1　最近一周收入与活跃

日　　期	收　　入	活 跃 玩 家
1 月 1 日	201 451	187 241
1 月 2 日	214 941	197 456
1 月 3 日	220 185	214 784

（续）

日　　期	收　　入	活 跃 玩 家
1月4日	197 121	201 544
1月5日	179 431	175 446
1月6日	187 123	187 454
1月7日	164 877	170 154

代码清单10-1　每日收入和活跃趋势例子

```
> revenue <- c(201451,214941,220185,197121,179431,187123,164877)
> active_players <- c(187241,197456,214784,201544,175446,187454,170154)
> mean(revenue)                    #一周平均每天收入
[1] 195018.4
> mean(active_players)             #一周平均每天活跃玩家
[1] 190582.7
> sd(revenue)                      #一周收入标准差
[1] 19535.76
> sd(active_players)               #一周活跃玩家标准差
[1] 15386.7
> cor(revenue,active_players)      #一周收入与活跃玩家相关系数（相关系数范围为[-1,1]）
[1] 0.9004177
> plot(active_players,revenue)     #做出活跃玩家与收入的散点图
```

上面统计了收入与活跃玩家两个指标的均值以及标准差，同时也得出了收入与活跃玩家有较强的线性关系，这也说明了在游戏里面，玩家的不断累积可以让我们收入不断增加。

对于R语言有很多基础的数据整理以及统计分析的函数。例如上面的例子，我们可以用summary来看出函数的大体分布。

代码清单10-2　summary( )描述统计函数

```
> summary(revenue)
    Min.  1st Qu.  Median   Mean  3rd Qu.   Max.
 164900   183300   197100  195000  208200  220200
> summary(active_players)
    Min.  1st Qu.  Median   Mean  3rd Qu.   Max.
 170200   181300   187500  190600  199500  214800
```

summary结果的统计项分别为：最小值、第一四分位数、中位数、均值、第三四分位数和最大值。从定量的统计我们可以在脑中想象到收入与活跃玩家的大概分布。

上面这些只是R语言的冰山一角，在之后我们会慢慢地介绍更多的数据整理以及在游戏里面的统计与分析，在此之前我们必须要了解一些R语言的基础知识。

10.3　R 语言数据结构

上面的例子记录了每天的收入以及活跃玩家数，我们将每一个变量以向量的形式进行输入统计，在切实的统计当中更多的数据形式是每一行一个观测值，不同列之间有不同的变量。表 10-2 是玩家账号信息数据表。

表 10-2　玩家账号信息

日　期	玩家账号	等　级	在线时长	获得金币	消耗金币	是否 Vip
2013/11/1	Dmplay	45	60	1 000	500	否
2013/11/2	Majoy	76	130	3 400	1 500	是
2013/11/3	Yuzhenlin	23	20	250	80	否
2013/11/4	Djout	51	100	530	0	是

以上是 R 语言里的 data.frame 数据结构，了解以及操作数据结构是学习 R 语言中最基础而又必须进行的，那么在 R 语言中有哪些数据结构呢？

R 语言中包括以下几种数据结构：vector（向量）、matrice（矩阵）、array（数组）、data frame（数据框）和 list（列表）。

10.3.1　向量

vector 类型可以存储数字、字符或者逻辑向量，构建的函数为 c()，举例如下。

```
> a <- c(1,3,5,7,9,13)
> b <- c("dau","wau","mau")
> c <- c(FALSE,FALSE,TRUE,TRUE)
```

选取向量的某一个元素或者多个元素可以用 a[c(1,3)] 的方法，表示取出 a 中第 1 和第 3 个元素，下面为其他例子。

```
> a <- c(1,3,5,7,9,13)
> a[2]
[1] 3
> a[c(1,2,5)]
[1] 1 3 9
> a[2:5]
[1] 3 5 7 9
```

10.3.2　矩阵

矩阵里面的元素类型必须是一致的（数字型、字符型或者逻辑型），矩阵由函数 matrix 来创建，一般的形式如下。

```
myymatrix <- matrix(vector, nrow=number_of_rows, ncol=number_of_columns,
                    byrow=logical_value, dimnames=list(
                    char_vector_rownames, char_vector_colnames))
```

其中,

❑ vector,需要输入的向量。

❑ nrow,矩阵行数。

❑ ncol,矩阵列数。

❑ byrow,是否按照行排序。

❑ dimnames,行列名称列表。

代码清单 10-3 创建矩阵

```
> y <- matrix(1:20,nrow=4,ncol=5)
> y
     [,1] [,2] [,3] [,4] [,5]
[1,]    1    5    9   13   17
[2,]    2    6   10   14   18
[3,]    3    7   11   15   19
[4,]    4    8   12   16   20
> y2 <- matrix(1:20,nrow=4,ncol=5,byrow=TRUE)
> y2
     [,1] [,2] [,3] [,4] [,5]
[1,]    1    2    3    4    5
[2,]    6    7    8    9   10
[3,]   11   12   13   14   15
[4,]   16   17   18   19   20
> y3 <- matrix(1:20,nrow=4,ncol=5,byrow=TRUE,dimnames=list(c("R1","R2","R3",
  "R4"), c("C1","C2","C3","C4","C5")))
> y3
   C1 C2 C3 C4 C5
R1  1  2  3  4  5
R2  6  7  8  9 10
R3 11 12 13 14 15
R4 16 17 18 19 20
> y3[2,4]                    # 选择第2行,第4列的元素
[1] 9
> y3[2,2:5]                  # 选择第2行,第2至5列的4个元素
C2 C3 C4 C5
 7  8  9 10
```

10.3.3 数组

数组与矩阵非常相似,但是数组可以允许多于二维,其由 array 函数来创建,基本形式如下。

```
myarray <- array(vector, dimensions, dimnames)
```

其中,

❑ vector,需要输入的向量。

❑ dimensions,数组维度大小。

❑ dimnames，维度名字列表。

代码清单10-4　创建数组

```
> dim1 <- c("A1","A2")
> dim2 <- c("B1","B2","B3")
> dim3 <- c("C1","C2","C3","C4")
> z <- array(1:24,c(2,3,4),dimnames=list(dim1,dim2,dim3))
> z
, , C1

   B1 B2 B3
A1  1  3  5
A2  2  4  6


, , C2

   B1 B2 B3
A1  7  9 11
A2  8 10 12


, , C3

   B1 B2 B3
A1 13 15 17
A2 14 16 18


, , C4

   B1 B2 B3
A1 19 21 23
A2 20 22 24
```

可以看出，数组是矩阵的延伸，有些时候引用数组进行运算比起一个个矩阵运算更有优势。

10.3.4　数据框

数据框比矩阵更加普遍，并且可以自由组合不同类型的列（同列数据类型相同，不同列之间可以是不一样数据类型，如数字型、字符型、逻辑型），在日常的数据处理中，更多的是数据框，下面就来看看 R 语言中数据框的基本形式。

```
mydata <- data.frame(col1, col2, col3,…)
```

代码清单10-5　创建数据框

```
> accountname <- c("Jet","Tina","Melisa","Zu","Nothing","Elliot")
> level <- c(21,31,34,15,53,61)
> accounttype <- c("type1","type3","type2","type1","type3","type4")
```

```
> Vip <- c(FALSE,FALSE,TRUE,TRUE,TRUE,FALSE)
> accountdata <- data.frame(accountname,level,accounttype,Vip)
> accountdata
  accountname level accounttype  Vip
1         Jet    21       type1 FALSE
2        Tina    31       type3 FALSE
3      Melisa    34       type2  TRUE
4          Zu    15       type1  TRUE
5     Nothing    53       type3  TRUE
6      Elliot    61       type4 FALSE
> names(accountdata)                # 查看数据框列名
[1] "accountname" "level"       "accounttype" "Vip"
> names(accountdata) <- c("账号名","等级","账号类型","是否Vip")      # 修改列名
> accountdata
    账号名 等级  账号类型 是否Vip
1     Jet   21     type1   FALSE
2    Tina   31     type3   FALSE
3  Melisa   34     type2    TRUE
4      Zu   15     type1    TRUE
5 Nothing   53     type3    TRUE
6  Elliot   61     type4   FALSE

> accountdata[1,1:3]                  # 取第1行，第1至3列的元素
  账号名 等级 账号类型
1    Jet   21    type1
> accountdata[1:2,1:3]                # 取第1至2行，第1至3列的元素
  账号名 等级 账号类型
1    Jet   21    type1
2   Tina   31    type3
> accountdata[,1:2]                   # 取第1至2列
    账号名 等级
1     Jet   21
2    Tina   31
3  Melisa   34
4      Zu   15
5 Nothing   53
6  Elliot   61
> accountdata[,c("账号名","等级")] # 跟上一例同等效果
    账号名 等级
1     Jet   21
2    Tina   31
3  Melisa   34
4      Zu   15
5 Nothing   53
6  Elliot   61
> accountdata$"等级"          # 取"等级"的列，虽然取出的数据都一样，但是数据类型已不是data.frame
21 31 34 15 53 61
> summary(accountdata)        # summary函数可以让你更简单快捷了解总体数据情况
     账号名        等级         账号类型     是否Vip
 Elliot :1   Min.   :15.00   type1:2   Mode :logical
```

```
Jet    :1   1st Qu.:23.50   type2:1   FALSE:3
Melisa :1   Median :32.50   type3:2   TRUE :3
Nothing:1   Mean   :35.83   type4:1   NA's :0
Tina   :1   3rd Qu.:48.25
Zu     :1   Max.   :61.00
```

10.3.5　列表

列表是 R 语言里面最复杂的结构，它允许任何类型数据集合在一起。例如，把向量、矩阵、数据框，甚至连其他的列表都可以放在一个列表当中，创建列表的函数为 list()，下面是 list( ) 的基本形式。

```
mylist <- list(object1, object2, …)
```

代码清单10-6　创建列表

```
> a <- "create a list"
> b <- c(1,2,6,33,2,45,4)
> c <- matrix(1:12,nrow=3,ncol=4)
> d <- accountdata
> mylist <- list(listname=a, "年龄"=b, c, "游戏分析"=d)    # 创建list
> mylist
$listname
[1] "create a list"

$年龄
[1]  1  2  6 33  2 45  4

[[3]]
     [,1] [,2] [,3] [,4]
[1,]    1    4    7   10
[2,]    2    5    8   11
[3,]    3    6    9   12

$游戏分析
    账号名  等级  账号类型  是否Vip
1      Jet    21    type1    FALSE
2     Tina    31    type3    FALSE
3   Melisa    34    type2     TRUE
4       Zu    15    type1     TRUE
5  Nothing    53    type3     TRUE
6   Elliot    61    type4    FALSE

> mylist[[2]]                    # 取第2个成分
[1]  1  2  6 33  2 45  4
> mylist[["年龄"]]               # 跟上述效果一致
[1]  1  2  6 33  2 45  4
```

在很多分析中，vector、data.frame 和 list 使用频率比较高，还有不同数据类型之间转换的操作。如 vector 转化成 data.frame（利用 as.data.frame 函数转化成 data.frame 类型）、data.frame
转化成 vector、list 转化成 data.frame 等。

10.4 R 语言数据处理

数据处理是数据分析挖掘必不可少的步骤，包括对数据的采集、储存、检索、加工、变
换、计算和传输，这部分会花掉我们 60% 的时间，而 R 语言处理数据表现得非常出色。

10.4.1 类型转换

可以用 class( ) 函数来查看数据的类型，各种类型之间都可以按照自己数据处理需求自由
转换，表 10-3 就是一些常用的数据转换函数。

表 10-3 常用的数据转换函数

函　　数	描　　述
as.numeric( )	数字类型
as.character( )	字符类型
as.vector( )	向量类型
as.matrix( )	矩阵类型
as.array( )	数组类型
as.data.frame( )	数据框类型
as.list( )	列表类型
as.factor( )	因子类型
as.logical( )	逻辑类型

代码清单10-7　数据类型转换

```
> num <- as.numeric(c(1,2,3,4,5,6,7,8,9))
> num
[1] 1 2 3 4 5 6 7 8 9
> class(num)                      # 查看num变量为numeric类型
[1] "numeric"

> char<-as.character(num)         # 把numeric类型转变成为character类型
> char                            # 可以看到数字打上了双引号，说明已经把数字类型转化成字符类型
[1] "1" "2" "3" "4" "5" "6" "7" "8" "9"
> class(char)
[1] "character"

> data_frame<-as.data.frame(num)  #把num转化成data.frame类型
> data_frame                      #可以看出数字型的向量转化成了data.frame类型
  num
1   1
```

```
2    2
3    3
4    4
5    5
6    6
7    7
8    8
9    9

> List <- list(num=num,char=char)
> as.data.frame(List)        # list类型转变为data.farme类型
  num char
1   1    1
2   2    2
3   3    3
4   4    4
5   5    5
6   6    6
7   7    7
8   8    8
9   9    9
> unlist(List)              # unlist()函数可以把list类型转变为字符类型的向量
 num1  num2  num3  num4  num5  num6  num7  num8  num9 char1 char2 char3 char4
char5 char6 char7 char8 char9
 "1"   "2"   "3"   "4"   "5"   "6"   "7"   "8"   "9"   "1"   "2"   "3"   "4"
 "5"   "6"   "7"   "8"   "9"
```

灵活运用转换函数可以在不同类型之间转换，能让数据整理更加便捷。

10.4.2　缺失值处理

数据缺失处理是数据处理最常见的问题，可能是由于数据库读取出错，也有可能是数据本身就是缺失的。例如，一些玩家有购买某类物品，一些玩家没有购买某些物品，这种原因导致数值缺失普遍存在。在 R 语言中缺失值以符号 NA 表示，并且可以通过函数 is.na() 来检验数据是否存在空值，如果某个元素缺失，就会在某个位置上返回 TRUE，如果没有缺失，则返回 FALSE。

代码清单10-8　缺失值判断以及处理

```
> x <- c(1,2,3,4,NA)
> is.na(x)                  # 返回一个逻辑向量
[1] FALSE FALSE FALSE FALSE  TRUE
> table(is.na(x))           # 变量元素很大的时候，结合table()函数可以统计分类个数
FALSE   TRUE
4      1
> sum(x)                    # 当向量存在缺失值的时候统计结果也是空值
[1] NA
> sum(x,na.rm=TRUE)         # 很多函数里都有na.rm=TRUE参数，此参数可以在运算时移除缺失值
[1] 10
```

```
> x[which(is.na(x))] <- 0        # 可以用which()函数代替缺失值,which()函数返回符合条件
                                 # 的相应位置
> x
[1] 1 2 3 4 0

> x <- c(1,2,3,4,NA)
> y <- c(6,7,NA,8,9)
> z <- data.frame(x,y)
> is.na(z)                       # data.frame中空值的判断
        x     y
[1,] FALSE FALSE
[2,] FALSE FALSE
[3,] FALSE  TRUE
[4,] FALSE FALSE
[5,]  TRUE FALSE
> which(is.na(z),arr.ind=T)      #which()函数添加arr.ind=T可以返回缺失值的相应行列坐标
     row col
[1,]   5   1
[2,]   3   2
> z[which(is.na(z),arr.ind=T)] <- 0  # 在data.frame中也可以结合which()函数进行缺失值替代
> z
  x y
1 1 6
2 2 7
3 3 0
4 4 8
5 0 9
> omit <- data.frame(x,y)
> na.omit(omit)                  # na.omit()函数可以直接删除缺失值所在的行
  x y
1 1 6
2 2 7
4 4 8
```

10.4.3　排序

在数据分析中,很多时候要进行数据的排序。sort() 与 order() 是 R 语言中常用的排序函数,sort() 用于向量的排序,order() 可以用于多维的排序。

sort() 函数语句举例如下。

```
sort(c(2,4,5,7,3,80,9,10))                # 默认从小到大排列
sort(c(2,4,5,7,3,80,9,10),decreasing=TRUE)  # decreasing=TRUE参数设置从大到小排列
```

order() 函数语句举例如下。

```
data <- data.frame(ID=c('A','C','R','A','D','D','N','C'),Score=
    c(2,5,3,2,7,8,3,9))
data[order(data$ID),]                     # 按照ID列升序排列
data[order(data$ID,decreasing=T),]        # 按照ID列降序排列
```

```
data[order(data$ID,data$Score),]        # 依次按照ID、Score列进行升序排列
```

10.4.4　去重

去重也是数据处理经常需要的一个操作，R 语言中 unique() 函数可以满足这个需求。

代码清单10-9　unique( )函数去重

```
> account <- c('账号A','账号B','账号B','账号C','账号A','账号A')
> dbname <- c('server1','server2','server1','server1','server2','server1')
> account_dbname<-data.frame(account,dbname)
> account_dbname
  account  dbname
1 账号A server1
2 账号B server2
3 账号B server1
4 账号C server1
5 账号A server2
6 账号A server1

> unique(account_dbname$account)   # 按account去重，account变量为factor类型，因附带
                                   # Levels统计指标

[1] 账号A 账号B 账号C
Levels: 账号A 账号B 账号C

> unique(account_dbname[,1:2])     # 可按多维度组合进行去重
  account   dbname
1 账号A server1
2 账号B server2
3 账号B server1
4 账号C server1
5 账号A server2
```

10.4.5　数据匹配

根据指定列进行数据合并，是一个很常用的操作，类似于 sol 语句中的 join 语句。R 语言里面的 merge() 函数可以用于匹配两个数据框并进行数据合并。

代码清单10-10　数据匹配

```
> accountname1 <- c("Jet","Tina","Melisa","Zu","Nothing","Elliot")
> level <- c(21,31,34,15,53,61)
> accountname2 <- c("Jet","Tina","Melisa","Stone","Dich")
> pay <- c(1300,563,83,854,369)
> data1 <- data.frame(accountname1,level)
> data2 <- data.frame(accountname2,pay)
> data1
  accountname1 level
1          Jet    21
2         Tina    31
3       Melisa    34
```

```
4            Zu    15
5       Nothing    53
6        Elliot    61
> data2
  accountname2    pay
1          Jet   1300
2         Tina    563
3       Melisa     83
4        Stone    854
5         Dich    369
> merge(data1,data2,by.x='accountname1',by.y='accountname2')    #合并指定列相同的行
  accountname1 level  pay
1          Jet    21 1300
2       Melisa    34   83
3         Tina    31  563
```

如果两个数据框匹配字段的名字都一样，则可以直接用 by='统一字段名'来进行匹配。
另外，merge()函数内还有 all=T,all.x=T,all.y=T，这 3 个参数指定数据框进行全部输出。

10.4.6　分组统计

在平时的数据分析中，经常会按照某组类别进行统计分析，见表 10-4。

表 10-4　账号信息表

账　　号	等　　级	账 号 类 型	是否 VIP	充 值 金 额
A	10	type1	1	15
B	10	type2	0	35
C	30	type2	0	75
D	30	type1	1	90
E	40	type3	0	200
F	40	type3	1	150
G	60	type1	1	400
H	60	type2	1	350

统计需求 1：统计各个账号类型的平均等级以及平均充值金额。

统计需求 2：统计各个账号类型下 VIP 与非 VIP 的平均等级以及平均充值金额。

统计需求 3：统计各个账号类型下 VIP 与非 VIP 的平均等级、平均充值金额，以及总等级（一般统计总等级没有意义，这里只是示范）、总充值额。

代码清单 10-11　aggregate( ) 分组统计

```
> account <- c('A','B','C','D','E','F','G','H')
> lv <- c(10,10,30,30,40,40,60,60)
> type <- c('type1','type2','type2','type1','type3','type3','type1','type2')
> vip <- c(1,0,0,1,0,1,1,1)
```

```
> amount <- c(15,35,75,90,200,150,400,350)
> mydata <- data.frame(account,lv,type,vip,amount)

> ## 统计需求1
> aggregate(mydata[,c('lv','amount')] ,by=list(mydata$type),FUN=mean)
  Group.1      lv   amount
1  type1 33.33333 168.3333
2  type2 33.33333 153.3333
3  type3 40.00000 175.0000

> ## 统计需求2
> aggregate(mydata[,c('lv','amount')] ,by=list(mydata$type,mydata$vip),FUN=mean)
  Group.1 Group.2      lv   amount
1  type2       0 20.00000  55.0000
2  type3       0 40.00000 200.0000
3  type1       1 33.33333 168.3333
4  type2       1 60.00000 350.0000
5  type3       1 40.00000 150.0000

> ## 统计需求3
> fun <- function(x){ c(sum=sum(x), mean=mean(x)) } ## function()可用于创建函数
> aggregate(mydata[,c('lv','amount')] ,by=list(mydata$type,mydata$vip),FUN=fun)
  Group.1 Group.2    lv.sum   lv.mean amount.sum amount.mean
1  type2       0  40.00000  20.00000   110.0000     55.0000
2  type3       0  40.00000  40.00000   200.0000    200.0000
3  type1       1 100.00000  33.33333   505.0000    168.3333
4  type2       1  60.00000  60.00000   350.0000    350.0000
5  type3       1  40.00000  40.00000   150.0000    150.0000
```

　　合理利用自主创建函数与 aggregate() 函数结合，可以让分组统计更加灵活。但是，比 aggregate() 函数更加强大的就要说到 reshape 包了。reshape 包通过对数据进行"融合"（melt 函数）与"重铸"（cast 函数），可以得到任何你想要的数据统计形状。下面，就用上面自己创建的简单数据集 mydata 进行数据操作，因为 reshape 包不在基础安装包里，因此在使用之前先要安装包。

　　（1）融合

　　融合的过程就像我们平时列转行的思想，由下面第 4 行代码展现的结果可以看到，lv 与 amount 两列被转化成了行指标，并且与变量 type、vip 组成每一个行都具有唯一确定观测值的标示符变量，数据融合之后就可以根据需求进行数据重铸了。

代码清单10-12　Reshape包的融合函数：melt()

```
> install.packages('reshape')
> library(reshape)
> # 以type与vip两列进行数据的融合，其他列指标全部融入variable列，其值则在value列中
> resp <- melt(mydata[,2:5],id=c('type','vip'))
> resp
   type vip variable value
```

```
1  type1  1      lv    10
2  type2  0      lv    10
3  type2  0      lv    30
4  type1  1      lv    30
5  type3  0      lv    40
6  type3  1      lv    40
7  type1  1      lv    60
8  type2  1      lv    60
9  type1  1   amount   15
10 type2  0   amount   35
11 type2  0   amount   75
12 type1  1   amount   90
13 type3  0   amount   200
14 type3  1   amount   150
15 type1  1   amount   400
16 type2  1   amount   350
```

（2）重铸

重铸函数为 cast()，其基本形式如下。

```
cast(data, formula = ... ~ variable, fun=NULL)
```

data 参数为已经融合好的 data.frame，formula 参数为最后重铸数据形式的公式，fun 参数为以某个函数进行最后的数据统计，这个参数不填写，默认为统计其对应的长度。其中，formula 公式如下。

```
rowvar1 + rowvar2 + …… ~ colvar1 + colvar2 + ……
```

这里可以理解成用变量 rowvar1、rowvar2、…… 组合形成行标识符，用 colvar1、colvar2、…… 组合成列变量。下面的示例为各种不同统计形式的展现。

代码清单10-13　Reshape包的重铸函数：cast( )

```
> fun <- function(x){ c(sum=sum(x), mean=mean(x)) }
                              #创建具有两个统计数值的函数
> cast(resp, type ~ variable)    #不设置函数参数则默认以length统计长度
Aggregation requires fun.aggregate: length used as default
    type lv amount
1 type1  3      3
2 type2  3      3
3 type3  2      2

> cast(resp, type ~ variable, fun) #以type变量作为行标识，以variable变量组合作为列变量
    type lv_sum  lv_mean amount_sum amount_mean
1 type1    100 33.33333        505    168.3333
2 type2    100 33.33333        460    153.3333
3 type3     80 40.00000        350    175.0000

> cast(resp,type+vip~variable, fun) #行标识加多vip维度，因此行数变多，统计更加细腻
    type vip lv_sum  lv_mean amount_sum amount_mean
1 type1   1    100 33.33333        505    168.3333
```

```
2 type2    0    40 20.00000          110     55.0000
3 type2    1    60 60.00000          350    350.0000
4 type3    0    40 40.00000          200    200.0000
5 type3    1    40 40.00000          150    150.0000

> cast(resp,type ~variable | vip, fun) #这种formula形式可以把vip维度进行分表展现
$`0`
    type lv_sum lv_mean amount_sum amount_mean
1 type2     40      20        110          55
2 type3     40      40        200         200


$`1`
    type lv_sum  lv_mean amount_sum amount_mean
1 type1    100 33.33333        505    168.3333
2 type2     60 60.00000        350    350.0000
3 type3     40 40.00000        150    150.0000
```

10.4.7　数据变换

数据变换是数据处理中很常见的一种手段。下面主要介绍连续型数据映射到固定区间内的"min—max 标准化"与无纲量化处理的"Z-score 标准化"。

（1）min—max 标准化

min—max 标准化的方法是把连续数据类型映射到 [0,1] 区间上，然后做指标内的样本对比，会使数据变得更加清晰明了，其公式如下。

$$xi^* = \frac{xi - \min(x)}{\max(x) - \min(x)}$$

上式中，$\max(x)$ 与 $\min(x)$ 分别代表数据集的最大值与最小值，而 $\max(x)-\min(x)$ 则是数据集的极差。R 中的变换代码也很简单。

$$(data - \min(data))/(\max(data) - \min(data))$$

下面尝试对 20 个服务器的收入指标进行标准化处理。

代码清单10-14　利用min—max变换进行服务器收入数据标准化

```
> server_income
 [1]  8.7  5.8 21.6  6.0  4.0 10.1  8.5 16.0  9.0  7.7 16.7 21.4  4.7 20.1 13.2
[16] 10.0 20.8 20.5  9.3 22.3
>server_income_d <- (server_income-min(server_income))/
(max(server_income)-min(server_income))
> server_income_d
 [1] 0.25683060 0.09836066 0.96174863 0.10928962 0.00000000 0.33333333
 [7] 0.24590164 0.65573770 0.27322404 0.20218579 0.69398907 0.95081967
[13] 0.03825137 0.87978142 0.50273224 0.32786885 0.91803279 0.90163934
[19] 0.28961749 1.00000000
数据变换后，可以把数据映射到5分制上，分别用1~5代表其等级。
> server_income_5score <- round(server_income_d*4+1)
> server_income_5score
 [1] 2 1 5 1 1 2 2 4 2 2 4 5 1 5 3 2 5 5 2 5
```

```
> table(server_income_5score)
server_income_5score
1 2 3 4 5
4 7 1 2 6
```

（2）Z-score 标准化

数据无量纲化处理主要解决数据的可比性，也就是去除指标度量单位的影响，从而进行四则运算，"Z-score 标准化"是最常用的方法，其公式如下。

$$x^* = \frac{x-\mu}{\sigma}$$

其中，μ 是样本均值，σ 为样本标准差，变换后样本的均值为 0，标准差为 1。在 R 语言中 scale() 函数可进行 "Z-score 标准化"。

表 10-5 为 8 个服务器的运营指标，为了综合评价服务器的情况，可以运用无纲量化处理数据之后进行综合评分。

表 10-5　8 组服务器运营指标

服务器	服务器信息			留 存 情 况				充值回本情况		
	首日前三级比例	首日登录付费比	创号流失率	1天留存率(%)	3天留存率(%)	5天留存率(%)	7天留存率(%)	1天充值	3天充值	7天充值
1 服	34.02%	0.84%	11.37%	9.45%	5.75%	3.75%	2.13%	20 845	67 632	87 555
2 服	30.14%	1.03%	14.05%	12.23%	4.30%	2.17%	1.65%	15 004	32 913	49 550
3 服	29.28%	0.81%	15.09%	9.00%	3.60%	1.69%	1.17%	20 990	61 425	97 524
4 服	28.61%	0.94%	11.36%	5.63%	3.34%	2.08%	1.47%	14 310	31 204	54 872
5 服	35.46%	0.71%	10.60%	8.06%	2.76%	1.89%	1.01%	19 498	35 256	74 081
6 服	31.64%	0.80%	9.13%	11.60%	3.31%	1.98%	1.45%	20 530	40 467	61 793
7 服	33.65%	1.20%	14.93%	10.38%	5.90%	2.90%	2.00%	21 014	69 146	88 651
8 服	29.35%	0.82%	13.23%	12.40%	6.14%	3.38%	2.80%	10 911	25 187	40 180

对数据进行无纲量化处理，然后把数据相加，而必须清楚有一些指标是越大越不好的，需要进行负数处理，例如"首日前三级比例""创号流失率"。最后我们会得到一个服务器的综合评分。

代码清单10-15　服务器综合评分

```
> names(server_status)
 [1] "服务器"        "首日前三级比例" "首日登录付费比" "创号流失率"
 [5] "X1天留存率"     "X3天留存率"     "X5天留存率"     "X7天留存率"
 [9] "X1天充值"       "X3天充值"       "X7天充值"
> scale_data <- scale(server_status[,2:11])
> scale_data[,'首日前三级比例'] <- (-scale_data[,'首日前三级比例'])
> scale_data[,'创号流失率'] <- (-scale_data[,'创号流失率'])
```

```
> server_score <- apply(scale_data,1,sum)
> (server_score-min(server_score))/(max(server_score)-min(server_score))
[1] 0.9859615 0.3999519 0.4464912 0.1537903 0.0000000 0.4928488 1.0000000
[8] 0.6161911
```

上面只是展示了数据的无纲量化过程，实际的综合评分还需要根据业务赋予不同指标权重或者利用降维的思想确定指标权重再进行综合评分，这样才能更好地均衡评价服务器运营情况。

10.4.8　创建重复序列 rep

创建重复序列函数为 rep()，函数一般形式为 rep(x, n)。x 需重复的序列，可以为任意类型，如，字符、数字或者向量，n 是序列重复次数。

```
> rep(1,8)
[1] 1 1 1 1 1 1 1 1
> rep('A',8)
[1] "A" "A" "A" "A" "A" "A" "A" "A"
> rep(c('A','a','c',1),3)
 [1] "A" "a" "c" "1" "A" "a" "c" "1" "A" "a" "c" "1"
> rep(1:3,3)
[1] 1 2 3 1 2 3 1 2 3
```

上述 rep (1, 8) 表示把 1 重复 8 次，产生一个新的序列，rep ('A', 8) 把字符 'A' 重复 8 次。rep (c ('A', 'a', 'c', 1), 3) 表示把向量 c ('A', 'a', 'c', 1) 重复 3 遍。

10.4.9　创建等差序列 seq

创建等差序列函数为 seq()，一般形式如下。

```
seq(from = 1, to = 1, by = ((to - from)/(length.out - 1)), length.out = NULL)
```

具体参数含义见表 10-6。

表 10-6　seq() 函数参数说明

参　　数	参 数 说 明	参　　数	参 数 说 明
from	等差序列首项，默认数值 1	by	等差数列公差
to	等差数列尾项，默认数值 1	length.out	产生等差数列长度

```
> seq(1,10,by=1.5)                    # 给出首项、尾项和公差
[1]  1.0  2.5  4.0  5.5  7.0  8.5 10.0
> seq(1,10,length.out=5)              # 给出首项、尾项和序列长度
[1]  1.00  3.25  5.50  7.75 10.00
> seq(1,by=3.5,length.out=5)         # 给出首项、公差和序列长度
[1]  1.0  4.5  8.0 11.5 15.0
> seq(to=1,by=3.5,length.out=5)      # 给出尾项、公差和序列长度
[1] -13.0  -9.5  -6.0  -2.5   1.0
```

从上述例子可以看出，随意给出 4 个参数中的 3 个参数，函数便会计算相应的等差序列。

10.4.10　随机抽样 sample

在进行数据处理过程中，经常会从整体数据中随机抽取一部分样本数据进行研究分析。其中随机抽样有两种：1）放回随机抽样。2）不放回随机抽样。放回抽样：每次抽样完毕，把抽取的样本放回继续下次抽取；不放回抽取：每次抽取的样本完毕不放回，下一次从剩余数据中抽取。随机抽样函数 sample 基本形式如下，详细参数见表 10-7。

```
sample(x, size, replace = FALSE, prob = NULL)
```

表 10-7　sample 函数参数说明

参　　数	参 数 说 明
x	整体数据集
size	抽取样本数量
replace	如果为 TRUE，则放回抽样；如果为 FALSE，则为不放回抽样，默认不放回抽样
prob	是一个数字向量，表示每个对象被抽取的权重，默认空值

代码清单10-16　从26个字母中，不放回随机抽取10个作为样本

```
> sample(letters,10)              # 从26个字母中，不放回随机抽取10个作为样本
 [1] "h" "o" "f" "u" "j" "m" "c" "y" "t" "r"
> sample(letters,30,replace=T)    # 从26个字母中，放回随机抽取30个作为样本
 [1] "d" "j" "o" "a" "p" "q" "v" "t" "q" "f" "i" "e" "r" "y" "t" "c" "d" "s" "a"
     "s" "n" "o" "z" "u" "y" "c" "i" "x" "c" "b"
> sample(letters,10,prob=1:26)    # 从26个字母中，有权重地抽取10个字母，A～Z权重比分别为1:26
 [1] "r" "l" "v" "z" "x" "f" "u" "w" "h" "t"
```

10.4.11　控制流

R 是一门语言，当然就少不了控制流，控制流一般有两部分：条件语句和循环语句，我们先来看条件语句。

1. 条件语句

（1）if-else 结构

if-else 结构一般有 3 种语法。

```
if(cond) statement
if(cond) statement1 else statement2
if(cond1) {statement1} else if (cond2) {statement2} else {statement3}
```

示例如下。

```
> x=95
> if(x>=90) '优秀'
```

```
[1] "优秀"
> y=70
> if(y>=90) '优秀' else '不及格'
[1] "不及格"
> if(y>=90) '优秀' else if (x>=60) '及格' else '不及格'
[1] "及格"
```

（2）ifelse 结构

ifelse 是上述 "if(cond) statement1 else statement2" 的简化形式，基本语法如下。

```
ifelse(cond, statement1, statement2)
```

若 cond 为 TRUE，则执行 statement1，如果 cond 为 FALSE，则执行 statement2，示例如下。

```
> z=70; ifelse(z>=60,'及格','不及格')
[1] "及格"
```

（3）switch

switch 是选择分支执行，基本语法如下。

```
switch(cond, statement1,statement2,statement3,……,statementn)
```

当 cond=n 时，则执行 statementn，看下面例子就能轻松理解 switch 原理。

代码清单10-17　switch原理

```
> a=6;b=3
> switch(1,a+b,a-b,a*b,a/b)
[1] 9
> switch(2,a+b,a-b,a*b,a/b)
[1] 3
> switch(3,a+b,a-b,a*b,a/b)
[1] 18
> switch(4,a+b,a-b,a*b,a/b)
[1] 2
```

2. 循环语句

循环执行一条语句，直到条件不为真为止，R 语言循环结构包括 for 和 while。

（1）for 结构

for 循环语句基本语法如下。

```
for (var in seq) statement
```

语句的意思是，一直执行语句 statement，直至 var 变量不在序列 seq 里为止，示例如下。

```
    for (i in 1:10) print('R语言')        # 'R语言' 被打印10次
    for (i in 1:10) print(i*2)           # 分别打印1*2, 2*2, 3*2, ……, 10*2
```

（2）while 结构

while 循环语句，一直执行语句 statement，直到条件 cond 不为真，基本语句如下。

```
while (cond) statement
```

下列示例，等同于上述 for 语句第一个例子。

```
i=1
while (i<=10) {print('R语言'; i=i+1}
```

灵活使用控制流可以让数据处理更加轻松，但是在处理比较大的数据集的时候，R 中的循环显得较为吃力。

10.4.12 创建函数

至此，我们已经用了很多 R 语言内置的函数，我们也可以根据需要来编写自己的函数，让数据处理更加操作自如。自定义函数基本形式如下。

```
function_name <- function(arg_1,arg_2,……) { expression }
```

其中，function_name 为函数名字，arg_1 和 arg_2……都为函数参数，参数可设置初始值，expression 为函数表达式，函数调用格式：function_name (arg_1, arg_2, arg_3, …)。

（1）函数过程

```
> simple_func <- function(x,y=2,model="add"){
    if(model=='add') x+y
    else if (model=='multiply') x*y
    else 'model is wrong!'
 }
> simple_func(3)                  # 只输入第1个参数x，其他参数默认为初始值
[1] 5
> simple_func(3,6)                # 输入第1个参数x与第2个参数y，第3个参数默认
[1] 9
> simple_func(3,6,'multiply')     # 设置第3个参数，改变计算模式
[1] 18
> simple_func(3,6,'subtract')
[1] "model is wrong!"
```

上述创建的函数有 3 个参数，其中有 y 与 model 两个参数设置初始值，因此在调用函数时候不输入 y 与 model 参数也能计算相应结果，当有新的参数输入时，初始值就会被替代。

（2）局部变量与全局变量

函数过程可以定义局部变量与全局变量。局部变量是在一个函数内部定义的变量，该变量只在定义它的那个函数范围内有效。在此函数之外，局部变量就失去意义，因而该函数以外不能调用这些变量。不同的函数可以使用相同的局部变量名，由于他们的作用范围不同，不会相互干扰。而全局变量，则可以被所有函数调用。R 语言的局部变量可以通过"="或者"<-"赋值，全局变量可以通过"<<-"赋值。

代码清单10-18　示例1

```
> simple_func2 <- function(x,y=2,model="add"){
```

```
    if(model=='add') res2<-x+y
    else if (model=='multiply') res2<-x*y
    else res2<-'model is wrong!'
    return(c(x,y,res2))                # 指定返回函数内变量
  }
> simple_func2(2,3)
[1] 2 3 5
> res2
Error: object 'res2' not found
```

代码清单10-19　示例2

```
> simple_func3 <- function(x,y=2,model="add"){
    if(model=='add') res3<<-x+y
    else if (model=='multiply') res3<<-x*y
    else res3<<-'model is wrong!'
    return(c(x,y,res3))                # 指定返回函数内变量
  }
> simple_func3(2,3)
[1] 2 3 5
> res3
[1] 5
```

从上述两个例子可以很清楚地看出函数内的局部变量与全局变量的差异，注意在实际场景灵活运用。

10.4.13　字符串处理

数据处理不单单包括数值类型的统计处理，还包括字符串类型数据的处理，而这一块如果要做得精细深入，是一个大课题。下面，简单介绍我们在处理字符串时经常遇到的问题。

代码清单10-20　substr(x, start, stop)：按照位置截取或替代字符串

```
> x <- 'abcdefg'
> substr(x,3,5)             # 提取第3到第5位置的字符串
[1] "cde"
> substr(x,3,5) <- '1234'   # 把第3到第5的字符串替代成123
> x
[1] "ab123fg"
```

代码清单10-21　sub(pattern, replacement, x)：替代指定字符串

```
> x <- 'abcdefga'
> sub('a','ZZ:',x)          # 把指定的字符 'a' 替代成为 'ZZ:'，函数只会替代第一个a，之后出现的a将不代替
[1] "ZZ:bcdefga"
> gsub('a','ZZ:',x)         # gsub为贪婪模式的函数，所有 'a' 字符串都将被代替
[1] "ZZ:bcdefgZZ:"
```

代码清单10-22　strsplit(x, split)：字符串分割

```
> x <- 'aaa,bbb,1,2'
```

```
> strsplit(x,",")                          # 根据 "," 进行字符串分割，结果是list类型的数据
[[1]]
[1] "aaa" "bbb" "1"    "2"
> class(strsplit(x,","))
[1] "list"

> y<-c('aaa,bbb,1,2','mmm,nnnm,3,4')        # 结果list的长度即为原始分割向量的长度
> strsplit(y,",")
[[1]]
[1] "aaa" "bbb" "1"    "2"

[[2]]
[1] "mmm"  "nnnm"  "3"      "4"
```

代码清单10-23　paste (…, sep = " ")：字符串连接

```
> paste('a','b','c',sep=',')               # 多个字符串的链接
[1] "a,b,c"
> paste(c('a','b'),1:3,'m',sep='')          # 链接的字符串可以为字符向量
[1] "a1m" "b2m" "a3m"
```

代码清单10-24　grep(pattern, x)：搜索并返回匹配的下标

```
> grep('b',c('a','b','c','b'))
[1] 2 4
```

10.5　基础分析之 "数据探索"

数据探索是基于数据挖掘提取出来的前半部分，数据探索包括业务理解、数据理解、数据处理统计和数据展现 4 部分。其中，数据处理统计会花费比较多的时间，而有一部分使用 Excel 的同学在数据处理上也会因为数据转换统计或者数据量过大的原因而导致数据处理统计困难，这时不妨使用 R 语言去分析一些问题，一般空闲内存有 3GB 的电脑已经可以满足我们分析几百万甚至上千万行的数据需求。

在一般数据工作中，会有两种不同分析环境。第一，以业务为导向的数据分析；第二，以数据为导向的分析，这种情况是由于能得到或者接触的数据非常有限，当获得数据的时候，以数据为导向的分析，从数据中能得出什么业务问题。接下来，就基于数据导向的分析环境来进行游戏中的数据分析。

10.5.1　数据概况理解

在拿到数据之前先对数据概况有个理解，包括数据结构、数据类型、数据含义、数据完整性、以及初步的数据分布等。下面的测试数据 testdata 为 7 万多条游戏付费活跃玩家的数据，数据是经过初步统计出来的结果，分别有表 10-8 所示的字段。

表 10-8　付费活跃玩家字段

字　　段	含　　义
Player_ID	玩家 ID
Level	等级
Reg_time	注册时间
Coin	充值游戏币
Tb_day	消耗铜钱活跃天数
Bdtb_day	消耗绑定铜钱活跃天数
Yb_day	消耗游戏币活跃天数
Active_day	活跃天数
Online	在线时长（秒）
Logintimes	登录次数
Active_index	活跃指数
Login_lose	登录流失（本月付费玩家下月不再登录）
Pay_silence	沉默付费（本月付费玩家下月有登录但不付费）

得到数据后的第一时间是对数据进行了解，也就是"数据理解"。不妨先看一下数据结构、类型以及含义。

代码清单10-25　付费活跃玩家数据理解

```
> str(testdata)
'data.frame':    77049 obs. of  14 variables:
 $ Player_ID   : int  1 2 3 4 5 6 7 8 9 10 ...
 $ Level       : num  55 38 42 54 46 95 42 43 38 69 ...
 $ Reg_time    : chr  "2012-12-07" "2012-12-02" "2012-12-13" "2012-12-23" ...
 $ Coin        : num  3420 9000 900 1800 13590 ...
 $ Tb_day      : num  0 0 1 49 0 0 0 0 0 8 ...
 $ Bdtb_day    : num  31 4 17 407 10 7 6 8 5 54 ...
 $ Yb_day      : num  3 3 2 11 49 0 1 3 4 2 ...
 $ Active_day  : num  9 1 9 9 4 28 8 4 1 25 ...
 $ Online      : num  194730 14348 86733 396685 206368 ...
 $ Logintimes  : num  41 2 31 45 22 63 15 11 7 105 ...
 $ Active_index: num  0.77 0.94 0.58 0.26 0.48 1 0.71 0.74 0.87 1 ...
 $ Login_lose  : chr  "yes" "yes" "no" "no" ...
 $ Pay_silence : chr  "no" "no" "no" "yes" ...
```

str() 函数为一个简单的数据探索函数，例子中 testdata 为一个 data.frame，并且有 77 049 个观测值和 14 个变量，14 个变量中有 3 中数据类型，分别为 int（整数）、num（数值）和 chr（字符），summary() 还可以查看更多数据信息，也可以做简单的数据描述以及数据理解，如图 10-4 所示。

对整体数据理解之后就是进行单一指标的分析。

```
> summary(testdata)
   Player_ID          Level           Reg_time             Coin
 Min.   :    1    Min.   :  1.00    Length:77049      Min.   :      20
 1st Qu.:19263    1st Qu.: 39.00    Class :character  1st Qu.:     270
 Median :38525    Median : 50.00    Mode  :character  Median :    1080
 Mean   :38525    Mean   : 54.38                      Mean   :   24915
 3rd Qu.:57787    3rd Qu.: 69.00                      3rd Qu.:    6030
 Max.   :77049    Max.   :104.00                      Max.   :12186000
                  NA's   :9                           NA's   :9
     Tb_day          Bdtb_day           Yb_day          Active_day
 Min.   :   0.00  Min.   :   0.00   Min.   :   0.00   Min.   : 0.00
 1st Qu.:   0.00  1st Qu.:   5.00   1st Qu.:   1.00   1st Qu.: 3.00
 Median :   1.00  Median :  11.00   Median :   3.00   Median : 8.00
 Mean   :  41.44  Mean   :  33.64   Mean   :  17.04   Mean   :12.73
 3rd Qu.:  27.00  3rd Qu.:  30.00   3rd Qu.:  10.00   3rd Qu.:24.00
 Max.   :4293.00  Max.   :3664.00   Max.   :5340.00   Max.   :68.00
 NA's   :1359     NA's   :1358      NA's   :1358      NA's   :8
     Online           Logintimes         Active_index      Login_lose
 Min.   :      0   Min.   :    0.00   Min.   :0.0000    Length:77049
 1st Qu.:  27360   1st Qu.:    6.00   1st Qu.:0.4500    Class :character
 Median : 164012   Median :   23.00   Median :0.8100    Mode  :character
 Mean   : 445526   Mean   :   51.33   Mean   :0.6956
 3rd Qu.: 676195   3rd Qu.:   73.00   3rd Qu.:1.0000
 Max.   :8827209   Max.   :59473.00   Max.   :1.0000
 NA's   :8         NA's   :6          NA's   :9
 Pay_silence
 Length:77049
 Class :character
 Mode  :character
```

图 10-4 使用 summary() 分析付费数据

10.5.2 单指标分析

单指标分析有离散变量与连续变量两种，根据不同类型指标采用不同方法进行探索。

（1）玩家等级

Level：玩家等级，是一个分类变量。我们可以尝试进行频数统计和绘制密度分布图，如图 10-5 所示。

代码清单10-26 玩家等级密度分布图

```
> table(testdata$Leve)      #如果觉得显示不好看，可以尝试 View(table(testdata$Leve))
   1    2    3    4    5    6    7    8    9   10   11   12   13   14   15   16
 306   76   28   32   22   18   14   19   12    1   24   18   27   23   29   51
……此次省略……
> plot(density(testdata$Level,na.rm=T) ,main='玩家等级密度分布图')
                                                          # density()是密度分布函数
> polygon(density(testdata$Level,na.rm=T),col='darkred')  # 填充的密度分布图
```

从密度分布图可以看出 20 级以下的玩家占比非常少，30 ～ 60 级的玩家占比最多，60 ～ 80 等级的玩家分布相对均匀，从 80 级开始玩家分布慢慢下滑，到达 100 级以上的玩家已经很少。如果最近没有拉新，毫无意外，40 级左右这群玩家的流失率最高，对于道具收费游戏来说，这部分的流失有可能是由于道具收费的推送引起的流失，这也是目前道具收费游戏的一大门槛，也是游戏筛选目标用户的一个必要过程。做得较好的游戏可以让用户顺畅过

渡到道具付费的阶段，减少流失，最大化的榨干用户价值。

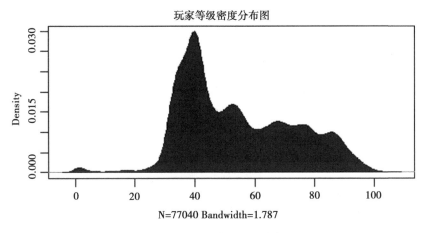

图 10-5　玩家等级密度分布

（2）玩家注册日期

接下来，再查看月活跃玩家的注册日期分布。从对上面整体数据概况的理解可以看到，Reg_time 字段为一个字符串字段，一般建议先用函数 as.Date() 把字符串转化为日期类型，下面先把 Character 类型转化为 Date 类型再接着分析。

```
> summary(as.Date(testdata$Reg_time))
        Min.      1st Qu.       Median         Mean      3rd Qu.         Max.         NA's
 "2011-09-23" "2012-11-14" "2012-12-06" "2012-11-17" "2012-12-17" "2012-12-31"          "9"
```

此处有 9 个空值，所以在做后续分析的时候要先做空值处理，下面找出这些空值的部分。

```
> Reg_time <- as.Date(testdata$Reg_time)
> which(is.na(Reg_time))
[1] 27529 32548 43856 45663 50560 60696 68709 70859 73246
```

这样就可以把位置映射回原来 testdata 的行数，从而确定是什么原因导致字段变为日期函数之后变为空值的。

代码清单10-27　is.na()

```
> testdata[which(is.na(Reg_time)),]
      Player_ID Level Reg_time Coin Tb_day Bdtb_day Yb_day  ……
27529     27529    NA       70   NA      0       91     44  ……
32548     32548    NA       42   NA      0        0      9  ……
43856     43856    NA            NA     NA      900      0  ……
45663     45663    NA            NA     NA       NA     NA  ……
50560     50560    NA       48   NA      0        4      9  ……
60696     60696    NA       57   NA      0        4     24  ……
68709     68709    NA       65   NA      0       17     22  ……
70859     70859    NA       61   NA      0       19     21  ……
```

73246	73246	NA		NA	NA	NA	NA	……

可以看到是由于源数据的格式错误以及缺失值导致字符类型的 Reg_time 转换成日期类型时变为了空值。接下来，排除空值之后再看月活跃玩家的注册日期分布。

代码清单10-28　注册日期分布

```
> plot(table(Reg_time),xlab='注册日期',ylab='频数' ,main='月活跃玩家注册日期分布')
```

如图 10-6 所示，月活跃数大部分由近期注册玩家支撑，可以看出这款游戏留存玩家的生命周期并不长。以上是以天为粒度统计频数，大体看还可以，如果细看确实比较费劲。下面尝试以月为粒度统计数据，查看是否可以让数据更加清晰。

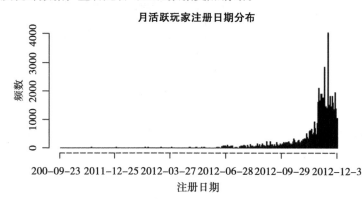

图 10-6　注册时间分布

代码清单10-29　format()

```
> format(as.Date('2012-12-01'),'%Y-%m')       # format()可以用作日期格式转换函数，详细请
                                               # ?format
[1] "2012-12"
> Reg_time_c <- table(format(Reg_time,'%Y-%m'))
> plot(Reg_time_c,xlab='注册月份',ylab='频数',main='月活跃玩家注册月份分布')
```

如图 10-7 所示，最近一个月活跃玩家中 2012 年 12 月注册的占了很大一部分，活跃玩家的注册日期分布曲线就是游戏留存用户的生命周期，这里可以大概核算游戏留存用户的平均生命周期，如果有条件建议进行分层计算，针对不同长度生命周期的用户进行游戏精细运营，尽管是短期就流失的玩家也可以让他们在即将流失的时候为游戏掏腰包，在此之前就是必须要了解用户的生命周期大概是多少。

下面，计算上述留存用户的生命周期。（留存用户的生命周期和所有用户的生命周期有所不同，留存用户主要分析现存的核心用户，分析用户年轻化、老龄化的程度。）

```
> max(Reg_time,na.rm=T)
[1] "2012-12-31"
```

样本数据最大日期为 "2012-12-31"，因此取这天为核算留存用户生命周期的节点。算法如下。

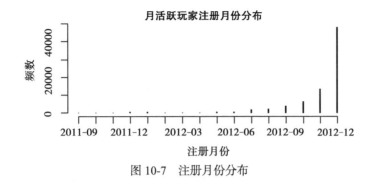

图 10-7　注册月份分布

```
∑("2012-12-31"(节点日期)-活跃账号的注册日期)/总账号数
> sum(as.Date('2012-12-31')-Reg_time,na.rm=T)/length(Reg_time)
Time difference of 43.18761 days
```

样本中游戏的留存付费玩家生命周期平均约为 43 天，大概一个半月。这个指标可以用来衡量一些大版本的修改是否能改善留存用户的生命周期，或者检验哪些推广渠道的用户质量更好，是否更新换代更快。如果要落实到更加精细的运营，就需要更精细的指标，如用户年龄分层、进行不同层次的用户精准营销。

（3）玩家充值

下面再了解下充值游戏币（Coin 列）的情况。

```
> summary(testdata$Coin)
    Min.   1st Qu.   Median     Mean   3rd Qu.      Max.    NA's
      20       270     1080    24920     6030  12190000       9
```

从几项统计指标可以看出，充值是严重偏态的，这也反映了页游道具收费的特征，20% 的玩家承担着游戏 80% 的收入。另外，数据中有 9 个空值，因此在后面的统计中是要注意的，数据偏态的情况，可以绘图继续详细观察。下面用 vioplot 包绘制小提琴图，小提琴图能比箱线图表现更多的数据信息，其中包括了数据的密度分布。在使用之前先安装包。

```
install.packages('vioplot') 。
```

代码清单10-30　月活跃玩家充值分布

```
> library(vioplot)
> vioplot(testdata[which(!is.na(testdata$Coin)),'Coin'],names='充值游戏币')
> title('月活跃玩家充值分布')
```

如图 10-8 所示，为一个倒漏斗的图形，数据偏态的程度可以对比倒漏斗的形状进行分析。

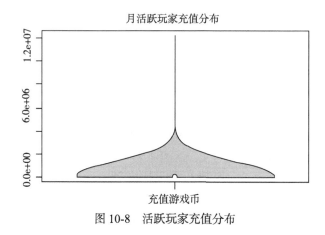

图 10-8　活跃玩家充值分布

10.5.3　双变量分析

登录流失和沉默付费两个指标在游戏分析中都比较重要，下面基于这两个指标展开分析。

```
> table(testdata$Login_lose)
   no   yes
44718 32324
> table(testdata$Pay_silence)
   no   yes
51849 25192
```

从基础统计中，我们可以大体了解游戏付费用户的登录流失与沉默付费的基本情况。然后在运营计划中可以有针对性地进行付费用户挽留来减少流失，以及激励沉默付费用户的再次付费。接下来，可以继续对不同等级用户之间的登录流失以及沉默付费用户进行分析。

代码清单10-31　等级登录流失及沉默付费分析

```
par(mfrow=c(1,2))

Level_l <- t(table(testdata$Level,testdata$Login_lose))
barplot(Level_l,legend=rownames(Level_l),col = c('darkgreen','darkred'))
title(main = list("等级登录流失分布", font = 4))

Level_p <- t(table(testdata$Level,testdata$Pay_silence))
barplot(Level_p,legend=rownames(Level_p),col = c('darkgreen','darkred'))
title(main = list("等级沉默付费分布", font = 4))
```

在图 10-9 中，从"等级登录流失分布"图中可以看出，付费玩家的月登录流失主要集中在 30 ～ 60 级，60 级之后下个月几乎都继续登录。这也说明，深度体验了游戏的玩家（也就是游戏的核心玩家）相对不容易流失，而处于 30 ～ 60 级玩家（也就是所谓的边缘玩家）如果接受了游戏核心玩法就会从边缘转移到核心群体，随后也不容易流失；反之，由于各种原因没能接受到核心玩法的边缘玩家就会因此而流失。而后期就可以重点针对 30 ～ 60 的边缘玩家进行直接或者间接的拉动，使之过渡到核心群体，这部分往往是游戏运营比较难的部分，但是又不能忽视的一部分。

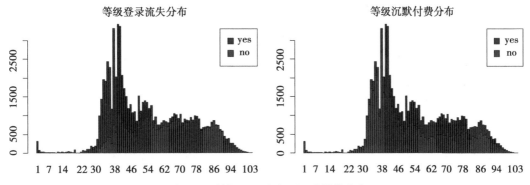

图 10-9　等级登录流失和沉默付费分布

"等级沉默付费分布"图反映的信息是不同等级的玩家都有不同程度的付费沉默，对于这部分用户需要后期不断跟踪其动向以及其各项活跃度，看其是否有流失的趋势，并且可以尝试从运营角度诱惑其继续付费。我们知道挽留一个用户的成本远比拉一个新用户要高，挽留一个付费用户成本比拉一个新付费用户更高，因此沉默付费用户的监控不容忽视。玩家沉默付费一部分原因是不同玩家会有不同深度的追求，这种原因的不继续付费的玩家一般比较难拉回，而对于一些付费模棱两可的玩家，拉回继续付费是极有可能的。

另外，根据"登录流失"与"沉默付费"的定义，不难得出以下公式。

$$所有付费用户 = 登录流失玩家 + 沉默付费玩家 + 连续付费玩家$$

注意，连续付费玩家是指本月付费，下个月连续付费。

对于这 3 类玩家，都有分析的价值，对于后期精细化运营有很大帮助，对这 3 类玩家的深入分析可以包括以下部分。

❑　所有付费玩家按照金字塔从上层到下层分为：10%（鲸鱼）、40%（海豚）、50%（小鱼），再与上述 3 类玩家进行交叉维度分析。

❑　针对"沉默付费玩家"与"连续付费玩家"的活跃指数、平均每天在线时长进行差异分析。

（1）交叉维度分析

在做付费玩家分层的时候，先要了解一个函数——quantile() 函数，用于统计四分位数，函数详细用法以及参数可以输入"?quantile"进行查询。

quantile(x) 默认的输出是四分位数，添加一个 probs 参数就可以输出任意分位的数值。例如，上述例子需要得到充值游戏币由高至低的：10%、40%、50%，其实就是要输出排名前10% 与排名前 50% 的截点。

代码清单10-32 交叉维度分析

```
> quantile(testdata$Coin,na.rm=T)                        # Coin的四分位数
      0%      25%      50%      75%     100%
      20      270     1080     6030 12186000
> quantile(testdata$Coin,na.rm=T,c(0.9,0.5))             # 指定截点的分位数
    90%      50%
  31860    1080

> # 添加基于充值的分类变量
> testdata[which(testdata$Coin>31860),14] <- '鲸鱼'
> testdata[which(testdata$Coin<=31860 & testdata$Coin>1080 ),14] <- '海豚'
> testdata[which(testdata$Coin<1080),14] <- '小鱼'
> names(testdata)[14] <- 'Coin_classes'

> # 添加基于登录流失以及沉默付费的分类变量
> testdata[which(testdata$Login_lose=='yes'),15] <- '登录流失玩家'
> testdata[which(testdata$Pay_silence=='yes'),15] <- '沉默付费玩家'
> testdata[which(testdata$Login_lose=='no' & testdata$Pay_silence=='no'),15]<- '
连续付费玩家'
> names(testdata)[15] <- 'Player_classes'

> # 交叉维度统计
> table(testdata[,15],testdata[,14])
```

统计结果见表10-9。

表 10-9 交叉维度统计

玩 家 类 型	鲸　　鱼	海　　豚	小　　鱼
沉默付费玩家	1 564	10 821	12 114
登录流失玩家	582	10 021	20 862
连续付费玩家	5 556	9 560	4 115

上面两个维度，9个数值，要做到精细化运营，就要针对不同的运营计划去关注不同的数值。这时，我们就需要数据分析这样一把精准的手术刀。

首先看鲸鱼玩家，从现实情况出发，越是深度的玩家就越不容易流失，从数据特征可以看出这点，绝大多数鲸鱼玩家下个月还会继续付费，并且流失比例相对海豚、小鱼玩家都少。而从数据中可以看到，也有很大一部分鲸鱼用户下月会处于沉默付费状态，激活这部分玩家再次付费便会直接拉高整体的收入。另外，流失的鲸鱼玩家也不能忽视，要有针对性的进行调研以及召回工作。在很多游戏中有大客户VIP服务，做的就是这一部分的运营以及服务。

再看海豚和小鱼用户，毫无疑问这两部分玩家的数据表现得很不好，小鱼玩家下月连续付费占比更是低到只有11%，如果要提高用户的付费渗透率，小额付费玩家是一个很好的切入点。而从运营可行性以及成本看，运营计划的优先级应该为：沉默付费玩家＞登录流失

玩家。

因此，运营计划可以按照重要性，对表 10-10 的用户制定策略，大概分以下 4 步走。

1）引导沉默付费的鲸鱼玩家连续付费。

2）流失鲸鱼玩家调研以及召回。

3）引导沉默付费的海豚和小鱼玩家连续付费。

4）减少有流失倾向的海豚和小鱼玩家，并做拉回运营计划。

表 10-10　制定付费群体的策略

玩家类型	鲸　鱼	海　豚	小　鱼
沉默付费玩家	1 564	10 821	12 114
登录流失玩家	582	10 021	20 862
连续付费玩家	5 556	9 560	4 115

不管是沉默付费玩家还是登录流失玩家，都会有一个渐变过程，最佳的运营状态是玩家有沉默付费与流失倾向的时候就有针对性地进行运营计划，因此玩家的沉默付费预测以及登录流失预测就会起到很大的作用。

（2）显著性分析

对沉默付费玩家分析具有一定的价值，相对于流失玩家更加容易通过运营手段拉回继续付费，因此我们需要更加深入的分析。例如，分析沉默付费玩家与连续付费玩家之间的一些指标是否存在差异，之后可以抓住差异点进行运营。

沉默付费玩家的各项指标与连续付费玩家对比，有可能有差异，也有可能没有差异，这两种情况是不一样的。

如果有差异，说明两者存在着某种行为上的不同，流失的可能性就大，表现为某些核心内容的参与率变低，直接表现指标为活跃度或者在线时长变短。如果没有差异，说明沉默付费玩家会继续留着，并且保持与连续付费玩家的活跃度，只是没有足够吸引的付费点让玩家连续付费。

下面，对沉默付费玩家与连续付费玩家的活跃指数、平均每天在线时长两个指标进行差异分析。在分析前先让我们来了解一下 Kolmogorov-Smirnov 检验方法。

Kolmogorov-Smirnov 检验（K-S）检验基于累积分布函数，用以检验一个经验分布是否符合某种理论分布或者比较两个经验分布是否有显著差异，在 R 语言里面相应函数为 ks.test()，其标准形式如下。

```
ks.test(x, y, ...,
        alternative = c("two.sided", "less", "greater"),
        exact = NULL)
```

第 1 个参数 x 为观测值向量，第 2 个参数 y 为第 2 个观测值向量或者累计分布函数或者是一个真正的累积分布函数，如 pnorm，只对连续 CDF 有效。第 3 个参数为单侧检验或者双侧检验，exact 参数为 NULL 或者一个逻辑值，表明是否需要精确的 P 值，需要更详细的解析请输入"?ks.test"查询。

下面，在检验沉默付费玩家与连续付费玩家之间是否存在差异之前，可以先尝试检验下连续付费玩家之间是否来自同一个经验分布。

代码清单10-33　连续付费玩家之间是否来自同一个经验分布

```
> Active_index1 <- testdata[which(testdata$Coin_classes=='鲸鱼' &
                  testdata$Player_classes=='连续付费玩家'),'Active_index']
> ks.test(sample(Active_index1,500),sample(Active_index1,500)) # sample()函数从数据中
                                                               # 随机抽取500个样本

Two-sample Kolmogorov-Smirnov test
data:  sample(type1, 500) and sample(type1, 500)
D = 0.036, p-value = 0.9022
alternative hypothesis: two-sided
```

可以看到 P 值大于 0.05，不能拒绝原假设，表明鲸鱼的连续付费玩家活跃指数都是服从同一个分布（明显两个检验的样本都从一个经验分布随机抽取出来，因此抽取出来的样本也同属于一个经验分布）。理解了检验方法之后，我们对沉默付费玩家与连续付费玩家的活跃指数、平均每天在线时长两个指标进行差异分析。

代码清单10-34　连续付费与沉默付费玩家的活跃指数分析

```
> Active_index2 <- testdata[which(testdata$Coin_classes=='鲸鱼' &
                  testdata$Player_classes=='沉默付费玩家'),'Active_index']
> ks.test(Active_index1,Active_index2)

Two-sample Kolmogorov-Smirnov test
data:  Active_index1 and Active_index2
D = 0.0615, p-value = 0.0001969
alternative hypothesis: two-sided
```

P 值小于 0.05，拒绝原假设，鲸鱼的沉默付费玩家与连续付费玩家之间活跃指数的分布具有很明显的差异。

代码清单10-35　连续付费与沉默付费玩家的在线时长分析

```
> ## 平均每天在线时长 = 总在线时长 / 活跃天数
> Ave_online1 <- testdata[which(testdata$Coin_classes=='鲸鱼' &
testdata$Player_classes=='连续付费玩家'),'Online']/
                  testdata[which(testdata$Coin_classes=='鲸鱼' &
                  testdata$Player_classes=='连续付费玩家'),'Active_day']

> Ave_online2 <- testdata[which(testdata$Coin_classes=='鲸鱼' &
                  testdata$Player_classes=='沉默付费玩家'),'Online']/
                  testdata[which(testdata$Coin_classes=='鲸鱼' &
                  testdata$Player_classes=='沉默付费玩家'),'Active_day']
```

```
> ks.test(Ave_online1,Ave_online2)

Two-sample Kolmogorov-Smirnov test

data:  Ave_online1 and Ave_online2
D = 0.1292, p-value < 2.2e-16
alternative hypothesis: two-sided
```

P 值远远小于 0.05，拒绝原假设，鲸鱼的沉默付费玩家与连续付费玩家之间平均每天在线时长的分布具有非常明显的差异。

海豚、小鱼的这两个指标同样存在差异，同样也可以拿其他指标进行差异分析，这里不再重复操作。上面的分析说明案例中的游戏，万一玩家进入了沉默付费，其活跃性都与连续付费玩家存在差异，如果不针对这部分玩家做运营计划，或许玩家很容易便会流失。

上述就是基于 R 语言的数据整理应用以及实际业务的数据探索，并进行了数据的熟悉与摸底。然后根据数据探索的结果与业务需要，再次进行数据的调整，再次进行数据探索。这个循环过程在我们平时数据分析工作中占了一大部分的时间。而且在数据探索⇔数据调整的过程中会得出一定的结论或者业务的解析与指导（在很多情况下我们都在这个过程中循环），再或者可以为之后的数据挖掘做准备。因此，数据探索这个环节非常的重要，它不单单决定了之后的数据调整，而且还决定了是否可以得到一些业务上的解析与指导，也影响了能否为数据挖掘提供可能性判断。

R 语言数据可视化与数据库交互

在平时的分析工作中，大家是否遇到过用很多数字、丰富的文字做出来一份看似精心统计分析的报告，结果看报告的人往往很难理解或者不能第一时间吸收其中重要的信息？这个时候我们只能苦恼地想办法以更简单明了的方法把结果呈现出来，数据可视化就是一个很好的方法。数据可视化是将数字、文字以视觉的形式展现，也就是把数据的信息量以图形的载体表现出来。在理解数据或者分析的时候，图形可以很好地让我们去阅读数据的结构，帮助我们更加形象深入地理解数据，一幅精心绘制的图形可以让我们更加容易地发现各种异常、进行多维度的对比或者聚集各种零散的信息，其他方法很难与之媲美。而 R 语言在该领域表现得相当出众。我们可以通过 R 语言链接数据库进行数据切片与图形展现，这是数据分析最基础而又很重要的环节，如果只是数据库很难实现数据可视化，很难观察数据规律，结合了数据库与 R 语言的可视化功能，可以让数据分析以及数据挖掘前期如虎添翼。

11.1　R 语言数据可视化

R 图形的整个构建过程就像是搭建房子以及后续的装潢，这种感觉在大家接触 R 语言之后便会有所体会。在第 10 章已经有了很多制图的例子，在本章中，我们一起来重新认识 R 语言的作图之美。

R 语言绘图函数主要包括两类。

1）高级绘图函数：在图形设置上产生一个新的绘图区域，并生成一个新的图形。通过函数的参数进行设置坐标轴、标签和标题等。

2）低级绘图函数：在已存在的图形上加上更多的图形元素，如在图形上额外增加点、线、面、文字和标签等。

常用的高级绘图函数见表 11-1。

表 11-1　高级绘图函数

函　　数	功　　能
plot(x)	以 x 的元素值为纵坐标、以序列号为横坐标绘图
plot(x,y)	以 x 为横坐标，y 为纵坐标作图
hist(x)	x 的频率直方图
barplot(x)	x 元素的条形图
pie(x)	饼图
boxplot(x)	箱线图
vioplot(x)	vioplot 包中的小提琴图
pairs(x)	散点图矩阵
smoothScatter(x,y)	高密度散点图
plot3d(x,y,z)	rgl 包中的旋转三维散点图

常用的低级绘图函数见表 11-2。

表 11-2　低级绘图函数

函　　数	功　　能
points(x,y)	添加点
lines(x,y)	添加线
text(x,y,labels,...)	在 (x, y) 处添加用 labels 指定的文字
segments(x0,y0,x1,y1)	从 (x0, y0) 各点到 (x1, y1) 各点画线段
arrows(x0,y0,x1,y1)	从 (x0, y0) 各点到 (x1, y1) 各点画有向箭头
abline(a,b)	绘制截距为 a，斜率为 b 的直线
abline(h=h0)	在纵坐标 h0 处画水平线
abline(v=v0)	在横坐标 v0 处画垂直线
polygon(x,y)	绘制链接各 x, y 坐标确定点的多边形
legend(x,y,lengend)	在点 (x, y) 处添加图例，内容为 lengend
title()	添加标题或者副标题
axis(side,vect)	画坐标轴

下面从绘图函数常用的参数设置展开 R 语言的绘图学习。

11.2　常用参数设置

一些常用的参数不仅可以在高级绘图函数中使用，还可以在低级绘图函数中使用，其用法以及效果基本一致。因此，深刻认识一些常用绘图参数能让我们在绘图中更加游刃有余。下面分别对颜色、点、线以及文本相关参数进行详细讲解。

11.2.1　颜色

R语言作图颜色包含了图形的坐标、点、曲线和文字等元素，通过设置函数里面的col参数实现颜色的改变。

1. 固有颜色函数colors()

函数colors()如代码清单11-1所示，可以生成657种颜色，具体名称和序列号如图11-1所示。

代码清单11-1　colors()

```
> head(colors(),10)
[1] "white"          "aliceblue"      "antiquewhite"   "antiquewhite1"  "antiquewhite2"
[6] "antiquewhite3"  "antiquewhite4"  "aquamarine"     "aquamarine1"    "aquamarine2"
……<以下数据显示省略>……
```

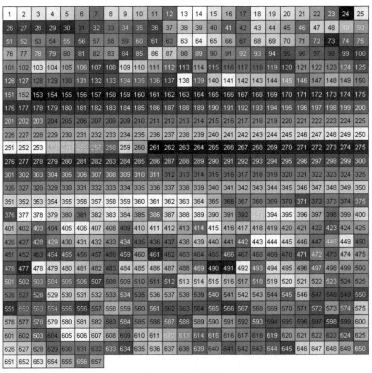

图 11-1　固有颜色

有了以上颜色图表，就可以用以下方式输入颜色。

1）颜色索引：col=1（也就是 colors() 向量的颜色序列号）。

2）颜色名字：col='while'。

当然，也可以通过取色器获取到颜色的十六进制字符串以下面方式输入。

十六进制：col='#FFFFFF'。

代码清单11-2　#colors()颜色选取

```
par(mar=c(0,8,1,0)+0.5)    #设置图标下上右距离
barplot(rep(1,10),col=colors()[2:11],names.arg=rev(colors()[2:11]),horiz=T,xaxt='n',las=1)
```

效果如图 11-2 所示。

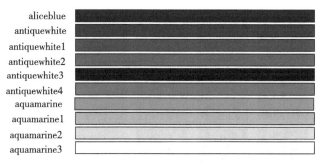

图 11-2　设置图标下左上右距离

2. rgb()

函数 rbg() 通过设置红、绿、蓝 3 种颜色转化为十六进制的颜色数值，函数基本形式如下。

```
rgb(red, green, blue, alpha, maxColorValue = 1)
```

red、green、blue 和 alpha 为数字向量，当 maxColorValue 取值为 255 时，4 个参数取值范围均为 [0, 255]，其中 alpha 为设置颜色透明度，越接近 0 越透明。

代码清单11-3　rgb示例1

```
barplot(rep(1,3),col=rgb(c(200,0,0),c(0,200,0),c(0,0,200),alpha=255,max=255),axes=F)
```

效果如图 11-3 所示。

图 11-3　rgb 示例

代码清单11-4　rgb示例2

```
> par(mfrow=c(4,1))
```

```
> barplot(rep(1,5),col=rgb(c(50,100,150,200,250),0,0,alpha=255,maxColorValue=255),
    axes=F)
> barplot(rep(1,5),col=rgb(c(50,100,150,200,250),c(50,100,150,200,250),0,alpha=
    255,maxColorVa
lue=255),axes=F)
> barplot(rep(1,5),col=rgb(0,c(50,100,150,200,250),c(50,100,150,200,250),alpha=
    255,maxColorVa
  lue=255),axes=F)
> barplot(rep(1,5),col=rgb(c(50,100,150,200,250),0,c(50,100,150,200,250),alpha=
    255,maxColorVa
  lue=255),axes=F)
```

效果如图 11-4 所示。

图 11-4　rgb 示例 2

示例 1 有 3 种颜色，通过红、绿、蓝向量组合成 3 个颜色向量为：c(200,0,0)、c(0,200,0)、c(0,0,200)。示例 2 通过含有 5 个元素的 3 组向量组合成 5 种不同颜色。可见，rgb 生成的颜色是非常丰富的，前提是要有一定的色彩搭配原理与技巧。

3. 预设调色板

R 语言里有一系列预设的调色函数，这些函数已经根据不同风格调好了颜色组合。下面介绍几个常用调色函数见表 11-3。

表 11-3　常用调色函数

调色函数	函数描述
rainbow()	渐变彩虹颜色，由赤、橙、黄、绿、青、蓝、紫组成
heat.colors()	红、黄、白渐变
terrain.colors()	深绿、深黄、深棕、白渐变
topo.colors()	蓝、绿、黄渐变
cm.colors()	青、白、粉渐变

5 个调色板颜色对比，如代码清单 11-5 所示。

代码清单11-5　5个调色板颜色

```
> par(mfrow=c(5,1)); par(mar=c(0,2,2,2));par(xaxs="i", yaxs="i")
> n <- 10000
>barplot(rep(1,times=n),col=rainbow(n),border=rainbow(n),axes=FALSE,main="Rainb
    ow colors")
> barplot(rep(1,times=n),col=heat.colors(n),border=heat.colors(n),axes=FALSE,
    main="heat.colors")
> barplot(rep(1,times=n),col=terrain.colors(n),border=terrain.
    colors(n),axes=FALSE, main="terrain.colors")
> barplot(rep(1,times=n),col=topo.colors(n),border=topo.colors(n),axes=FALSE,
    main="topo.colors")
>barplot(rep(1,times=n),col=cm.colors(n),border=cm.colors(n),axes=FALSE,
    main="cm.colors")
```

效果如图 11-5 所示。

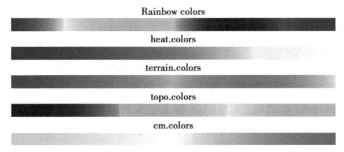

图 11-5　5 个调色板颜色

当只需要少量颜色的时候，可以根据需要选取调色板的颜色数目，如代码清单 11-6 所示。

代码清单11-6　选取10种颜色

```
> rainbow(10)   #选取10种颜色
 [1] "#FF0000FF" "#FF9900FF" "#CCFF00FF" "#33FF00FF" "#00FF66FF" "#00FFFFFF"
    "#0066FFFF"
 [8] "#3300FFFF" "#CC00FFFF" "#FF0099FF"
> barplot(rep(1,times=10),col=rainbow(10),border=NA,axes=FALSE, main="Rainbow
    colors")
```

效果如图 11-6 所示。

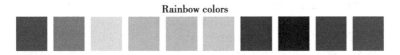

图 11-6　选取 10 种颜色

调色函数返回的是颜色向量，因此可以以向量的形式任意提取自己喜欢的颜色，例如 rainbow(10)[seq(1,10,2)]。上述 5 个常用调色函数里都有参数 alpha 可调节透明程度，数值从 0 ～ 1，越小越透明，当绘制较大的散点图时，设置颜色透明参数就显得特别重要。图 11-7 是没有设置透明度与设置透明度之后的两个散点图对比，设置了透明度为 0.09 的图形明显更加清晰，易于观看。

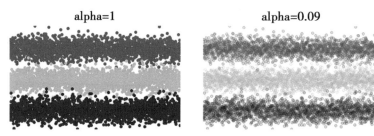

图 11-7　散点图

4. RColorBrewer 包

如果觉得上述 R 语言自带的调色板不能满足需求，可以尝试用 RColorBrewer 包，这个包的优点在于颜色板被划分为 3 大类型：序列型（sequential）、离散型（diverging）和分类型（qualitative），并且颜色搭配非常协调，基本能满足配色需求。

在使用 RColorBrewer 包之前，我们先了解下包里最重要的就是两个函数，一个为不同类型调色板展示函数，一个为调色板调用函数，见表 11-4。

表 11-4　函数解析

函数基本形式	对 数 解 析	作　　用
display.brewer.all(n=NULL，type="all")	n: 选择 n 种颜色展示 type:4 种颜色类型选择，"div"，"qual"，"sep"，"all"	展示不同类型调色板
brewer.pal(n，name)	n: 选择 n 和颜色展示 name: 调色板名称	调用具体某个调色板的颜色

（1）序列型颜色板（sequential）

```
display.brewer.all(type='seq')
```

序列型颜色板如图 11-8 所示，从左往右颜色由浅到深一共 9 种颜色，适用于由低往高的数据展现。如果想调用其中 Reds 这组颜色中的第 3 ～ 8 种颜色的时候，可以这样调用 brewer.pal(9,'Reds')[3:8]，如图 11-9 所示。

（2）离散型颜色版（diverging）

```
display.brewer.all(type='div')
```

如图 11-10 所示，离散型颜色版适合"中间高两边低"或"中间低两边高"的中间值和极值数据的展现，每组颜色由 11 种颜色组成，同样以函数 brewer.pal 调用，以下不赘述。

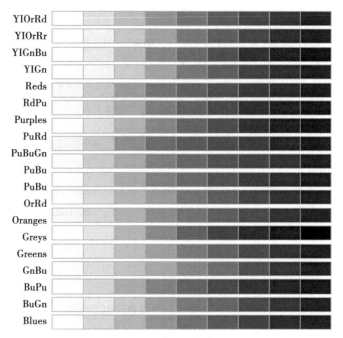

图 11-8　序列型颜色板

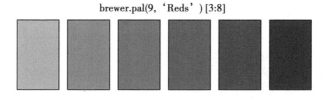

图 11-9　选取调色板中的 Reds 中 6 种颜色

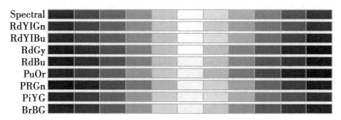

图 11-10　离散型颜色板

（3）分类型颜色版（qualitative）

```
display.brewer.all(type='qual')
```

如图 11-11 所示，顾名思义，分类型颜色版可以作为分类数据使用，方便区分不同数据之间的差别，分类型颜色版里面不同组的颜色个数不同，使用时参数 n 的设定需要注意。

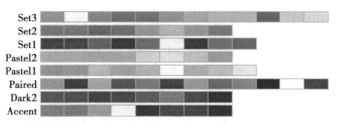

图 11-11　分类型颜色板

5. 自定义调色板

自定义调色函数主要有两个：colorRamp 和 colorRampPalette，两者作用一样，输入 n 个颜色，则输出 n 个渐变色，colorRamp 返回的是 RGB 参数，colorRampPalette 返回的是颜色相应的十六进制字符串。两个函数基本形式如下。

```
colorRamp(colors, ...)
colorRampPalette(colors, ...)
```

代码清单11-7　生成10个颜色的RGB矩阵

```
> colorRamp(c('red','orange', 'green'))(seq(0,1,length.out=10))    #生成10个颜色的RGB矩阵
          [,1]       [,2]      [,3]
 [1,] 255.00000   0.00000      0
 [2,] 255.00000  36.66667      0
 [3,] 255.00000  73.33333      0
 [4,] 255.00000 110.00000      0
 [5,] 255.00000 146.66667      0
 [6,] 226.66667 175.00000      0
 [7,] 170.00000 195.00000      0
 [8,] 113.33333 215.00000      0
 [9,]  56.66667 235.00000      0
[10,]   0.00000 255.00000      0
> rgb(colorRamp(c('red','orange', 'green'))(seq(0,1,length.
    out=10)),maxColorValue=255)
 [1] "#FF0000" "#FF2400" "#FF4900" "#FF6E00" "#FF9200" "#E2AF00" "#AAC300"
     "#71D600" "#38EB00" "#00FF00"
> colorRampPalette(c('red','orange', 'green'))(10)
 [1] "#FF0000" "#FF2400" "#FF4900" "#FF6E00" "#FF9200" "#E2AF00" "#AAC300"
     "#71D600" "#38EB00" "#00FF00"

> par(mar=c(1,1,2,1))
> par(mfrow=c(2,1))

> barplot(rep(1,10),col=rgb(colorRamp(c('red','orange','green'),alpha=250)
    (seq(0,1,length.out
=10)),max=255),axes=F,main='colorRamp函数')
> barplot(rep(1,10),col=colorRampPalette(c('red','orange','green'))(10),axes=F,
main='colorRampPalette函数')
```

结果如图 11-12 所示。

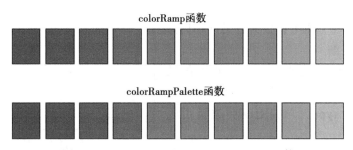

图 11-12　colorRamp 和 colorRampPalette 函数

上述例子中第一条语句通过 colorRamp 函数生成红、橘、绿渐变色并且均匀地取其中 10 种颜色，最后得到一个 RBG 矩阵。第二条语句通过 rgb 函数把 RGB 矩阵转换成颜色相应的十六进制字符串。第三条语句直接通过 colorRampPalette 函数生成红、橘、绿渐变色中的 10 种颜色。

两个函数得出的结果完全一样，colorRamp 相对烦琐，但是能很好地控制渐变颜色选取，并不一定均匀选取颜色（只要把 seq(0,1,length.out=10) 等差向量输入成不等差向量即可），colorRampPalette 函数调用则相对简单。

11.2.2　点和线设置

作图中的点和线可设置不同样式和大小，参数描述以及不同样式见表 11-5。

表 11-5　点和线设置参数

参　　数	描　述　解　析
pch	绘制点类型，如图 11-13 所示
cex	控制点大小，参数为数值型，默认为 1，设置为 1.5 则表示相对于默认大小的 1.5 倍
lty	绘制线条类型，如图 11-14 所示
lwd	控制线条宽度，参数为数值型，默认为 1，设置为 1.5 则表示相对于默认宽度的 1.5 倍

点样式pch=0:25					
□ 0	◇ 5	⊕ 10	■ 15	• 20	▽ 25
○ 1	▽ 6	⊠ 11	● 16	○ 21	
△ 2	⊠ 7	⊞ 12	▲ 17	□ 22	
+ 3	✳ 8	⊠ 13	◆ 18	◇ 23	
× 4	⊕ 9	⊠ 14	● 19	△ 24	

图 11-13　点样式

26个点样式都可以用 cex 调节点大小，点样式 21～25 属于特殊样式，可以分别设置边界颜色（col）与填充颜色（bg）。

线条样式从 1:6 总共 6 种线条，另外可用参数 lwd 设置线条粗细。

在用 plot 高级函数或者 points 低级函数绘制点图时，有多种的"点"类型可选择，设置类型的参数为 type，总共有 9 种类型可供选择。

图 11-14　线条样式

代码清单11-8　9种点类型绘图

```
par(mfrow=c(3,3));par(mar=c(2,2,2,0.5))
Type <- c('p','l','b','c','o','h','s','S','n')
for(i in 1:9){
  plot(1:10, 1:10, type=Type[i], main=sprintf("type='%s'",Type[i]))
}
```

效果如图 11-15 所示。

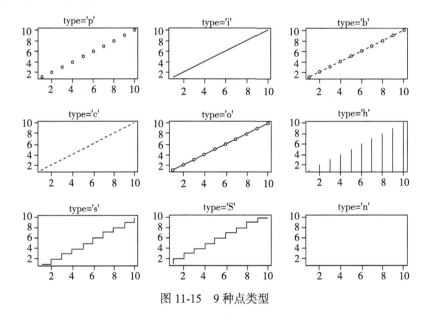

图 11-15　9种点类型

11.2.3　文本设置

文本设置包括颜色、大小以及样式，这些是基本的设置。另外，文本样式也可以调用操作系统固有的文字样式。

1. 基本文字设置

图表文本包括 5 部分：图表文本、坐标轴文本、坐标轴标签文本、标题文本和副标题文本，这 5 部分的文本都可以单独设置。表 11-6 和表 11-7 是相应文本参数设置解析。

表 11-6　字体大小设置参数

参数类型	参　　数	描　　述
字体大小	cex	绘图区域文字缩放倍数，默认大小 1，设置为 1.5 表示放大 1.5 倍
	cex.axis	坐标轴刻度文字大小
	cex.lab	坐标轴标签文字大小
	cex.main	标题文字大小
	cex.sub	副标题文字大小

表 11-7　字体样式设置参数

参数类型	参　　数	描　　述
字体样式	font	绘图区域文字样式，1= 常规，2= 粗体，3= 斜体，4= 粗斜体
	font.axis	坐标轴刻度文字样式
	font.lab	坐标轴标签文字样式
	font.main	标题文字样式
	font.sub	副标题文字样式

举个例子，代码清单 11-9 中分别设置了坐标轴文字、坐标轴标签和标题样式与大小，并展示了 font 参数的 4 种样式。如果觉得字体样式不能满足要求，可以通过调用系统字体样式让文字表现更加丰富，调用系统文字通过函数 windowsFonts、windowsFont 与 family 参数组合完成。

代码清单11-9　文本设置

```
plot(1, font.axis=2, font.lab=3, font.main=4,
     cex.axis=0.5, cex.lab=1.5, cex.main=2,
     main='标题粗斜体和2倍大小', xlab='X轴', type='n',
     xlim=c(0,7), ylim=c(0,5))

text(2, 4, labels='文字样式 font=1', font=1)
text(3, 3, labels='文字样式 font=2', font=2)
text(4, 2, labels='文字样式 font=3', font=3)
text(5, 1, labels='文字样式 font=4', font=4)
```

效果如图 11-16 所示。

2. 调用系统文字样式

下面以 Windows 下调用系统文字样式为例，可以在"控制版面→字体"中查看系统所有的文字样式，调用时需要对应文字样式名称，然后通过函数 windowsFont 创建文字样式映射，

family 参数调用时只需要输入相应文字样式赋予的值，如代码清单 11-10 所示。

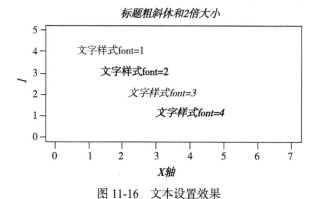

图 11-16　文本设置效果

代码清单11-10　调用系统8种字体样式

```
> windowsFonts(
  A=windowsFont('微软雅黑'), B=windowsFont('华文行楷'), C=windowsFont('方正舒体'),
  D=windowsFont('华文隶书'), E=windowsFont('幼圆'), F=windowsFont('Freestyle
    Script'),
  G=windowsFont('French Script'), H=windowsFont('Gabriola')
  ) #调用系统8种字体样式
> par(font.axis=1)
> plot(0:9, type='n', font.axis=1, xlab=NA, ylab=NA)
> text(2,8, labels='微软雅黑', family='A')
> text(3,7, labels='华文行楷', family='B')
> text(4,6, labels='方正舒体', family='C')
> text(5,5, labels='华文隶书', family='D')
> text(6,4, labels='幼圆', family='E')
> text(7,3, labels='Freestyle Script', family='F')
> text(8,2, labels='French Script', family='G')
> text(9,1, labels='Gabriola', family='H')
```

效果如图 11-17 所示。

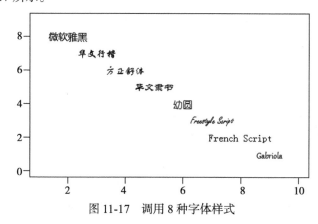

图 11-17　调用 8 种字体样式

11.3　低级绘图函数

很多高级绘图函数都能设置点、线、标题和文本等其他参数。如代码清单 11-11 所示，在高级函数内包含了点（pch）、线（lty）、坐标轴标签（xlab、ylab）、坐标轴标签大小（cex.lab）、标题（main）、标题文本大小（cex.main）、副标题（sub）、标题文本样式（font.main）和副标题文本大小（cex.sub）的设置。效果如图 11-18 所示。

代码清单 11-11　绘图参数

```
plot(1:10,1:10,type='b',pch=c(8,14,15),lty=5,
    xlab='X轴',ylab='Y轴',cex.lab=0.9,
    main='绘图参数',cex.main=0.8,
    sub='高级绘图设置点、线、坐标轴标签、标题、副标题参数',
    font.main=4,cex.sub=0.7)
```

但是，高级函数并不能设置图标所有元素，而低级绘图函数可以让绘图变得模块化与精细化，它能让图表更加具有可塑性与多样性。

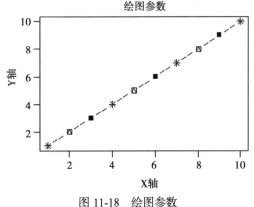

图 11-18　绘图参数

11.3.1　标题

标题可以用低级绘图函数 title() 进行绘制，函数可以添加标题和坐标轴标签，一般形式如下。

```
title(main = NULL, sub = NULL, xlab =
    NULL, ylab = NULL)
```

另外，函数可以设置常规的图形参数，如颜色、大小和文本样式等。代码清单 11-12 设置标题为红色粗斜体、副标题蓝色、大小为默认大小 0.8 倍，以及设置了 X 轴、Y 轴标签。

代码清单 11-12　标题设置

```
title(main='标题',sub='副标题',xlab='X标签',ylab='Y标签',
col.main='red',font.main=4,
col.sub='blue',cex.sub=0.8)
```

11.3.2　坐标轴

函数 axis() 可以对坐标轴进行设置，具体参数以及作用见表 11-8。

表 11-8　函数 axis() 参数

参　　数	描　　述
size	表示设置坐标在哪边绘制（1=下，2=左，3=上，4= 右）

（续）

参　　数	描　　述
at	数值型向量，设置坐标轴刻度标识位置
labels	字符型向量，设置坐标轴标识标签
font.axis	labels 字体样式
cex.axis	labels 字体大小
col.axis	labels 字体颜色
lty	线条类型
col	线条以及刻度颜色
las	标签平行与垂直坐标轴（0= 平行，1= 垂直）
tick	逻辑值，默认值"TRUE"，是否画出坐标轴线条
col.ticks	坐标轴刻度线条颜色

如代码清单 11-13 所示，画了下、左、右 3 条坐标轴，分别对刻度线、刻度标识做了颜色、大小和样式等参数设置。

代码清单11-13　坐标轴设置

```
plot(1:10,type='n',axes=F,xlab=NA,ylab=NA)
axis(side=1,at=seq(0,10,2),font.axis=2,cex.axis=0.8,col.axis='red',
     lty=5,labels=c('1日','2日','3日','4日','5日','6日'),col.ticks='red')
axis(side=2,at=seq(1,10,2),font.axis=3,cex.axis=0.8,col.
axis='red',las=1,col='green',
     lty=5,labels=c('10%','30%','50%','70%','90%'))
axis(side=4,at=seq(1,10,2),font.axis=3,cex.axis=0.8,col.
axis='blue2',las=0,tick=F,
     lty=5,labels=c('10%','30%','50%','70%','90%'))
```

效果如图 11-19 所示。

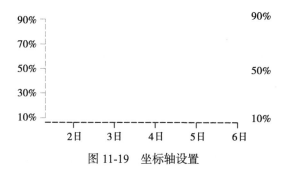

图 11-19　坐标轴设置

11.3.3　网格线

绘制网格线有两种方法，第一种用函数 grid()，第二种用函数 abline()，两种方法绘制出来的网格线有所差异。两个函数基本形式见表 11-9。

表 11-9　网格线参数

函　数	参　数	解　析
grid	nx	垂直网格线条数，默认值 =NULL
	ny	水平网格线条数，默认值 =nx
	col	网格线颜色，默认值 =lightgray
	lty	网格线样式，默认值 =dotted
	lwd	网格线粗细，默认值 =par("lwd")
abline	v	垂直线，数值型向量
	h	水平线，数值型向量
	col	线条颜色
	lty	线条样式
	lwd	线条粗细

如代码清单 11-14 所示，分别用两个函数作了相应的网格线，从图 11-20 中可以看出，函数 grid() 作用是输入相应的网格线条数，然后在相应的图表区域平分出 n 条网格线，这时的网格线只能大概对应位置，却不能准确对应相应数值。而函数 abline() 可以清楚地让网格线对应具体某个数值，使之更加准确。

代码清单11-14　网格线设置

```
> par(mfrow=c(1,2))
> plot(1:10,type='b',xlim=c(0,11),ylim=c(0,11),main='grid()绘制网格线')
> grid(nx=10)
> plot(1:10,type='b',xlim=c(0,11),ylim=c(0,11),main='abline()绘制网格线')
> abline(h=seq(0,11,1),v=seq(0,11,1),col = "lightgray", lty = 3)
```

结果如图 11-20 所示。

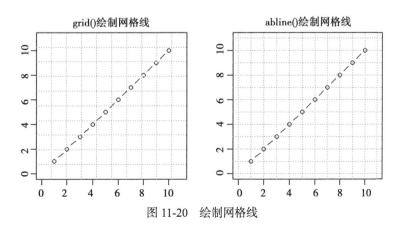

图 11-20　绘制网格线

11.3.4 图例

当绘图分类比较超过两个以上时就需要用到图例来辅助观看图表，可以用 legend() 函数来添加图例，该函数默认参数非常多，这里只介绍比较常用的参数。常用图例参数见表 11-10。

表 11-10 图例参数

参 数	描 述
x, y	x,y 用于定位图例，也可以用以下 9 个参数设置："bottomright"、"bottom"、"bottomleft"、"left"、"topleft"、"top"、"topright"、"right"、"center"
legend	字符向量，图例文字标识
col	图例中点线颜色
pch	图例中点类型
lty	图例中线类型
cex	图例大小
horiz	logical 类型，如果 =TRUE 则水平放置图例，如果 =FALSE（默认）则垂直放置图例
ncol	图例列数，horiz 为 FALSE 时可用
bty	图例边框，如果 ="o"（默认）则画边框，如果 ="n" 则不画边框
bg	图例背景色，bty="o" 时可用
box.lty, box.lwd,box.col	分别为图例边框线条样式、线条粗细、线条颜色
x.intersp	图例中文字标识离图线水平距离，默认为 1
y.intersp	图例中文字标识离图线垂直距离，默认为 1
title	图例标题

下面利用数据源 Orange 来绘制 5 种橘树随时间推移的生长情况，并作出相应图例，如代码清单 11-15 所示。

代码清单11-15 图例设置

```
xmin<-min(Orange$age)
xmax<-max(Orange$age)
ymin<-min(Orange$circumference)
ymax<-max(Orange$circumference)

plot(1,type='n',xlab='Tree_Age',ylab='Circumference',main='Tree Growth',
    xlim=c(xmin,xmax),ylim=c(ymin,ymax))

for(i in 1:5){
  points(Orange[Orange$Tree==i,'age'],Orange[Orange$Tree==i,'circumference'],
      col=i+1,type='b',pch=14+i)
}
```

```
legend(x=xmin,y=ymax,legend=paste('Tree',1:5),col=2:6,pch=15:19,lty=1,cex=0.7,bt
    y='n')
```

效果如图 11-21 所示。

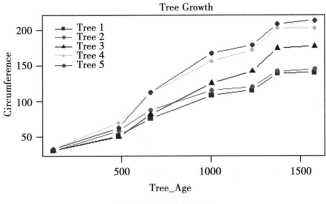

图 11-21　图例设置

通过下列代码可以看到，使用 9 个图例位置参数的具体效果，如图 11-22 所示。

```
location <- c('topleft','top','topright','left','center','right','bottomleft',
    'bottom','bottomright')
par(mar=c(0.5,0.5,3,0.5))
plot(1:10,type='n',main='9个图例位置参数效果',axes=F,xlab=NA,ylab=NA,cex.
    main=0.8);box()
grid(nx=3)
for(i in 1:9){
  legend(location[i],legend=c('game1','game2','geme3'),col=rainbow(3),pch=15:17,
  lty=1,cex=0.9, title=location[i],bty='n')
}
```

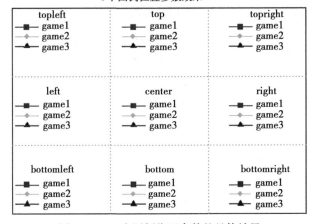

图 11-22　9 个图例位置参数的具体效果

11.3.5 点线和文字

画点线和文字的低级函数分别为：points（点）、abline（直线）、lines（曲线）和 text（文字）。在前面的一些例子里面我们看到 plot() 函数也能画出点和线，区别在于 plot() 函数是新建一个图表，而低级绘图函数是在现存的图表基础上作图。

1. 点（points）

points() 函数的具体参数如表 11-11 所示，函数相对比较简单，这里不赘述。

表 11-11　point() 参数

参　　数	描　　述
x, y	点的坐标向量
type	9 种类型可选择，具体可参考 11.2.2
pch	点类型，具体可参考 11.2.2
col	颜色
bg	点填充色，当 pch=21:25 时有效
cex	点大小
lwd	点边框大小

2. 线（abline、lines）

abline() 函数的基本形式以及参数描述如下。

```
abline(a = NULL, b = NULL, h = NULL, v = NULL)
```

参数 a：需绘制直线的截距；
参数 b：需绘制直线的斜率；
参数 h：绘制水平线所在的纵坐标值；
参数 v：绘制垂直线所在的横坐标值。

如代码清单 11-16 所示，绘制了 3 种常用的直线。

代码清单 11-16　abline()函数应用

```
plot(c(-2,4), c(-1,6), type = "n", xlab = "x", ylab = "y",main=)
abline(h = 0, v = 0, col = "gray60")
text(1,0, "abline( h = 0 )", col = "gray60", adj = c(0,-0.5))    # adj文字对齐
text(0,1.2, "abline( v = 0 )", col = "gray60", adj = c(0,-0.5),srt=90) # srt文字旋转角度
abline(h = -1:5, v = -2:3, col = "lightgray", lty = 3)
abline(a = 1, b = 2, col = 2)
text(0.5,2, "abline( 1, 2 )", col = 2, adj = c(-.1, -.5),srt=60)
```

效果如图 11-23 所示。

lines() 函数的基本形式以及参数描述如下。

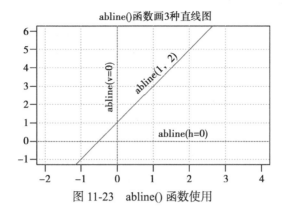

图 11-23　abline() 函数使用

lines(x, y = NULL, type = "l", ...)，lines 函数可以绘制任意曲线，与 polt() 函数绘制曲线基本相似，只是 plot() 函数不能在同一个图表上使用多次，因此绘制多个曲线时需要用 lines() 函数。另外，lines() 函数还可以配合拟合函数（如 lowess()、loess()）绘制拟合曲线，使用函数附带的例子：拟合并画出汽车速度与刹车距离之间的关系曲线。如代码清单 11-17 所示。

代码清单11-17　line()函数应用

```
plot(cars, main = "Stopping Distance versus Speed")
lines(lowess(cars))
```

效果如图 11-24 所示。

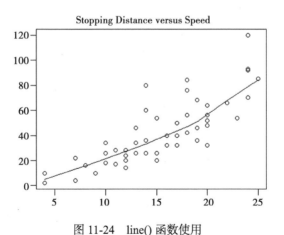

图 11-24　line() 函数使用

3. 文字（text）

在图表内添加文字元素，可以通过 text() 来完成，函数参数以及描述见表 11-12。

表 11-12　文字参数

参　　数	描　　述
x, y	文字坐标向量
labels	文字标签
col	文字颜色
cex	文字大小
font	文字样式
adj	文字对齐方向，0 表示左对齐，0.5（默认值）表示居中，1 表示右对齐。还可以 adj=c(x,y) 调整位置
srt	文字旋转角度

这里主要介绍一下 adj 参数。

adj 参数有 2 种设置方法，第 1 种可以设置数值型参数，如代码清单 11-18 所示，效果如图 11-25 所示，0、0.5、1 分别代表"左中右"3 种文字对齐形式，当然也可以设置任意数值型参数，如 –2、–1、–0.1、0.8 等。

第 2 种可以设置 c(x, y) 坐标类型参数，如代码清单 11-19 所示，效果如图 11-26 所示，以 c(0, 0) 为参考，c(1, 0) 表示向左偏移 1 个文本距离，c(–2, 0) 则向右偏移 2 个文本距离。c(0, 1) 表示向下偏移 1 个文本单位，c(0, –2) 则向上偏移 2 个文本单位。当字符串相对较长时，设置 adj 参数可以更好地控制文本位置。

代码清单11-18　adj参数第1种设置

```
par(mar=c(0.5,4,2,2))
plot(1,xlim=c(-2,2), ylim=c(-2,2), type = "n", xlab = NA, ylab = NA,
    main='text()函数adj参数设置', cex.main=0.8, axes=F);box()
axis(side=2, at=c(1,0,-1), labels=c('adj=0','adj=0.5','adj=1'), las=1)
abline(h = -1:1, v = 0, col = "gray60")
text(0,1, "adj参数", col = "gray20", adj = 0, font=2)
text(0,0, "adj参数", col = "gray20", adj = 0.5, font=2)
text(0,-1, "adj参数", col = "gray20", adj = 1, font=2)
```

代码清单11-19　adj参数第2种设置

```
par(mar=c(0.5,5,2,2))
plot(1,xlim=c(-2,2), ylim=c(-2,2), type = "n", xlab = NA, ylab = NA,
    main='text()函数adj参数设置',cex.main=0.8,axes=F);box()
axis(side=2,at=c(1,0,-1),labels=c('adj=c(0,0)','adj=c(1,0)','adj=c(0,1)'),las=1)
abline(h = -1:1, v = 0, col = "gray60")
text(0,1, "adj参数", col = "gray20", adj = c(0,0),font=2)
text(0,0, "adj参数", col = "gray20", adj = c(1,0),font=2)
text(0,-1, "adj参数", col = "gray20", adj =c(0,1),font=2)
```

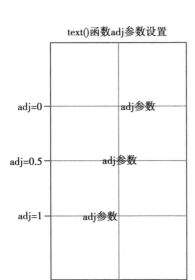

图 11-25　第 1 种设置

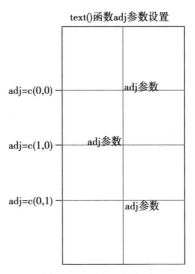

图 11-26　第 2 种设置

11.3.6　par 函数

par() 函数对图表的宏观与微观调控都非常有用，可以通过修改图表各种参数来定义图表内不同元素。par() 函数设定的参数值具有持续性，也就是说，参数设置以后，作图函数调用时都会受到影响。代码清单 11-20 中从第 2 个图开始用函数 par() 设置"颜色：红色"和"点样式 :14"，之后的作图函数颜色和点样式都得到同样改变。par() 参数可以多次使用，par() 函数可以分开写，也可以合并着写，如 par(col='red', pch=14)。效果如图 11-27 所示。

代码清单 11-20　par() 函数

```
plot(1:10,main='例1',cex.main=0.8,ylab=NA,xlab=NA)
par(col='red');par(pch=14) #设置参数后，之后的作图函数都受到影响
plot(1:10,main='图2',cex.main=0.8,ylab=NA,xlab=NA)
plot(4:15,type='b',lty=3,main='图3',cex.main=0.8,ylab=NA,xlab=NA)
```

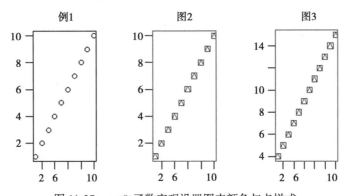

图 11-27　par() 函数宏观设置图表颜色与点样式

如果想设定参数绘制图形后再恢复原来的参数设定，可以通过代码清单 11-21 实现。第 1 行代码表示把要改变参数的原始值以 list 的形式赋值给 prep_par，作图完毕之后，通过语句 par(prep_par) 重新还原参数的原始设定。另外，可以通过输入 par() 函数查看目前图形参数列表。

代码清单11-21　prep par()函数

```
> prep_par<- par(col='red',pch=14)
> prep_par            # 颜色col与点样式pch在被改变之前的原始值为"black"和1
$col
[1] "black"
$pch
[1] 1
> plot(1:10,main='例1')
> par(prep_par)       # 重新设置原始参数
> plot(1:10,main='例2')
```

par() 函数有几十个参数，除了点、线、字体和颜色等常规的参数之外，还包含图形整体布局的参数，下面对一些比较常用的参数进行讲解。

1. 参数 ann

ann 参数为一个逻辑值，默认值为 ann=TRUE，如果 ann=FALSE 则不显示坐标轴名称、标题和副标题等标注。如代码清单 11-22 所示，第 3 行设置 ann=FALSE，即使 plot 函数内设置了标题和副标题值也不会显示，效果如图 11-28 所示，左图为 ann=TRUE，右图为 ann=FALSE。另外，可以通过 title() 函数添加相应的坐标轴名称、标题和副标题。

代码清单11-22　参数ann

```
par(mfrow=c(1,2))
plot(1:10,ann=TRUE,main='ann参数设定',sub='ann=TRUE',cex.main=0.8,cex.sub=0.8)
plot(1:10,ann=FALSE,main='ann参数设定',sub='ann=FALSE',cex.main=0.8,cex.sub=0.8)
```

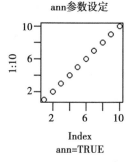
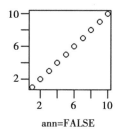

图 11-28　参数 ann

2. 参数 bty

如代码清单 11-23 所示，bty 参数可设置图形边框类型，参数值有："o"（默认值）、

"1"、"7"、"c"、"u" 或 "]"，对应边框类型与字符形状类似，具体边框类型如图 11-29 所示。

代码清单11-23　参数bty

```
bty_type <- c('o', 'l', '7', 'c', 'u', ']', 'n')
par(mfrow=c(3,3), mar=c(2,2,3,2))
for (i in 1:7){
  par(bty=bty_type[i])
  plot(1:4, type='n', main=paste('bty=',bty_type[i],sep=''), xlab=NA, ylab=NA)
}
```

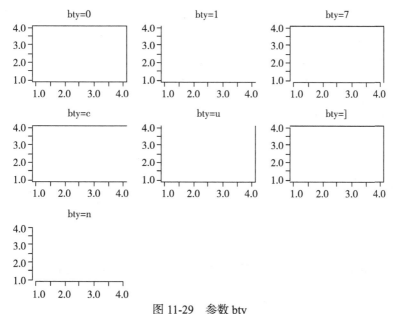

图 11-29　参数 bty

3. 参数 fg

如代码清单 11-24 所示，参数 fg 设置坐标轴、刻度线、图形整体边框（包括图形边框以及点、线、柱形图等边框），默认值为 "black"，如图 11-30 所示。

代码清单11-24　参数fg

```
par(mfrow=c(2,2),ann=F,bty='u',mar=c(2,2,2,2))
par(fg=rainbow(10)[2])
plot(1:4);text(2,3,'text函数')  #包括文字标识也有效
plot(1:4,type='b')
barplot(1:5)
pie(c(1,2,3,4),labels=c('类1','类2','类3','类4'))  #标签也一样有效果
```

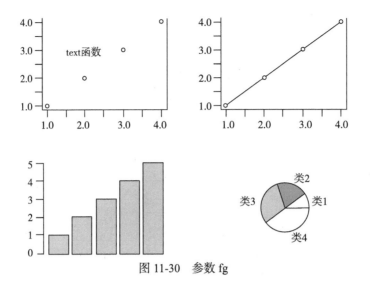

图 11-30　参数 fg

4. 参数 mgp

mgp 为一个数值向量参数，默认值为 c(3,1,0)，分别用于设置坐标轴标签、坐标轴刻度与坐标轴距图形边框的距离，参数比较简单，这里不详细讲解，读者可自行尝试。

5. 参数 mar 和 mai

mar 参数在前面已经出现，mar 是用来设置绘图区的边缘距离（边缘可能包含有坐标轴标签、标题等），其基本形式为 mar=c(bottom, left, top, right)，4 个数值分别表示绘图区与边框下、左、上、右距离，单位为文本行。mai 与 mar 相似，只是 mai 的单位是英寸。

通过代码清单 11-25 可以知道参数 mar 与 mai 的默认值，通过修改参数可以自由控制边缘距离。

代码清单11-25　参数mar和mai

```
> par()$mar
[1] 5.1 4.1 4.1 2.1
> par()$mai
[1] 1.360000 1.093333 1.093333 0.560000
```

6. 参数 mfrow 和 mfcol

mfrow 与 mfcol 都是用于在一个绘图区域作多个图，基本形式为均为 c(nr, nc)，nr 表示图形行数，nc 表示图形列数。两个参数不同之处在于，mfrow 按照行顺序排入，mfcol 按列顺序排入。

7. 参数 fig 和 new

参数 fig 与 new 组合可以在绘图区域按照自己意愿随意作图。

fig 为一个数值向量参数，形式为 fig=c(x1, x2, y1, y2)，用于设定当前图形在绘图中所占区域，参数均为 0 ~ 1 数值，而且需要满足 x1<x2，y1<y2，。如果修改参数 fig，则会自动打开

一个新的绘图区域。

new 参数默认值为 FALSE，当设定为 TRUE 时，则下一次高级绘图命令不会清空当前图形。因此，可以结合这两个参数自由地进行绘图。代码清单 11-26 有 3 段代码，第 1 段代码作出基础的"N 日留存"率柱状图，第 2 段代码表示在区域（0.5< x< 1，0.6< y<1）内继续添加一个"等级分布"柱状图，第 3 段则表示在区域（0.4< x< 1，0.1< y<0.7）内添加"付费比例"饼图，具体效果如图 11-31 所示。

代码清单 11-26　参数fig和new

```
par(mar=c(3.5,2,2,1));par(mgp=c(1.2,0.5,0))
barplot(0.8^(1:20), names.arg=paste(1:20,'日',sep=''), sub='N日留存率
    ',col=c(rep('gray90',7), rep('steelblue1',13)), cex.sub=0.8,cex.axis=0.8,
    cex.names=0.7)

par(fig=c(0.5,1,0.6,1),new=TRUE)
LV <- sample(1:30, 1000, replace = T, prob = c(1:15,15:1))  #生成1000个等级样本
hist(LV,main='等级分布',cex.main=0.8,cex.lab=0.8,ylab=NA,cex.axis=0.8)

par(fig=c(0.4,1,0.1,0.7), new=TRUE)
pie(c(0.4,0.8), labels=c('留存天数大于7天\n 付费比例 40%',NA), cex=0.7,
    col=c('steelblue1', 'white'))
```

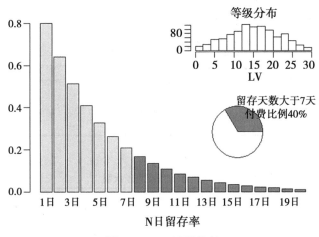

图 11-31　N 日留存率

11.4　高级绘图函数

下面，我们查看常用的一些图形，引用 10.5 节数据源进行图形分析。

1. 散点图

从玩家的等级与登录次数的散点图 11-32 可以看出，玩家的等级越高登录次数就越高，两者存在一定的相关性，这也是跟游戏真实情况相符合的。

代码清单11-27　散点图

```
> plot(testdata[1:100,'Level'],testdata[1:100,'Logintimes'],main='玩家等级登录次数(主标题)',
    sub='等级与登录次数有一定相关性(副标题)',type='p',xlab='等级',ylab='登录次数
    ',col='darkred')
```

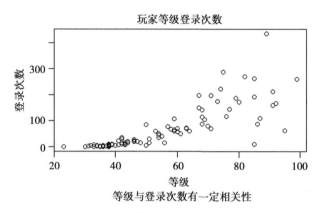

图 11-32　玩家等级登录次数（散点图 1）

向函数里面加多一个 pch 参数可以选择 1 ～ 25 种不同的点类型。另外，可以用 lines() 函数或 abline() 函数添加散点的拟合曲线，lowess() 函数则可以拟合散点的平滑曲线。（R 的直线拟合函数为 lm()；曲线拟合有两个函数：lowess() 和 loess()，相比之下 loess() 更加强大。）

代码清单11-28　玩家等级登录次数

```
> plot(testdata[1:100,'Level'],testdata[1:100,'Logintimes'],main='玩家等级登录次数(主标题)',
    sub='等级与登录次数有一定相关性(副标题)',type='p',xlab='等级',ylab='登录次数
    ',col='darkgreen',pch=16)
> lines(lowess(testdata[1:100,'Level'],testdata[1:100,'Logintimes']),col='red',l
    wd=2,lty=2)
```

效果如图 11-33 所示。

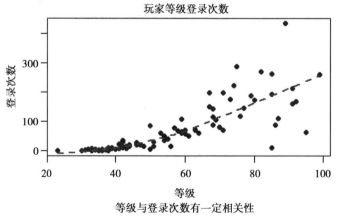

图 11-33　玩家等级登录次数（散点图 2）

在分析工作中我们经常会遇到上下振幅较大的数据，由于波动较大，对我们分析数据趋势造成很大影响，此时需要做平滑曲线的数据处理。图 11-34 为玩家体验游戏的脑波数据曲线，玩家在游戏体验中每 1 秒采集一次玩家脑波数据，因此随着时间推移会记录上千个数据点，由于数据波动较大很难对其进行分析，下面用局部多项式回归拟合函数 loess() 来做平滑曲线，这里只需要用到函数 loess() 的 3 个参数，如下。

```
loess(formula, data, span = 0.75)
```

其中，formula 为参数相关表达；data 为数据对象；span 可以理解为拟合曲线平滑度，该参数越大越平滑。

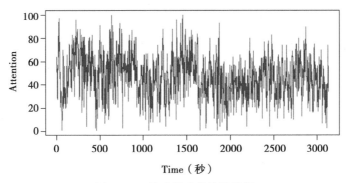

图 11-34　体验游戏的脑波数据

代码清单11-29　曲线平滑

```
> head(brain_w,5)
  Time Attention
1    1        51
2    2        64
3    3        54
4    4        51
5    5        54
> plot(brain_w$Attention,pch = 20, col = rgb(0, 0, 0, 0.5),cex=0.9,type='l',
       xlab='Time(秒)',ylab='Attention',ylim=c(0,120))
> legend(0,130,lty=c(1,1),legend=c('span=0.2','span=0.5'),col=c('red','green'),bty='n',
       cex=0.8,horiz=T)  ##添加图例
> model1 <- loess(Attention~Time,data=brain_w,span=0.2)
> lines(model1$fitted,col='red')
> model2 <- loess(Attention~Time,data=brain_w,span=0.5)
> lines(model2$fitted,col='green')
```

从图 11-35 可以看到，span 设置得越大曲线拟合就越平滑，需要根据分析来决定曲线平滑程度。

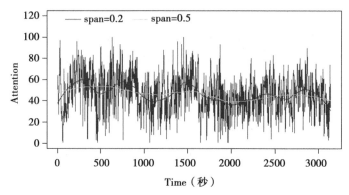

图 11-35　体验游戏的脑波数据的曲线平滑

图 11-36 为 100 条不同平滑程度的拟合曲线，这样可以更加形象具体地表现出曲线的变化趋势。

代码清单11-30　多条曲线平滑

```
> plot(brain_w$Attention,pch = 20, col = rgb(0, 0, 0, 0.5),cex=0.9,type='l',
    xlab='Time(秒)',ylab='Attention')
> for (i in seq(0.01, 1, length = 100)) {
    lines(loess(Attention~Time,data=brain_w,span=i)$fitted,col=rainbow(100)
    [i*100],lwd=1)
  }
```

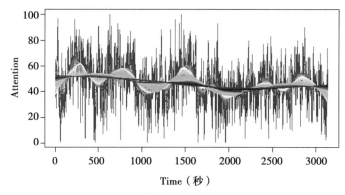

图 11-36　100 条不同平滑程度拟合曲线

回归正题，绘制散点图的时候也经常会遇到一些点相交而影响我们观察分析的情况，这时可以用 rgb() 函数自由调节颜色深浅来鉴别点重合程度，代码如下。

代码清单11-31　rgb函数调节

```
> plot(testdata[1:100,'Level'],testdata[1:100,'Logintimes'],main='玩家等级登录次数
    (主标题)',
    sub='等级与登录次数有一定相关性(副标题)',type='p',xlab='等级',ylab='登录次数',
    col=rgb(0,100,0,100,maxColorValue=255),pch=16)
```

效果如图 11-37 所示。

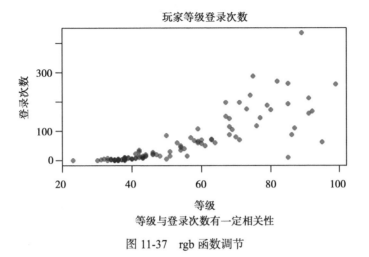

图 11-37　rgb 函数调节

2. 直方图

直方图一般用来描述一些分类指标。例如，玩家等级分布图，从图 11-38 中可以很清楚地看到，20 级以前分布很少玩家，说明玩家都很自然地过度到了 20 级以后，波峰出现在 40级左右。其中可能有两个原因，第一，最近一段时间新增玩家特别多，都在 40 级左右活跃着。第二，在没有很多新增玩家的前提下，40 级左右就是玩家等级流失的重要门槛，要引起注意。

代码清单11-32　玩家等级分布1

```
hist(testdata$Level,col='lightblue',border='pink',main='玩家等级分布',
cex.main=0.8,cex.lab=0.8)
```

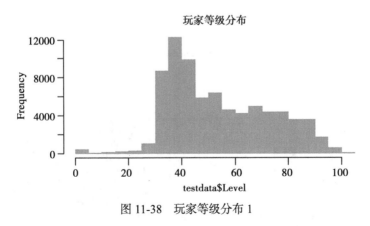

图 11-38　玩家等级分布 1

直方图的区间宽度 hist() 函数有一个默认方式，如果觉得区间宽度不是自己想要的，可以通过在 hist() 函数里面添加 breaks 参数调整区间宽度。

代码清单11-33 玩家等级分布2

```
hist(testdata$Level, breaks=50, col='lightblue', border='pink', main='玩家等级分布',
cex.main=0.8, cex.lab=0.8)
```

效果如图 11-39 所示。

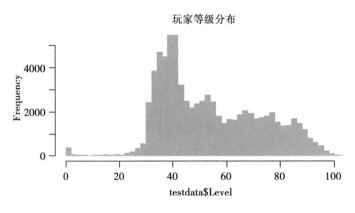

图 11-39 玩家等级分布 2

3. 条形图（柱形图）

条形图也是平时用得比较多的一个图形，可以用来作各种比较。

代码清单11-34 每月收入1

```
> Income=c(10,24,16,34,47,59,46,43,37,21,18,30)
> month=c('Jan','Feb','Mar','Apr','May','Jun','Jul','Aug','Sept','Oct','Nov','Dec')
> barplot(Income,col=rainbow(12),names.arg=month,main='Monthly income
  (millions)')
```

效果如图 11-40 所示。

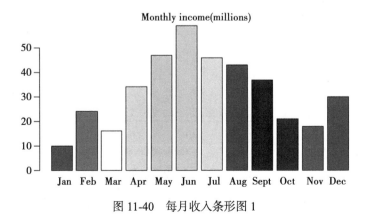

图 11-40 每月收入条形图 1

我们平时也可以根据自己作图的需求进行条形图的微调。例如，可以用参数 cex.names 修改条形图标签名字的大小，用 horiz 参数调整纵横摆放条形图。

代码清单11-35　每月收入2

```
> barplot(Income,col=rainbow(12),names.
  arg=month,main='Monthly income
  (millions)',
 cex.names=0.7,horiz=T,las=1)
```

效果如图 11-41 所示。

4. 饼图

代码清单 11-36 为 PVP 与 PVE 两类玩家购买 5 种物品的玩家数占比，明显的物品 2 和物品 3 在两类玩家中出现了较大的差异，之后就需要寻找差异的原因。当然，这种类型的分析也可以用条形图来实现，看个人喜好。

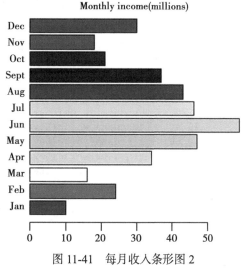

图 11-41　每月收入条形图 2

代码清单11-36　玩家购买物品

```
> ## 输入数据
> items_ratio1 <- c(15000,9000,28000,35000,13000)
> items_ratio2 <- c(14000,27000,10000,36000,13000)
> lbls <- c('物品1','物品2','物品3','物品4','物品5')

> ## 设置标签
> pct1 = round(items_ratio1/sum(items_ratio1)*100)
> pct2 = round(items_ratio2/sum(items_ratio2)*100)
> lbls1 <- paste(lbls,': ',pct1,'%')
> lbls2 <- paste(lbls,': ',pct2,'%')

> par(mfrow=c(1,2)) ## 同一个版面放多张图表
> pie(items_ratio1,lbls1,col=rainbow(length(items_ratio1)),main='PVP玩家购买物品比例')
> pie(items_ratio2,lbls2,col=rainbow(length(items_ratio1)),main='PVE玩家购买物品比例')
```

效果如图 11-42 所示。

图 11-42　购买物品比例

5. 箱线图

箱线图也是很经典的图形，图形中包含了很多的信息量，从图等级区域的活跃指数可以看出，玩家等级越高，其活跃指数总体不断提高，离散程度也不断减少，而且不断向活跃度为 1 聚拢（活跃度 1 为最高）。但是，我们发现 60 ～ 80 等级、80 ～ 100 等级几乎集中成一条线，看不出其中的差别。接下来，我们可以尝试用小提琴图再来观察。

代码清单 11-37　等级活跃指数差异1

```
> attach(testdata)
> L1_20 <- testdata[which(Level<20),'Active_index']
> L20_40 <- testdata[which(Level>20,Level<40),'Active_index']
> L40_60 <- testdata[which(Level>40,Level<60),'Active_index']
> L60_80 <- testdata[which(Level>60,Level<80),'Active_index']
> L80_100 <- testdata[which(Level>80,Level<100),'Active_index']
> detach(testdata)
> boxplot(L1_20,L20_40,L40_60,L60_80,L80_100,
        names=c('L1_20','L20_40','L40_60','L60_80','L80_100'),col=c('gold','purple'),
main='等级活跃指数差异',xlab='等级区域')
```

效果如图 11-43 所示。

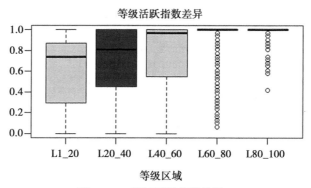

图 11-43　等级活跃指数差异 1

6. 小提琴图

小提琴图是箱线图的变种，是箱线图和核密度图的结合。我们可以使用 vioplot() 包中的 vioplot() 函数进行绘图。通过对比箱线图与小提琴图，可以发现 3 个问题：第一，前三个等级区域玩家的活跃指数存在两个波峰，并且随着等级区域的增加，明显度不断下降，而下面的波峰可能是流失玩家活跃度低的一个特征。第二，随着等级区域的升高，从双波峰变成单波峰。第三，80 ～ 100 等级玩家的活跃指数相比 60 ～ 80 玩家的活跃指数更加向高活跃指数聚拢。可以看出，小提琴图涵盖的信息量是非常丰富的，是看数据结构的利器。

代码清单 11-38　等级活跃指数差异2

```
> library(vioplot)
```

```
> vioplot(L1_20,L20_40,L40_60,L60_80,L80_100,
         names=c('L1_20','L20_40','L40_60','L60_80','L80_100'),col='gold')
> title('等级活跃指数差异')
```

效果如图 11-44 所示。

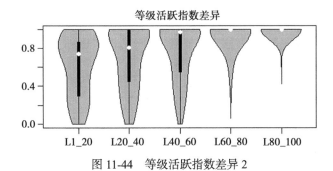

图 11-44　等级活跃指数差异 2

7. 散点矩阵图

散点矩阵图也是在数据分析中用得比较多的一种图，它可以直观地看出多个维度之间的关系，缺点就是当数据量太大的时候，观察起来不方便。在 R 语言中有多种创建散点矩阵图的函数，pairs() 函数就是其中之一。我们可以用 R 语言里面附带数据源 mtcars 进行矩阵散点图的绘制。绘图之前先来看看 mtcars 数据集的情况，如代码清单 11-39 所示。

代码清单11-39　散点矩阵图1

```
> str(mtcars)
'data.frame':      32 obs. of  11 variables:
 $ mpg : num  21 21 22.8 21.4 18.7 18.1 14.3 24.4 22.8 19.2 ...
 $ cyl : num  6 6 4 6 8 6 8 4 4 6 ...
 …<此次省略>…
 $ vs  : num  0 0 1 1 0 1 0 1 1 1 ...
 $ am  : num  1 1 1 0 0 0 0 0 0 0 ...
 $ gear: num  4 4 4 3 3 3 3 4 4 4 ...
 $ carb: num  4 4 1 1 2 1 4 2 2 4 ...
```

效果如图 11-45 所示。

从上面的 str() 函数可以了解到这个数据集有 32 个观测值、11 个变量。我们选取其中的 mpg、disp、hp、wt 进行散点矩阵图的绘制。

```
> pairs(~mpg+disp+hp+wt,data=mtcars,main='散点矩阵图')
```

从图 11-45 中可以看出任意两个变量之间的二元关系，两个变量交叉的散点图即为两者的散点图。需要注意的是，主对角线的上三角与下三角 6 幅散点图是一样的，如果觉得没必要展现两个，可以调整其中两个参数来展示：lower.panel = panel（下三角，默认为 panel，可以设置为 NULL，删除下三角），同理上三角参数为 upper.panel，也可以自由调整。如果想要更好的视觉展示，也可以使用 rgb() 函数来进行颜色搭配，如代码清单 11-40 所示。

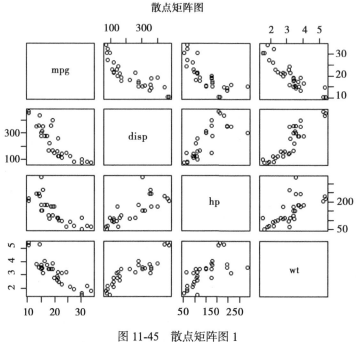

图 11-45　散点矩阵图 1

代码清单11-40　散点矩阵图2

```
> pairs(~mpg+disp+hp+wt,data=mtcars,main='散点矩阵图',col=rgb(0,100,0,100,maxColor
    Value=255),
pch=19,cex=1.4)
```

效果如图11-46所示。

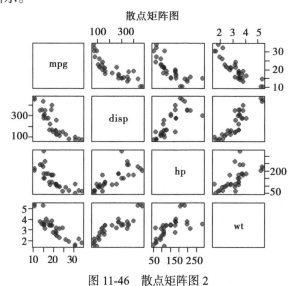

图 11-46　散点矩阵图 2

另外，car 包中的 scatterplotMatrix () 函数也能用于绘制散点矩阵图，并且可以进行各散点图的线性与平滑曲线拟合，各指标的密度图、箱线图的绘制，如代码清单 11-41 所示。scatterplotMatrix() 函数里面有几十个参数，大家可以根据需求去细化图形。

代码清单11-41　散点矩阵图3

```
> library(car)
> scatterplotMatrix(~mpg+disp+hp+wt,data=mtcars,main='散点矩阵图',spread = FALSE)
```

效果如图 11-47 所示。

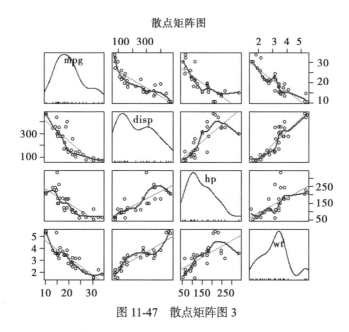

图 11-47　散点矩阵图 3

8. 高密度散点图

绘制散点图的时候，常常会因为点太多而不能从图形里面得到有用的信息而烦恼。高密度散点图则可以解决你的这个烦恼。R 语言中的相应函数为 smoothScatter(x,y)。从图 11-48 中可以看出有 4 处高密度引起我们关注。

1）40 级与活跃指数形成了一条高密度水平直线，可以看出 40 级这部分玩家存在着各种活跃度，这是需要在运营中注意的。

2）40 级到 80 级左右有一条比较明显的高密度抛物线，这也反映了这个游戏玩家活跃特点。

3）60 级到 100 级有一批高密度玩家的活跃指数都趋向于 1，明显这部分是核心玩家。

4）80 级与 100 级之间存在一个小密度的玩家活跃指数为 0.6，从图形上可以看出这部分玩家应该是处于边缘的玩家，也是值得我们注意的。

等级&活跃指数高密度图

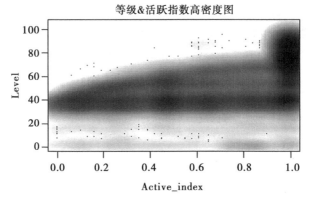

图 11-48 等级 & 活跃指数高密度图

9. 旋转三维散点图

旋转三维散点图可以让数据在空间感上表现得更好，从而让我们在数据分析中更好地理解数据。如果想使用旋转三维散点图，需要在 R 语言中安装 rgl 包，rgl 包可谓是制作 3d 图的神器。三维散点图对应 rgl 包中的 plot3d(x,y,z) 函数，还有 bbox3d() 等函数美化三维图。图 11-49 为玩家接受任务个数（Task）、获得金钱（Coin）以及平均每分钟获得金钱（Ave_coin）的旋转三维图，从图中可以看出以下几点信息。

1）玩家平均每分钟获得金钱明显存在断层现象，这需要进一步去挖掘问题所在。

2）玩家接受任务个数与获得金钱存在一定关系（这也是正常的），但是也存在一部分玩家没有接受任务也获得一定量的金钱的现象，这有可能是游戏的特征，也有可能是存在问题。

3）三维图中明显存在一些离群异常点，需要后续确认原因。

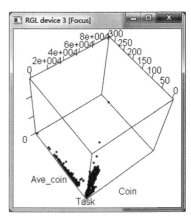

图 11-49 旋转三维散点图

11.5 R 语言与数据库交互

R 语言连接数据库并直接对数据进行切片、可视化分析，是一个非常方便有效的手段。R 语言连接 Windows 与 Linux 平台各种类型数据库都提供了非常便捷的链接包，包括 Oracle、Hadoop Hive、MySQL、Microsoft SQL Server、PostgreSQL、SQLite、Redis 和 MongoDBD 等。

ROBDC 与 RJDBC 是比较常用的包，它对具体数据库没有限制，大部分的数据库都可以通过 RODCB 与 RJDBC 两个包来连接。当然，除了这两个包，还有针对相应数据库的连接包，如，

❑ R 语言连接 MySQL：RMySQL 包。

❑ R 语言连接 Oracle：ROracle 包。

❑ R 语言连接 MongoDB：rmongodb 包。

❑ R 语言连接 Redis：rredis 包。

❑ R 语言连接 Hadoop Hive：RHive 包。

下面，我们尝试用 RODBC 连接 Windows 下的 MySQL 数据库。首先在 Windows 下安装好 MySQL，然后下载一个 MySQL 的 ODBC 驱动。以 Windows7 为例，单击进入“控制面板”→“管理工具”→“数据源 (ODBC)”。

在“用户 DSN”选项卡下添加 MySQL 数据库，如图 11-50 和图 11-51 所示。

图 11-50　添加 MySQL 数据库 1

图 11-51　添加 MySQL 数据库 2

选择 MySQL ODBC 驱动，单击"完成"按钮之后弹出一个数据库配置窗口，填写完数据库信息，单击"Test"测试连接成功，这样就在 Windows 下配置好 MySQL 的 ODBC 了，如图 11-52 所示。

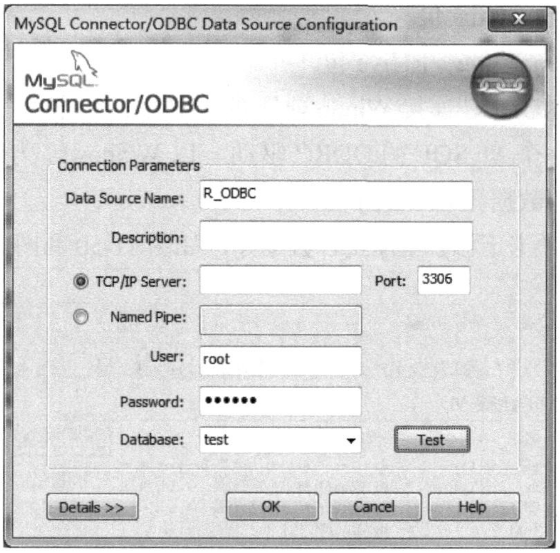

图 11-52 测试连接

在 R 语言里下载好 RODBC 包，用包里的 odbcConnect( ) 函数进行数据库连接，并进行后续分析，如代码清单 11-42 所示。

代码清单11-42 数据库连接

```
> library(RODBC)
> ch <- odbcConnect(dsn=R_ODBC, uid='root', pwd='*****')    ## 参数分别对应数据源名、
    账号、密码
> sqlQuery(ch, 'show tables') ## sqlQuery ( )函数可以传递SQL语句
  Tables_in_test
1     account_pay
> sqlQuery(ch, 'select * from account_pay limit 10')
   ID  MONEY LAST_LOGINDAY LAST_PAYDAY PAY_TIMES
1   1 694196    2012-09-04  2012-06-15        20
2   2 315220    2012-09-06  2012-08-30       133
3   3 259000    2012-09-05  2012-08-05        79
4   4 234291    2012-09-05  2012-08-28       335
5   5 223600    2012-09-05  2012-09-05       131
6   6 211918    2012-09-05  2012-08-05      1180
7   7 209500    2012-05-21  2012-02-10        76
8   8 202500    2012-09-06  2012-08-22        65
9   9 200730    2012-09-05  2012-09-04        37
10 10 186307    2012-09-06  2012-08-22      1055
> sqlQuery(ch, 'select count(*) from account_pay ') ## 表有44142行，可以读取到R语言
    进一步分析
  count(*)
```

```
1      44142
> account_pay <- sqlQuery(ch,'select * from account_pay ')  ## 把MySQL的account_
pay表读取到R语句中
> close(ch)  ## 关闭连接
> dim(account_pay)
[1] 44142      5
```

　　用 odbcConnect( ) 函数建立连接之后，可以继续通过 sqlQuery() 函数使用 SQL 语句进行数据库查询，这个函数基本可以传达绝大部分 SQL 语句，包括创建表、查询表、删除表等操作。从上面的查询中可以看到，在 test 数据库中存在一个名为 account_pay 的表，查看表前 10 条记录可以知道表字段有：玩家 ID、付费金额、最后登录日期、最后付费日期和付费次数。这是付费用户的数据，基于上述数据还可以做付费用户 RFM 模型等一系列后续研究。

Chapter 12 第 12 章

R 语言游戏数据分析实践

12.1 玩家喜好对应分析

对应分析是一种多元统计分析技术，也称为 R-Q 型因子分析，基本思想是将一个联系表的行和列中各元素的比例结构以点的形式在较低维的空间中表示出来，从而能更加直观地进行分析。主要应用在市场细分、产品定位、竞争分析、用户偏好分析和广告研究等领域。

此方法在游戏分析中也相当有用，例如玩家购买物品的偏好、不同渠道用户对不同类型游戏的偏好、游戏调研问卷的分析和广告数据的分析等。现在大多数游戏收费形式都为道具收费，对玩家购买物品的分析对我们的运营指导是相当有用的。

12.1.1 对应分析的基本思想

对应分析的关键是利用一种数据变换，使含有 p 个变量 n 个样品的原始数据矩阵，变换成为一个过渡矩阵 Z，并通过矩阵 Z 将 R 型因子分析和 Q 型因子分析有机地结合起来。

而在实际问题的统计中，若变量值的量纲不同以及数量级相差很大时，通常先将变量做标准化处理，这种对变量进行标准化处理是按各个变量列进行的，并没有考虑到样品之间的差异，对于变量和样品而言是非对等的。为了使之具有对等性，以便将 R 型因子分析和 Q 型因子分析建立起联系，就需将原始数据阵 $X=(x_{ij})$ 变换成矩阵 $Z=(z_{ij})$，即将 x_{ij} 变换成 z_{ij} 之后，z_{ij} 应该满足使变量和样品具有对等性，并且能够通过 z_{ij} 把 R 型因子分析和 Q 型因子分析的联系建立起来。具体变换 Z 矩阵如下。

$$z_{ij} = \frac{x_{ij} - \dfrac{x_j x_i}{T}}{\sqrt{x_j x_i}}$$

其中，$x_i = \sum\limits_{j=1}^{p} x_{ij}$，$x_j = \sum\limits_{i=1}^{p} x_{ij}$，$T = \sum\limits_{i} \sum\limits_{j} x_{ij}$

然后，计算出 R 型因子分析时变量点的协差阵 $A=Z'Z$ 和进行 Q 型因子分析时样品点的协差阵 $B=ZZ'$，由于 $Z'Z$ 和 ZZ' 有相同的非零特征根，记为

$$\lambda_1 \geqslant \lambda_2 \geqslant \cdots \geqslant \lambda_m, 0 < m \leqslant \min(p,n)$$

依据证明，如果 A 的特征根 λ_i 对应的特征向量为 U_i，则 R 的特征根 λ_i 对应的特征向量就是 $ZU_i \triangleq V_i$。根据这个结论就可以很方便地借助 R 型因子分析得到 Q 型因子分析的结果。因为求出 A 的特征根和特征向量后很容易写出变量点协差阵对应的因子载荷矩阵，记为 F。则

$$F = \begin{pmatrix} u_{11}\sqrt{\lambda_1} & u_{12}\sqrt{\lambda_2} & \cdots & u_{1m}\sqrt{\lambda_m} \\ u_{21}\sqrt{\lambda_1} & u_{22}\sqrt{\lambda_2} & \cdots & u_{2m}\sqrt{\lambda_m} \\ \vdots & \vdots & & \vdots \\ u_{p1}\sqrt{\lambda_1} & u_{p2}\sqrt{\lambda_2} & \cdots & u_{pm}\sqrt{\lambda_m} \end{pmatrix}$$

这样，利用关系式 $ZU_i \triangleq V_i$ 也很容易地写出样品点协差阵 B 对应的因子载荷阵，记为 G。则

$$G = \begin{pmatrix} v_{11}\sqrt{\lambda_1} & v_{12}\sqrt{\lambda_2} & \cdots & v_{1m}\sqrt{\lambda_m} \\ v_{21}\sqrt{\lambda_1} & v_{22}\sqrt{\lambda_2} & \cdots & v_{2m}\sqrt{\lambda_m} \\ \vdots & \vdots & & \vdots \\ v_{n1}\sqrt{\lambda_1} & v_{n2}\sqrt{\lambda_2} & \cdots & v_{nm}\sqrt{\lambda_m} \end{pmatrix}$$

从分析结果可知，由于 A 和 B 具有相同的非零特征根，而这些特征根正是公共因子的方差，因此可以用相同的因子轴同时表示变量点和样品点，即把变量点和样品点同时反映在具有相同坐标轴的因子平面上，以便显示出变量点和样品点之间的相互关系，可以一并考虑并进行分类分析。实际上，矩阵 F 与 G 的前两列所组成的散点图即为我们最后需要分析的对应分析图。

12.1.2 玩家购买物品对应分析

下面对不同类型玩家购买物品的偏好进行分析，其中 5 类玩家是经过某种规则的分类，表 12-1 显示的是统计 5 类玩家购买过各项物品的玩家数，也就是基于物品与玩家分类的列联表。我们也会经常统计类似的表格，或许有些时候我们只是看看横向占比或者纵向占比。但是很多时候我们单看这种列联表很难得出什么信息，尤其当维度很多的时候就更难发现问题了，这个时候对应分析可以帮到你。

表 12-1　5 类玩家购买过各项物品的玩家数

物　品	A 类玩家	B 类玩家	C 类玩家	D 类玩家	E 类玩家
物品合成	1	0	85	119	199
点兵	0	14	101	170	136
扩展宠物栏	0	80	164	34	211
淘宝购买	3	143	127	73	145
货币行	1	50	228	57	174
兑换元宝	1	240	143	32	105
高级装备洗练	1	0	90	232	232
改运	6	0	114	291	219
删牌	1	490	117	40	117
装备强化	5	271	270	205	347
帮会捐赠	7	310	428	107	465
培养坐骑	3	772	545	103	476
白金装备洗练	5	0	244	1 035	623
任务快速完成	5	1 387	365	68	201
回赠礼包	7	971	391	409	454
开宝箱	9	180	545	657	1 275
元宝寄售税	2	130	917	518	1 460
商城购物	49	5 861	3 291	824	2 427
NPC 购物	112	12 419	5 407	1 536	3 706

　　首先我们根据业务需要统计出上面表格，每一行表示某物品各类玩家的购买人数（基于玩家购买物品的文本记录，经过统计、转换得到上述的列联表过程这里不再演示）。R 语言里面的对应分析有 3 个包：ca、MASS 和 FactoMineR，这里使用 ca 包中的 ca() 函数，如代码清单 12-1 所示，代码很简单，关键是对结果的分析。

代码清单12-1　ca函数

```
> library(ca)
> CA <- ca(x)
> CA
 Principal inertias (eigenvalues):
            1         2         3         4
 Value    0.216682  0.039672  0.003683  0.000427
 Percentage 83.19%   15.23%    1.41%     0.16%

 Rows:
           物品合成    点兵      扩展宠物栏   淘宝购买    货币行      兑换元宝    高级装备洗练  改运
 Mass      0.007139  0.007422  0.008641   0.008677   0.009012   0.009207   0.009808     0.011133
 ChiDist   0.999440  1.057681  0.623090   0.259077   0.688524   0.200093   1.179732     1.241726
 Inertia   0.007131  0.008303  0.003355   0.000582   0.004272   0.000369   0.013650     0.017166
 Dim. 1   -2.113172 -2.168701 -0.710544  -0.514890  -0.834655   0.379250  -2.486591    -2.526068
```

```
Dim. 2 -0.703316  1.296066  -2.644728  -0.433827  -2.347946  -0.387063   1.119109   1.890604
              删牌      装备强化      帮会捐赠     培养坐骑    白金装备洗练  任务快速完成    回赠礼包
Mass     0.013519  0.019403   0.023273   0.033558   0.033699   0.035802   0.039442
ChiDist  0.468450  0.379569   0.428246   0.211727   1.447826   0.571882   0.249372
Inertia  0.002967  0.002795   0.004268   0.001504   0.070640   0.011709   0.002453
Dim. 1   0.871680 -0.807163  -0.456440   0.202798  -2.830477   1.148218  -0.192411
Dim. 2   0.769281 -0.248793  -1.840131  -0.929554   2.995304   0.897662   1.135512
              开宝箱      元宝寄售税     商城购物     NPC购物
Mass     0.047112  0.053491   0.220043   0.409620
ChiDist  0.844993  0.810392   0.191650   0.281461
Inertia  0.033638  0.035129   0.008082   0.032450
Dim. 1  -1.745754 -1.483723   0.393322   0.593119
Dim. 2  -0.887131 -2.122628  -0.229087   0.271098

Columns:
             A类玩家    B类玩家    C类玩家    D类玩家    E类玩家
Mass     0.003852 0.412059 0.239835 0.115040 0.229214
ChiDist  0.382585 0.471037 0.189509 0.972556 0.471925
Inertia  0.000564 0.091426 0.008613 0.108812 0.051049
Dim. 1   0.293246 0.984101 0.065444 -1.913452 -0.882185
Dim. 2   0.596497 0.536516 -0.806085 1.956302 -1.112933
```

在输出结果中，我们需要留意 Principal inertias (eigenvalues) 这个指标，它是指各个特征根的贡献率，我们最后需要的是最大两个特征值作为两个维度值进行对应图展示，因此，当前两个特征根的贡献率越高，就越能解析数据的真实信息。从上面的结果可知，第一个特征根贡献率为 83.19%，第二个特征根贡献率为 15.23%，说明这两个维度已经可以解析数据 98.42% 的信息量，这是一个很不错的结果。下面可以直接用 plot（CA）进行绘图，效果如图 12-1 所示。

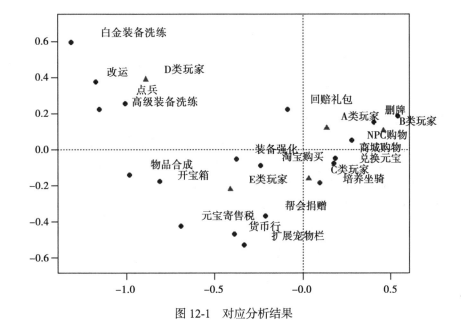

图 12-1　对应分析结果

从图 12-1 中可以看出，默认的效果很不理想，因此我们重新绘制一个对应分析图。首先要了解对应分析结果所返回的变量，我们绘图最终需要的数据其实就 4 个：物品名称、5 类玩家名称、各物品与各类玩家对应特征根 1 和特征根 2 的值。查看对应结果变量，分别如下。

❏ 物品名称：CA$rownames。
❏ 5 类玩家名称：CA$colnames。
❏ 物品特征根 1：CA$rowcoord[,1]。
❏ 物品特征根 2：CA$rowcoord[,2]。
❏ 玩家特征根 1：CA$colcoord[,1]。
❏ 玩家特征根 2：CA$colcoord[2]。

代码清单12-2 购买物品偏好分析

```
> ## 步骤1：查看对应分析结果的所有变量，并找到我们需要的变量
> names(CA)
 [1] "sv"         "nd"         "rownames"   "rowmass"    "rowdist"    "rowinertia"
 [7] "rowcoord"   "rowsup"     "colnames"   "colmass"    "coldist"    "colinertia"
[13] "colcoord"   "colsup"     "call"

> ## 步骤2：把物品相应的点以及名称在二维图中画出来
> plot(CA$rowcoord[,1],CA$rowcoord[,2],pch=16,col='slateblue2',xlim=c(-3,2),
    xlab='Dim1(83.19%)',ylab='Dim2(15.23%)',main='玩家购买物品偏好分析')
> text(CA$rowcoord[,1],CA$rowcoord[,2],labels=CA$rownames,pos=4,cex = 0.7)

> ## 步骤3：用二级作图函数points把剩下的5类玩家标记出来
> points(CA$colcoord[,1],CA$colcoord[,2],pch=17,col='darkred',cex=1.2)
> text(CA$colcoord[,1],CA$colcoord[,2],labels=CA$colnames,pos=4,col='darkred',cex=0.8)

> ## 步骤4：添加分界线
> abline(h=0,lty=2,col='deepskyblue')
> abline(v=0,lty=2,col='deepskyblue')
```

效果如图 12-2 所示。

下面主要讲解如何解读图 12-2。

（1）观察邻近区域

物品离各类玩家越近，那么玩家越喜欢。D 类玩家喜好明显偏向于白金装备洗练、改运、点兵以及高级装备洗练；A、B 类玩家的偏好相差不大，比较偏好于任务快速完成、删牌和 NPC 购买；而 E 类玩家偏好较多。

（2）向量分析——偏好排序

我们需要知道某类玩家物品偏好排序，可以用如下方法判断。例如，对玩家 D 的物品偏好进行排序。从圆点向 D 类玩家做向量，然后通过所有物品做此向量的垂线，垂点越靠近向量正方向，表示越偏好此物品。从图 12-3 可以看出，D 类玩家的物品偏好排名前 5 分别为：白金装备洗练、改运、高级装备洗练、点兵和物品合成。

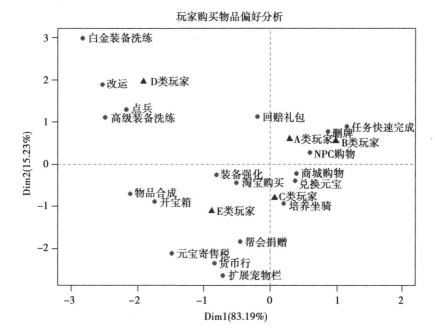

图 12-2　玩家购买物品偏好分析

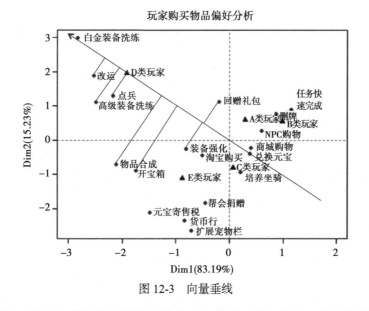

图 12-3　向量垂线

另外，根据 D 类玩家喜好的几样物品做进一步分析，我们发现 D 类玩家的购买行为非常有针对性，是对游戏理解非常深入的玩家，钱都用到刀刃上。而我们再分析 E 类玩家的购买偏好，正方向上的物品喜好非常的密集，不仅有高级的消耗也有常规的消耗，这类玩家就是游戏中的土豪玩家，什么系统都会扔钱进去体验。再看 A、B 类玩家喜好的物品都是一些比较低级的消耗，明显就是游戏中的屌丝玩家。剩下的 C 类玩家则是中等层次的玩家。

同样，如果需要分析某个物品更受哪类玩家欢迎，那么就从圆点向物品做向量，5 类玩家分别做此向量垂线，垂点越靠近正方向的，则那类玩家更受欢迎。

（3）向量的夹角—余弦定理

根据余弦相似性，两个向量的夹角越小说明越相似，夹角越大差异越大。如图 12-4 所示，从每类玩家的向量夹角可以看出：A 类玩家与 B 类玩家非常相似，而 C 类与 E 类也有一定的相似性，D 类玩家则与其他 4 类玩家有很大差异。

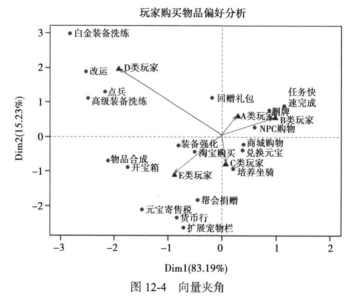

图 12-4　向量夹角

（4）距中心点距离

越靠近中心，越没有特征，越远离中心，说明特征越明显。从玩家角度可以看出，D 类玩家是 5 类玩家中特征最明显的，并且特别喜欢第一象限的几个物品。同样的，距离中心比较远的特征也很明显。例如，白金装备洗练、改运、物品合成、元宝寄售税和任务快速完成。

12.1.3　讨论与总结

合理地利用偏好分析，可以在了解不同玩家购买喜好前提下，更好地改善、提炼消耗点，例如，发现某类玩家并没有特别明显物品偏好之后，可根据玩家群体的特征进行消耗点完善。再如某两类玩家之间是非常相似的，则可以对双方的喜好的物品进行交叉推荐。

另外，这种分析方法可以扩展到其他类型分析，如不同渠道用户对不同类型游戏的偏好分析，辅助我们在推广时合理利用渠道资源；再如调研问卷中不同年龄层、不同职业、不同付费额玩家之间的各种维度的研究。最后，使用对应分析时需要了解它的优缺点。

- ❑ 定性变量划分的类别越多，对应分析方法的优越性越明显。
- ❑ 揭示行变量类间与列变量类间的联系。
- ❑ 将类别的联系直观地表现在二维图形中。
- ❑ 不能用于相关关系的假设验证。
- ❑ 维数由研究者自定。
- ❑ 对极端值比较敏感。

12.2　玩家物品购买关联分析

在我们生活中，万事万物都存在着千丝万缕的联系，有一些联系很容易理解，但有一些是无法被预知的。就像当年的啤酒与尿布，在没被发现之前，谁也没想到这两个看似没联系的物品却联系如此紧密。当然，某些规则联系并不是在所有地方都适用的，因此需要我们进行有针对性的分析和利用。

关联分析就是从大量数据中发现项集之间相关联系并进行关联挖掘，此方法被广泛应用在用户物品购买分析上，通过发现用户购买关联规则，从而优化物品布局，设计促销方案，有针对性进行物品推荐。同样的，在玩家物品购买上也可以通过关联分析发现玩家的购买关联规则，从而进行物品推荐或者物品捆绑销售。

12.2.1　算法介绍

关联算法有很多种：Apriori 算法、Carma 算法、FP- 树频集算法和基于划分的算法等，这里主要介绍 Apriori 算法。

关联分析有 3 个很重要的概念，那就是 3 个度：支持度（Support）、置信度（Confidence）和提升度（Lift）。

举个简单的例子来说明这"三度"。假设有 N = 1000 个人购买了物品，其中购买了 A 物品的有 100 人，购买了 B 物品的有 200 人，同时购买了 AB 物品的人有 90 个。

1）支持度指关联物品同时购买的人数占所有人数的比例，上述例子为：

$$\text{Support} = P(A, B)/N = 90/1000 = 9\%$$

2）置信度指的是在购买了一件物品之后同时也会购买另外一件物品的概率，如上述例子购买了 A 物品的人中同时还购买了 B 的置信度为：

$$\text{Confidence} = P(A, B)/P(A) = 90/100 = 90\%$$

也就是有 90% 的用户购买了 A 物品之后还会购买 B 物品。

3）提升度就是在购买 A 物品的前提下购买 B 物品的可能性与没有购买 A 物品的情况下购买 B 物品的可能性之比：

$$\text{Lift} = P(A,B)/P(A) / (P(B)/N) = (90\%)/20\% = 4.5$$

提升度等于 1 时，说明 A 和 B 是相互独立的，只是一个随机事件，当提升度越大的时候，引用规则比随机推荐要有效得多。

在建模过程中需要进行参数调整，包括最低条件支持度 Supp_min、最低规则置信度 Conf_min、最小项集 Minlen 和最大项集 Maxlen。R 语言中的 arules 包里有 Apriori 算法，在使用前请先下载包。

12.2.2 物品购买关联分析

代码清单12-3　物品购买关联分析1

```
> ##原始数据basket如下
> dim(basket)
[1] 4297    2
> head(basket,5)
  account_id item_id
1       acc1 item122
2       acc1  item58
3      acc10  item58
4      acc10 item122
5     acc100 item122

> # 数据按照用户切块之后，转换成稀疏格式
> basket_trans <- as(split(basket[,"item_id"], basket[,"account_id"]), "transactions")
> summary(basket_trans)## 从输出可以看到出现频数最多的5样物品
transactions as itemMatrix in sparse format with
 1608 rows (elements/itemsets/transactions) and
 145 columns (items) and a density of 0.0184294

most frequent items:
 item58 item122  item24  item11 item136   (Other)
   1306     571     484     348     208      1380
******************   以下输出省略   ******************
> ##求关联规则，设置最低支持度0.02，最低置信度0.7，最小项数2，最大项数10，并且输出规则
> rules<-apriori(basket_trans,parameter=list(
                  supp=0.02,conf=0.7,minlen=2,maxlen=10,target="rules"))
> summary(rules)
set of 47 rules

rule length distribution (lhs + rhs):sizes
 2  3  4
16 26  5

   Min. 1st Qu.  Median   Mean 3rd Qu.    Max.
  2.000   2.000   3.000  2.766   3.000   4.000

summary of quality measures:
    support          confidence         lift
 Min.   :0.02052   Min.   :0.7119   Min.   :0.9336
 1st Qu.:0.02239   1st Qu.:0.8465   1st Qu.:1.1504
 Median :0.02674   Median :0.9211   Median :1.2312
```

```
Mean   :0.04781    Mean   :0.8977    Mean   :1.8440
3rd Qu.:0.03980    3rd Qu.:0.9651    3rd Qu.:2.1441
Max.   :0.28856    Max.   :1.0000    Max.   :4.3193

mining info:
          data ntransactions support confidence
  basket_trans          1608    0.02         0.7
```

从上面的关联规则总结输出可以看到，在设置最低支持度 0.02，最低置信度 0.7，最小项数为 2 的条件下共有 47 个规则，关联物品 2 个的有 16 组，关联物品 3 个的有 26 组，关联物品 4 个的有 5 组。如果要查看所有的规则，可以输入 inspect(rules) 查看，也可以根据支持度、置信度和提升度进行排序查看，也支持筛选条件查找。如代码清单 12-4，inspect(rules[1:5]) 结果集的第一条规则的意思是，购买了 item51 之后又购买了 item58 的支持度约为 2.49%，置信度约为 93.02%，提升度约为 1.145。

代码清单12-4　物品购买关联分析2

```
> inspect(rules[1:5]) ## 查看前5条规则
  lhs          rhs          support    confidence lift
1 {item51}  => {item58} 0.02487562 0.9302326 1.145340
2 {item21}  => {item58} 0.02922886 0.8245614 1.015233
3 {item140} => {item58} 0.02487562 0.9523810 1.172610
4 {item91}  => {item58} 0.03109453 0.9433962 1.161548
5 {item37}  => {item11} 0.02052239 0.8684211 4.012704

> inspect(sort(rules,by="support")[1:5]) ##按照支持度排序并且查看前5条规则
  lhs          rhs          support   confidence lift
1 {item122} => {item58} 0.2885572 0.8126095 1.0005176
2 {item24}  => {item58} 0.2282338 0.7582645 0.9336059
3 {item11}  => {item58} 0.1921642 0.8879310 1.0932566
4 {item136} => {item58} 0.1138060 0.8798077 1.0832548
5 {item24,
   item122} => {item58} 0.1019900 0.9213483 1.1344013

> ## subset函数配合 "%in%"，精确匹配rhs项包含item122物品的规则
> choose1 <- subset(rules,subset= rhs %in% "item122")
> inspect(sort(choose1,by='support')[1:5])
  lhs          rhs           support    confidence lift
1 {item11,
   item136} => {item122} 0.03731343 0.7142857 2.011509
2 {item11,
   item58,
   item136} => {item122} 0.03731343 0.7500000 2.112084
3 {item58,
   item108} => {item122} 0.02611940 0.7118644 2.004690
4 {item78}  => {item122} 0.02238806 0.7346939 2.068980
5 {item58,
   item78}  => {item122} 0.02238806 0.8181818 2.304092
```

```
> ##  "%pin%"模糊匹配，查询rhs项包含"11"字符串，置信度大于0.9并且提升度大于1.2的规则
> choose2<-subset(rules,subset= rhs %pin% "11" & confidence>0.9 & lift>=1.2)
> inspect(sort(choose2,by='lift'))
  lhs           rhs           support confidence     lift
1 {item69,
   item122} => {item11} 0.02674129  0.9347826 4.319340
2 {item58,
   item69,
   item122} => {item11} 0.02674129  0.9347826 4.319340
3 {item69}  => {item11} 0.04042289  0.9154930 4.230209
4 {item58,
   item69}  => {item11} 0.03980100  0.9142857 4.224631
```

下面，再简单介绍一下 R 语言关联规则的可视化包：arulesViz，包里面含有非常丰富的关联规则图，可以更好地理解关联规则。

代码清单12-5   argulesViz

```
> library(arulesViz)
> plot(rules, interactive=TRUE)    # 可对图形进行操作，选择区域查看详细的规则
Interactive mode.
Select a region with two clicks!
```

效果如图 12-5 所示。

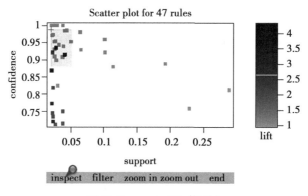

图 12-5   argulesViz 使用 1

图 12-5 展示了关联规则的 3 个重要指标，并且可以选择自己需要观察的区域对图形进行操作。首先选择观察区域，然后单击下面蓝底色进行查询，如单击 inspect，则会在 Console窗口中输出该区域的所有规则。下面还有几种不同的展示图形，各有各的优势，可根据自己需要选取合适的可视化图形。

```
> plot(rules, shading="order", control=list(main = "Two-key plot"))  # 效果如图12-6所示
> plot(rules, method="graph")                              # 效果如图12-7所示
> plot(rules, method="graph", interactive=TRUE)            # 效果如图12-8所示，可自由移动排布
```

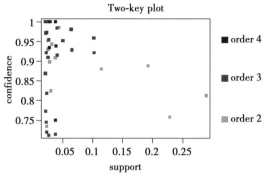

图 12-6　argulesViz 使用 2

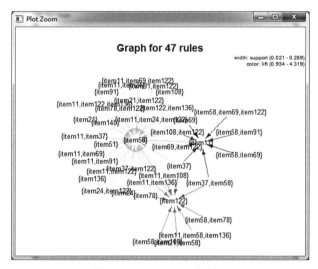

图 12-7　argulesViz 使用 3

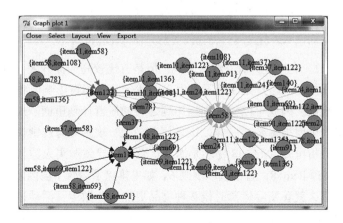

图 12-8　argulesViz 使用 4

根据上面关联规则的可视化显示可知，中心物品主要有 3 个：item11、item58 和 item122，分别观察包含 3 个物品的规则。

先看规则比较多的 item58。从关联规则的 3 个度可以发现，虽然该物品具有比较高支持度的规则（10% ～ 30%），而且置信度也相对比较高，但是提升度 lift 非常低，因此这种规则不适合被引用。从整体来看，item58 所有规则的提升度都普遍很低，说明这个物品的购买规则基本是随机性的。

截取 item58 规则前 5 条如下。

```
  lhs           rhs          support confidence     lift
1 {item122} => {item58} 0.28855721  0.8126095 1.0005176
2 {item24}  => {item58} 0.22823383  0.7582645 0.9336059
3 {item11}  => {item58} 0.19216418  0.8879310 1.0932566
4 {item136} => {item58} 0.11380597  0.8798077 1.0832548
5 {item24, item122} => {item58} 0.10199005  0.9213483 1.1344013
```

接下来再看 item11 的规则。虽然其支持度没有 tiem58 高，但是具有很高的提升度，置信度也不低，那么是否就理该推荐呢？答案是否定的，从数据上看确实应当推荐，但是要知道游戏跟很多传统行业不同，游戏中玩家的购买行为很多时候会受到游戏世界的影响，或者运营手段直接导致用户的付费转化，而这种数据规则引用起来就没有意义了，因此需要结合实际游戏运营情况来分析关联数据。这里的 item11 就是受到运营手段的影响才出现了如此高的提升度。

所有 item11 规则如下。

```
  lhs           rhs            support  confidence     lift
1 {item69}   => {item11} 0.04042289  0.9154930 4.230209
2 {item58, item69} => {item11} 0.03980100  0.9142857 4.224631
3 {item69, item122} => {item11} 0.02674129  0.9347826 4.319340
4 {item58, item69,item122} => {item11} 0.02674129  0.9347826 4.319340
5 {item58,item91} => {item11} 0.02238806  0.7200000 3.326897
6 {item108,item122} => {item11} 0.02114428  0.7727273 3.570533
7 {item37}   => {item11} 0.02052239  0.8684211 4.012704
8 {item37, item58} => {item11} 0.02052239  0.8684211 4.012704
```

最后再看 item122。支持度只有 2% ～ 34%，但是有比较高的提升度，置信度也不低。结合游戏内情况，发现规则 6 与规则 8 并不是由于游戏运营等因素影响所致，而是由玩家购买习惯所得出的关联规则，因此可以将规则运用到之后的运营计划里面。规则 6 与规则 8 只相差一个物品，但是 3 个度指标基本一样，该如何选择呢？规则 6 与规则 8 就相差一个 item58 物品，而从之前的分析可知，item58 物品是游戏运营手段导致购买人数多的一类物品，因此这种情况下可以忽略掉 item58，直接选取规则 6。如果排除了运营手段因素之外还是不能选择最优的规则引用，那么就看实际运营时候 2 种物品更加适合做运营活动还是 3 种物品更加适合做运营活动，从而衡量选择。

所有 item122 规则如下。

```
    lhs                       rhs           support     confidence   lift
1 {item11,item136}        => {item122} 0.03731343   0.7142857  2.011509
2 {item11,item58, item136} => {item122} 0.03731343   0.7500000  2.112084
3 {item58,item108}        => {item122} 0.02611940   0.7118644  2.004690
4 {item78}                => {item122} 0.02238806   0.7346939  2.068980
5 {item58,item78}         => {item122} 0.02238806   0.8181818  2.304092
6 {item37}                => {item122} 0.02176617   0.9210526  2.593787
7 {item21, item58}        => {item122} 0.02176617   0.7446809  2.097105
8 {item37, item58}        => {item122} 0.02176617   0.9210526  2.593787
9 {item11, item108}       => {item122} 0.02114428   0.7727273  2.176087
```

12.2.3　讨论与总结

（1）参数调节的影响

1）最低条件支持度：调大参数，产生的规则会变少，规则更加普遍存在；调小参数，则产生的规则变多，研究范围更广，但是普遍性降低。

2）最低规则置信度：调大参数，规则命中率提高，规则数量减少；调小参数，则增加规则数量，但是精准度下降。

3）最小项集：调大参数，产生规则最小的项数增大；调小参数，则产生最小项数变小。一般最小为 2。

4）最大项集：此参数也是用来控制最后产生规则项集的大小，apriori 函数默认值是 10，可根据研究目标来设定参数。一般最大项集参数设置不适合太大，设置太大一方面会造成结果难以运用，另一方面，当分析物品过多的时候会造成数据的冗余。

（2）关联分析类型

基于支持度与置信度的大小，关联分析一般可以分 4 种：H-H 型、H-L 型、L-H 型和 L-L 型（High 表示支持度，Low 表示置信度），而实际被引用的比较多的是其中两种：H-H 和 L-H。

H-H 型为日常购买物品人数比较多的挖掘。例如，游戏里面的一些日常品、必需品；L-H 型为购买物品人数比较少，但是物品地位并不低的。如生活中黄金的购买与游戏中的高价值物品，购买人少，但是地位非常的重要。因此，这种高价值物品购买的人数非常的少，导致支持度相对比较低，我们在取最低支持度的时候需要注意到这点，不然一些高价值重要的物品就会被剔除掉。

（3）数据选择技巧

在游戏物品关联分析当中，选取数据一般有 2 种方式，如下。

1）基于玩家历程时序进行物品关联分析数据选取。

2）基于整体玩家进行数据选取。

第 1 种方式主要是针对一些游戏物品随着时间发展层次表现的比较明显，例如某物品规则只适用在开服前两个星期，或者某种规则只会出现在开服后的特定时段（某些物品搭配或许只会出现在 50 级却不会出现 90 级）。这种情况下就必须按照玩家历程时序来取数据进行分析，从而在不同时段寻找更加合适的物品推荐等运营时机。

第 2 种方式是建立在总体玩家购买物品行为无差别的基础上，也可以发现玩家的一些普遍关联规则，主要是区分于第 1 种的数据提取方式。

（4）应用拓展

1）优化商城布局：当游戏商城物品过于繁多的时候，除了按照大类来布局商城页面之外，还可以尝试用关联规则较强的来进行布局，这样能让玩家更加容易找到需要购买的物品。

2）捆绑促销：将某些关联规则比较强的物品捆绑进行销售。例如，游戏 VIP 捆绑促销经典的例子，依据关联分析结果，抽取与游戏内 VIP 关联规则较强的物品进行捆绑促销，一方面可以增加消费，另一方面 VIP 购买者增多，对累计游戏内忠诚玩家也有所帮助。

3）物品推荐：根据关联规则模型，当玩家单击购买物品时推测玩家还可能会购买的物品，从而进行快速有效的推荐。

4）分析粒度：关联分析不仅仅可进行玩家购买每件物品的分析，还可以分析物品的类型。如购买了武器便会购买某类强化石，再或者因为游戏内产出得到了某类物品（并不仅限于商城购买物品），便会去买另外类型的物品，这些都可以通过关联分析找出玩家行为规律。

12.3 基于密度聚类判断高密度游戏行为

12.3.1 案例背景

在游戏运营中，经常会遇到一些玩家异常行为判断的问题。很多时候，我们需要寻找各种复杂的游戏数据来判断玩家是否有异常，其中一类经典的例子就是玩家利用机器人去刷游戏的某些系统，这类高度频繁不能人工模仿的行为，我们可以利用基于密度聚类的方法去判断这类不能人为模仿的高频率事件。

表 12-2 显示的是玩家完成一类事件的时间序列 log。

把时间进行转化（全部时间减去最小时间），这类时间序列的数据就可以画成散点图，如图 12-9 所示。Player1 与 Player2 都在 100 分钟内完成了 50 次事件，但是两个花费时间的规律完全不一样，完成事件的时间密度也不一样。如果笼统的按照我们所花费时间除以完成事件次数得到一个均值，是完全看不出问题的。这就好比一个开

表 12-2　时间事件 log

玩家 ID	完成 一类事件时间
player1	0:00
player1	0:02
player1	0:04
player1	0:06
player1	0:08
player1	0:10
......	

挂的玩家花了 10 分钟去刷 100 次系统与一个正常玩家花一天时间去刷了 100 次系统，性质是不一样的。

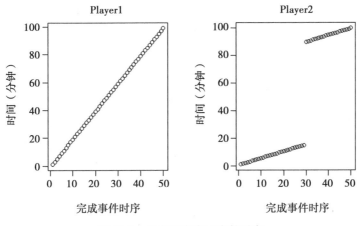

图 12-9　两名玩家完成事件时序

本案例所讲的内容就是抓住某一对象下某种行为密度的特征，抽取出有效行为密度时间来进行分析，这类问题不仅仅可以分析玩家角色、账号而且还可以泛化到 IP 或者 UUID 下的行为数据。

因此，我们在模型分析过程中需要解决以下两个问题。

1）计算对象相应的有效行为密度时间。

2）根据有效的行为密度时间进一步分析非人类可操作频率。

12.3.2　DBSCAN 算法基本原理

模型分析过程需要利用基于密度聚类的算法，基于密度聚类的算法有不少，这里用到的算法是 DBSCAN，在建模之前先了解下密度聚类 DBSCAN 算法几个基本概念。

定义 1（密度）空间中任意一点的密度是以该点为圆心、以 Eps 为半径的圆区域内包含的点数目。

定义 2（邻域：Neighborhood）空间中任意一点的邻域是以该点为圆心、以 Eps 为半径的圆区域内包含的点集合，记作 N Eps(p)={q ∈ D β dist(p,q) ≤ Eps }。这里 D 为数据库。

定义 3（核心点：Core Points）空间中某一点的密度，如果大于某一给定阈值 MinPts，则称其为核心点。

定义 4（边界点：Border Points）空间中某一点的密度，如果小于某一给定阈值 MinPts，则称其为边界点。

定义 5（直接密度可达到）点 p 从点 q 直接密度可达，若它们满足：

1）p 处于 q 的邻域中，即 p ∈ N Eps(q)。

2）q 是核心点，即 β N Eps(q) β ≥ MinPts。

定义 6（密度可达到）点 p 从点 q 密度可达，若（p1, p2, …, pn），其中 p1=p, pn=q，且有 pi 从 pi+1 直接密度可达。

定义 7（密度连接），若存在点 o 使 p 和 q 都从 o 密度可达，则点 p 和点 q 是密度连接的。

定义 8（类：Cluster）数据库 D 的非空集合 C 是一个类，当且仅当 C 满足以下条件：

1）于 p，q，若 p ∈ C，且从 p 密度可达 q，则 q ∈ C。

2）对于 p，q，有 p ∈ C 和 q ∈ C，则 p 和 q 是密度连接的。

定义 9（噪声：Noise）数据库 D 中不属于任何类的点为噪声。

DBSCAN 算法需要设定两个参数：1）Eps，2）MinPts 。虽然在大多数时候，我们不想人为去设定相关参数，但是如果参数按照业务逻辑设置合理的话，将会带来意想不到的效果。

R 语言中的 fpc 包中有相应的 DBSCAN 算法，在进行模型之前先下载 fpc 包。相应的函数为 dbscan()，其标准形式如下。

```
dbscan(data, eps, MinPts = 5, scale = FALSE, method = c("hybrid", "raw",
"dist"), seeds = TRUE, showplot = FALSE, countmode = NULL)
```

一般我们需要注意的是前 5 个参数，第 1 个参数 data 为需要输入的数据；第 2 个参数 eps 为需要输入的邻域半径；第 3 个参数 MinPts 为最小密度数；第 4 个参数 scale 为是否标准化数据；第 5 个参数为算法运算速度以及内存利用的不同模式。如果需要详细了解，请在 R 语言中输入"?dbscan"。

12.3.3 数据探索

在进行模型之前先对数据进行初步了解。从代码清单 12-6 可以看出，原始数据只有两列：object（对象）、action_time（行为时间），一共有 214 495 个观测量。

代码清单12-6　object和action_time

```
> dim(Moder1)
[1] 214495       2
> head(Moder1)
  object          action_time
1    U1 2013-11-10  04:46:10
2    U1 2013-11-10  04:46:12
3    U1 2013-11-10  04:46:17
4    U1 2013-11-10  04:46:20
5    U1 2013-11-10  04:46:24
6    U1 2013-11-10  04:47:22
```

接下来，可以再进一步对数据进行探索，object 变量为一个 character 类型，去重之后可以发现是一个具有 2 537 个对象的变量；action_time 时间变量也是 character 类型，因为 character 不能进行运算，因此要转化成时间类型，转化成时间类型可以利用函数 as.POSIXct()，转化后的变量便可进行时间运算。

代码清单12-7　用as.POSIXct( )函数进行时间类型转换

```
> class(Moder1$object)
[1] "character"
```

```
> length(unique(Moder1$object))
[1] 2537
> class(Moder1$action_time)
[1] "character"
> Moder1[1,2] - Moder1[2,2]                # character类型的变量之间不可以进行运算
Error in Moder1[2, 2] - Moder1[1, 2] :
  non-numeric argument to binary operator

> as.POSIXct(Moder1[,2]) -> Moder1[,2]     # 用as.POSIXct( )函数进行时间类型转换
> Moder1[2,2]-Moder1[1,2]                  # 时间类型的变量之间可以进行运算
Time difference of 2 secs
```

12.3.4　数据处理

因为原始数据中的 action time 是时间类型，因此需要把时间变量再次变换成数字类型。这里运用的方法是把每一个对象下的行为时间都减去对象下的最小时间，数据处理延伸出来的"min_time"字段则是我们紧接着需要分析的数据，数据处理过程如代码清单 12-8 和代码清单 12-9 所示。

代码清单12-8　分类统计各个object下的最小时间

```
> ## 分类统计各个object下的最小时间
> min_time <- aggregate(Moder1$action_time, by=list(Moder1$object), FUN = min)
> names(min_time) <- c('object','min_time')
> summary(min_time)
    object             min_time
 Length:2537       Min.   :2013-11-10 00:00:00
 Class :character   1st Qu.:2013-11-10 00:14:23
 Mode  :character   Median :2013-11-10 01:54:15
                    Mean   :2013-11-10 05:28:06
                    3rd Qu.:2013-11-10 09:35:50
                    Max.   :2013-11-10 23:17:24
```

代码清单12-9　数据合并

```
> ## 数据合并
> Object_mintime <- merge(Moder1,min_time, by='object')
> Object_mintime[,4]<- Object_mintime$action_time - Object_mintime$min_time
> names(Object_mintime)[4] <- 'scale_time'
> head(Object_mintime,10)
  object        action_time             min_time        scale_time
1     U1  2013-11-10 04:46:10  2013-11-10 04:46:10        0 secs
2     U1  2013-11-10 04:46:12  2013-11-10 04:46:10        2 secs
3     U1  2013-11-10 04:46:17  2013-11-10 04:46:10        7 secs
4     U1  2013-11-10 04:46:20  2013-11-10 04:46:10       10 secs
5     U1  2013-11-10 04:46:24  2013-11-10 04:46:10       14 secs
6     U1  2013-11-10 04:47:22  2013-11-10 04:46:10       72 secs
7     U1  2013-11-10 04:47:30  2013-11-10 04:46:10       80 secs
8     U1  2013-11-10 04:47:33  2013-11-10 04:46:10       83 secs
```

```
9      U1    2013-11-10 04:47:37    2013-11-10 04:46:10      87 secs
10     U1    2013-11-10 04:47:40    2013-11-10 04:46:10      90 secs
```

12.3.5 模型过程

在进行模型之前需要根据业务对 Eps 、MinPts 两个参数进行评估确定，参数的选取直接影响到模型的准确性，这里选取的值为 Eps=60 秒、MinPts=5。在进行模型之前先加载 fpc 包。尝试抽取 U6 对象进行密度聚类，如代码清单 12-10 所示。

代码清单12-10　抽取U6对象进行密度聚类

```
> library(fpc)
> sample1 <- Object_mintime[which(Object_mintime$object=='U6'), ]
> res <- dbscan(sample1$scale_time, eps=60, MinPts=5)
> res
dbscan Pts=219 MinPts=5 eps=60
        0  1  2  3  4  5  6  7  8  9 10 11 12 13 14 15 16
border  2  2  2  2  2  2  2  3  3  3  3  3  3  4  3  3  2
seed    0 13 13 13 13 13 13 12 12 12 12 12 12  6 12  2  5
total   2 15 15 15 15 15 15 15 15 15 15 15 15 10 15  5  7
> names(res)
[1] "cluster" "eps"     "MinPts"  "isseed"
```

从取样的 U6 对象密度聚类结果可以看到，对象总共有 219 个行为点，一共被聚类成 16 类有效密度行为（从上面每一类的聚类个数可以看出，U6 对象的行为时间非常有规律，大多数聚类个数都为 15），而 0 则是孤立点的标识，抽样的 U6 聚类存在 2 个孤立点。聚类结果 res 含有 4 个变量。我们需要的是 cluster 密度聚类结果，接下来用 tapply() 函数完成全部对象的密度聚类，并提取所有对象的密度聚类结果，如代码清单 12-11 和代码清单 12-12 所示。

代码清单12-11　使用tapply()函数对每一个对象的时间进行密度聚类

```
> ## 使用tapply()函数对每一个对象的时间进行密度聚类，结果为一个list
> dsa_60 <- tapply(Object_mintime$scale_time, Object_mintime$object, dbscan, 60, 5)
> dsa_60$U6 ## 结果跟上面单独运算是一样的
dbscan Pts=219 MinPts=5 eps=60
        0  1  2  3  4  5  6  7  8  9 10 11 12 13 14 15 16
border  2  2  2  2  2  2  2  3  3  3  3  3  3  4  3  3  2
seed    0 13 13 13 13 13 13 12 12 12 12 12 12  6 12  2  5
total   2 15 15 15 15 15 15 15 15 15 15 15 15 10 15  5  7
```

代码清单12-12　提取密度聚类结果

```
> ## 提取密度聚类结果
> extract.cluster <- function(x){x$cluster} ## 建立方程，提取x中的cluster变量
> Object_mintime[,5] <- unlist(lapply(dsa_60, extract.cluster))
> names(Object_mintime)[5] <- 'cluster'
> head(Object_mintime,10)
   object      action_time                min_time        scale_time   cluster
1      U1    2013-11-10 04:46:10    2013-11-10 04:46:10      0 secs          1
```

2	U1	2013-11-10 04:46:12	2013-11-10 04:46:10	2 secs	1
3	U1	2013-11-10 04:46:17	2013-11-10 04:46:10	7 secs	1
4	U1	2013-11-10 04:46:20	2013-11-10 04:46:10	10 secs	1
5	U1	2013-11-10 04:46:24	2013-11-10 04:46:10	14 secs	1
6	U1	2013-11-10 04:47:22	2013-11-10 04:46:10	72 secs	1
7	U1	2013-11-10 04:47:30	2013-11-10 04:46:10	80 secs	1
8	U1	2013-11-10 04:47:33	2013-11-10 04:46:10	83 secs	1
9	U1	2013-11-10 04:47:37	2013-11-10 04:46:10	87 secs	1
10	U1	2013-11-10 04:47:40	2013-11-10 04:46:10	90 secs	1

下面，我们可以看一些比较经典的极其有规律行为，如图 12-10 所示（同一种颜色表示为同一类，黑色的点为孤立点）。

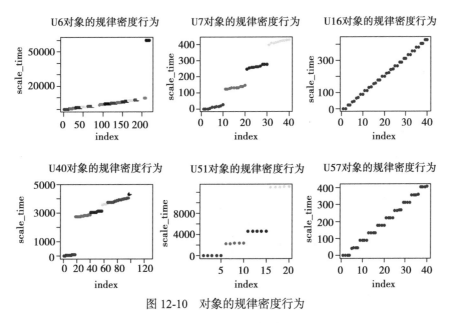

图 12-10　对象的规律密度行为

如图 12-11 所示，U4 在模型中全部行为点都判断为孤立点，孤立点的意思是在设置的参数下与其他点不能直接密度可达，从业务上面解析也就是每一个点之间的行为时间差是可以人为操作的。因此，我们可以参考两个指标判断非人为操作行为。

1）孤立点占比。

2）有效的行为频率（有效行为密度时间 / 非零次数）。

（1）孤立点占比

从图 12-12 中可以看出，孤立点几乎分布于 0% 和 100% 两端，明显接近 0% 的是机器

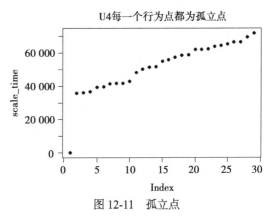

图 12-11　孤立点

行为，其具有很少孤立点的特征，接近孤立点占比 100% 的就是人为特征。代码清单如 12-13 所示。

代码清单12-13　孤立点分析

```
> ### 孤立点分析
> Object_num <- data.frame(table(Object_mintime[,'object']))      # 每一个对象个数
> names(Object_num)<-c('object','num')
> isolated_points <- data.frame(table(Object_mintime[which(Object_
    mintime$cluster==0),
'object']))                                              # 每一个对象孤立点个数
> names(isolated_points)<- c('object','isolated_points')
> isolated_points_pct <- merge(Object_num,isolated_points,by='object',all.x=TRUE)
> isolated_points_pct[which(is.na(isolated_points_pct$isolated_
    points)),'isolated_points']<-0

> isolated_points_pct$isolated_points_pct<-round(isolated_points_pct[,3]/
                isolated_points_pct[,2]*100,2)               # 孤立点百分比运算
> plot(density(isolated_points_pct[,4]),main='各对象孤立点百分比分布')
> polygon(density(isolated_points_pct[,4]),col='lightsteelblue')
```

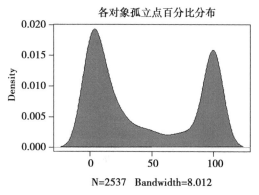

图 12-12　各对象孤立点百分比分布

（2）有效行为频率

有效行为频率也就是去除孤立点，每一个类型的时间长度累加再除以非孤立点行为次数。下面进行有效行为频率计算。见代码清单 12-14、12-15、12-16、12-17。

代码清单12-14　统计所有对象各cluster的最小时间与最大时间

```
> ## 统计所有对象各个cluster的最小时间与最大时间
> all_object <- aggregate(Object_mintime$scale_time,
            by=list(Object_mintime$object,Object_mintime$cluster),FUN=min)
> all_object[,4] <- aggregate(Object_mintime$scale_time,
            by=list(Object_mintime$object,Object_mintime$cluster),FUN=max)[,3]
> all_object[,5] <- as.numeric(all_object[,4])-as.numeric(all_object[,3])
> names(all_object) <- c('object','cluster','cluster_mintime','cluster_
maxtime','valid_time ')
```

代码清单12-15　剔除孤立点

```
> ## 剔除孤立点
> object_notzero <- all_object[which(all_object$cluster!=0),]
```

代码清单12-16　统计每一个对象的有效行为时间

```
> ## 统计每一个对象的有效行为时间
> effective_time <- aggregate(object_notzero$valid_time,
                      by=list(object_notzero$object),FUN=sum)
> dim(effective_time) ## 少了787个全部为孤立点的对象
```

代码清单12-17　计算有效行为频率

```
> ##计算有效行为频率
> effective_time[,3] <- data.frame(
                table(Object_mintime[which(Object_mintime$cluster!=0),'object']))[,2]
> effective_time[,4]<-effective_time[,2]/effective_time[,3]
> names(effective_time) <- c('object','sumtime','effective_actionnum','effective_fre')
> plot(density(effective_time$effective_fre),main='有效的行为频率分布')
> polygon(density(effective_time$effective_fre),col='lightsalmon2')
```

图 12-13 所示为剔除了 787 个全部为孤立点的对象之后的有效行为频率分布，可以看出，最慢的频率是每 30 秒进行一次行为操作。最后，可以结合孤立点占比与有效行为频率这两个指标进行微调，能让判断更加准确。

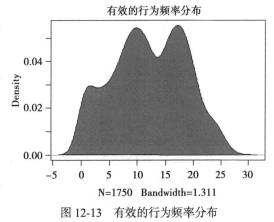

图 12-13　有效的行为频率分布

12.3.6　多核并行提高效率

以上模型的算法属于计算密集型，因此在进行 DBSCAN 算法分析的时候会发现运算速度比较慢。可以用 system.time( ) 函数查看计算速度。

```
>system.time(dsa_60<-tapply(Object_mintime$scale_time,Object_
    mintime$object,dbscan,60,5))
   用户    系统    流逝
139.23   2.46  145.11
```

可以看出，一个运算就花费了 145 秒的时间，这是由于 R 语言单线程运算的原因所致，现在已经有很多方法可以让 R 语言打破单线程运算。R 语言的并行运算过程与 Hadoop 的Mapreduce 过程基本相同，都需要先把数据进行分块，然后把分好的块发布到各个 slave 进行并行运算，之后把结果进行整合输出。下面介绍一下 R 语言的一个并行运算包：snowfall 包，使用之前先下载此包。

代码清单 12-18　数据分块：scale_time指标按照对象进行分块

```
> library(snowfall)
>
> ## 数据分块：scale_time指标按照对象进行分块
> dblist <- tapply(Object_mintime$scale_time,Object_mintime$object,list)
> sfInit(parallel=TRUE, cpus=2) ## 初始化计算集群，并且使用2个CPU运算
snowfall 1.84-6 initialized (using snow 0.3-13): parallel execution on 2 CPUs.
```

代码清单 12-19　把数据dblist传给函数dbscan()，发布到各个slave并行运算

```
> ## 把数据dblist传给函数dbscan()，发布到各个slave并行运算
> stat_time <- Sys.time()
> dsa_60 = sfClusterApplyLB(dblist, dbscan, 60 ,5)
> Sys.time()-stat_time
Time difference of 55.11315 secs
>
> sfStop()
```

双 CPU 并行运算的时间为 55 秒，比单线程运算时快了两倍多，下面再用 4 核进行运算。

代码清单 12-20　4核运算

```
> sfInit(parallel=TRUE, cpus=4)
snowfall 1.84-6 initialized (using snow 0.3-13): parallel execution on 4 CPUs.
>
> stat_time <- Sys.time()
> dsa_60 = sfClusterApplyLB(dblist,dbscan,60,5)
> Sys.time()-stat_time
Time difference of 39.31425 secs
>
> sfStop()
```

4核并行运算最终时间为39秒，比单线程提高了差不多4倍（不同机器性能不一），snowfall 包不单单可以在单机上进行并行运算，还可以在多台机器上进行分布式运算，这样一来，可以大大提高运算效率。

12.3.7　讨论与总结

本案例分析思维可以更加扩散，并且有几点需要大家注意的地方。

1）DBSCAN 算法设置的两个参数 Eps 与 MinPts 是模型分析准确率的关键，如果对设置的参数没有把握，可以进行多次尝试来确定最合适的值域。

2）本模型中的研究是某种角度的对象，例如比较小的对象（玩家角色、玩家账号）而对象的概念可以拓展到更广义的维度上，例如玩家的 IP、UUID，针对每个 IP、UUID 进行各种行为密度分析。

3）在研究中一直提到的"行为时间"，并没有给出一个具体的行为，是因为模型分析不限于某种行为，而是不能人为模仿的高频率所有行为。例如，机器人批量登录账号，我们可

以抓住 IP 登录账号的登录密度来进行分析，有时候运营会直接按照 IP 登录账号个数来进行封号，这样很容易误封一些网吧、使用加速器的玩家（当然了，如果有高级的工作室每登录一个账号换一个 IP，那我们也就找不到一个统一的对象来进行分析了。这种时候就需要更加高级的方法来进行玩家归一化。例如，自然玩家的判断，即判断多个账号归属于同一个自然玩家，得到了自然玩家就可以以自然玩家为对象进行更精准的分析）。同样，这种方法也可以用来判断是否有渠道机器人充当真实玩家，只需要抓住机器人的密度行为特征即可。

4）模型过程产生的一个指标——孤立点，合理利用并结合分析可以让模型更加精准。如网吧登录的玩家，一般登录行为都会比较零散，但是并不排除由于游戏里某些活动设置规定的时间才能参与，从而导致网吧玩家集中在某个时段登录，这时玩家登录行为可能是密集的。加入"孤立点"的维度，就可以识别网吧玩家其他时间是否存在比较多的孤立点，而机器人行为一般很少出现过多的孤立点。

5）最后提到 R 语言的多核并行运算，其实并不是所有计算使用并行都能提高速度，当数据量太少的时候使用多核并行，或许并不能体现出优势，甚至速度更慢，尤其需要按照某类因子进行切割数据的时候，也需要花费一定的时间，因此需要合理利用并行运算。

12.4　网络关系图分析应用

网络关系图分析在社会网络分析（Social Network Analysis）中已经有了比较广阔的应用，包括社会群体特征发现、人际传播、小世界理论、个体在网络群体作用、个体与个体之间的传播关系等。而在游戏里网络图分析仍然有极其重要的作用，如游戏内社交系统分析、玩家与玩家之间的交易分析（工作室刷金、物品以及金币交易等）以及玩家多机器登录关系分析等。为了更好地学习网络图分析，下面先了解网络图的基本概念。

12.4.1　网络图的基本概念

网络图分有向图和无向图，基本元素包括节点和边。下面介绍网络图的一些基本概念。

节点：节点是需要分析的物体，如果分析目标为游戏玩家，那么每一个节点就相当于每一个玩家。

边：两个节点之间的连线称为网络图的"边"，"边"可以代表两个节点之间的行为信息传递，如游戏中两个玩家为好友、两个玩家之间有交易、两个玩家在使用设备上有联系（用同一个手机、平板、电脑）等。

度：每个节点都有相应的度，节点的度是指与节点连接的边数，如果一个节点上有 2 条边，则节点的度为 2。

无向图：节点之间连接的边没有方向性，如图 12-14 所示。

有向图：节点之间的边具有方向性，如图 12-15 所示。

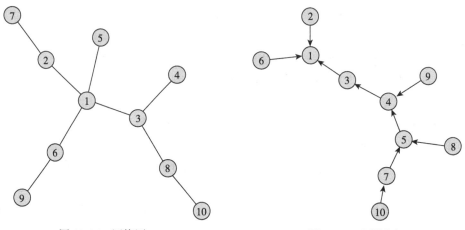

图 12-14　网络图 1　　　　　　　　　图 12-15　网络图 2

入度：对于有向图而言，有向图中节点收到边指向的个数。如图 12-15 中节点 5 的入度为 2，节点 1 的入度为 3。

出度：对于有向图而言，有向图中节点发出边的个数。如图 12-15 节点 5 的出度为 1，节点 1 的出度为 0。

加权图：每条边都有相应权重的图，如图 12-16 所示，边的权重可以代表节点之间的相似度、节点之间传递值（玩家之间交易物品数量）、节点之间距离等。

属性图：节点和边上可以承载更多的属性，这类图叫作属性图。例如，玩家节点可以具备等级、充值、登录天数、帮派和职业等属性，同样的边也可以承载玩家之间多个属性。

路径：图中从一个节点到另外一个节点的边的组合叫作路径。

连通图：每个节点间都有路径连通的图为连通图，反之为非连通图。如图 12-14 为连通图，图 12-16 则为非连通图。

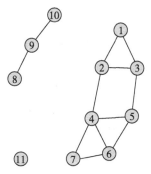

连通分支：网络图中每一个连通部分则为图的一个连通分支，图 12-16 中总有 3 个连通分支，"8-9-10" 则为网络图中一个连通分支。

割点：如果在网络图中去掉一个顶点后，该网络图的连通分支数增加，则该顶点为网络图的割点，图 12-16 中顶点 "9" 则为割点。

图 12-16　网络图 3

12.4.2　创建网络关系图

R 语言中的 igraph 是处理复杂网络的分析包，可以处理上百万个节点以及上千万条边的数据（甚至可以处理上亿条边的数据，具体看机器内存），使用之前先下载安装 igraph 包。

igraph 包里有多种创建网络图方法，具体如代码清单 12-21 所示。

代码清单 12-21　graph() 创建网络关系图

```
> g1<-graph(c(2,1,3,1,4,1,5,1,6,1,7,1,8,7))    # 创建有向图
> plot(g1)                                      # 如图12-17所示
```

```
> g2<-graph(c(2,1,3,1,4,1,5,1,6,1,7,1,8,7),directed=F)    # 创建无向图需要设置参数directed=F
> plot(g2)                                                  # 如图12-18所示
> str(g1)                                                   # 查看图g1信息，显示8个顶点、7条边，
                                                            # 以及所有边的集合
IGRAPH D--- 8 7 --
+ edges:
[1] 2->1 3->1 4->1 5->1 6->1 7->1 8->7
> E(g1)                                                     # 输出g1边集合，有向图边输出格式为"2 ->
                                                            # 1"，无向图边输出格式为"2 -- 1"
Edge sequence:
[1] 2 -> 1
[2] 3 -> 1
----< 后面数据省略 >----
> V(g1)                                                     # 输出g1顶点集合
Vertex sequence:
[1] 1 2 3 4 5 6 7 8
> ecount(g1)                                                # g1边条数
[1] 7
> vcount(g2)                                                # g1顶点个数
[1] 8
> degree(g1)                                                # g1各顶点度
[1] 6 1 1 1 1 1 2 1
> degree(g1,mode='in')                                      # 有向图各顶点入度
[1] 6 0 0 0 0 0 1 0
> degree(g1,mode='out')                                     # 有向图各顶点出度
[1] 0 1 1 1 1 1 1 1
```

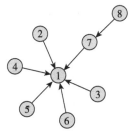

图 12-17　plot（g1）

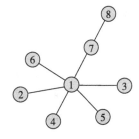

图 12-18　plot（g2）

上述例子包括 5 个知识点，有向图与无向图创建（graph 函数）、作图、图信息查看（str 函数）、顶点与边输出、顶点与边个数查看以及各顶点的度。另外，还可以用 graph.formula() 函数创建同样的网络图。

常规网络图，其中包括无边图、星图、晶状图、环形图、完全图和树状图，创建函数如代码清单 12-22 所示。

代码清单12-22　常规网络关系图

```
par(mfrow=c(2,3),mar=c(1.5,1,2,1))
g1 <- graph.empty(n=5, directed=F)
```

```
g2 <- graph.star(6, mode="undirected")
g3 <- graph.lattice(c(2,3,3))
g4 <- graph.ring(5)
g5 <- graph.full(5)
g6 <- graph.tree(7, 2, mode='undirected')
plot(g1,vertex.size=40); title(main='无边图')
plot(g2,vertex.size=40); title(main='星图')
plot(g3,vertex.size=30); title(main='晶状图')
plot(g4,vertex.size=40); title(main='环形图')
plot(g5,vertex.size=40); title(main='完全图')
plot(g6,layout=layout.reingold.tilford,vertex.size=40); title(main='树状图')
```

代码最终结果如图 12-19 所示。

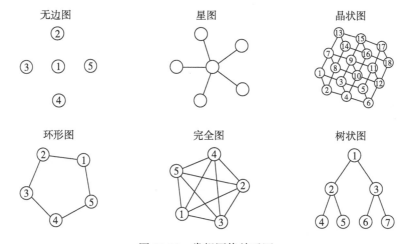

图 12-19　常规网络关系图

在日常工作中更多的是基于 data.frame 数据类型转换为网络图，graph.data.frame() 就是把 data.frame 转换为 graph object 的函数。基本形式如下。

```
graph.data.frame(d, directed=TRUE, vertices=NULL)
```

d 参数指的是 data.frame 类型数据，前 2 列表示图相应的边，剩下列表示边的属性，directed 参数默认为 TRUE（默认作有向图），vertices 参数用于设置顶点属性。

如表 12-3 所示，两个表分别为"玩家关系"与"玩家属性"，"玩家关系"表包括账号之间是否有相同登录 IP、账号之间好友度、账号之间交易次数；"玩家属性"表包括账号、职业、等级和游戏时间。

两个表与 graph.data.frame() 函数的参数对应关系为：玩家关系表——参数 d；玩家属性表——参数 vertices。

如代码清单 12-23 所示，生成随机样本数据并且创建相应玩家关系图。

表 12-3 玩家关系和玩家属性

玩家关系					玩家属性			
账号	账号	IP 相同	友好度	交易次数	账号	职业	等级	游戏时间
a	b	TRUE	0.99	60	a	oc3	6	28
b	c	TRUE	0.77	32	b	oc2	26	30
c	d	TRUE	0.49	20	c	oc3	37	1
d	e	TRUE	0.83	8	d	oc3	2	26
e	a	FALSE	0.54	66	e	oc2	38	9
a	f	TRUE	0.37	66	f	oc4	10	19

代码清单12-23 创建相应玩家关系图

```
> relations<- data.frame(Account_from=rep(letters[1:5],5),
                         Account_to=letters[c(2:5,1,6:25)],
                         Same.IP= sample(c('TRUE','FALSE'),25,replace=T),
                         Friendly=round(runif(25,0,1),2),
                         Trade=sample(1:100,25,replace=T))
> account<- data.frame(NameId = letters[1:25],
                       Occupation = paste('oc',sample(1:4,25,replace=T),sep=""),
                       Lv = sample(1:50,25,replace=T),
                       Game.time = sample(1:30,25,replace=T))
> g <- graph.data.frame(acc,directed=F,)
> str(g)
IGRAPH UN-- 25 25 --
 attr: name (v/c), Occupation (v/c), Lv (v/n), Game.time (v/n), Same.IP (e/c),
 Friendly (e/n), Trade (e/n)
 edges (vertex names):
 [1] a--b b--c c--d d--e a--e a--f b--g c--h d--i e--j a--k b--l c--m d--n e--o
a--p b--q
[18] c--r d--s e--t a--u b--v c--w d--x e—y
> plot(g)
```

结果如图 12-20 所示。

上面例子所生成的网络图就是一个属性图，图中既包括关系边的 3 个属性，也包括玩家顶点的 3 个属性。用 str() 函数查看得到的信息，Occupation (v/c) 表示顶点具有 Occupation 的属性，Friendly (e/n) 表示边具有 Friendly 属性，可以通过如代码清单 12-24 所示的方式查看每一个顶点以及边的属性。

通过 get.data.frame() 函数可以查看所有边、顶点的信息。

1）输出边的所有信息：get.data.frame（g，what= 'edges'）。

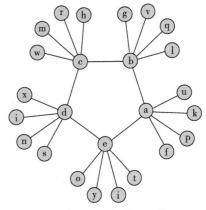

图 12-20 玩家关系图谱

2）输出顶点的所有信息：get.data.frame（g，what='vertices'）。

3）输出边和顶点所有信息：get.data.frame（g，what='both'）（结果集为 list 类型）。

代码清单12-24　输出图g顶点的Occupation属性值

```
> V(g)$Occupation  #输出图g顶点的Occupation属性值
 [1] "oc1" "oc3" "oc2" "oc1" "oc4" "oc3" "oc2" "oc4" "oc1" "oc3" "oc2" "oc2"
     "oc1" "oc4"
[15] "oc2" "oc2" "oc3" "oc3" "oc1" "oc4" "oc4" "oc1" "oc1" "oc1" "oc4"
> E(g)$Friendly  #输出图g边的Friendly属性值
 [1] 0.56 0.82 0.16 0.21 0.32 0.53 0.44 1.00 0.19 0.57 0.62 0.84 0.22 0.32 0.35
     0.69 0.08
[18] 0.08 0.16 0.66 0.90 0.44 0.58 0.13 0.69
```

同样，可以通过如代码清单 12-25 所示的方式继续添加点和边的属性。

代码清单12-25　添加边属性Trade_Coin

```
> E(g)$Trade_Coin<-sample(100:1000,25)                     # 添加边属性Trade_Coin
> head(get.data.frame(g,what='edges'),3)
  from to Same.IP Friendly Trade Trade_Coin
1    a  b    TRUE     0.56    15        321
2    b  c    TRUE     0.82    67        894
3    c  d   FALSE     0.16    90        129
> V(g)$Lose<-sample(c(TRUE,FALSE),25,replace=T)            # 添加顶点属性Lose
> head(get.data.frame(g,what='vertices'),3)
  name Occupation Lv Game.time Lose
a    a        oc1 38         7 TRUE
b    b        oc3 21         7 TRUE
c    c        oc2  7         3 TRUE
> V(g)$size=20; V(g)[letters[1:5]]$size = 30               # 可设置作图顶点大小属性
> V(g)$color='skyblue'; V(g)[letters[1:5]]$color='red'     # 可设置作图顶点颜色属性
> plot(g)
```

结果如图 12-21 所示。

12.4.3　画网络关系图

网络关系图包括 3 大元素：顶点、边、顶点与边标识。而绘画网络关系图主要有 3 个函数：plot（等同于 plot.igraph）、tkplot（生成交互图）和 rglplot（3D 图）。

（1）网络关系图常用绘图参数

表 12-4 为顶点与边的常用设置参数，而参数的引用一般有 2 种方法。

第 1 种方法：可以用 "V(g)$ parameter = value" 来完成顶点的参数的设置，如设置顶点大小以及颜色 "V(g)$size = 10; V(g)$color = 10"，边的参数设置一样，具体如代码清单 12-27 所示。

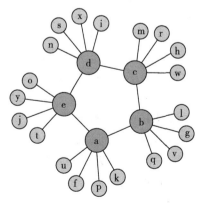

图 12-21　添加边属性

第 2 种方法：在 plot()、tkplot()、rglplot() 等作图函数内设置参数，设置方式为"绘图元素 . 参数 ＝ 值"，具体如代码清单 12-28 所示。

表 12-4　绘图元素的参数

绘图元素	参　　数	描　　述
顶点	size	顶点大小，默认值为 15
	color	顶点填充颜色，默认值"SkyBlue2"
	frame.color	顶点边框颜色，默认值"black"，输入 NA 则不显示边框
	shape	顶点样式，共 10 种，具体查看输入：vertex.shapes()
	label	顶点标签，设置为 NA 则不显示标签
	label.font	顶点标签字体样式，也可以用参数 label.family 调用系统字体样式
	label.cex	顶点标签字体大小
	label.dist	顶点标签离顶点圆心距离，默认值为 0
	label.color	顶点标签颜色
边	color	边颜色，默认值"darkgrey"
	width	边的粗细，默认值 1
	arrow.size	箭头大小，默认值 1
	arrow.width	箭头宽度，默认值 1
	lty	边样式，默认值为 1，可选值 0-6
	label	边标签
	label.cex	边标签字体大小
	label.color	边标签颜色

代码清单12-26　生成案例

```
g1 <- barabasi.game(30, directed=F)
g2 <- barabasi.game(30, directed=F)
g <- g1 %u% g2                      # 合并两个网络图
weight<-runif(ecount(g),0,4)        # 随机生成边的权重
deg=log(degree(g))*5+5             # 根据顶点度大小生成调节参数
```

代码清单12-27　方法1

```
V(g)$color = rgb(0.6,0,0.2,wei/max(deg)) # 根据顶点度大小设置颜色深浅
V(g)$frame.color = NA
V(g)$label.color='steelblue'
V(g)$label.font=2
E(g)$width=weight                  # 根据边的权重设置边粗细
plot(g)
```

代码清单12-28　方法2

```
g <- g1 %u% g2
plot(g, vertex.color=rgb(0.6,0,0.2,wei/max(deg)), vertex.frame.color=NA,
```

```
vertex.label.color='steelblue', vertex.label.font=2, edge.width=weight)
```

方法 2 的作图效果与方法 1 一样，结果如图 12-22 所示。

另外 layout 参数可以设置顶点布局，包括自动布局、随机布局、环形布局和树状布局等，如代码清单 12-29 所示。该参数不仅可以在 2D 作图下使用，在 3D 作图下同样适用。

代码清单12-29　laylout参数

```
g <- graph.star(6, mode='out')
par(mfrow=c(2,2), mar=c(0,0,2,0))
plot(g, layout=layout.auto)
plot(g, layout=layout.random)
plot(g, layout=layout.circle)
plot(g, layout=layout.reingold.tilford)
```

效果如图 12-23 所示。

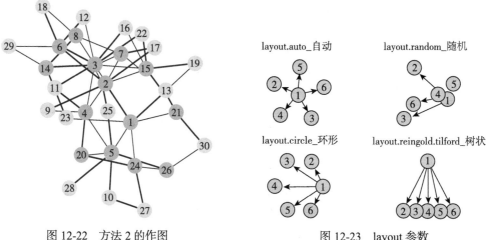

图 12-22　方法 2 的作图　　　　　图 12-23　layout 参数

（2）网络关系图绘图函数

除了 plot() 函数作图之外，还可以用函数 tkplot() 与 rglplot() 来制作交互图与 3D 图。交互图可通过界面直接设置相应顶点与边的颜色、大小等属性，还可以方便地拖动顶点来布局。当然，也可以通过设置系统自带的 layout 参数来布局。rglplot() 函数源于 rgl 包，3D 作图可以让网络关系图可视化更加清晰，具体如代码清单 12-30 所示。

代码清单12-30　3D网络关系图

```
g <- barabasi.game(100, directed=F)
V(g)$color <- 'turquoise'
V(g)$size <- 5
V(g)[which(degree(g)>=5)]$color='gold'      #设置度数大于5的顶点的颜色
V(g)[which.max(degree(g))]$color='red'      #设置度数最大的顶点的颜色
V(g)[which(degree(g)>=5)]$size=10
V(g)[which.max(degree(g))]$size=15
```

```
tkplot(g,vertex.label=NA)                         # 生成交互图，如图12-23所示
coords <- layout.auto(g, dim=3)
rglplot(g, layout=coords, vertex.label=NA)        # 生成3D网络关系图，如图12-24所示
```

效果如图 12-24 和图 12-25 所示。

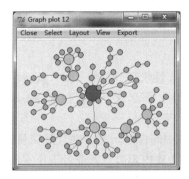

图 12-24　交互图

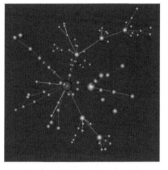

图 12-25　3D 图

12.4.4　网络关系分析与应用

网络由节点与边构成，节点与边的关系由网络属性体现。例如，两个节点之间的链接由玩家之间的组队次数来决定，而链接的强弱则可以由玩家组队次数来决定，根据链接的强弱可以区分玩家与玩家之间组队是随机行为还是聚群行为，因此网络属性决定网络模型。网络属性包括连通分支数、密度、大小、平均度、平均路径长度和节点中间性等。

（1）连通分支分类

连通分支的分类可通过 clusters() 函数得到，结果集有 3 个元素，membership（连通分子分类）、csize（每一个连通分支节点个数）和 no（连通分支个数），如代码清单 12-31 所示。

代码清单12-31　连通分支分类

```
> g <- erdos.renyi.game(20, 1/20)
> clusters(g)
$membership
 [1] 1 2 2 3 2 2 4 2 2 1 2 1 5 6 7 4 8 9 2 1
$csize
[1] 4 8 1 2 1 1 1 1 1
$no
[1] 9
```

（2）中心性

网络节点中心性的衡量包括度中心性、中间性、密集中心性和特征向量中心性。

度中心性（degree() 函数）：节点与其所有边链接的总数，包括内外连接数。节点边连接数越大就拥有越大的度中心性。

中间性（betweenness() 函数）：一个节点到其他节点的最短路径数。节点中间性反应节点的桥梁作用大小，中间性越大，说明与其他节点链接的作用越大。

$$\sum_{i \neq j, i \neq v, j \neq v} g_{ivj}g_{ij}$$

紧密中心性（closeness() 函数）：节点到其他顶点的评价最短路径长度的倒数，节点紧密中心性越大，说明与其他节点越接近。

$$\frac{i}{\sum_{i \neq v} d_v i}$$

特征向量中心性（evcent(g)\$vector）：连接很多中心性较高节点的节点，其特征向量中心性也越高。例如，某个玩家身边的朋友都是帮会的帮主，那么这个玩家在帮会关系网上具有较高的特征向量中心性。

在分析游戏物品与游戏币交易网络中，具有较高中间性的玩家，并且其交易金额较多、特征向量中心性也较高，那么这个玩家很有可能就是游戏内卖金玩家或者工作室刷金存钱小金库。代码清单 12-32 至代码清单 12-34 将生成游戏工作室金钱转移网络关系图。

代码清单12-32　游戏工作室金钱转移网络关系图 1

```
trade <- data.frame(from=c(1:100,101:105,106),to=c(rep(c(101:105),20),rep(106,5),107))
trade_g <- graph.data.frame(trade)
V(trade_g)$color = 'Skyblue2'
V(trade_g)[101:105]$color = 'gold'
V(trade_g)[106]$color = 'red'
V(trade_g)[107]$color = 'green'
V(trade_g)$size=c(rep(8,100), rep(12,7),)
tkplot(trade_g,  vertex.label=c(rep(NA,100),101:107), edge.arrow.size=1)
```

效果如图 12-26 所示。

图 12-26 是经典的游戏工作室小号刷金、转移金钱，以及倒卖游戏金币给正常玩家的交易链。蓝色为游戏工作室刷金小号，黄色为工作室转移金钱小仓库，红色为工作室存金仓库，绿色点为正常玩家。我们可以算出在下面这种情况下，网络图各节点的中间性与特征向量中心性。

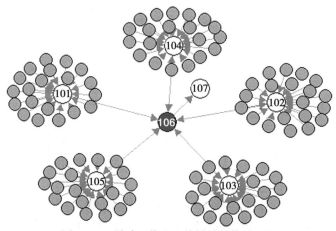

图 12-26　游戏工作室金钱转移网络关系图

代码清单12-33　游戏工作室金钱转移网络关系图2

```
> betweenness(trade_g)
   1    2    3    4    5    6    7  …<次处省略>…   98   99  100  101  102  103  104  105  106  107
   0    0    0    0    0    0    0  …<次处省略>…    0    0    0   40   40   40   40   40  105    0
> round(evcent(trade_g)$vector,3)
      1     2     3     4     5  …<次处省略>…       101     102     103     104     105     106     107
  0.192 0.192 0.192 0.192 0.192  …<次处省略>…     0.964   0.964   0.964   0.964   0.964   1.000
  0.199
```

从上面代码可以看出，节点 1～100（打金小号）的中间性与特征向量中间性都一样，值相对较小，而 101～105（黄色转金小仓库）中间性与特征向量中间性较大，红色的 106（工作室仓库）中间性最大、特征向量中间性也最大，此时绿色节点 107 正常玩家具有较低的中间性与特征向量中间性。

如果 107 也是工作室仓库，接下来交易对象才是正常玩家，那么 106 与 107 节点的中间性与特征向量中间性又会变得如何，下面我们继续看延伸例子。

代码清单12-34　游戏工作室金钱转移网络关系图3

```
> trade2 <- rbind(trade,data.frame(from=rep(107,15),to=201:215))
> trade_g2 <- graph.data.frame(trade2)
> V(trade_g2)$color = 'Skyblue2'
> V(trade_g2)[101:105]$color = 'gold'
> V(trade_g2)[106:107]$color = 'red'
> V(trade_g2)[108:122]$color = 'green'
> V(trade_g2)$size=c(rep(8,100), rep(12,7),rep(8,15))
> tkplot(trade_g2,  vertex.label=c(rep(NA,100),101:107,rep(NA,15)), edge.arrow.size=1)
> betweenness(trade_g2)
……    99   100   101   102   103   104   105   106   107   201   202  ……
……     0     0   340   340   340   340   340  1680  1590     0     0  ……
> round(evcent(trade_g2)$vector,3)
……      99    100    101    102    103    104    105    106    107    201    202  ……
……   0.181  0.181  0.914  0.914  0.914  0.914  0.914  1.000  0.480  0.095  0.095  ……
```

效果如图 12-27 所示。

图 12-27 中红色节点 106 和 107 都为工作室存金仓库，绿色为正常玩家时，从结果可以看到 106 节点的中间性与特征向量中间性还是保持最大，107 工作室存金仓库节点的中间性很大，但是特征向量中间性却并非很大，这种情况就必须结合更多的节点属性与边属性来联合分析，如节点之间交易的频繁度、交易额大小等维度。

（3）社交群体发现

在游戏社交中，总有一部分人之间的社交较为密切，经常一起组队玩副本，或许这些经常一起组队副本的玩家就是日常生活中的朋友。因此，游戏中的社交群体发现可以让我们更好地改善游戏社交，此发现对于游戏内物品以及金钱交易也有一定适用性。

igraph 包在社交群体发现上有比较完善的算法支持，包括多层次聚类、边中间性聚类、随机游走、infomap 算法、快速贪婪聚类和标签传播等算法。不同算法各有优缺点，基于上面"工作室刷金交易"例子数据来进行社交群体划分，如代码清单 12-35 所示。

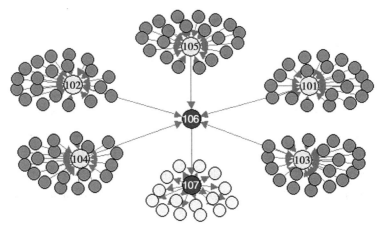

图 12-27　顶点 106 和 107 都为工作室的情况

代码清单12-35　社交群体划分

```
G <- graph.data.frame(trade2,directed=F)
fc1 <- multilevel.community(G)                # 多层次聚类
fc2 <- edge.betweenness.community(G)          # 边中间性聚类
fc3 <- walktrap.community(G)                  # 随机游走聚类
fc4 <- infomap.community(G)                   # infomap算法聚类
fc5 <- fastgreedy.community(G)                # 快速贪婪聚类
fc6 <- label.propagation.community(G)         # 标签传播

fc_list <- list(fc1,fc2,fc3,fc4,fc5,fc6)
algorithm_list <- c('multilevel','edge.betweenness','walktrap',
                    'infomap','fastgreedy','label.propagation')

V(G)$label = c(rep(NA,105),106:107,rep(NA,15))
V(G)$size = c(rep(10,105),30,30,rep(10,15))
V(G)$label.color = 'white'
V(G)$label.font = 2
par(mfrow=c(2,3), mar=c(1,1,2,1))
for(i in 1:6){
  plot(fc_list[[i]], G, main=algorithm_list[i])
}
```

效果如图 12-28 所示。

如图 12-28 所示，6 个算法之间的差异主要在节点 106 和 107 的归类，算法上的差别不是太大，但是如果加入边的权重再进行运算，就能看到算法之间的差异性。下面，用各节点之间的交易金币数来做边的权重，再一次进行算法运算，如代码清单 12-36。

代码清单12-36　以交易金币数作为边的权重

```
E(G)$weight = c(rep(100,100), rep(2000,5), 5000, rep(50,15))  #模拟工作室打金以及卖金
for(i in 1:6){
  plot(fc_list[[i]], G, main=algorithm_list[i])
}
```

如图 12-29 所示，只有 multilevel、edge.betweenness、infomap 3 种算法能得到我们想要的答案。

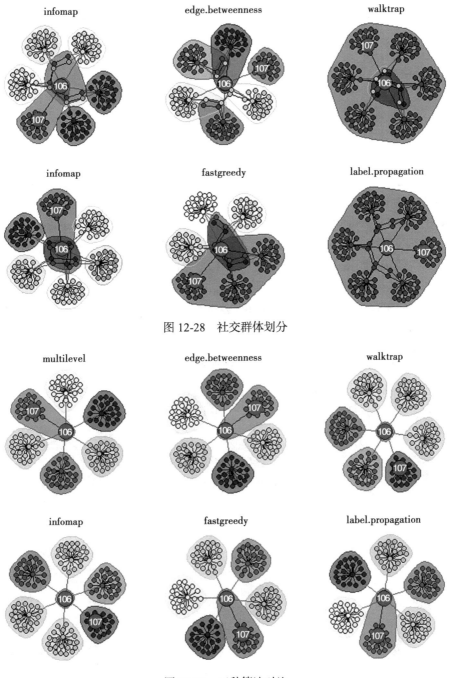

图 12-28　社交群体划分

图 12-29　三种算法对比

我们再次尝试在不同的群体之间添加连线，让图变得复杂一点并查看结果，如代码清单 12-37 所示。

代码清单12-37　添加8条边，并添加权重

```
GG<-G+edges(c(1,2, 2,3, 3,4, 4,5, 6,7, 7,8, 8,9, 9,10)) #新添加8条边
E(GG)[122:129]$weight <- 100   #给新增加的边添加权重
FC1 <- multilevel.community(GG)
FC2 <- edge.betweenness.community(GG)
FC3 <- walktrap.community(GG)
FC4 <- infomap.community(GG)
FC5 <- fastgreedy.community(GG)
FC6 <- label.propagation.community(GG)
FC_list <- list(FC1, FC2, FC3, FC4, FC5, FC6)
par(mfrow=c(2,3), mar=c(1,1,2,1))
for(i in 1:6){ plot(FC_list[[i]], GG, main=algorithm_list[i]) }
```

结果如图 12-30 所示。

同样只有 multilevel、edge.betweenness、infomap 3 种算法相对有效，multilevel、infomap 两个算法把新添加的边所在的点分成了两类人群，这也有一定道理，因为新添加的 8 条边，其实是两条路径 path1:1-2-3-4-5、path2:6-7-8-9-10，因此这两个算法把这两条路径上的节点归为了一类人群，但是以边中间性来聚类的 edge.betweenness 算法在这点处理上稍差。当然，对分类有影响的还有边的权重，读者可自行尝试给新添加 8 条边添加一个更小的权重，如 E(GG)[122:129]$weight <- 10，结果又会有所改变。

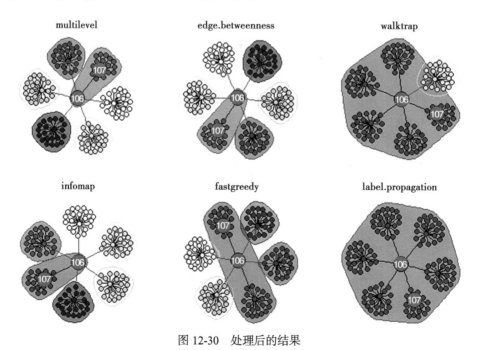

图 12-30　处理后的结果

12.4.5　讨论与总结

本节案例所介绍的内容只是 igraph 包的冰川一角，读者可自行查看 igraph 包中的 pdf 文件来学习更多内容。另外，关于网络分析，在可拓展思维与应用层面有以下几点。

1）网络分析不仅针对玩家之间的网络关系分析，还可针对多元素的网络图进行分析，即一个网络图中节点不仅包括玩家，还包括机器、商品等。例如，玩家—机器—玩家、玩家—商品—玩家这样的网络关系，尤其是大型 PC 端的网络游戏，可进行玩家与各物品之间的聚群分析。

2）现在网络游戏一人多账号现象普遍存在，统计账号级别的数据已经不能满足分析需求，这时候需要上升到"自然人"级别来做数据分析，而玩家账号注册信息，如身份证、手机号等都普遍存在不一致的问题，可以通过网络分析图来挖掘"自然人"帮助我们分析。

3）网络图更深一层面的挖掘：通过对不同类型的网络图训练归类，来达到识别不同类型的网络关系，如识别工作室内部金钱转移网络、工作室买进关系网络、正常玩家之间的交易关系网络等，通过提取各节点以及边属性来进行分析，识别不同类型的网络图。